高等职业教育农业部“十二五”规划教材

药用植物栽培技术

第2版

章承林　胡孔峰　主编

中国农业大学出版社
·北京·

内容简介

本书是高等职业教育农业部“十二五”规划教材，该教材以药用植物栽培过程为主线，以药用植物栽培生产岗位的基本技能要求、标准操作规程为标准，以《中药材生产质量管理规范》(GAP)为指导，从生产实际角度构建课程内容体系。本教材根据国务院《关于加快发展现代职业教育的决定》(国发[2014]19号)的有关要求，本着借鉴与创新的原则，基于药用植物栽培生产、管理和加工岗位能力要求与工作任务，广泛吸纳行业最新科研成果，企业先进、成熟的技术和生产实践经验。在编写思路上以项目为载体，以工作任务为驱动，以学生为主体，突出做理实一体的项目化教学。全书分为课程导入、5个项目(药用植物栽培的基础理论、药用植物繁殖、药用植物田间管理、药用植物采收加工与贮藏、主要药用植物栽培技术)和附录3个部分。每个项目都有相应的工作任务。

本教材定位准确、注意面向、富有弹性，突出了职业性、科学性、操作性、实用性、先进性和针对性，语言简洁、明晰、规范，内容全面、实用、可操作性强，适用于中药、药学、药用植物栽培加工、中草药栽培技术、园艺技术等专业的学生及教师使用，也可供相关培训及自学参考使用。

图书在版编目(CIP)数据

药用植物栽培技术/章承林，胡孔峰主编.—2版.—北京：中国农业大学出版社，2014.12(2020.7重印)

ISBN 978-7-5655-1106-6

Ⅰ.①药… Ⅱ.①章…②胡… Ⅲ.①药用植物-栽培技术 Ⅳ.①S567

中国版本图书馆CIP数据核字(2014)第258728号

书　名　药用植物栽培技术　第2版
作　者　章承林　胡孔峰　主编

策划编辑　郭建鑫　　责任编辑　韩元凤
封面设计　郑　川　　责任校对　王晓凤
出版发行　中国农业大学出版社
社　址　北京市海淀区圆明园西路2号　　邮政编码　100193
电　话　发行部 010-62818525,8625　　读者服务部 010-62732336
编辑部 010-62732617,2618　　出　版　部 010-62733440
网　址　http://www.cau.edu.cn/caup　　**e-mail** cbsszs@cau.edu.cn
经　销　新华书店
印　刷　北京鑫丰华彩印有限公司
版　次　2014年12月第2版　2020年7月第5次印刷
规　格　787×1 092　16开本　19.25印张　476千字
定　价　45.00元

图书如有质量问题本社发行部负责调换

编审人员

主　编　章承林　湖北生态工程职业技术学院

胡孔峰　信阳农林学院

副主编　龚福保　江西农业工程职业学院

张清友　黑龙江农业职业技术学院

温中林　广西生态工程职业技术学院

章慧敏　河南科技大学

韦小敏　河南牧业经济学院

刘　慧　杨凌职业技术学院

参　编　方其仙　云南农业职业技术学院

李小平　苏州农业职业技术学院

尹晓蛟　湖北生态工程职业技术学院

张　萍　湖北省荆门市十里牌林场

陈凤苹　湖北省林业科学研究院

张艳玲　信阳农林学院

周万祥　江西农业工程职业学院

冷艳芝　湖北生态工程职业技术学院

陈明泉　湖北省钟祥市石盘岭林场

李春民　湖北生态工程职业技术学院

陈　荣　广西生态工程职业技术学院

章　璐　湖北生态工程职业技术学院

主　审　宋丛文　湖北生态工程职业技术学院

前 言

我国高等职业教育已进入了一个快速发展时期，职业教育的教学模式也悄然发生着改变，传统学科体系的教学模式正逐步转变为行动体系的教学模式。项目化教学是行动体系一种较好的教学方式，目前被许多高等职业院校采用，但传统教材无法满足项目化教学要求，教材的建设势在必行。基于此，我们组织了长期从事药用植物栽培技术理论教学和实践教学的教师、研究员、高级工程师参与修订了这本教材。与第1版教材相比，内容上，基础理论部分进行大量删减，增加了病虫害防治技术、茎木及树脂类药用植物栽培技术等知识；体例上，按项目化教学要求进行编写。本教材在修订过程中，贯穿少而精的原则，力求定位准确、注意面向、突出特色、富有弹性，突出了职业性、科学性、操作性、实用性，强化实践性，做到语言简洁、明晰、规范，内容全面、实用。全书分为课程导入、5个项目（药用植物栽培的基础理论、药用植物繁殖、药用植物田间管理、药用植物采收加工与贮藏、主要药用植物栽培技术）和附录3个部分。每个项目都有相应的工作任务。

本教材在编写过程中力求突出以下9大特色：

(1)定位准确。根据国务院《关于加快发展现代职业教育的决定》（国发[2014]19号）的有关要求，高等职业院校培养目标为服务区域发展的技术技能型专门人才，从整个高职学生在人才定位和就业地位下移这一实际现实出发，降低了理论，建立了技术体系。

(2)注意面向。根据教育部《关于全面提高高等职业教育教学质量的若干意见》（教高[2006]16号）文件精神，本教材主要面向高职高专中药、药学、药用植物栽培加工、中草药栽培技术、园艺技术专业学生，同时内容上兼顾全国各地的主要药用植物，以满足各地高职院校使用。

(3)突出特色。教材在内容取材和编写上，贯穿以能力培养为本位和以人为本的思想，突破以往的以学科体系为本的思路。理论浅一点、宽一点，实践性强一点，利于教、学、做相融合，理论和实践一体化教学。

(4)富有弹性。适应灵活的教学要求，可适应工学交替、学分制、模块化教学、分阶段学习、基于药用植物栽培工作过程等多样的教学模式。

(5)职业性。教材选取的实习实训任务均来自于职业岗位活动和实际工作流程，是经优选、提炼后的工作任务，能够涵盖职业岗位相关知识、能力和素养的要求，具有鲜明的职业性。

(6)科学性。按职业教育的特点、人的认知规律和能力的成长过程科学地设计与安排项目和任务。本教材依由简到难、由浅入深、螺旋上升的学习训练原则,递进式安排了课程导入、4个主导项目和一个综合项目。每一个教学项目,根据相应的知识、能力和素质要求,按循序渐进、深入浅出的原则和工作逻辑去编排工作任务、设计工作步骤。

(7)操作性。紧紧围绕职业能力目标的实现,按职业岗位活动和实际工作流程来组织实施,课程的内容和顺序以职业活动的工作过程为依据,在职业情境中培养学生从业所需的职业能力,同时把培养学生的自我学习能力放在突出的位置,保证学生走上社会之后的持续发展能力。

(8)强化实践性。本教材坚持了理论以够用为度,注重实践性原则。重视知识体系和能力体系的结合,注意理论和实践的结合,充分体现学生在学习中的主体性,将有利于教师教学转化为有利于学生学习。注意技术技能教学的分量,从讲授型向技能训练型转化。

(9)规范性。本教材语言规范、简洁,内容清晰,逻辑严谨,详略得当;计量单位一律采用法定单位。

本教材的学时分配建议:总学时90～120,全国各地学校专业情况不同,教学内容和学时数可灵活掌握。

本教材由章承林、胡孔峰担任主编,龚福保、张清友、温中林、章慧敏、韦小敏、刘慧担任副主编,参加编写的人员还有方其仙、李小平、尹晓蛟、张萍、陈凤苹、张艳玲、周万祥、冷艳芝、陈明泉、李春民、陈荣、章璐。章承林对全书进行统稿,最后由宋丛文教授负责审稿。在编写过程中得到湖北生态工程职业技术学院、信阳农林学院、江西农业工程职业学院、黑龙江农业职业技术学院、广西生态工程职业技术学院、河南科技大学、河南牧业经济学院、杨凌职业技术学院、云南农业职业技术学院、苏州农业职业技术学院、湖北省荆门市十里牌林场、湖北省林业科学研究院、湖北省钟祥市石盘岭林场等各编写单位的大力支持与协作,同时搜集了国内外先进科学技术,参阅了专家学者的相关资料,在此一并致以衷心的感谢。

本教材在编写体例和内容组织上较传统教材有很大改变,仅仅是一种尝试。由于编写时间仓促,编者水平有限,加之涉及专业领域广泛,参编学校及编写人员较多,写作风格不够统一,书中难免有不妥之处,敬望读者提出宝贵意见,以便今后进一步修改完善。主编信箱:zhangchenglin838@sina.com。

编　者

2014年8月

目　录

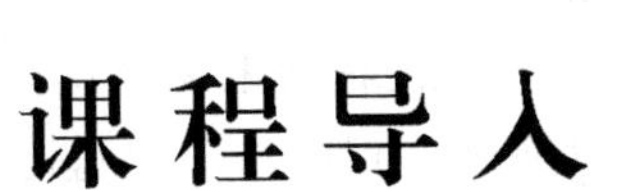

课程导入

知识目标

- 了解药用植物种类及其区域分布。
- 掌握药用植物栽培的特点。
- 理解药用植物野生抚育含义、特点和抚育方式。
- 掌握中药材 GAP 的概念。
- 掌握药用植物栽培技术课程对接的职业岗位。

能力目标

- 能够解释药用植物栽培和药用植物野生抚育。
- 能够解释中药材 GAP。
- 能够熟悉 9 个带区适宜栽培的主要药用植物种类。
- 能够掌握中药材种植员岗位工作职责。

一、药用植物栽培发展概况

药用植物栽培技术是根据药用植物的生物学特性，选择或创造与之相适应的栽培环境条件，采取有效的栽培管理措施，使所栽培的药用植物正常生长发育的一门技术。它的形成是以药用植物生物学特性、生长发育特点、产量和品质形成规律为基础的。科学、有效的栽培技术是药用植物获得优质、高产、高效的重要保证。

(一)药用植物栽培的必要性及特点

1. 药用植物栽培的必要性

(1)中药资源可持续发展的需要。祖国医药学是一个伟大的宝库，是我国人民几千年来同疾病做斗争所积累的宝贵财富，对中华民族的繁衍昌盛和保障人民健康起着巨大的作用。而中药材是中医临床的物质基础，其中大部分来源于植物，据 20 世纪 80 年代全国普查资料表明，我国中药资源物种数已达 12 807 种，其中药用植物 11 146 种，药用动物 1 581 种，药用矿物

80种。药用植物占全部种数的87%,可以说,药用植物是所有经济植物类中种类最多的一类。改革开放以来,随着国内人民生活水平的迅速提高,中药材的用量已有数倍增长。在国际上,近年来中药材每年出口到世界80余个国家、地区,数量也在不断增加。世界各制药企业和各大财团纷纷介入中药业,更加大了对我国天然药物原料的需求。从另一方面看,我国部分地区的药用植物被掠夺式采挖及环境的污染,不仅减弱了生物资源的再生,常用品种的资源也日益减少,许多种类甚至濒临灭绝,中药资源正面临着难以持续发展的危机。所有这一切,最根本的解决办法就是发展药用资源的种养业。

(2)保证中药材质量的需要。根据药用植物的生物学特性,采取科学有效的栽培措施,除了在数量上满足用药需要外,在质量上也取到了保障作用。尤其是实施《中药材生产质量管理规范(试行)》,把中药材生产的管理纳入整个现代药品生产监督管理的范畴,要求原料药材的生产必须规范化、集约化、现代化,通过模拟生态系统进行人工栽培,达到中药材安全、有效、稳定、可控的目的。也就是说,栽培药材与野生药材相比具有栽培条件可控的优势,故质量上更有保障。

(3)发展地方经济、支援"三农"的需要。中药资源与农业、农村和农民息息相关,药用植物栽培在"三农"中,常常是作为"副业",甚至是"主业"出现,栽培的药用植物属于特种经济作物,具有较高的经济价值,可为农民"以农为主开展多种经营,产业化栽培药用植物,脱贫致富"提供契机。因此,进行药用植物的栽培对促进农村经济发展、提高农民收入具有十分重要的意义。

2.药用植物栽培的特点

(1)栽培种类多,学科范围宽。我国幅员辽阔,自然条件优越,蕴藏着极其丰富的天然药物资源,其种类之多是一大特点。我国药用植物有11 000多种,其中常用中药500余种,依靠栽培的主要药用植物有300种左右。它们的生物学特性各异,栽培技术分别与粮食、油料、蔬菜、果树、花卉、林木等多学科相近,即学科范围宽。如薏苡、黑豆、补骨脂、望江南、红花等栽培技术与粮食油料作物相近;当归、白芷、桔梗、地黄、丝瓜、栝楼、芡实、泽泻等栽培技术与蔬菜作物相近;枸杞、五味子、诃子、栀子、忍冬等栽培技术与果树相近;芍药、牡丹、菊花、除虫菊、曼陀罗等的栽培技术与花卉相近;黄柏、杜仲、厚朴、喜树、安息香等与林木栽培技术相似。还有诸多种类的栽培技术是超出上述学科涉及的范畴,如天麻、麦角是菌类与植物共生或寄生关系;虫草、白僵蚕是菌类寄生于昆虫幼虫的产物;猪苓是菌类之间的共生生长;槲寄生、菟丝子、列当等植物要寄生栽培;人参、西洋参、三七、黄连等均是遮阴栽培等。栽培时涉及植物学、植物生理学、遗传学、土壤肥料学、植物病虫害防治学、农业气象学及微生物学等农学学科知识,也涉及中药化学等中药学学科知识。

(2)多数药用植物栽培的研究处于初级阶段。我国药用植物栽培历史悠久,开发利用之早,品种之多,是世人公认的。早在夏商时代甲骨文中就有关于薏苡栽培的记载,2 600多年前《诗经》记载有枣、梅的栽培。在长期的生产实践中积累了有关药用植物的分类鉴定、选育与繁殖、栽培与加工、贮藏等方面的丰富经验,奠定了现代药用植物栽培技术的良好基础。然而,药用植物栽培学科体系从建立至今只有40多年的历史,多数品种的生产、研究水平都处于只知怎么种的开发利用的初级阶段。国内从事药用植物栽培和研究的专业人员较少,药材产区尚缺少专业技术人员。目前药用植物栽培大多仍沿用传统技术,依靠药农经验进行生产,还有大量种类依靠野生资源供给。

(3)药材生产对产品质量性状要求严格。中药材是用于防治疾病的一类特殊商品,对质量要求严格，其活性或有效成分的含量必须符合国家药典的规定。中药所含药效成分、重金属含量、农药残留及生物污染情况等决定了中药材品质的好坏。但目前，作为中药材主要来源的药用植物大多数活性成分还未能确定，尤其是传统中医的配伍用药。因此，对药材活性成分要有正确的认识，应从传统的性状鉴别、检查到现代的活性成分含量测定进行综合评价。用于配方的药材，要求药效成分有效、稳定；用于工厂化提取单一成分的药材，则要求活性成分含量越高越好。

中药材的质量与药用植物栽培区域的生态条件、栽培技术、采收加工、贮运方法等有直接关系。栽培中还会出现各种成分组分的改变。因此，应在中药区划及产地适宜性研究基础上，因地制宜地建设中药材生产基地，按药用植物栽培技术标准操作规程及有关准则和规范进行作业，确保中药材的品质。在引种外地药材时，除注意植株能否正常生长发育外，还需注意其活性或有效成分的变化。

(4)药用植物栽培的道地性。在众多的药材种类中，部分药材道地性很强。如吉林人参、甘肃当归、四川的川芎、重庆的黄连、云南的三七、宁夏枸杞等，药材的道地性受气候、土质等多种因素影响，这种气候、土质的影响不单单是限定生长发育，更重要的是限定了次生代谢产物及有益元素的种类和存在状态，这是引种后不能入药或药效不佳的主要原因。如青海、甘肃的马蹄大黄引种到安徽、河南就变成水根大黄了；从东北引种到山西的关防风(药典规定的正品)种子，经多年人工栽培，基本丧失关防风的鉴别特征，且与产于西北的水防风(关防风的伪品)极其相似；山西黄芪质优价高，多供出口，充斥市场的大多是来自非道地产区的河北黄芪，有效成分含量较低，这都是在非道地产区进行人工栽培的结果。

应当指出，药材的道地性并非所有种类都很强，有的种类是由于过去受技术、交通等原因限制形成的，这类道地药材引种后生长发育、质量与原产地一致，均可以入药，如山药、芍药、忍冬、菊花等。此外，由于受环境条件或用药习惯改变的影响，所谓道地药材也会发生一定的变迁，如地黄、泽泻及人参等。

(5)药材市场的特殊性。与一般农产品的市场不同，药材市场的形成和发展与药材生产和用药需求有关联。作为特殊商品，药材服务于病人的用药需要，需求量有限，价格波动较大。全国的中成药厂、药店甚至医院都可以是销售中草药的渠道。目前，国家批准的药材专业市场有17家，它们是：重庆中药材市场、广东普宁市中药材专业市场、广州市清平中药材专业市场、广西玉林中药材专业市场、昆明菊花园中药专业市场、湖南岳阳市花板桥中药材专业市场、湖南廉桥中药专业市场、安徽亳州中药材专业市场、西安中药材专业市场、哈尔滨三棵树中药材专业市场、四川成都荷花池中药材专业市场、河南禹州市中药材专业市场、兰州黄河中药材专业市场、山东舜王城中药材专业市场、河北安国市东方药城、江西樟树中药材专业市场、湖北蕲春李时珍中药材专业市场。药用植物栽培过程中，要强调品种全，种类、面积比例适当，才能满足中医用药要求。药用植物栽培应强调市场导向，注意市场预测，根据市场需求调整种类结构和面积大小，以满足中药材的供应，创造最大的经济效益和社会效益。

(二)药用植物栽培的发展概况

我国药用植物栽培具有悠久的历史，薏苡是我国栽培最早的药用植物，据赵晓明等著《薏苡》考证，在我国至少有6 000～10 000年的栽培驯化历史。在我国古籍中有关药用植物栽培的记载可追溯到2 600多年以前，《诗经》载有枣、桃、梅的栽培。

汉武帝时期，药材的生产已初具规模，在长安建立引种园，张骞出使西域，引种红花、安石榴、胡桃、大蒜等有药用价值的植物到关内栽培，丰富了药用植物种类。

北魏，贾思勰著有《齐民要术》，其中记载了地黄、红花、吴茱萸、竹、姜、栀、桑、胡麻、蒜等20余种药用植物栽培法。

隋代，在太医属下设"主药"、"药园师"等职，掌管药用植物栽培并设有药用植物引种园，在隋书中还有《种植药法》等专著。

唐宋时期，已经形成了一套完整的栽培技术，如韩彦直在《橘录》中记载了橘类、枇杷、通脱木、黄精等数十种药用植物栽培法。

明代，李时珍在《本草纲目》中记载了荆芥、麦冬等180种药用植物的栽培方法。

明清时期，有王象晋的《群芳谱》、徐光启的《农政全书》、吴其濬的《植物名实图考》等均详细地记载了多种药用植物的栽培法，为以后药用植物栽培的研究奠定了基础。

旧中国，药用植物的研究多偏重于化学药理方面，直至抗日战争时期，为防止疟疾，旧中央政府农林部、军政部在四川南川金佛山筹建常山种植场，开始了药用植物的栽培与研究。

新中国成立后60多年来，市场上流通的1 000余种中药材中，常用的为500～600种，其中主要依靠人工栽培的已达300多种，种植面积1 100多万亩(1亩=667 m^2)，其中林木药材500多万亩，其他家种药材600多万亩，栽培面积最大的省份是四川省，其次为陕西、甘肃和河南省。另外，野生驯化为栽培的药用植物日益增多，如天麻、甘草、麻黄、细辛、北五味子、川贝母、阳春砂、罗汉果、柴胡、龙胆、半夏、桔梗、茜草、石斛、七叶一枝花、夏天无、草果、何首乌、绞股蓝等。从国外引种的药用植物有20多种，如西红花、西洋参、水飞蓟、乳香、丁香、胖大海、马钱、安息香等。

为规范化中药材生产，保证中药材质量，促进中药材标准化、现代化，原国家药品监督管理局于2002年4月17日发布的2002年6月1日起实行的《中药材生产质量管理规范(试行)》，以政府行为提出了中药材生产质量规范。药用植物规范化栽培就是将药用植物栽培按国家有关法规的要求，制定出药用植物规范化生产标准操作规程，在产地环境、品种鉴定、生产技术、采收加工、贮存运输及产品质量等方面都要做出明确的技术实施方法和标准，使药用植物栽培技术系统化、科学化、规范化。

(三)药用植物栽培种类及其区域分布

我国幅员辽阔，纵跨50个纬度，南北距离长达5 500 km；横跨62个经度，东西距离长达5 200 km。东西南北气候差异大，地形也很复杂，蕴藏着极其丰富的天然药物资源，其种类之多是一大特点。根据各区域气候特点，可将全国划分为9个带区，每个带区都有其适宜栽培的药用植物种类。

1.寒温带地区

主要包括黑龙江西北隅，大兴安岭北端漠河地区和内蒙古鄂伦春以北地区。

本区域主要药用植物分布：大叶龙胆、东北延胡索、北五味子、草麻黄、关黄柏、兴安升麻、关苍术、毛百合、岩败酱、兴安杜鹃、百里香、红花鹿蹄草、短瓣金莲花等。

2.温带地区

主要包括黑龙江的大部分，吉林、辽宁中部，辽宁北部。

本区域主要药用植物分布：人参、关龙胆、刺五加、知母、平贝母、北五味子、东北天南星、大叶柴胡、草麻黄、草苁蓉、辽细辛、黄芪、关黄柏、关防风、天麻、甘草等。

3. 暖温带地区

主要包括辽宁南部，河北、河南、山东、山西、陕西、甘肃等省和江苏、安徽北部地区。

本区域主要药用植物分布：怀山药、半夏、党参、北沙参、黄芩、怀牛膝、防风、怀地黄、白芷、忍冬、款冬、红花、薏苡、枣、山楂、枸杞、菊花、连翘、栝楼、紫草、茯苓、灵芝等。

4. 北亚热带地区

主要包括江苏、安徽、湖北绝大部分。

本区域主要药用植物分布：山茱萸、天冬、太子参、玄参、远志、半夏、桔梗、杜仲、荆芥、明党参、何首乌、麦冬、栝楼、厚朴、石斛、牡丹、前胡、甘遂、菘蓝、玉竹、芍药、薄荷、木瓜、白术、钩藤、茯苓等。

5. 中亚热带地区

主要包括江苏、安徽、湖北等省的南部，浙江、福建、江西、湖南、贵州、四川、重庆等省市的全部或大部分，以及云南、广西、广东的北部，向西延伸至西藏自治区喜马拉雅山南麓。

本区域主要药用植物分布：山茱萸、当归、浙贝、丹参、黄连、党参、黄柏、川芎、枳壳、川续断、附子、麦冬、白芷、牛膝、大黄、蔓荆子、杜仲、泽泻、红花、延胡索、巴豆、天麻、灵芝、薄荷、厚朴等。

6. 南亚热带地区

主要包括台湾省大部分以及澎湖列岛等岛屿，福建和广东，广西中部，广西南部，云南的中部、南部。

本区域主要药用植物分布：云木香、肉桂、砂仁、何首乌、三七、巴戟天、莪术、栀子、长春花、郁金、广藿香、姜黄、穿心莲、南五味子、灵芝、茯苓、樟、泽泻、南沙参、益智、佛手、罗汉果等。

7. 热带地区

主要包括广东省雷州半岛，海南、台湾省南部，南海诸岛，以及云南省河谷区和西藏自治区东南缘的局部地区。

本区域主要药用植物分布：金鸡纳、萝芙木、草豆蔻、肉桂、砂仁、云木香、马钱子、广藿香、木蝴蝶、大风子、鸦胆子、使君子、儿茶、槟榔、番木瓜、鱼腥草、沉香、绞股蓝、海南草珊瑚、荜茇、草果等。

8. 青藏高原地区

主要包括西藏、青海大部，四川西北部，甘肃西南部，新疆南部一些地方。

本区域主要药用植物分布：藏麻黄、胡黄连、掌叶大黄、高山龙胆、卵叶鹿蹄草、贝母、罗布麻、西藏忍冬、羌活、乌头、冬虫夏草、雪莲花等。

9. 蒙新地区

主要包括内蒙古高原，新疆、宁夏大部分地区，甘肃省西北部、东部。

本区域主要药用植物分布：蒙古黄芪、新疆大黄、肉苁蓉、天山党参、知母、伊贝母、紫草、仙人掌、木通、宁夏枸杞、锁阳、柴胡、红花、麻黄、甘草、雪莲花等。

二、药用植物野生抚育

（一）药用植物野生抚育的含义及特点

1. 药用植物野生抚育的含义

药用植物野生抚育也称半野生栽培，指根据药材生长特性及对生态环境条件的要求，在其原生或相类似的环境中，通过人工更新或自然更新的方式增加种群数量，使其资源量达到能为人们持续采集利用，并能继续保持群落平衡的一种药材生产方式。药用植物野生抚育是野生药材采集与家种药材栽培有机结合的一种新兴的药材生产方式，包括药用植物和药用动物野生抚育，野生抚育对象可以是野生、逸为野生或人工补种的药材。

药材生产的传统方式为野生药材采集和药材人工栽培，目前我国仍有80%左右药材来自野生，野生抚育将可能发展成为介于野生药材采集与药材人工栽培之间的第三种重要的新兴生态型药材生产方式。野生抚育利用药材自我更新机制或适当补种扩大种群，维持原生境稳定，符合国家生态环境保护、中药资源可持续利用方针政策。近年我国中药材野生抚育发展迅速，西北地区甘草、麻黄、肉苁蓉等药材围栏养护面积超过百万亩；川贝母、雪莲、冬虫夏草等珍稀濒危药材野生抚育正在走向产业化生产；五味子、罗布麻、刺五加、防风、连翘、龙血树、金莲花等野生抚育基地陆续建立。

药用植物野生抚育能有效地解决药材采集与资源更新的矛盾；解决野生药材供应短缺与需求不断增加的矛盾；解决药材生产与生态环境保护的矛盾；解决当前利益与长远利益的矛盾。作为一种重要的人工种植的互补技术和中药材生态产业新模式，药用植物野生抚育适用于人工种植品质易变异、占用耕地、引种困难、珍稀濒危的药材品种。由于野生抚育药材是在原生环境中生长，远离污染源，人为干预少，不易发生病虫害，能提供高品质道地野生药材。野生抚育模式下药材采挖和生产是在生物群落动态平衡的基础上进行，具有药材生产与保护生态环境双赢协调发展的独特优势。在保护珍稀濒危药材及其生物多样性和中药资源的可持续合理利用中发挥重要作用。

2.药用植物野生抚育的特点

药用植物野生抚育具有显著不同于药用植物栽培的特点：

(1)生产场所不同。野生抚育在药材原生地进行，依据野生分布区、植被类型及群落类型划定明确的野生抚育区；药用植物栽培主要在农田进行。

(2)种群更新方式不同。野生抚育通过人工补种或种群自我更新方式增加种群数量；药用植物栽培全部通过人工方式栽种。

(3)管理措施不同。野生抚育药材生长过程中人为干预较少，一般仅进行适当的人工管理或抚育；药用植物栽培采取各种生产措施促进药材优质高产。

(4)采收方式不同。野生抚育根据药材的年允许采收量，确定合理的采收方法，轮采轮收；药用植物栽培一般一次性采收。

(二)药用植物野生抚育的基本方式

在生产实践中，因药材种类、所处的自然或社会经济环境及技术研究状况不同，药用植物野生抚育的基本方式有：半野生栽培、封禁、人工管理与补种、仿野生栽培(林下栽培)等。由于引种川贝母药材性状变异较大，国家药用植物研究所与成都恩威集团公司合作，在四川康定折多山的高山灌丛及高山草甸中人工模拟野生群落，建立了川贝母野生抚育基地，是半野生栽培的成功典范；由美康中药材进出口公司在宁夏灵武马家滩野生甘草分布区，采取围栏封闭措施，并加以适当的人工管护，建成围栏养护基地，是封禁培植的代表；带根移栽刺五加、五味子的育苗补栽是人工管理与补种的示范；模拟野山参生长环境实行林下栽培石柱参以及人参、黄连、石斛的林下栽培都是仿野生栽培的典型。其他较成功的药用植物野生抚育的品种还有益智、细辛、玄参、白术、金线莲、天麻、猪苓、灵芝、金莲花、猫爪草、前胡、绞股蓝、川龙薯蓣、八角莲、黄芩、紫萁贯众、淫羊藿等。

三、《中药材生产质量管理规范(试行)》(GAP)概述

现行的《中华人民共和国药品管理法》指出:“药品是指用于预防、治疗、诊断人的疾病,有目的地调节人的生理机能并规定有适应症或者功能主治、用法和用量的物质,包括中药材、中药饮片、中成药、化学原料药及其制剂、抗生素、生化药品、放射性药品等。”

可见中药材属于药品,是一种特殊的商品,用于疾病的预防与治疗。因此,在质量管理上同其他药品一样,必须加强监管,保证质量,保证人民用药安全有效。

(一)《中药材生产质量管理规范(试行)》(GAP)概念及内容

1.《中药材生产质量管理规范(试行)》(GAP)概念

《中药材生产质量管理规范》是英文 Good Agricultural Practice for Chinese Crude drugs 的缩写,简称为 GAP。是由国家食品药品监督管理总局(原国家药品监督管理局)组织制定,并负责组织实施的行业管理法规。

中药材 GAP 是依据《中华人民共和国药品管理法》,在研究和吸取国外药材市场生产经验的基础上,结合中国药用植物栽培管理经营的精髓和特点,尤其是道地药材的生产经验和加工技术,紧紧围绕可能影响药用植物栽培质量的内在因素(如种质)和外在因素(如环境、生产技术)的调控所制定的国家级规范。中药材 GAP 对中药材生产全过程进行有效的质量控制,有力地促进了原料药材生产的集约化、规范化、现代化,是药用植物栽培必须遵循的准则。所谓中药材的生产全过程,以药用植物为例,即指从种子经过不同的生长发育阶段到形成商品药材(产地加工或加工的产物)为止的过程。此过程一般不包括饮片炮制,除非在产地连续生产中已形成饮片(如附子加工成黑附片、白附片)。一般炮制可看作中药制剂的前处理。

2.《中药材生产质量管理规范(试行)》(GAP)内容

《中药材生产质量管理规范(试行)》共十章五十七条。除第四章第二节为“药用动物养殖管理”外,其余各章各条都与药用植物有关。包括产地生态环境;种质及繁殖材料;栽培与养殖管理;采收与初加工;包装、运输与贮藏;质量管理;人员和设备;文件管理等,都有明确的规定。GAP 是中药材生产的指南,在进行中药材生产和生产基地建设时,都要依据 GAP 的规范,在总结前人经验的基础上,通过科学研究、生产实验,根据不同的生产品种、环境特点,制定出每种药材的切实可行的达到 GAP 要求的标准操作规程(standard operating procedure, SOP)。

为了推进中药材 GAP 的顺利实施,国家食品药品监督管理总局已于 2003 年 9 月 19 日颁布了《中药材生产质量管理规范认证管理办法(试行)》和《中药材 GAP 认证检查评定标准(试行)》,并于 2003 年 11 月 1 日起开始正式受理中药材 GAP 的认证申请工作。中药材 GAP 认证检查项目共 104 项,其中关键项目 19 项、一般项目 85 项。涉及植物类药材的检查项目 78 项,其中关键项目 15 项、一般项目 63 项。

自 2004 年我国启动中药材 GAP 认证开始,截至 2013 年 1 月 31 日,全国共有 60 余个品

种，105 家企业 114 个生产基地通过 GAP 认证，而我国常用的大宗中药材品种约有 360 种，实现常用中药材的规范化栽培，保证质量任务还很艰巨。

(二)中药材生产标准操作规程(SOP)的制定原则及基本内容

《中药材生产质量管理规范》(GAP)是中药材生产必须遵循的准则，各生产基地应根据各自的生产品种、环境条件、生产条件，在总结前人生产经验的基础上，制定具有科学性、完备性、实用性和严密性，符合质量要求的标准操作规程(SOP)，以保证中药材质量达到 GAP 要求。

1. 制定中药材生产标准操作规程(SOP)应遵循的原则

(1)必须按照《中药材生产质量管理规范》(GAP)法规条文及其他有关的政策、法规制定。

(2)要具有科学性、完备性、实用性、可操作性。要在总结道地产区前人生产经验的基础上，进行科学研究，技术试验，并经生产实践的检验。

(3)要根据生产品种、生产基地的环境特点、生产技术条件、经济状况和科研实力进行制定。

(4)各个操作环节逐条制定、形成完整规范的操作技术档案。

2. 中药材生产标准操作规程(SOP)的基本内容

标准操作规程(SOP)是用以指示操作的、经过批准的文件，详细地指导人们按一定的规范操作。中药材生产标准操作规程(SOP)是指中药材生产过程中对每个生产环节提出的操作技术标准规定。其基本内容包括：

(1)种源确定的标准操作规程，包括物种的鉴定(包括亚种、变种、种质)、品种类型优质高产、抗病虫害、抗逆能力等。

(2)产地综合条件选择的标准操作规程，包括地理条件，如经纬度、海拔高度；气候条件，如平均气温、年日照数、年降水量；土壤条件，如土壤质地、肥力、排水及保水条件等。产地环境应符合国家相应标准如产地空气质量应符合大气环境质量二级标准，土壤质量应符合土壤质量二级标准，灌溉水质量应符合农田灌溉水质量标准，动物饮用水应符合饮用水质量标准等。

(3)种植过程标准操作规程，包括繁殖材料的标准操作规程、肥料使用的标准操作规程、田间管理的标准操作规程、病虫害防治的标准操作规程、采收加工的标准操作规程、包装贮存及运输的标准操作规程等。

四、课程对接的职业岗位

(一)中药材种植员职业岗位

中药材种植员就是指从事药用植物种植、采收和加工的人员。根据我国中药材种植的现状，中药材种植员可以在中药材种植基地从事质量、技术、经营以及流通 4 个方面的管理。

1. 中药材种植基地的质量管理

中药材作为一种特殊的商品，关系到患者的生命健康，其质量要求是评价药材的关键因素。地道药材是药材中的“佼佼者”，是药材高品质的代表，也是药材质量的评判标准，更是辨别药材真伪、提高中药质量的一把利器。GAP 是督促药材种植基地确保药材质量的一项绿色工程，是药材质量的安全保证与检测标准，更是中药材种植基地的技术规范。中药材种植员国家职业技能标准的出台具有示范性、带头性和现实性意义。对中药材种植员实行统一的国家职业标准，将从源头上为中药质量把关，有效规范中药材种植工作，尽快实施规范化管理，这在种植业是比较超前的，也将有利于中药材种植业规范化发展，推动中医药事业健康发展。

2. 中药材种植基地的技术管理

中药材的质量取决于药材种植的全过程，其药材种植各个过程的标准化、规范化都会影响药材质量，药材从播种、生长、发育、成熟到药材采收、加工再到流入市场的成品药材，每一个阶段都需要严格的技术管理，基地要成立专门的技术管理部门，全权负责中药材种植整个过程的技术控制，为药材质量把关。同时，要加大对中药材种植技术的开发研究力度与进度，增加财政投入，并且提倡药材种植基地要有独立的科研机构，作为保证药材质量的坚强后盾。

3. 中药材种植基地的经营管理

目前，我国中药材种植基地的建设发展可谓蒸蒸日上，来自社会的各方面力量都纷纷鼓励支持中药材种植基地建设。但是相对于中药工业的发展，中药农业的发展速度还是对较为落后。从生产形态上看，中药农业基本上还是以千家万户经营为主，规范化、集约化程度较低，落后的生产方式影响了中药农业的技术进步。培育中药材生产龙头企业与种植大户还不够，还未真正形成中药农业的特色与产业优势，因此中药材种植的经营模式是亟待解决的问题。要改变原有落后的运行模式，探讨适合中药材种植发展的经营模式，引进企业引导药农，形成共担风险、共享利益、灵活多样的运行机制和经营模式，在政府的带领下，协调各方面相互配合、相互合作，携手共建中药材种植基地。

4. 中药材种植基地的流通管理

虽然我国有名的17个中药材交易市场几乎遍布全国各地，但是药材市场交易特点仍然是以集散式为主，因而药材交易的周期较长，造成药商的资金周转速度慢，而中药材的运输存储要求高致使储运成本增加，最终导致药材价格大幅度上升。正因为如此，建立一套高效的、针对中药材流通的管理模式更是迫在眉睫。近年来，国内热衷于应用一种新的管理理念和模式—供应链管理，如果将供应链管理的思想引入其中，并尝试建立一套符合中药材特色的流通管理体系，以改变我国目前中药材流通的混乱局面，将供应链的核心思想运用到中药材的流通领域之中，将会突破原有的流通形式，创新中药材供应链管理。

中药材供应链管理是在满足市场需求的前提下，对中药材流通的整个过程，对中药材的生产、收购、包装、存储、装卸、搬运、运输到流通进行综合管理，降低成本以获取最大的经济效益。中药材在种植基地科研机构的指导监督下，产出的中药材质量可靠；统一收购后的中药材在筛选分类后再进行包装，这样更能保证药材的清洁、卫生。如果在规范中药材生产基地建立和完善的同时，加强药材市场的管理，让基地生产的药材占领主要市场，就可以既规范中药材的市场，又促进中药材规范化生产基地的发展。药材的储存对维护药材药性十分重要，适当的温度、湿度，保证药材的有效成分不流失；运输工具也要与药材相适应，使流通领域运行通畅、高效。

总之，中药材种植基地的建设关系到中药未来的发展前途，因此中药材种植基地的管理更是值得我们探讨研究的问题。中药材种植基地只有实行规范化、科学化、现代化、国际化的管理标准，我国国粹—中药才能走出国门，冲向世界，为世界卫生和人类健康做出巨大的贡献。

(二)中药材种植员岗位工作职责

中药材种植员国家职业技能标准中要求对学员进行系统的培训指导,注重实践操作技能的培养。技能操作主要包括整地与播种、田间管理、病虫害防治、采收与加工4部分。具体工作如下:①鉴别中药材种子、种苗的真伪优劣;②选种育苗、择地下种;③进行锄草、施肥、灌溉等田间管理;④防治病虫等;⑤适时采收药材,并进行加工处理;⑥进行数据统计和主要经济技术指标的记录、计算。

与此相对应的岗位工作职责是:①组织安排中药材的生产和收购;②为生产者提供产销信息及中药材种植、养殖、采集、加工等技术服务;③进行野生药材的家种家养;④进行中药资源的调查,进行数据统计和计算;⑤鉴别中药材种子、种苗的真伪优劣。

【思考与练习】

1. 药用植物栽培有哪些特点?
2. 我国国家批准的药材专业市场有哪些?
3. 药用植物野生抚育的含义和特点有哪些?
4. 什么是中药材种植员?其职业岗位都有哪些?
5. 中药材种植员的岗位工作职责是什么?

◉ 学习拓展

GAP认证的程序

(1)申请中药材CAP认证的中药材生产企业,申报时需填写"中药材GAP认证申请表",并向所在地省级食品药品监督管理局提交有关资料。省级食品药品监督管理局应当自收到申报资料之日起40个工作日内提出初审意见,符合规定的,将初审意见和认证资料转报国家食品药品监督管理局。

(2)国家食品药品监督管理局对初审合格的认证资料在5日内进行形式审查,必要时可请专家论证(时限可延长至30个工作日)。符合要求的予以受理并转局认证中心。

(3)国家食品药品监督管理局认证中心在30个工作日内提出技术审查意见,制定现场检查方案,安排检查时间,检查组一般由3~5名检查员组成。

(4)检查组对企业实施中药材GAP的情况进行检查,一般在3~5日内完成。检查中如实记录缺陷项目,现场检查结束后,形成书面报告,并在5个工作日内将检查报告及相关资料报局认证中心。

(5)国家食品药品监督管理局认证中心在收到现场检查报告后20个工作日内进行技术审核,符合规定的,报国家食品药品监督管理局审批。符合《中药材生产质量管理规范》的,颁发《中药材GAP证书》并予以公告。

(6)《中药材GAP证书》有效期一般为5年,生产企业在《中药材GAP证书》有效期满前6个月,按照规定重新申请中药材GAP认证。

项目 1

药用植物栽培的基础理论

任务 1　药用植物生长与发育

知识目标

- 了解药用植物生活周期。
- 熟悉药用植物生长发育过程。
- 了解药用植物生长发育的周期性和相关性。
- 掌握提高药用植物产量的途径。
- 了解提高药用植物品质的途径。

能力目标

- 会按生命周期进行药用植物分类。
- 会区分药用植物生长发育过程。
- 能够根据药用植物生长发育的周期性和相关性解决生产中的实际问题。
- 能够采取措施提高药用植物的产量和品质。

相关知识

药用植物的一生,可以区分为两种生命现象,即生长和发育,有时也简称为生育。生长是指药用植物个体、器官、组织或细胞在体积、重量和数量上的增加,是一个不可逆的量变过程,它是通过细胞分裂和伸长来体现的,可分为营养生长和生殖生长两部分,体现在整个生命活动过程中,通常可用大小、轻重和多少来加以度量,如根、茎、叶的生长等。发育是指药用植物在整个生长过程中,由于细胞的分化形成引起组织、器官的分化和形成。例如,根、茎、叶等营养器官的形成,花、果实、种子等生殖器官的形成都是发育。

就药用种子植物而言,营养器官发生阶段主要是种子萌发后,根、茎、叶等营养器官的生长,其分化比较简单,分化后生长占优势;生殖器官发生阶段,主要是以生殖器官的分化占优势,此阶段的分化较前阶段分化复杂。但生殖器官发生阶段，也伴有器官的生长，只是不占优势。

生长是量的增加，发育是质的变化。生长是发育的基础，没有相伴的生长，发育就不能继续正常进行。药用植物的生长和发育之间，并非始终是相互协调的。在生长发育过程中，会受到各种外界环境条件的影响，导致生长与发育的不协调，最终造成品质低劣或产量减少。了解药用植物的生长发育规律及其与环境条件的关系，对于药用植物栽培具有十分重要的意义。

一、药用植物的生活周期

绝大多数药用植物为种子植物。一个植物体从合子发育成种子开始，到新一代种子形成的整个过程称为生命周期或生活周期。按生命周期长短不同可以把药用植物分为3类。

1.一年生药用植物

在播种的当年完成种子萌发、开花结实、植株衰老死亡过程的药用植物。如草决明、牵牛、薏苡、曼陀罗、丝瓜、赤小豆、绿豆、王不留行、颠茄、续随子、补骨脂、扁豆等。

2.二年生药用植物(越年生药用植物)

在播种的当年种子萌发后进行营养生长，经过一个冬季，到第二年抽薹开花结实至衰老死亡过程的药用植物。如芥、当归、白芷、独活、牛蒡、菘蓝等。

3.多年生药用植物

每完成一个从营养生长到生殖生长的周期需要3年或3年以上的植物。如人参、细辛、党参、大黄、百合、贝母、延胡索、杜仲、厚朴、黄柏、刺五加、紫薇、连翘、六月雪、鸡血藤、木通、五味子、天麻、忍冬、蒲公英等。

需要说明的是，一年生和二年生药用植物之间，或二年生和多年生药用植物之间，有时是不容易截然区分的。如菘蓝、红花、月见草等，秋播当年形成叶丛，而后越冬，第二年春季抽薹开花，表现为典型的二年生药用植物。但是若将这些二年生植物早春播种，则当年也可抽薹开花，又表现出一年生药用植物的生育特点。

二、药用植物的生长发育过程

植物从种子萌发开始到再收获种子为止，经历种子时期、营养生长时期、生殖生长时期3个阶段，完成一个生长发育过程。不同药用植物因植物种类、繁殖方法和播种时间不同，生长发育过程存在差异。

(一)种子时期

指从种子的形成至开始萌发的阶段。这个时期可分为胚胎发育期、种子休眠期、发芽期3个阶段。

1.胚胎发育期

这一时期是在母体上完成的，从卵细胞受精开始，胚珠发育成为成熟的种子为止。

2.种子休眠期

采收以后的成熟种子多进入到休眠状态，为种子休眠期，有的休眠期较长，如山茱萸、黄连等;有的休眠期短,如红花、薏苡等。

3. 发芽期

种子经过休眠阶段,在适宜的温度、水分等条件下即可萌发。

(二)营养生长时期

种子萌发后进入幼苗期,标志着植物自养生活的开始。这一时期分为幼苗期、成株期和休眠期。

1. 幼苗期

种子萌发后进入幼苗生长期,为营养生长初期。多年生植物此时正是返青后开始抽生新苗和新枝的生长初期。这个时期,幼苗生长迅速,对温度适应能力较弱。如人参、黄连等药用植物,为防止强光照射,需适当为幼苗遮阴。

2. 成株期

幼苗期后植物进入旺盛生长,按固定的遗传模式和顺序,分生、分化形成不同形态、结构的营养器官(根、茎、叶),此时一年生植物根系、枝、叶生长旺盛,为下一段的开花、结实奠定营养基础。二年生或多年生植物将利用根、茎、叶生长剩余的光合产物,积累养分,形成块根、块茎、球茎等贮藏器官(地下部分),如半夏、贝母等。

3. 休眠期

二年生或多年生草本植物完成成株期,地上部分为适应酷暑或严冬等不良环境,逐渐枯萎,进入休眠阶段。此时对植物应做好保护措施,以免遭受寒、热伤害并尽量减少养分消耗。

(三)生殖生长时期

植物在营养生长基础上,内部开始发生一系列质的变化,逐渐转向生殖生长,孕蕾、开花、结实。这一时期可分为花芽分化期、开花期、结果期。

1. 花芽分化期

植物生长到一定阶段,在一定外界因素诱导下,顶端分生组织代谢类型发生变化,使其形态、结构也发生变化,生长锥发生花芽分化。花芽分化是植物由营养生长过渡到生殖生长的标志。对发芽分化最有影响的环境因素是温度和日照长度。由于不同植物的发芽分化时期与方式不同,孕蕾时间长短不同,有的时间长达一年,如山茱萸。一般植物在发芽分化期,茎叶和根部均同时生长。

2. 开花期

为现蕾开花到授粉受精时期。此时需要调节合适的光照、温度和水分。过高或过低的温度以及干旱、光照都会影响开花。

3. 结果期

花经受精授粉后,子房膨大形成果实和种子。此时是果实、种子类药用植物保证产量的关键时期,应供足水肥以利果实饱满成熟,并使茎叶等营养器官正常生长,使其养分输入果实、种子之中。

三、药用植物生长发育的周期性

由于地球的公转和自转，太阳辐射能量呈周期性变化，与环境条件相适应的植物有机体的生命活动也表现出同步的周期性变化。植物生长的周期性变化，与每天的或季节的环境条件变化密切相关。而植物内部因素，在多种周期性变化中也起着重要作用。

（一）植物生长曲线和生长大周期

植物个体的生长，不论是整个植株重量的增加，还是其茎叶的伸长、叶面积的扩大或果实、块茎体积的增加，都有一个生长的速度问题。植物一生的生长速度是不均衡的。主要表现是：一般初期较慢，以后逐渐加快，高峰期后又日渐减慢，直至停止生长，其基本生长方式呈现“慢—快—慢”的过程。如果在植物一生中，每隔一段时间测量一次株高、茎粗、叶面积、干重或鲜重，最后将其生长量随时间的变化绘成一条坐标线，则近似于“S”形变化。所以，又叫“S”形曲线，或称为植物生长的 Logistic 曲线。这种生长速率呈周期性变化所经历的 3 个阶段过程称为生长大周期，或称大周期生长。

生长过程中每一时期的长短及速度，一方面受该器官的生理机能的控制，另一方面又受到外界环境的影响。果实的生长速度，受种子发育及种子量的影响很大。利用这些关系，可以通过栽培措施控制产品器官（入药部位）——果实、块茎等的生长速度及生长量，以达到高产的目的。植物生长的周期性规律表明，任何需要促进或抑制生长的措施都必须在生长速率达到最高峰前实施，否则任何补救措施都将失去意义。

（二）季节周期性

在一年四季中，寒来暑往，植物的生长过程也表现出明显的周期性。自然界中，温带多年生植物在春季气温开始回升时发芽、生长，继而出现现蕾；夏、秋季高温下开花、结实及果实成熟；秋末冬初低温条件下落叶或枯萎，进入休眠。药用植物体内某些有效成分含量的高低，有时也呈季节周期性变化，如不同月份采收的牡丹皮中丹皮酚含量呈曲线形变化，3—6 月份由高逐渐降低，7、8 月份含量基本相近，9—11 月份又逐渐增加，11 月份达最大值，12 月份又逐渐降低。药用植物产量也呈周期性变化，如牡丹皮产量从 3—8 月份逐月增加，8 月份达最高值，9 月份呈下降趋势。由此可见，植物生长季节周期性与确定药用植物的适宜采收期有很大关系。

另外，树木的年轮一般是一年一圈。在同一圈年轮中，春夏季由于适于树木生长，细胞分裂快，体积大，所形成的木材质地疏松，色泽较淡，称早材或春材；到了秋冬季，细胞分裂减弱，细胞径小壁厚，质地紧密，色泽较深，称晚材或秋材。可见，年轮的形成也是植物生长季节性的一个具体表现。

（三）日生长周期

植物的生长周期，除了具有季节周期性变化以外，还具有日生长周期性变化。这是因为植物的主要生长因子温度、光照及水分具有昼夜变化，植物受到这种昼夜节奏生长因子的影响，表现出日生长周期性。

在日生长周期中，植物的生长速率和温度的关系最密切。植物正常的生长发育既需要光与暗的昼夜节奏，也需要温度有昼夜差异。通常在植物体内水分不亏缺的情况下，白昼适当高温有利于光合作用增强，夜间适当低温可使植物呼吸作用减弱，光合产物消耗减少，净积累增多，生长加快。因此，在一定范围的昼夜变化中，昼夜温差越大，植物的产量就越高，质量就越好。

药用植物体内某些有效成分含量的高低，有时也呈日周期性变化，这对于确定药用植物在适宜采收期内某时收获有很大关系。例如，薄荷油的含量呈现明显的日变化，据报道，在适宜采收期内，晴天时叶中油含量高于阴天，晴天中以 10～16 时含油量最高。

(四)生物钟

植物生长对昼夜与季节变化的反应，很大程度是由于环境条件的周期性变化而引起的。而有一些植物的生命活动则并不取决于环境条件的变化。人们很早就注意到菜豆、合欢、酢浆草等植物的叶子白天是水平展开的，而在夜间下垂合上。这种随昼夜节奏的运动，是这些植物的就眠运动。再如有些花在清晨开放，而另一些花在傍晚开放，这就是为了让白天活动的昆虫或夜晚活动的昆虫为它们授粉。实验证明，这种每日的就眠运动即使在外界连续见光或连续黑暗条件下也呈周期性的出现。因此，认为它是一种内在的周期，内生昼夜节奏的周期不是准确的 24 h，而是 22～26 h，所以也称近似昼夜节奏或生物钟。生物钟现象在自然界广泛存在，生物钟具有明显的生态意义。

大多数药用植物通过体内生物钟的节奏性，感受外界环境的周期性变化（如昼夜循环，季节变化等），来调节自身的生理活动节律，使它在一定的时期开始、进行或结束。所以，植物生长发育进程或行为的加强与减弱，是植物体内生物钟的节奏性与外界环境周期性变化共同作用的结果。

四、药用植物生长发育的相关性

植物的细胞、组织、器官之间，既有精细的分工又有密切的协调，既相互促进又相互抑制，形成统一的有机整体。植株体内不同器官之间相互依存、相互制约的关系称为生长相关性。不同药用植物的产品器官在形成过程中，一方面受同一个体其他器官生长的影响，另一方面又有各自对外界环境特殊的要求。了解药用植物相应器官生长相关性及其所需的特殊条件，是搞好药用植物栽培的基础。

(一)顶芽与侧芽、主根与侧根的相关性

植物的顶芽与侧芽由于发育早晚以及所处的位置不同，在生产上有着相互制约的关系。位于主茎顶端的顶芽占据顶端生长优势，影响侧芽的生长。植物主茎的顶芽抑制侧芽或侧枝生长的现象叫作顶端优势。如果剪除顶芽，侧芽就可萌发生长。由于顶端优势的存在，决定了侧芽是否萌发生长、侧芽萌发生长的快慢以及侧枝生长的角度。不同植物顶端优势强弱不同，有的顶端优势明显，有的则不明显。

很多植物的根也有顶端优势。主根与侧根的关系也和主茎相似，主根生长旺盛，使侧根生

长受到抑制。一般侧根在距主根根尖一定距离处斜向生长，当主根生长受到抑制时，侧根数量增多。去掉主根，侧根生长速度加快。育苗移栽时，主根受伤或被截断，可使侧根生长加快，根冠比(R/T)增大，肥水吸收更多，有利于地上部生长，这对培育壮苗是很重要的。

药用植物生产上，由于产品器官不同，有的需要利用与保持顶端优势，如以收获茎皮为对象的杜仲、黄檗、厚朴、合欢、玄参等；有的需要消除顶端优势，以促进分枝生长，如菊花、红花、狭叶番泻叶摘心，可增加分枝数，以提高产量；白芍生长到一定时期的修根则是为了促进主根伸长肥大；栽培麦冬幼苗时，要剪掉一段根茎，促使多发须根，增加产量。

(二)地上部分与地下部分的相关性

正常生长发育的植株需要的根系与树冠，经常保持一定的比例，通常用根冠比(R/T)来表示，即地下部分重量和地上部分重量(鲜重或干重)之比。这个比值可以反映植物生长发育状况。

一般情况下，根系生长旺盛的植物，地上部分枝叶多，地上部分生长良好又促进根系生长，根系与地上部分生长呈现明显正相关关系，"根深叶茂"指的就是这种正相关的关系。反之，地上部分生长过旺，消耗大量光合产物，使输入根系的光合产物减少，削弱了根系生长，从而使根冠比减小。影响根冠比值的因素有温度、光照、土壤通气性、水分、营养元素等生态条件，也有修剪等人为因素。

植物根生长要求的温度比冠部要低，故在气温低的秋末至早春，植物地上部分的生长处于停滞期时，根系仍有生长，根冠比因而增大；当气温升高，地上部分生长加快时，使根冠比减少。

在一定范围内，光照强度提高则光合产物增多，对根与冠的生长都有利。但在强光下，空气中相对湿度下降，植株地上部分蒸腾增加，器官组织中水分减少，茎叶的生长易受抑制，从而增大根冠比。反之，光照不足，向下输送的光合产物减少，影响根部生长，而对地上部分的生长相对影响较少，所以根冠比降低。

土壤通气性良好，有利于根的生长，吸收水肥就多，地上部分生长也好，使根冠比稍有增加。反之，土壤通气性不良，根系生长受阻，地上部分生长也受抑制，使根冠比减少。通常的中耕，能够疏松土壤，使土壤通气性增强，为根系生长创造良好的条件，使根冠比增大。

土壤中常有一定的可用水，所以根系相对不易缺水。而地上部分则依靠根系供给水分，又因枝叶大量蒸腾，所以地上部分水分容易亏缺。因此土壤水分不足对地上部分的影响比对根系的影响大，使根冠比增大。反之，若土壤水分过多，使根冠比减少。"旱长根，湿长苗"指的就是这种负相关的关系。

营养元素的种类和含量水平，对根冠比的影响有所不同。N 素过多降低根冠比，N 素少时增大根冠比。适当增施 P、K 肥，利于根系发育，通常能增加根冠比。土壤缺 Fe、B 时，根冠比下降。

在生产上，通过控制与调整根及根茎类药用植物的根冠比，是提高产量与品质的重要措施之一。如丹参、白芷，一般在生长前期，以茎叶生长为主，根冠比要小，生产上则要求较高的温度、充足的土壤水分与适量的氮肥。生长中期逐渐提高根冠比，至生长后期或接近收获期，应以地下部增大为主，根冠比达到最大值，生产上要求适当降低土温，减少氮肥供给，增施磷钾肥，从而提高产量。在药材生产中，有些药用植物根茎虽然不入药，但对产品器官的形成和产量有影响。如款冬花是未开放的花蕾入药，其花蕾生在地下根茎上，根茎生长的好坏，对花蕾的形成和产量的高低影响很大，需要以根冠比为指标，加强田间管理。

修剪对药用植物根冠比的影响程度，视修剪的时期和修剪的轻重而定。一般夏季修剪，改善了地上部枝叶的通风透光条件，增加了枝叶的生长量，根冠比下降。因此，夏季应根据植株的茎叶生长情况进行适量修剪。秋、冬季节，叶部制造的代谢产物大量供应根部生长，若在此时修剪，就会严重阻抑根系生长，甚至诱发枝条再抽冬枝，消耗水分。因此，冬季修剪不宜太早，应在寒冬腊月进行。修剪植物根系，可促使根群进一步生长，根冠比增大。因此，移栽时除去部分根，有利于侧根生长，根冠比增加。

(三)营养生长与生殖生长的相关性

营养生长是指根、茎、叶等营养器官的生长，花、果实、种子等繁殖器官的生长称为生殖生长。两者之间存在着相互依赖、相互制约的辩证统一关系。主要表现在营养生长是生殖生长的基础，即生殖器官的绝大部分养分是由营养器官同化合成的。营养器官生长得好坏，直接影响到生殖器官的发育，生殖生长也同样影响营养生长。一般药用植物在生育中期，营养生长尚在继续，而生殖生长与它相伴进行，此时光合产物既要供给生长中的营养器官，又要供给发育中的生殖器官。由于花和幼果常成为营养分配中心，营养优先供给花与果，这样势必影响营养器官的生产。某些种类的竹林在大量开花结实后会衰老死亡，主要是由于果实消耗了大量营养物质的缘故，这在肥水不足的条件下表现更为突出。

在生产上，要适度调节营养生长与生殖生长的关系。如以花、果实、种子为收获器官的药用植物，在开花前重点培育壮苗，使营养器官生长发育茁壮，为生殖生长打下良好的物质基础。同时要防止生长过旺，造成花期推迟、落果、种子空瘪等现象。以收获果实、种子为目的木本药用植物，大量结实会使树势衰弱，影响花芽的形成，使来年产量降低，造成大小年现象。适当供应水、肥、合理修剪或适当疏花、疏果能克服此现象。而对于茎、叶为入药部位的植物，则可采取增施氮肥、供应充足的水分、摘除花蕾和修剪等措施来控制生殖器官的生长。

(四)极性与再生性

植物体形态上下两端各具有不同生理特性的现象称极性。与植物分离的部分(细胞、组织或器官)具有长成新植株体的能力称再生性。植物体的极性在受精卵中已形成，并延续给植株。当胚长成新的植株时，仍然明显表现出极性。如一段枝条，其形态学上端(远基端)总是长出芽，而形态学下端(近基端)总是长出根。不同器官极性的强弱不同，一般说来，茎＞根＞叶。

极性和再生性原理在药材生产上应用十分广泛。如枸杞、菊花等用枝条扦插或丹参、地黄分根繁殖时要注意枝条和根的极性，顺插才容易成活。在嫁接繁殖中极性也很重要，如果接穗与砧木在形态上是相同的，嫁接容易成活。

五、药用植物产量和品质

药用植物栽培最终的效益要由植物产量和品质共同决定。其产量和品质的形成，主要来源于光合产物的积累、转化和分配，并通过药用植物个体生长发育及生理生化过程，使光合产物转化成结构复杂的一系列次生代谢产物。

(一)药用植物产量

药用植物栽培的目的是获得较多的有经济价值的中药材，其生产指标常用产量来表示。产量通常分为生物产量与经济产量两种。

生物产量是指药用植物在其一生中积累的全部干物质的总量。由于地下部分的真实重量很难测定，因此，在一般情况下，生物产量指的是地上部分总干物质重。对于一些以地下部分器官为产量的药用植物，如地黄、丹参、山药、人参等，生物产量为地下部分和地上部分干物质重总量。

经济产量是指收获的具有经济价值的产品产量，即目标产品的收获量。人们常讲的产量指的就是经济产量，包括单产和总产两个内容。单产，我国通常是指每公顷耕地上所收获的产品产量；总产，是指某一行政区域或生产单位所生产的全部产量。在药用植物中，由于可供直接药用或供制药工业提取原料的药用部位不同，各种药用植物提供的产品器官也不相同。例如，根及根茎类药用植物提供的产品器官是根、根茎、块茎、球茎、鳞茎等；果实种子类药用植物提供的产品器官是果实、种子；花类药用植物提供产品器官是花蕾、花冠、柱头、头状花序；皮类药用植物提供的产品器官是茎皮、根皮；叶类药用植物提供的产品器官是叶；全草类药用植物提供的产品器官是植物全株。药用植物种类不同，入药部位也不相同。例如，黄柏、肉桂等用茎皮；党参、桔梗、当归、白芷、玄参等用根；细辛、薄荷、荆芥、鱼腥草、白花蛇舌草和绞股蓝等用全草；宁夏枸杞、五味子、山茱萸、薏苡和罗汉果等用果实或种子。同一药用植物，栽培目的不同提供的产品器官不同。例如，栝楼，若以其根为收获对象，可种植以雄株为主得到药材天花粉；以其果实为收获对象，种植时以雌株为主，其果实的不同组分分别为不同用途的药材——栝楼、栝楼皮、栝楼仁。

生物产量是形成经济产量的物质基础。但生物产量一定时，经济产量的高低取决于生物产量形成经济产量的效率。衡量这一效率的高低的系数称为经济系数。其值为经济产量与生物产量的比率：

$$经济系数=经济产量/生物产量$$

经济系数的高低仅表明生物产量转运到经济产品器官中的比率，并不表明经济产量的高低。通常情况下，经济产量与生物产量成正比，生物产量高，经济产量也高。不同药用植物的经济系数有所不同，其变化与遗传基础、收获对象、产品器官的化学成分以及栽培管理、产地环境对植物生长发育的影响有关。一般来说，收获营养器官的植物，如药用部位为全株(草)的，其经济系数较高(可接近100%)；药用部位为根或根茎者，经济系数也较高(一般可达50%～70%)；药用部位为子实或花者，则经济系数较低(如番红花以柱头入药，其经济系数就更低)。同为收获子实的植物，产品以糖类为主的比含蛋白质和脂肪为主的经济系数要高。虽然，不同植物的经济系数有其相对稳定的数值变化范围。但是，可以通过优良品种选育、农家种改良、优化栽培技术及改善环境条件等，可以使经济系数达到高值范围。

1. 产量构成因素

决定药用植物产量高低的直接参数，称为产量构成因素。由于药用植物产量是以土地面积为单位的产品数量，因此可以用单位面积上的各产量构成因素的乘积计算。单位土地面积上的药用植物产量随产量构成因素数值的增大而增大。药用植物种类不同,其产量构成因素也不同(表1-1)。

表1-1 各类药用植物的产量构成因素(郭巧生,2004)

药用植物类别	产量构成因素
根类	株数、单株根数、单根鲜重、干鲜比
全草类	株数、单株鲜重、干鲜比
果实类	株数、单株果实数、单果鲜重、干鲜比
种子类	株数、单株果实数、每果种子数、种子鲜重、干鲜比
叶类	株数、单株叶片数、单叶鲜重、干鲜比
花类	株数、单株花数、单花鲜重、干鲜比
皮类	株数、单株皮鲜重、干鲜比

产量是各构成因素之积,理论上任何一个因素的增大,都能增加产量,但实际上并非如此,各个产量因素很难实现同步增长,它们之间存在着一定的负相关关系。例如,以营养器官根和根茎为产品的药用植物,单株根数和单根鲜重随栽植密度增加而降低。种子类药用植物,单位面积上株数增加时,单株果实数、单株种子数明显减少,种子千粒重亦会下降。花类药用植物,如红花是以花冠入药,花头多,花冠大而长,产量高,而花头多少除与品种遗传形状有关外,还与密度有关,分枝多少与密度呈负相关,花头多少即分枝多少与花头大小呈负相关,花头大小一定时,花冠大小与小花数目多少呈负相关。这说明,欲想获得药用植物的高产,就必须明确高产的主攻方向,在各产量构成因素间找到一个平衡点,实现高产的最佳组合。

2.提高药用植物产量的途径

药用植物产量形成过程,是其植物体在生长发育过程中,利用光合器官将太阳辐射能转化为生物化学能,将无机物转化为有机物,最后转化为有经济价值的产品器官的过程。药用植物要想完成此过程,必须先形成光合器官和吸收器官,继而形成产品器官,最后是产量内容物的形成、运输和积累。因此,药用植物产量的形成与器官的分化、发育以及光合产物的分配和积累密切有关。药用植物产量形成涉及三大器官(光合器官、吸收器官、产品器官)的建成和干物质的积累与分配。提高药用植物产量,就是要围绕选择优良品种和创造良好的器官建成及其干物质积累与分配的条件。

(1)植物产量形成的"源库"理论　1928年,Mason和Maskell通过碳水化合物在棉株内分配方式的研究,提出了作物产量源库理论(Source-Sinktheory)来描述作物的产量形成。之后,人们就常以源库的观点来探索作物高产的途径。然而,源和库究竟谁是产量提高的限制因子,如何协调二者的关系获得更高的产量,有人认为光合产物供应不足是限制产量的主要因素,主张从增加光合产物入手,而有的人认为容纳光合产物库的大小才是决定因素。

源(source)是形成同化产物的器官,其物质流向是输出;库(sink)指的是贮存同化产物的器官,其物质流向是输入。从根本上说,源是植物进行光合作用的绿色的器官,主要是成熟叶片,还有绿色的茎以及绿色的果,其所含的叶绿体,则是原初的、真正的生理上的源。库的情况要复杂得多,凡是输入同化产物的部位就是库,主要有分生组织(如幼叶等)、营养性的贮藏器官(如块根、块茎、鳞茎、球茎、叶球等)、生殖性的贮藏器官(如种子、果实、花球、花薹、花蕾等)。另外,流(transportation)是指源和库之间同化物的运输通道或能力。

同一株药用植物，源和库是相对的，随着生育期的演进，源库的地位有时会发生变化，有时也可以互相替代。从生产上考虑，首先必须有大的源以供应大的库；其次源与库之间的距离短，以减少同化物在运输途中的无谓消耗；再次，如果在同一生育时期同时存在几个库，库之间的物质分配也很重要，这种分配既有竞争关系，也受物种的遗传性、外界环境条件及其栽培管理措施的影响。

(2)提高药用植物产量的途径

①提高源的供给能力。提高药用植物产量的实质是增加光合产物的同化能力，即增加源的供给能力。生产上主要方法有以下几点：

第一，增加光合作用的器官。据推算，栽培植物对太阳辐射能的利用效率在5%左右，但在实际生产上栽培植物对太阳辐射能的转化效率只有0.1%～1.0%。理论可能与实际转化率之间的差异是由多种因素造成的，包括栽培植物本身的原因及其环境因素的影响。植物进行光合作用的主要器官是叶片，单株或群体叶面积大，接受光能就多，物质生产的容量就大，反之，物质生产的容量就小。所以增加单位土地面积上的叶面积是扩大源的供给能力的最基本的保证。

叶面积指数(LAI)是指群体的总绿色叶面积与该群体所占的土地面积的比值。提高叶面积指数(LAI)可以采取的措施有：一是建立适宜的田间种植密度。LAI过小，光合面积小；LAI过大，叶层(或称冠层)互相遮阴，降低底层叶片的光合作用。每种栽培植物都有其自身最适宜的LAI，一般茄科、豆科植物LAI大都在3～4，蔓性瓜类爬地植物只有1.5，很少超过2，而搭架栽培可达4～5。二是建立适宜的田间复合群体结构。通过间作、套种等种植方式建立复合的群体结构，使群体达到LAI最大值的时间较早且持续时间长。

第二，延长叶子寿命。一个植株叶片寿命的长短与光、温、水、肥等因素有关。一般光照强，肥水足，叶色浓绿，叶子寿命就长，光合强度也高，特别是延长最佳叶龄期的时间，光合产物积累率高。

第三，增加群体的光照强度。任何一种植物在光饱和点(或略高于光饱和点)左右的光照越多，时间愈长，光合产物积累就愈多。无论遮阴栽培或保护地栽培，都要保证所供给的光照强度不低于光饱和点或接近于光饱和点的光照强度。对于露地栽培的植物，要保证群体中各叶层接受光照强度总和为最高值。生产上建立科学合理的群体结构是增加群体的光照强度的重要措施，欲建立合理的群体结构应依据植物种类、品种与外界环境条件及栽培管理水平等综合而定。利用不同药用植物光饱和点各异的特点，选择高光饱和点植物与低光饱和点植物间、混作，既能提高复合群体的LAI，相应地也提高了喜光植物群体中各叶层的受光强度，而处于下位的低光饱和点的植物受光也适宜。

第四，创造适宜药用植物生长发育的温、水、肥条件。有了充足的光照条件，如果没有适宜的温、水、肥条件作保证，光合强度也不会提高。因此，适期播种、适时适量的追肥、灌溉是提高光合强度的基础。

第五，提高净同化率。提高净同化率的主要措施是提高光合强度、延长光合时间和减少呼吸消耗。降低呼吸消耗的有效措施是增加昼夜温差。昼夜温差大，白天光合积累多，夜晚呼吸消耗少，干物质积累就多。增加昼夜温差对于保护地栽培较为容易调节，而对于露地栽培，则应从选地、播种期、增设保温棚等措施入手。生产上提高净同化率的效果没有增加叶面积明显。但是到了生长发育后期尤其是产品器官的形成期，群体的叶面积增加已达到一定限度，这时使净同化率不下降，就成了影响产量的主要因素。

②提高库的贮存能力。生产上提高库的贮存能力主要措施有两点：

第一，满足库生长发育的条件。生产上必须满足植物各个生育时期（分化期、生长期、膨大期、灌浆期）的温、光、水、气、肥的条件，使其能够正常的生长发育。

第二，调节同化物分配去向。植物体内同化物分配总的规律是由源到库。但是，在同一生长发育时期尤其是在营养生长与生殖生长并进时期存在着多个源库单位，各个源库对同化物的运输分配都有分工，各个源的光合产物主要供应各自的库。从生产角度来讲，对于那些没有经济价值的库，可以通过栽培措施加以除掉，使其光合产物集中供应有经济价值的库。例如，根及根茎类药材，种子库没有用（繁殖用除外），栽培上应及时摘蕾，改变养分输送中心，使养分集中向根部输送。

③缩短流的途径。植物同化物由源到库是通过流来运输的。运输线路窄而长，运输效率低，分配的同化物少。同化物运输途径是韧皮部，据报道，小麦穗部同化物的输入量与韧皮部横切面成正比，可见韧皮部输导组织的发达程度是制约同化物运输的一个重要因素。源与库相对位置的远近也影响运输效率和同化物的分配。通常情况下，库与源相对位置较近，能分配的同化物就多。

（二）药用植物品质及其影响因素

1. 药用植物品质

药用植物的品质是指产量器官，即目标产品的质量，其优劣是按人类需求为标准的。目前，具体评价药用植物品质的指标主要有形态指标和理化指标两类。形态指标是根据产品外观形态来评价药用植物品质优劣的指标，包括色泽（整体外观与断面）、质地、形状、大小、长短、粗细、厚薄、整齐度等；理化指标是根据产品的生理生化分析结果评价药用植物品质优劣的指标，包括药用成分或活性成分多少、有无农药残留、重金属以及卫生指标等。药用植物品质通常需要对两类指标加以综合评价后，才能确定其优劣。

（1）药用成分　药用植物产品的功效是由其所含的有效成分或活性成分作用的结果。有效成分含量高低、各种成分的比例等，是衡量药用植物产品质量的主要指标。目前已明确的药效成分种类有：糖类、苷类、木质素类、萜类、挥发油、鞣质类、生物碱类、氨基酸、多肽、蛋白质和酶、脂类、有机酸类、树脂类、植物色素类及无机成分等。如含糖类成分的药用植物有山药、大枣、地黄、黄精等，含苷类成分的药用植物有苦杏仁、大黄、黄芩、甘草和洋地黄等。

药用植物中所含的药效成分因种类而定，有的含2～3种，有的含多种。有些药效成分含量虽微，但生物活性强。含有多种药效成分的药材，其中必有一种起主导作用，其他是辅助作用。药用植物所含的药效成分种类、比例、含量等都受环境条件的影响，也可以说是在特定的气候、土质、生态等环境条件下的代谢（含次生代谢）产物。有些药材的生境独特，虽然我国幅员广阔，但完全相同的生境不多，这可能是药材道地性的成因之一。因此，在栽培药用植物尤其是引种栽培时，一定要检查分析成品药材与常规药材或道地药材在成分种类上、各种成分含量比例上有无差异。这也是衡量栽培或引种是否成功的一个重要标准。

（2）农药残留物及重金属等外源性有害物质　栽培药用植物有时需使用农药，但应检查有无化学农药残留和重金属污染，残留物超标者禁止作为药材。目前，我国已经规定了禁止使用的农药及农药和重金属等外源性有害物质的安全限量。

(3)色泽　色泽属于药材的形态指标之一。每种药材都有自己的色泽特征。许多药材本身含有天然色素成分(如五味子、枸杞子、黄柏、紫草、红花及藏红花等)，有些药效成分本身带有一定的色泽特征(如小檗碱、蒽苷、黄酮苷、花色苷及某些挥发油等)。从某种意义上说，色泽是某些药效成分的外在表现形式或特征。

药材是将栽培或野生的药用植物的入药部位加工(干燥)后的产品。不同质量的药材采用同种工艺加工，或相同质量的药材采用不同工艺加工，加工后的色泽，不论是整体药材外观色泽还是断面色泽，都有一定区别。所以，色泽又是区别药材质量好坏，加工工艺优劣的性状之一。

(4)质地、大小与形状　药材的质地既包括质地构成，如肉质、木质、纤维质、革质、油质等，又包括药材的硬韧度，如体轻、质坚、质硬、质韧、质柔韧(润)、质脆等。

坚韧程度、粉质状况如何，是区别药材等级高低的特征性状。

药材的大小，通常用直径、长度等表示。绝大多数药材都是以个大者为最佳，个别药材(如平贝母)是有规定标准的，超过标准的为二等。分析测定结果，超过规定标准的平贝母，其生物碱含量偏低。

药材的形状是传统用药习惯遗留下来的商品性状，如整体的外观形状(块状、球状、纺锤形、心形、肾形、椭圆形、圆柱形及圆锥形等)，纹理状况，有无抽沟、弯曲或卷曲、突起或凹陷等。

用药材的形状和大小进行分级，是传统遗留下来的方法。随着药材活性成分不断地被揭示，检测手段越来越先进，将药效成分与外观形状结合起来分级才更为科学。

2.影响药用植物品质的因素

影响药用植物品质的因素很多，情况也很复杂。就栽培过程而言，从种子、种植、田间管理、收获、加工到贮藏、运输等各个环节都可以影响其品质。就栽培环境而言，栽培地的气候、土质、水肥等生态条件对药用植物品质形成及其质量关系密切。另外，从业人员的素质与技术水平也对其较大影响。

(1)种与品种的遗传性　药用植物的生长发育按其固有的遗传信息所编排的程序进行，每一种植物都有其独特的生长发育规律，植物遗传差异是造成其品质变化的内因。基因类型不变，药用植物化学成分则相对保持不变。反之，植物化学成分亦发生变化。药用植物次生代谢产物生物合成受遗传调节的一个典型例子是 Romeik 所做的实验：将以含东莨菪碱为主的多利曼陀罗(*Datura ferox*)与主含莨菪碱的曼陀罗(*D. stramonium*)杂交，子一代全部植株含东莨菪碱为主，而在其子二代中 75%的植株以含东莨菪碱为主，25%的植株以含莨菪碱为主，其比例恰好为 3:1。类似的实验已证明植物次生代谢产物的生物合成与其他生物学现象一样，遵循孟德尔-摩尔根的遗传学规律。

目前，我国栽培的药用植物品种约千种，大面积生产的也有 300 多种，但其中一半左右是近几十年来野生变家种的种。传统栽培的药用植物也选育出一些优良品种、品系或类型，如红花、枸杞、地黄、薄荷、栝楼等，但推广应用的面积都不太大，尚有一些地方仍沿用传统品种栽培。例如，享有盛名的宁夏枸杞以大麻叶品种最佳，果大、肉厚、汁多、味甜，而当地一些其他品种都不如大麻叶。可是，现阶段宁夏枸杞栽培中，仍有许多地方不使用大麻叶品种。类似的情况在红花、当归、地黄、人参等药材中普遍存在。有些药材(如黄芪、白头翁、王不留行、独活等)由于产区广泛,地区用语及使用习惯的不同,把同科属不同种植物的入药部位当作一种药材使用,临床应用久远,功效相近,药典以收载准用,但近年来分析比较,它们的质地、含量、产量等性状也有优劣之差。所以,药材的商品质量差异较大。这些形状的差异,许多都是遗传基因所致。例如,蒙古黄芪的茎直立性差,根部粉性大;而膜荚黄芪茎挺立,根部粉性小。值得注意的是,白头翁、王不留行、贯众、石斛等药材,全国各地植物来源都在10种以上,贯众多达30余种,有的甚至是不同科的植物,严重到以假乱真的地步。

(2)气候生态因素的影响 药用植物有效成分的形成、转化与积累、产品的整体形状、色泽等受地理、季节、温度和光照等因素的深刻影响,出现的差异也是很大的。例如,在植物生长期间适宜温度和湿润的土壤或高温高湿环境,有促进碳水化合物糖、淀粉以及脂肪等的合成,而不利于生物碱及蛋白质的合成;若空气干燥和高温条件,可促进蛋白质及其他含氮物质的合成,不利于碳水化合物和油脂的形成。

环境条件的影响,主要是与海拔高度、温度、光照度和土壤密切相关。例如,山莨菪中的山莨菪碱含量,在一定海拔高度内,有随生长地海拔高度升高而增加的趋势。据报道,在海拔2 400 m时含量为0.109%,海拔2 800 m时含量为0.196%。从纬度看,我国药用植物中挥发油含量,越向南越高,而蛋白质、生物碱越向北越高。光照充足可使某些药材药效成分增加。如薄荷中挥发油含量及油中薄荷脑含量均随光照强度增强而提高,晴天比阴天含量高;人参皂甙含量也随光照强度增强而提高。

(3)栽培与加工技术的影响 栽培与加工技术的高低对药材质量的影响甚大。就栽培技术而论,从选种、选地与整地、播种、田间管理、收获、加工到贮藏、运输等每一个环节不仅影响其产量,而且影响其品质。加工技术的好坏直接影响到药材的理化指标与形态指标。每一种药用植物的鲜品对干燥的温度、方法都有一定的要求,在适宜的温度范围内应用科学的加工方法,药材干燥的内在质量和外观形状较好。例如,含挥发油类的药材,采收后只能阴干,而不能放在强光下晒干。当归晒干、阴干的产品色泽、气味、油润等性状均不如熏干得好。

3.提高药用植物品质的途径

(1)加强药用植物的品种选育和推广工作。药用植物起源于野生植物。药用植物品种是人类在一定的生态与经济条件下,根据自己的需要而创造的药用植物群体。所谓品种必须符合生产的需要,具备完成生产目标的潜力且对所处的生态环境有一定的适应性;而且不论其种植面积大小,必须具备相对稳定的遗传性,同一品种必须保持生物学和形态学上的相对一致性,这样在生产上才具有利用价值。优良品种能充分利用自然资源和生产条件,克服诸如倒伏、病虫危害等一些生产中常见的障碍因子。因此,选择适宜的优良品种是药用植物生产的一个重要环节。

一般说来,优良品种应在以下几个方面具备一定的特点:

①丰产性 这是优良品种应具备的最基本条件。品种的丰产性是多种形态特征和生理特征的综合表现。一般说来,高产品种既要有较高的生物产量和经济系数,又要有合理的产量结构。

②稳产性 品种的稳产性是丰产性的基本保证。品种的稳产性主要受其抗性的影响。一般说来,优良品种应该对当地的主要病虫害和自然灾害具有一定的抗性。

③优质性　药材之所以能够防病治病就在于其内的有效成分的高低，品种的优质性将决定药用植物效益的重要因素。

④广适性　品种的适应性是决定品种种植范围大小的重要因素。广适性要求品种能适应较大地区范围的气候条件和土壤条件。

与大田作物比较，药用植物的品种选育和推广工作相对滞后。许多栽培的药用植物还处于野生、半野生或地方种(农家种)状态，少数选育的优良品种推广面积小，某些具有特殊生物学性状或适应范围较窄的药用植物，其生产水平更低。鉴于此，为进一步推动中药材事业的发展，就必须加强药用植物的品种选育与推广工作，对栽培历史较久，用量较大，品种资源丰富的那些药材，应把品种选育和良种推广结合起来，品种选育应侧重于品质育种。有些药用植物特别是许多多年生药用植物，应把良种提纯复壮与新品种选育结合起来，适当侧重于良种的提纯复壮。许多野生变家种的药用植物，应广泛收集品种资源，从中选优繁育推广，为进一步应用现代育种手段培育新品种创造条件。

(2)制定标准化的栽培技术规程。任何地区或生产单位，在已有或新建药用植物生产基地时，都应在严格遵循《中药材生产质量管理规范(试行)》准则下，根据各自的生产品种、环境特点、技术状态、经济实力和科技水平，制定出切实可行、达到 GAP 要求的方法和措施的标准操作规程(SOP)。

当前生产上存在的薄弱环节有：农业环境质量的现状评价及改进办法；标准化的栽培技术流程；病虫害种类、发生规律的研究及综合防治方法；肥料的合理使用及农家肥的无害化处理；农药使用规范及安全使用标准；药材质量的检测与认证(国家标准与企业标准)；药材的包装物及说明书等。

各个中药材生产地区或单位应在中药材的 GAP、SOP 的指导下，逐步解决药用植物生产中存在的主要问题。根据药用植物生长发育规律及特点，不断改进种植方式和栽培技术，从而达到药用植物优质、高产、高效、低耗的生产目的。

(3)改进与完善加工工艺和技术。目前，多数药材的加工仍停留在传统的加工工艺和手段上，传统加工工艺与方法绝大多数是科学的。但是，随着中药材生产的区域化、规模化、专业化发展态势，传统加工方法效能不能适应大规模生产需要。应该积极汲取现代科技发展成果，在保证加工质量的基础上，创建现代的加工工艺与技术，不断提高药材加工机械化、自动化水平。

◙ 任务实施

技能实训 1-1　调查当地主要药用植物及其发展前景

一、实训目的要求

1. 通过调查，了解当地主要药用植物种类；
2. 收集市场信息，了解中药材发展前景。

二、实训材料用品

实训基地的各类药用植物、记录本、笔、计算机等。

三、实训内容方法

(1)实地调查　在校外实训基地进行调查,记录主要药用植物种类。

(2)上网搜索　记录主要药用植物种类、产地、药用部位以及功效、产量、价格等。

四、实训报告

列表记录当地主要药用植物种类(包括分类,产地、药用部位、功效、产量、价格等)。

五、成绩评定及考核方式

以实训报告及实训表现综合评分。

技能实训1-2　识别常见药用植物形态特征

一、实训目的要求

通过图片和实物,了解常见药用植物植株形态特征。

二、实训材料用品

实训基地的各类药用植物及标本、图片,记录本、笔、计算机等。

三、实训内容方法

(1)通过上网搜索或教师图片讲解,初步了解药用植物的根、茎、叶、花、果实等器官形态和种类;

(2)实地调查:在校外实训基地对各类药用植物植株形态进行观察并记录其主要形态特征特点。

四、实训报告

列表记录10种主要药用植物形态特征(包括其根、茎、叶、花、果实等器官形态特点)。

五、成绩评定及考核方式

以实训报告及实训表现综合评分。

【思考与练习】

1.药用植物生长与发育的关系。

2.植物顶芽与侧芽、主根与侧根的相关性。

3.营养生长与生殖生长的关系。

4.提高药用植物产量的途径。

5.提高药用植物品质的途径。

任务2　环境条件对药用植物生长发育的影响

知识目标

- 熟悉温度对药用植物生长发育的影响。
- 熟悉光照对药用植物生长发育的影响。
- 熟悉水分对药用植物生长发育的影响。
- 熟悉土壤对药用植物生长发育的影响。

能力目标

- 能够判断极端温度对药用植物对生长发育的影响。
- 能够通过光照强度、光质、光周期解决生产中的实际问题。
- 能够判断药用植物生产过程的需水量与需水临界期。
- 能够利用主要土壤因素解决药用植物生产中的实际问题。

相关知识

药用植物栽培的环境是指药用植物生长发育的外界条件，是由很多环境因子组成的，其中包括温度、光照、水分、土壤等。在药用植物栽培过程中，利用、控制各种生态因子，使其有利于药用植物的生长发育，而获得优质、高产，同时要注意各种环境因子对药用植物有效成分的影响，获得更高的药用价值和经济效益。

一、温度对药用植物生长发育的影响

温度是植物生长发育的重要环境因子之一。植物只有在一定的温度范围内才能进行正常的生长发育，超出这个温度范围，生理活动就会停止，甚至全株死亡。这个温度区间对于植物生长来说，可以进一步细分为最低温度、最适温度和最高温度，概括为植物温度“三基点”。在此温度区间内，植物处在最适温度条件的时间越长，对其生长发育和代谢越有益。

1. 药用植物对温度的要求

药用植物种类繁多，对温度的要求不一，根据对寒温热反应不同，可分为4类：

(1)耐寒药用植物　一般能耐－2～－1℃低温，短期内可忍耐－10～－5℃低温，最适同化温度15～20℃。或者到了冬季地上部分枯死，地下部分越冬能耐0℃以下低温，甚至－10℃低温的药用植物。如人参、细辛、百合、平贝母、五味子、羌活、薤白、大黄、石刁柏、刺五加等。

(2)半耐寒药用植物　能耐短时间－2～－1℃低温，最适同化温度17～23℃。如萝卜、菘蓝、黄连、枸杞、知母和芥菜等。

(3)喜温药用植物　种子萌发、幼苗生长、开花结果都要求较高温度，最适同化温度20～30℃，花期气温低于10～15℃则授粉不良或落花落果。如颠茄、枳壳、曼陀罗、望江南、川芎、金银花等。

(4)耐热药用植物　生长发育要求温度较高，最适同化温度多在30℃左右，个别植物可在40℃下正常生长。如槟榔、罗汉果、砂仁、苏木、丝瓜、刀豆、冬瓜及南瓜等。

药用植物对温度的要求因种类、品种及其生育时期的不同而异。一般种子萌发、幼苗生长时期要求温度略低些，营养生长期温度渐渐升高，生殖生长期要求温度较高。产品器官形成期，花果类要高；根及根茎类要求昼夜温差大。药用植物各个生育时期以花期对温度变化最敏感。了解药用植物各生育时期对温度要求的特性，是合理安排播种期和科学管理的依据。

温度对药用植物的影响分为地温和气温两方面。一般气温影响植株的地上部分，地温影响植株的地下部分。通常情况下，气温在一天之中变幅较大，而地温则变幅较小。根及根茎类药用植物地下部分的生长，受温度影响较大。一般根系在20℃左右生长较快，地温低于15℃仍能生长，但生长速度减慢。在最适温度范围内，根及根茎类药用植物生长量的大小、生长率的高低与温度高低呈正相关。

温度与药用植物生产的关系是非常密切的。常用的温度指标除上述的三基点温度外，还有农业界限温度、积温等。农业界限温度，又称界限温度，是指标志某些重要物候现象或农事活动的开始、终止或转折的温度。生产上常用的界限温度有0℃、5℃、10℃、15℃和20℃。积温是指某一时段内逐日平均气温积累之和。它是研究药用植物生长、发育对热量的要求和评价热量资源的一种指标，分为活动积温和有效积温两种。有了这些参数，可以根据当地气温情况，确定药用植物安全播种期。

2.极端温度对植物的影响

(1)低温对植物的危害　在温度过低的环境中，植物的生理活动停止，甚至死亡。低温对植物的伤害主要是冷害和霜害。冷害是生长季节内0℃以上的低温对植物的伤害。低温使叶绿体超微结构受到损伤，或引起气孔失调，或使酶钝化，最终破坏了光合能力，低温还影响根系对矿质养分的吸收，影响植物体内物质运转，影响授粉受精。霜害是指春秋季节里，由于气温急剧下降到0℃以下(或降至临界温度以下)，使茎叶等器官受害。

(2)高温对植物的危害　高温使植物体非正常失水，进而产生原生质的脱水和原生质中蛋白质的凝固。高温不仅降低生长速度，妨碍花粉的正常发育，还会损伤茎叶功能，引起落花落果等。

3.春化现象

春化现象是指由低温诱导而促使植物开花的现象。用人工方法对植物进行低温处理，使其完成春化过程称为春化处理。春化处理可诱导很多植物开花。需要春化作用的植物主要起源于亚热带及温带的植物，如当归、白芷、菊花、菘蓝等。而起源于热带的一些喜温植物，如曼陀罗、颠茄、望江南等，一生均喜高温，这些植物不存在春化现象。需要春化的植物通过低温春化后，要在较高的温度下，并且多数还需要在长日照条件下才能开花。所以，春化作用只是对开花起诱导作用。

植物种类不同，要求的春化处理的温度也不同。如萝卜5℃，芥菜0～8℃。植物春化作用的有效温度一般在0～10℃，最适温度为1～7℃。不同植物对春化作用所要求的低温时间也不一样，一般冬性越强，要求的春化温度越低，通过春化作用所持续的时间越长，如芥菜20 d，萝卜3 d。植物通过春化作用的方式有两种：一种是萌动种子的低温春化，如芥菜、大叶藜、萝卜等；另一种是营养体的低温春化，如当归、白芷、牛蒡、大蒜、芹菜及菊花等。萌动种子春化处理掌握好萌动期是关键，控制水分是保持萌动的一个有效方法。营养体春化处理需在植株或器官长到一定大小时进行，没有一定生长量，即使遇到低温，也不进行春化作用。例如，当归幼苗根重小于0.2 g时，植株对春化处理没有反应；根重大于0.2 g经春化处理后100%抽薹开花；根重在0.2～2 g，抽薹开花率与根重、春化温度和时间有关。感受低温春化处理的部位为：萌动种子是胚，营养体的春化部位主要在生长点。在药用植物栽培中，应根据栽培目的合理控制春化的温度及时期。例如，在当归栽培中，若采收药材，则要防止“早期抽薹”现象，可通过调整播期控制温度及时期，避免春化；若要采种，则需进行低温春化处理，促使其开花结果。

二、光照对药用植物生长发育的影响

光对植物的影响主要有两个方面：一是绿色植物进行光合作用的能量来源；二是能调节植物的生长、发育和分化。因此，光照强度、日照长短及光质都与药用植物的生长发育有密切的关系，并对药材产量和品质产生影响。

1.光照强度对药用植物生长发育的影响

植物的光合速度与光照强度密切相关，在一定范围内，光合速度随着光照强度的增加而加快。但光照强度超过一定范围后，光合速度的增加减慢，当达到某一光照强度时，光合速度不再增加，这种现象称光饱和现象。这时的光强度称光饱和点。当光照强度超过光饱和点，此时常伴随着高温，由于植物蒸腾作用加剧，细胞水势势必出现负值，从而光合速度下降；相反，光强度逐渐减弱，光合速度随之减缓，待到光强度下降到某一程度时，光合速率等于呼吸速率，此时的光照强度称光补偿点。植物只有在光强度高于光补偿点时，才能积累干物质。不同植物的光补偿点与光饱和点存在差异。根据植物对光照强度的需求不同，将植物分为3种类型。

(1)阳生植物(喜阳植物)　要求有充足的直射阳光，光饱和点为全光照的100%，光补偿点为全光照的3%～5%。光照不足，植株生长不良甚至死亡，产量低。如丝瓜、栝楼、地黄、菊花、红花、芍药、山药、颠茄、枸杞、龙葵、薏苡、薄荷、北沙参、蛔蒿及知母等。

(2)阴生植物(喜阴植物)　不能忍受强烈的阳光直射，喜欢生长在阴湿的环境或树林下，光饱和点为全光照的10%～50%，光补偿点为全光照的1%。如人参、西洋参、三七、黄连、细辛、天南星、淫羊藿、石斛及刺五加等。

(3)中间型植物(耐阴植物)　在全光照或稍荫蔽的环境下均能正常生长发育，一般以阳光充足的条件下生长健壮，产量高。如天门冬、麦冬(沿阶草)、连钱草、款冬、豆蔻、莴苣、紫花地丁及大叶柴胡等。

自然条件下，药用植物接受光饱和点左右或略高于光饱和点的光照越多，时间越长，光合积累越多，生长发育越好；光照强度略高于光饱和点时，植物虽能生长发育，但质量低下；如果光照强度低于光饱和点时，植物不仅不能积累养分，反而要消耗养分，植物生长不良。根据植物对光照强度要求不同，选择间作、套作、合理密植等措施。

同一种植物在不同生长发育阶段对光照强度的要求不同。许多阳生植物的苗期也需要荫蔽的环境，在全光照下生育不良，如厚朴、党参、龙胆等。厚朴幼苗期或移栽初期忌强烈阳光，要尽量做到短期遮阴，而长大后，则不怕强烈阳光。黄连虽为阴生植物，但各生长阶段耐阴程度不同，幼苗期最耐阴，栽后第四年则可除去遮阴棚，使之在强光下生长，以利于根部生长。一般情况下，植物在开花结实阶段或块茎(根)贮藏器官形成阶段,需要较多养分,对光照的要求也较高。

2.光质对药用植物生长发育的影响

光质(或称光的组成)对药用植物的生长发育也有一定影响。太阳光中被叶绿素吸收最多的是红光,红光对植物的作用最大,黄光次之。蓝紫光的同化作用效率仅为红光的14%。在太阳的散射光中,红光和黄光占50%~60%;在太阳直射光中,红光和黄光最多只有37%。

红光能加速长日照植物的生长发育,而延长短日照植物的生长发育。蓝紫光则相反。红光促进茎的伸长,蓝紫光能使茎粗壮,紫外光对植物生长有抑制作用;红光利于糖类合成,蓝光利于蛋白质合成,紫外线照射对果实成熟有利,并能增加果实的含糖量;许多水溶性的色素(如花青甙)的形成要求有强的红光,维生素C合成要求有紫外线等。通常在长波长光照下生长的植物,茎秆较细,节间较长;在短波长光照下生长的植物,节间短而粗,有利于培育壮苗。

不同的光谱成分对药用植物的生长发育有不同的影响,选择合适的塑料薄膜,可以满足药用植物生长的需求。例如,在人参、西洋参栽培中,以淡黄、淡绿膜为宜,因为色深者透光少,植株生长不良;当归覆膜栽培时,薄膜色彩对增产的影响依次为黑色膜>蓝色膜>银灰色膜>红色膜>白色膜>黄色膜>绿色膜。

另外,阳光照射在植物群体上,经过上层叶片的选择吸收,透射到下部的辐射光,是以远红外光和绿光偏多。因此,在高矮秆药用植物间作的复合群体中,矮秆作物所接受的光线光谱与高秆作物接受的光线光谱是不完全相同的。如果作物密度适中,各层叶片间接受的光质就比较相近。

3.光周期对药用植物生长发育的影响

光周期是指一天中白天与黑夜的相对长度。所谓"相对长度"是指日出至日落的理论时数,而不是实际有阳光的时数。理论日照时数与该地的纬度有关,实际日照时数还受降雨频率及云雾多少的影响。在北半球,纬度越高,夏季日照越长,而冬季日照越短。因此,我国北方一年之中日照时数在季节间相差较大,在南方各地相差较小。

植物对白天和黑夜相对长度的反应,称为光周期现象。它主要影响植物的花芽分化、开花、结实、分枝习性以及某些地下器官(块茎、块根、球茎、鳞茎等)的形成。根据植物对光周期的反应,将植物分为3类:

(1)长日照植物　日照长度必须大于某一临界日长(一般12 h以上),或者暗期必须短于一定时数才能成花的植物。如红花、当归、牛蒡、莨菪、萝卜、紫菀、木槿及除虫菊等。

(2)短日照植物　日照长度只有短于某一临界日长(一般12 h以下),或者暗期必须超过一定时数才能成花的植物。如紫苏、菊花、苍耳、大麻、龙胆、穿心莲及牵牛花等。

(3)日中性植物　对日照长短没有严格要求,只要其他条件适宜,一年四季都能开花。如曼陀罗、颠茄、红花、地黄、蒲公英及千里光等。

此外,还有一些"限光性植物"。这种植物只能在一定的日照长度下开花,延长或缩短日照时数都抑制开花。如野生菜豆只能在每天12~16 h的光照条件下开花,某些甘蔗品种只能在12.5 h下才能开花。

临界日长是指昼夜周期中诱导短日照植物开花所需的最长日照时数或诱导长日照植物开花所需的最短日照时数。长日照植物开花所要求的日照长度应大于临界日长,而短日照植物开花所要求的日照时数必须小于临界日长,但日照太短也不能开花,确切地说,短日照植物并不要求较短的日照,而是要求较长的黑暗。原产于南方的短日照植物引种到北方后,常因北方的长日照而延迟开花结实，而长日照植物南移时，则其发育受阻。药用植物栽培中应根据植物对光周期反应，确定适宜的播种期，通过人工控制光周期，促进或延迟开花，更多地获得我们所需要的优质产品。

光周期不仅影响药用植物花芽的分化与开花，同时也影响药用植物营养器官的形成。如慈姑、荸荠球茎的形成，都要求较短的日照条件，而洋葱、大蒜鳞茎的形成则要求有较长的光照条件。另外，如豇豆、赤小豆的分枝、结果习性也受光周期的影响。

三、水分对药用植物生长发育的影响

水分是药用植物生长发育必不可少的环境条件之一，在植物体生长发育过程中起着重要的作用。首先，它是原生质的重要组成成分，同时还直接参与植物的光合作用、呼吸作用、有机质的合成与分解过程；其次，水是植物对物质吸收和运输的溶剂，使植物细胞的生长、发育、运动等生理过程得以正常进行。另外，水还可以维持细胞组织紧张度（膨压）和固有形态。

药用植物的含水量有很大的不同，一般植物的含水量占组织鲜重的70%～90%，水生植物含水量最高，可达鲜重的90%以上，有的能达到98%，肉质植物的含水量为鲜重的90%，草本植物含水量约占80%，木本植物的含水量也约占70%，树干含水40%～50%，就是干果和种子的含水量也有10%～15%。处于干旱地区的旱生植物含水量则较低。

1. 药用植物对水的适应性

根据药用植物对水的适应能力和适应方式，可将植物分成以下几种类型：

（1）旱生植物　此类植物具有较强的抗旱能力，能够在干旱的气候和土壤环境中维持正常的生长发育。如芦荟、仙人掌、麻黄、骆驼刺、甘草、毛毡紫菀、卷柏及地衣等。

（2）湿生植物　此类植物生长在潮湿的环境中，水分不足会影响生长发育，以致萎蔫。如水菖蒲、水蜈蚣、毛茛、半边莲、秋海棠及灯心草等。

（3）中生植物　此类植物对水的适应性介于旱生植物与湿生植物之间，绝大多数陆生植物属于此类，其抗旱与抗涝能力都不强。例如半夏、栝楼、丹参等。

（4）水生植物　此类植物生活在水中，根系不发达，根的吸收能力很弱，输导组织简单，但通气组织发达。水生植物中又分挺水植物、浮水植物、沉水植物等。挺水植物的根在水下土壤中，茎、叶露出水面（如泽泻、莲、芡实等）。浮水植物的根在水中或水下土中，叶漂浮水面（如浮萍、眼子菜、满江红等）。沉水植物的根、茎、叶都在水下或水中（如金鱼藻）。

2. 药用植物的需水量与需水临界期

（1）需水量　植物在生长发育期间所消耗的水分中主要是植物的蒸腾耗水，所蒸腾的水量约占总耗水量的80%，蒸腾耗水量称为植物的生理需水量，以蒸腾系数来表示。蒸腾系数是指每形成1 g干物质所消耗水分的克数。

植物种类不同，需水量不同。如人参的蒸腾系数在150～200 g，牛皮菜400～600 g，亚麻800～900 g。同一种药用植物的蒸腾系数也因品种与环境条件不同而不同。

药用植物需水量因不同生育期而不同。一般来说，植物生长前期需水量小，生长中期生长量大，生长后期需水量居中。从种子萌发到出苗期需水量很少，通常保持田间持水量的70%为宜；生长前期，苗株矮小，地面蒸发耗水量大，土壤含水量应保持在田间含水量的50%～

70%为宜;中期营养生长较快,覆盖大田,生殖器官分化形成,此时需水量大,土壤含水量应保持在田间含水量的70%~80%为宜;植物生长后期,是植物各器官增重成熟阶段,需水量较少,土壤含水量应保持在田间含水量的60%~70%。

药用植物需水量还受气候条件和土壤条件影响。高温、干燥、风速大,植物蒸腾作用强,需水量就多,而低温、多雨、大气湿度大,植物蒸腾作用减弱,需水量就少。密植与施肥状况也使植物耗水量发生变化。密植后,单位土地面积上个体总数增加,总叶面积增大,需水量随之增加,但地面蒸发量相应减少。在对作物的研究报道中指出,土壤中缺乏任何一种元素都会使需水量增加,尤以缺P和缺N时需水量最多,缺K、S、Mg次之,缺Ca影响最小。

(2)需水临界期　药用植物在一生中(一、二年生植物)或年生育期内(多年生植物),对水分最敏感的时期,称为需水临界期。该期水分亏缺,造成药用植物产量损失和质量下降,后期不能弥补。

一般药用植物在生育前期和后期需水较少,生育中期因生长旺盛,需水较多。其需水临界期多在开花前后阶段。例如,瓜类在开花至成熟期,荞麦、芥菜在开花期,薏苡在拔节至抽穗期。植物从种子萌发到出苗期虽然需水量不大,但对水分很敏感。此期若缺水,则会导致出苗不齐,缺苗;水分过多,又会发生烂种、烂芽现象。因此,对于某些药用植物来说,此期就是一个需水临界期。例如蛔蒿、黄芪、龙胆等的需水临界期在幼苗期。

3.旱涝对药用植物的危害

(1)干旱及其危害性　植物常遭受的不良环境条件之一就是缺水,严重缺水的现象称为干旱。干旱分天气干旱和土壤干旱,通常土壤干旱是伴随天气干旱而来的。大气干旱,植物生长发育受到抑制,影响细胞的分生、延伸、分化,还可导致细胞死亡,植物干枯。土壤干旱致使植物生长受阻或完全停止。

植物对干旱的适应能力称为植物的抗旱性。如知母、甘草、红花、黄芪、绿豆、枸杞、骆驼刺等,在一定的干旱条件下,仍有一定的产量。但如果在雨量充沛的年份或有灌溉条件下,其产量可以大幅度地增长。

(2)水涝及其危害性　根及根茎类药用植物最怕田间积水或土壤水分过多,红花、芝麻等也不耐涝,地面过湿便易死亡。土壤水分过多,土壤空隙充满水分,氧气缺乏,一方面,植物根部正常呼吸受阻,影响水分和矿物质元素的吸收,同时,由于无氧呼吸而积累乙醇等有害物质,引起植物中毒。另一方面,好气性细菌如硝化细菌、氨化细菌、硫细菌等活动受阻,影响植物对氮素等物质的利用,而嫌气性细菌活动大为活跃,在土壤中积累有机酸和无机酸,增大土壤溶液的酸性,同时产生有毒的还原性产物如硫化氢、氧化亚铁等,使根部细胞色素多酚氧化酶遭受破坏,植物窒息。药用植物栽培上常采取高畦、开凿排水沟等措施以避免涝害。

四、土壤对药用植物生长发育的影响

土壤是药用植物栽培的基础,是药用植物生长发育所必需的水、肥、气、热的供给者。除了少数寄生和漂浮的水生药用植物外,绝大多数药用植物都生长在土壤里。土壤理化性状的好坏和所含养分的高低直接影响着药用植物的生长发育,影响药用植物生长发育的主要土壤因素有土壤组成、土壤结构、土壤质地、土壤肥力、土壤有机质、土壤水分、土壤酸碱性和土壤养分。

1. 土壤组成

土壤是由固体、液体、气体 3 部分物质组成的复杂整体。固体部分包括土壤矿物质、土壤有机质、土壤微生物。其中土壤矿物质是土壤的“骨架”，是组成土壤固体部分的最主要、最基本物质，占土壤总重量的 95% 以上；土壤有机质是植物残体、枯枝、落叶、残根等和动物尸体、人畜粪便在微生物作用下，分解产生的一种黑色或暗褐色胶体物质，常称为腐殖质，重量不到固体部分的 5%。腐殖质能调节土壤的水、肥、气、热，满足植物生长发育需要。土壤微生物包括细菌、放线菌、真菌、藻类、鞭毛虫和变形虫等，其中有些细菌(如硝化细菌、氨化细菌、硫细菌等)能够对有机质和矿质营养元素进行分解，为植物生长发育提供养分。液体部分是土壤水分。气体部分是指土壤空气。土壤水分和空气存在于固体部分所形成的空隙中，二者互为消长。

组成土壤的三类物质不是孤立存在的，也不是机械地混合，而是相互联系、相互制约的统一体，并在外界因素的作用下，发生复杂的变化。

2. 土壤结构

自然界的土壤，在内外因素的综合作用下，形成大小不等的团聚体，这种团聚体称为土壤结构。土壤结构以团粒结构为最好，因为团粒结构是由腐殖质与钙质将分散的土粒胶结在一起所形成的土团，能够很好地解决土壤水分与空气的矛盾，使土壤具有良好的供水、供肥、通气功能，土温稳定，保证植物生长发育的需求。

3. 土壤质地

土壤中大小矿物质颗粒的百分率组成，称为土壤质地。土壤按质地可分为沙土、黏土和壤土。土壤颗粒中直径为 0.01～0.03 mm 的颗粒占 50%～90% 的土壤称为沙土。沙土通气透水性良好，耕作阻力小，土温变化快，保水保肥能力差，易发生干旱。适于沙土栽培的药用植物有珊瑚菜、仙人掌、北沙参、甘草和麻黄等。直径小于 0.01 mm 的颗粒在 80% 以上的土壤称为黏土。黏土通气透水性差，土壤结构致密，耕作阻力大，但保水保肥能力强，供肥慢，肥效持久，稳定。适于黏土栽培的药用植物不多，有泽泻等。壤土介于沙土和黏土之间，土质疏松，易耕作，透水良好，又有较强的保水保肥能力，是最优良的土质。壤土适于多种药用植物生长，特别是根及根茎类药用植物，如人参、黄连、地黄、山药、当归、丹参等。

4. 土壤肥力

土壤最本质的特性就是具有肥力。土壤肥力是指土壤供给植物正常生长发育所需水、肥、气、热的能力。水、肥、气、热是组成土壤肥力的四个因素，四者相互联系，相互制约。衡量土壤肥力高低，不仅要看每个肥力因素的绝对贮备量，而且还要看各个肥力因素间搭配是否适当。

土壤肥力按来源可分为自然肥力和人为肥力两种。自然土壤原有的肥力称为自然肥力，它是在生物、气候、母质和地形等外界因素综合作用下，发生发展起来的，这种肥力只有在未开垦的处女地上才能找到。人为肥力是农业土壤所具有的一种肥力，它是在自然土壤的基础上，通过耕作、施肥、栽培植物、兴修水利和改良土壤等措施，用劳动创造出来的肥力。自然肥力和人为肥力在栽培植物当季产量上的综合表现，称为土壤有效肥力。药用植物产量的高低，是土壤有效肥力高低的标志。

5. 土壤有机质

在自然土壤中有机质的含量多的可达 10%，一般土壤则较少，在 0.5%～3%。土壤有机质在土壤中要经过微生物分解释放养分,它不仅是养分的主要来源,而且对土壤一系列性质和生产性状的好坏起着决定性作用,是土壤肥力的中心。大多数药用植物适合在富含有机质的腐殖质土中生长。

(1)有机质的来源和类型　土壤有机质主要来源于动植物和微生物的残体及施入的有机肥料。进入土壤中的有机质一般以3种类型状态存在。

①新鲜的有机物　指那些进入土壤中尚未被微生物分解的动、植物残体。它们仍保留着原有的形态等特征。

②半分解的有机物　有机质已部分分解,并且相互缠结,呈褐色小块,能够疏松土壤。

③腐殖质　彻底被微生物分解过的有机物,呈褐色或黑褐色的胶体物质,是复杂的高分子化合物,与矿物质颗粒紧密结合,只能用化学方法分离,是土壤有机质中主要的类型,影响土壤肥力。

(2)有机质的作用

①是植物养分的主要来源。土壤有机质含有植物需要的C、H、O、N、P、K、S、Ca、Mg以及多种微量元素。有机质经过微生物的矿质化作用,释放植物营养元素,供给植物和微生物生活需要。

②提高土壤保水保肥能力。半分解的有机质能使土壤疏松,增加土壤孔隙度,提高土壤的保水性;有机质经过腐殖化过程形成腐殖质,腐殖质是亲水胶体,能够吸收大量水分,增加土壤的保水蓄水能力;腐殖质含有多种功能团,如羟基和羧基上的H^+,可与土壤溶液中的阳离子进行交换,使这些阳离子不至于流失,大大提高土壤的保肥力;腐殖质可与土粒紧密结合,贮藏于土壤中,每年只有2%～4%的腐殖质分解,成为植物氮素的一个来源。

③改善土壤的物理性质。腐殖质是良好的胶结剂,它与钙质将分散的土粒胶结在一起形成土壤中的团粒结构,能够很好地解决土壤中水与气之间的矛盾,使土壤具有良好的供水、供肥、通气性能,使土温稳定,保证植物生长发育的需求;腐殖质可增强沙粒的黏性,提高沙土保水、保肥性能;降低黏粒的黏性,提高黏土的通气性能、透水性能,减少耕作阻力。

此外,土壤有机质是微生物营养和能量的主要来源,腐殖质能调节土壤的酸碱反应,均有利于微生物的活动。

6.土壤水分

土壤水分是植物生活所需水分的主要来源。当大气降水与灌溉水进入土壤后,借助土粒表面的吸附力很微细孔隙的毛管力保持在土壤中。土壤的水分状况和可溶性物质的组成数量,对药用植物生长发育起着重要作用。根据土壤的持水能力和水分移动状况,将土壤水分分成以下3种类型:

(1)束缚水　是借助于分子吸附力的作用保持在土粒表面的水分,其吸附力的大小与土粒的表面积有关,土粒越细,吸附力越强,束缚水的含量越高。黏粒吸附束缚水的力量很强,只有在100～110℃高温条件下,经过一定时间才能释放出来,因此束缚水不能被植物吸收利用。

(2)毛管水　是借助于土壤毛细管的毛管力而保持在土壤中的水分。毛管水在土层中从湿润的地方朝着失去水的、干燥的地方移动,因此,它是植物最能利用的有效水分。毛管水含量的多少与土壤质地有关。黏土毛管多而细,保水力强,透水力差;沙土少而粗,保水力差而透水性强。

(3)重力水　为毛管水所不能保留的水分,是地下水的来源,这种水分不能为旱生植物吸收利用。

综上所述,土壤中毛管水是植物生活中的有效水分,它不断供给植物根系所需水分,表现了土壤供给水分与调节水分的能力。在生产中,要采取雨后松土、割断毛管联系,或采用镇压土层减少土壤大孔隙,避免干燥的大气与大孔隙中水分交换,从而减少毛管水的无益消耗。

7.土壤酸碱性

土壤酸碱性是土壤重要性质之一,是在土壤形成过程中产生的,通常用pH表示。pH 6.5～7.5的土壤为中性,pH 5.6～6.5的土壤为微酸性,pH 8.5以上的土壤为碱性。多数药用植物适于在微酸性或中性土壤中生长。有些药用植物(荞麦、肉桂、黄连、槟榔、白木香和萝芙木等)比较耐酸,另有些药用植物(枸杞、土荆芥、藜、红花和甘草等)比较耐碱。

我国土壤的pH变动范围一般在4～9,多数土壤的pH在4.5～8.5,土壤pH小于5或大于9的是极少数。土壤的酸碱性受气候、母质、植被及耕作管理条件等影响很大。"南酸北碱"是我国土壤酸碱性的概括。土壤pH可以改变土壤原有养分状态,并影响植物对养分的吸收。土壤pH在5.5～7.0时,植物吸收N、P、K最容易;最有利于植物生长。酸性土壤易出现P、K、Ca、Mg等元素的不足,强碱土壤易出现Fe、B、Cu、Zn、Mn等元素生物不足。另外,在强酸(pH$<$5)或强碱(pH$>$9)条件下,土壤中铝的溶解度增大,易引起植物中毒,也不利土壤中有益微生物的活动。此外,土壤pH的变化与病害发生也有关,一般酸性土壤中立枯病较重。总之,选择或创造适宜于药用植物生长发育的土壤pH,是获取优质高产的重要条件。

8.土壤养分

药用植物生长发育所需的C、H、O、N、P、K、Ca、Mg、S、Fe、Cl、Mn、Zn、Cu、Mo、B等16种营养元素中,除了空气中能提供一部分C、H、O元素外,其余元素全部由土壤提供。其中N、P、K三要素的需求量很大,需要经常施肥补充其不足。

药用植物种类不同,吸收营养的种类、数量、相互间比例等也不相同。从需肥量看,有需肥量大的,如地黄、薏苡、大黄、玄参、枸杞等;需肥量中等的,如曼陀罗、补骨脂、贝母、当归等;需肥量小的,如小茴香、柴胡、王不留行等;需肥量很小的,如马齿苋、地丁、高山红景天、石斛、夏枯草等。从其需要N、P、K的多少上看,有喜N的药用植物,如芝麻、薄荷、紫苏、云木香、地黄、荆芥和藿香等;有喜P的药用植物,如薏苡、荞麦、望江南、蚕豆、补骨脂、五味子、枸杞等;有喜K的药用植物,如人参、麦冬、山药、芝麻、甘草、黄芪、黄连等。

药用植物各生育时期所需营养元素的种类、数量和比例也不一样。以花果入药的药用植物,幼苗期需N较多,P、K可少些;进入生殖生长期后,吸收P的量剧增,吸收N的量减少,如果后期仍供给大量的N,则茎叶徒长,影响开花结果。以根及根茎类入药的药用植物,幼苗期需要较多的N(但丹参在苗期比较忌N,应少施N肥),适量的P,少量的K;到了根茎器官形成期需要较多的K,适量的P,少量的N。

除了N、P、K外,药用植物生长发育还需要一定量的微量元素。不同的药用植物所需微量元素的种类和数量也不一样。不同产地同一种药材之间的差异与其所处生境土壤中化学元素含量有关。施用微量元素往往能够有效地提高药用植物的产量和质量。例如,施用硫酸锌可提高丹参产量;施用Mo、Zn、Cu、Co等微肥可使党参获得增产;人参单施Mn肥比单施Cu肥和单施Zn肥的增产幅度大,而施用Mo、Zn、Cu、Co等微肥可增加皂甙的含量。但微量元素过高会产生毒害作用，因此，施用微肥时应根据药用植物需求和土壤中微量元素含量综合而定。

◉ 任务实施

技能实训 1-3　土壤温度、空气温度测定

一、实训目的要求

1. 熟悉常用温度表种类、用途及使用方法；
2. 能够独立进行气温、土温的观测；
3. 具备对温度观测资料进行整理和科学分析的能力。

二、实训材料用品

药用植物实训基地或药用植物栽培地、地面温度表、地面最高温度表、地面最低温度表、曲管地温表、干湿球温度表、毛发湿度表、最高温度表、最低温度表、计时表、铁锹、记录纸、笔、百叶箱等。

三、实训内容方法

1. 土壤温度的测定

(1)地温表的安装　一套地温表包含 1 支地面温度表、1 支地面最高温度表、1 支地面最低温度表和 4 支不同的曲管温度表。安装时顺序为曲管温度表→地面温度表→地面最高温度表→地面最低温度表。

①曲管地温表　曲管地温表是观测土壤耕作层温度使用的，共 4 支，每支长度不等，其刻度精确度为 0.1℃，分别用于测定土深 5 cm、10 cm、15 cm、20 cm 的温度。曲管地温表的球部为圆管状，与水银球部上端呈 135° 的弯曲角度。安装前于预测地块挖一东西向土坑（宽 25～40 cm、长 40 cm、深 20 cm），土坑的北面为垂直面，南面为斜坡。将各支曲管地温表的水银球部与地面平行插于土中，如图 1-1 所示，温度表按 5 cm、10 cm、15 cm、20 cm 深度布置，每支间距为 10 cm，之后将土坑用土填满。曲管地温表的上部用细木棍架好，以免动摇。

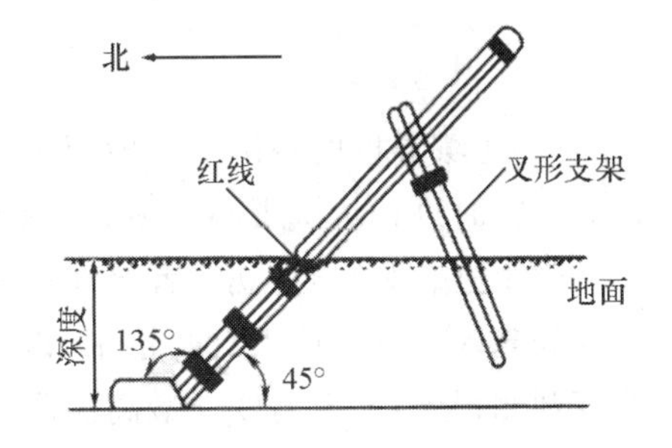

图 1-1　曲管地温表安装示意图

②地面温度表　在观测前 30 min，将温度表感应部分和表身的一半水平地埋入土中，另一半露出地面，以便观测，如图 1-2 所示。地温表的球部应向东。

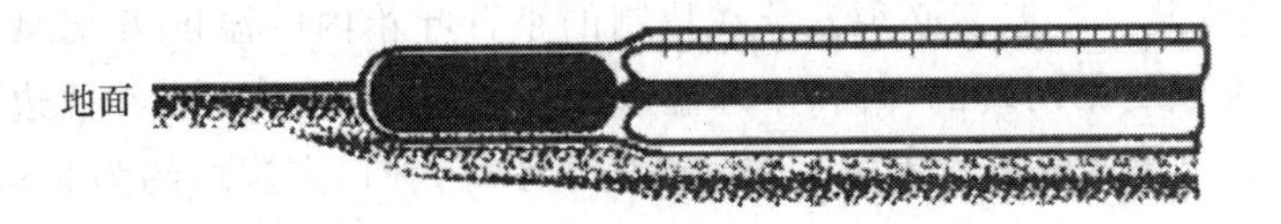

图 1-2　地面温度表安装示意图

③地面最高温度表　地面最高温度表是观测一天地面最高温度的，如图 1-3 所示，其构造如同人体温度表。感应液体为水银。安装方法与地面温度表相同。

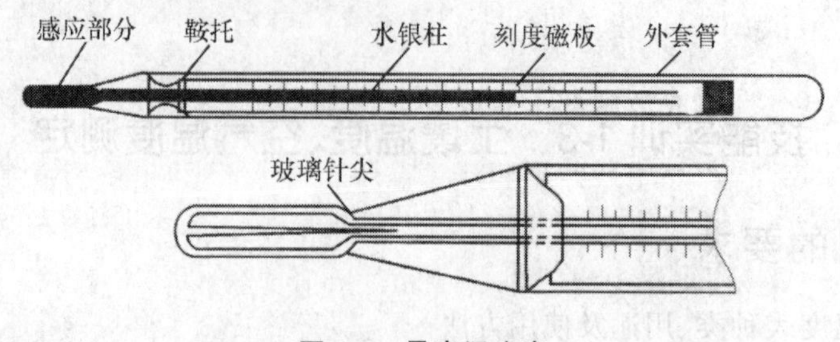

图 1-3　最高温度表

④地面最低温度表　地面最低温度表是观测一天地面最低温度的，如图 1-4 所示，其感应液体为酒精。安装时先放头部，后放球部，基本上使表身水平地面放置，但球部稍高。其他安装方法同地面温度表。

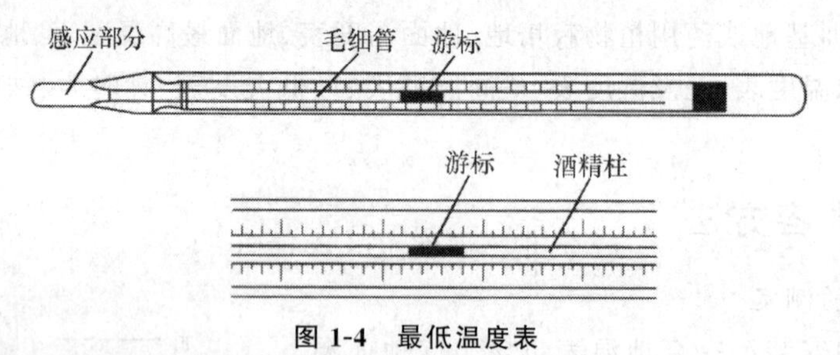

图 1-4　最低温度表

(2)土壤温度的观测　一般每天北京时间 2 时、8 时、14 时、20 时进行 4 次观测，或 8 时、14 时、20 时进行 3 次观测。最高、最低温度表只在 8 时、20 时各观测 1 次。夏季最低温度可在 8 时观测。观测时，观测者要在地面温度北侧，身影不应遮住地面温度表。观测后，把最低温度表拿入室内或放入百叶箱中，以防暴晒。20 时重新调整安好，以备第二天观测用。土壤温度观测程序：地面温度→最高温度→最低温度→曲管温度。

(3)土壤温度测定结果计算　土壤温度的统计方法是：

①若一天观测 4 次，把每次观测各深度的温度值相加，再除以 4，即得各深度日平均温度值。

②若一天观测 3 次，可用下式求出日平均地温。日平均地面温度＝[0.5×(当日地面最低温度＋前一日 20 时地面温度)＋8 时地面温度＋14 时地面温度＋20 时地面温度]÷4。

③10 cm 深土壤温度日平均值＝(2×8 时土壤温度＋14 时土壤温度＋20 时土壤温度)÷4。

④20 cm 深土壤温度日平均值＝(8 时土壤温度＋14 时土壤温度＋20 时土壤温度)÷3。

2. 空气温度的测定

(1)气温表的安装　气温表必须安装在特制的小百叶箱内的温度表支架上。其中干湿球温度表应垂直挂在铁支架两端的环内，干球温度表在东边，湿球温度表在西边，球部朝下，球部中心离地面 1.5 m。湿球的下方固定一个带盖的小水杯，杯口离湿球约为 3 cm。最高、最低温度表分别水平安放在支架下部的横梁钩上，球部朝东，而且离地面分别为 1.53 m 和 1.52 m (图 1-5)。

(2)空气温度的观测 观测空气温度时间、次数与观测土壤温度相同。观测时轻轻打开百叶箱,按干球温度表、湿球温度表、最高温度表、最低温度表的顺序读数记录,最高、最低温度也在20时观测。每次观测后,最高、最低温度表都应及时调整。最高温度表的调整方法是:用手握住表身中部,球部朝下,把手臂向下伸直,向前伸出约30°,用大臂在前后45°范围内甩动,直至水银柱示度接近当时的干球温度为止。甩动时,动作要迅速,且甩动平面要与刻度板的刻度面一致。放回原处时,应先放球部,后放表身,以免水银柱上滑。最低温度表的调整方法是:将球部向上抬起,使游标落在酒精柱的顶端。放回原处时,要先放表身,后放球部,以免游标下滑。

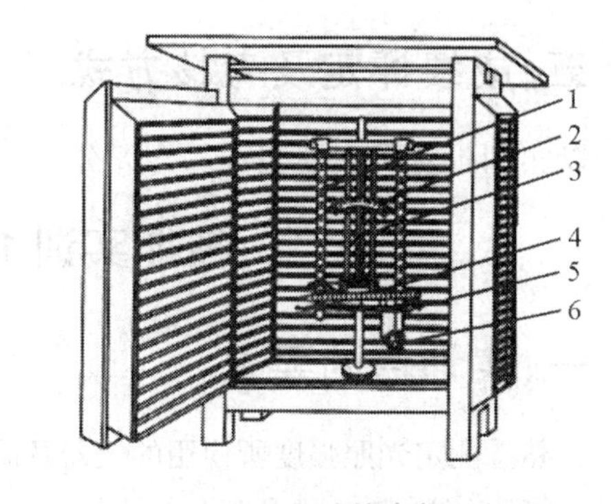

图1-5 百叶箱内部
1.干球温度表 2.湿球温度表 3.毛发湿度表 4.最高温度表 5.最低温度表 6.水杯

(3)空气温度测定结果计算 空气温度的统计方法是:

日平均气温=(2时气温+8时气温+14时气温+20时气温)÷4;若2时气温不观测,可用下式求日平均气温;

日平均气温=[0.5×(当日最低气温+前一日20时气温)+8时气温+14时气温+20时气温]÷4。

四、实训报告

将观测资料记录在表1-2和表1-3中,并进行相应计算。

表1-2 土温观测记录表

观测时间: 年 月 日 ℃

时间	地面温度			土壤温度			
	普通	最高	最低	5 cm	10 cm	15 cm	20 cm
2时							
8时							
14时							
20时							
日平均							

表1-3 空气温度观测记录表

观测时间: 年 月 日 ℃

时间	干球温度表	湿球温度表	毛发温度表	最高温度表	最低温度表
2时					
8时					
14时					
20时					
合计				日最高	日最低
平均					

五、成绩评定及考核方式

以实训报告及实训表现综合评分。

技能实训1-4　光照强度测定

一、实训目的要求

1. 熟悉测定光照强度所使用的仪器及简单原理；
2. 能熟练测定光照强度。

二、实训材料用品

材料：药用植物实训基地或药用植物栽培地；
用品：ST-80C数字照度计(图1-6)。

图1-6　ST-80C数字照度计

三、实训内容方法

ST-80C数字照度计由测光探头和读数单元两部分组成，两部分通过电缆用插头和插座连接。操作步骤如下：

(1)打开电源；
(2)选择适合的测量挡位；
(3)打开光检测器头盖，并将光检测器放在欲测光源的水平位置；
(4)读取照度计测量值；
(5)读取测量值时，如左侧最高位"1"显示，即表示过载，应立即选择较高档位测量；
(6)测量完毕后，将光检测器盖上头盖，电源开关切至OFF。

四、实训报告

用照度计测定药用植物实训基地或药用植物栽培地不同光环境条件下的光照度，如空旷地、林荫处、房前、屋后、植物群落等，记录并进行比较。

五、成绩评定及考核方式

以实训报告及实训表现综合评分。

技能实训1-5　空气湿度测定

一、实训目的要求

1. 了解表示空气湿度的各种物理量；
2. 能熟练测定空气湿度。

二、实训材料用品

药用植物实训基地或药用植物栽培地、小百叶箱、干球温度表、湿球温度表、通风干湿表、毛发湿度表、湿度查算表。

三、实训内容方法

(1)将干湿球温度表垂直挂在小百叶箱的温度表支架上,左边是干球温度表,右边是湿球温度表。如没有百叶箱,干湿球温度表也可以水平放置,但干湿球温度表的球部必须防止太阳辐射和地面反辐射的影响和雨雪水的侵袭,保持在空气流通的环境中。

(2)观测时间及观测项目:观测时间以北京时间为准,每天在 7 时、13 时、17 时做 3 次观测。观测空气湿度一般用干、湿球温度表,定时记录干、湿球温度表的示数,根据干球温度表和湿球温度表的示数差,可查算出绝对湿度、相对湿度和露点湿度,也可用毛发湿度表观测空气的相对湿度。

(3)计算:根据观测的干球温度与湿球温度的差值查表,即可求出空气相对湿度。

四、实训报告

独立完成,反复观测,熟练运用"湿度查算表"查算空气湿度,并准确记录操作步骤及测定结果,将表 1-4 填写完整。利用"相对湿度查算表"查算已给数据的相对湿度,将表 1-5 填写完整。

表 1-4　空气湿度结果记录表(1)

	干球温度/℃	湿球温度/℃	干、湿球温度差/℃	相对湿度/%	绝对湿度/%	露点温度/℃
7 时						
13 时						
17 时						

表 1-5　空气湿度结果记录表(2)

观测时间：　　年　　月　　日

观测仪器	干球温度/℃	湿球温度/℃	干湿差/℃	相对湿度/%
百叶箱干湿表	34.5	29.0		
	−1.2	−3.8		

五、成绩评定及考核方式

以实训报告及实训表现综合评分。

技能实训 1-6　土壤 pH 测定

一、实训目的要求

1. 学会用混合指示剂测定土壤 pH 方法；

2. 了解土壤酸碱性对合理布局药用植物以及合理利用与改良土壤的意义。

二、实训材料用品

待测土壤样品、天平(感量 0.01 g)、白瓷比色板、玻璃研钵、溴甲酚绿、溴甲酚紫、甲酚红、0.01 mol/L 的 NaOH 溶液、蒸馏水、甲基红、溴百里酚蓝、酚酞、95% 酒精、pH 计、干燥器、玻棒、比色卡等。

三、实训内容方法

1. 混合指示剂的使用

(1)pH 4～8 的混合指示剂　分别称取溴甲酚绿、溴甲酚紫及甲酚红各 0.25 g 于研钵中，加 15mL 0.1 mol/L 的 NaOH 及 5 mL 蒸馏水，共同研匀，再加蒸馏水，稀释至 1 000 mL，指示剂的 pH 变色范围见表 1-6。

表 1-6　指示剂的 pH 变色范围(1)

pH	4.0	4.5	5.0	5.5	6.0	6.5	7.0	8.0
颜色	黄	绿黄	黄绿	草绿	灰绿	灰蓝	蓝紫	紫

(2)pH 4～11 的混合指示剂　称取 0.2 g 甲基红、0.4 g 溴百里酚蓝、0.8 g 酚酞，在玛瑙研钵中混合研匀，溶于 95% 酒精的 400 mL 酒精中，加蒸馏水 580 mL，再用 0.1 mol/L 的 NaOH 调至 pH 7(草绿色)，用 pH 计或标准溶液校正，最后定容至 1 000 mL，其变色范围见表 1-7。

表 1-7　指示剂的 pH 变色范围(2)

pH	4	5	6	7	8	9	10	11
颜色	红	橙黄	稍带绿	草绿	绿	暗蓝	紫蓝	紫

2. 土壤酸碱度的测定

取黄豆粒大小待测土壤样品，置于清洁白瓷比色板穴中，加指示剂 3～5 滴，以能全部湿润样品且稍有剩余为宜，水平振动 1 min，稍澄清，倾斜瓷板，观测溶液色度与标准比色卡，确定 pH。

四、实训报告

按要求配制混合指示剂，准确记录操作步骤及测定结果。

五、成绩评定及考核方式

以实训报告及实训表现综合评分。

【思考与练习】

1.根据药用植物对温度的要求可把药用植物分为哪几类?

2.根据植物对光照强度和光周期的需求不同,可分别将植物分为哪几类?

3.旱涝对药用植物有哪些危害?

4.影响药用植物生长发育的主要土壤因素有哪些?

任务3 药用植物生产基地的选择

知识目标

- 了解药用植物生产基地选择的原则。
- 掌握药用植物生产基地选择的内容和要求。
- 了解药用植物生产基地的环境质量监控。

能力目标

- 能够正确选择药用植物生产基地。

相关知识

一、药用植物生产基地选择的原则

药用植物的生态环境是指与药用植物活动直接有关的空气、水、土壤、光照等环境因子的总称。药材的质量和产量与生产基地生态环境密切相关。同一种药用植物栽培在生态环境不同的地区,其药材质量及医疗效果有显著差异。因此,在建立药用植物生产基地时,必须重视生产基地的选择。药用植物生产基地的选择应考虑以下原则:

(一)药用植物栽培的适宜性

我国幅员辽阔,地形复杂,气候多样,土壤类型丰富,适宜各种类型植物的生长和繁殖,药用植物的种类很多。所有的药用植物都有一定的分布范围,如马钱子、诃子、槟榔、肉桂等,在我国主要分布海南、广东、云南等部分热带地区;杜仲、厚朴等主要分布秦巴山地、长江中下游等亚热带地区;人参、刺五加、北五味子、辽细辛、关防风等,主要分布东北大兴安岭、长白山等温带地区;甘草、麻黄、膜荚黄芪等,主要分布在西北干旱、半干旱的荒漠、半荒漠地区;冬虫夏草仅能分布于海拔3 000 m以上的以高寒植被为主的山地。

各种药用植物长期生长在各种特定的生态环境中,形成了各自独特的遗传特性和对当地环境条件的适应性。例如,当归要求冷凉的气候条件,生长在高寒阴湿的山区。当归道地产区甘肃岷县,在海拔2 000~2 400 m的地段种植当归,在海拔2 400~2 900 m的高山阴坡育苗,这样种植的当归产量高、质量好。如果在海拔较低的地区育苗、种植,因气温较高,当归生长快，容易抽薹开花，影响产量和品质。假若在低海拔地区引种，当归因不能忍受夏季高温而死亡。又如，甘草原产于内蒙古、新疆和宁夏等干旱、半干旱的荒漠和半荒漠地区，适宜在土层深厚、排水良好的沙性、偏碱的钙质土壤种植。如果在多雨地区、黏性较重的土壤种植，则生长不良，容易引起烂根死亡，导致产量低、质量差。由此可见，每种药用植物都有各自适宜的栽培区域。在栽培药用植物时，应根据选定的栽培品种的生物学和生态学特性，选择适宜区域种植，以便充分利用气候、土壤和生态地理等自然资源，生产出质地优良的中药材。因此，在规划建立药用植物生产基地时，应按照药用植物产地适宜性优化原则，因地制宜，合理布局。药用植物产地适宜优化原则，是药用植物生产合理布局必须遵循的基本原则之一。

(二)药用植物栽培的区域性和道地性

1. 药用植物生产的区域性

药用植物在生态因子的作用下，经过长期的演化和适应，在地理的水平方向和垂直方向构成了有规律的区域化分布。特定的区域，分布着特定药用植物。就药用植物生产而言，由于各地气候不同，适宜种植的药用植物种类也不同，我国可划分为 9 个带区，每个带区有其气候特点及适宜栽培的主要药用植物种类。

2. 药用植物生产的道地性

道地药材是指人们传统公认的，具有特有种质、特定产区和独特的生产或加工技术生产出来的名优中药材。道地药材具有鲜明的地区特点，且品质优良。优良品种遗传基因是形成道地药材的内在因素。例如，驰名中外的西宁大黄和凉州大黄是蓼科大黄属掌叶组的掌叶大黄和唐古特大黄，就是因为种质遗传基因控制着药材的性状和有效成分的合成。特定的生态环境，是形成道地药材的外在因素。我国地貌、气候、土壤等生态环境因子各地千差万别，而某一地域的这些生态因子有着特殊的条件，致使分布于这一地域的某种药用植物生长发育、开花、休眠，甚至器官的外部形态和内部构造，以及生理机能和有效成分的合成都发生变化，乃至中药材品质产生差异。药用植物如对这个特定的生态环境能够很好地适应，又因其适应性特点而产生获得性遗传的种内变异，无论是气候生态型，还是土壤生态型都将形成品质优异的道地药材。

由此可见，道地药材品质优良，除优良种质外，主要是由于道地药材产区具有得天独厚、特别适合该种药用植物生长发育的自然条件和地理环境，因而也特别有利于某些活性成分和微量元素的形成和累积。当然，独特的栽培和加工技术也是影响道地药材品质的因素之一，是提高中药质量的战略方针之一。因此，我们在规划建立药用植物生产基地时，应尽量选择道地药材产区建立道地药材的生产基地。

(三)药用植物生产的安全性与可操作性

1. 安全性

中药材是防病治病的特殊产品，既是制造中成药的原料，又是可直接进入市场的商品。如果药用植物受到农药、重金属等有毒、有害物质的污染，不仅影响中成药质量，而且直接危害人体健康。因此，生产无污染、安全、高效的绿色中药材，是生活质量不断提高的人们的迫切要求，也是实现中药现代化和国际化的基础和前提。中药材质量安全问题，是当前中药生产必须解决的一个重要问题。

为了对中药材质量安全实施强有力的监控，必须严格执行《中药材生产质量管理规范（试行）》，加强中药材生产各个环节的安全管理。

（1）产地环境　中药材生产单位要与环保部门一起，严格中药材产地环境的管理。首先，要对产地大气、水、土壤等环境质量现状进行调查、监测，选择生态环境优良，大气、水体和土壤环境质量符合国家规定质量标准，且无污染源的地区，建立中药材生产基地；要采取切实有效的农业生态环境净化措施，保证中药材产地的生态环境始终符合国家规定的质量要求，从源头上把好中药材质量安全关，要全面开展生产基地的环境监测，尤其要加强大气监测，控制污染源，建造绿色屏障，发挥森林的净化作用。

（2）生产过程　要严格按照标准操作规程（SOP）组织生产和加工。要科学合理使用化肥、农药和灌溉用水等。要加快推广先进的植物病虫害综合防治技术，强调预防和生物防治为主，积极推广高效低毒、低残毒农药。健全植物保护体系，加强植物病虫害的检疫和防治工作。提倡施用经无害化处理的有机肥、复合专用肥，推广配方施肥技术。在中药材采收、加工、运输和贮藏过程中，要严格防止霉变、腐烂、虫蛀及污染，使中药材质量符合国家或国际相关的质量标准和卫生标准。

（3）中药材质量监控　必须加速建立中药材质量安全标准、检测检验、质量认证体系，加强执法监督、技术推广、市场信息等工作，对中药材质量安全实施强有力的监控。

2. 可操作性

药用植物生产基地既要求优越的生态环境，也要有良好的社会环境。在筹建药用植物生产基地时，必须考虑当地人文状况、经济状况、生产水平、投资环境以及交通、能源、供水、通信、治安等条件，是否有利于《中药材生产质量管理规范（试行）》（GAP）的实施。同时，还应考虑在一定地域内生产资源的合理有效配制问题，要使得在该地域内生产中药材比从事其他产业的经济效益要高，这样才容易被当地群众接受；拟建基地范围内能供种植药用植物的土地面积，地块是否相对集中连片，是否符合规模化、集约化经营的要求；药用植物生产基地的组织形式问题，这是关系到GAP基地能否顺利实施的重要问题。

二、药用植物生产基地选择的内容和要求

药用植物生产基地的生态环境是影响中药材产品质量的重要因素。选择适宜的、良好的生态环境建立基地，是生产高产优质中药材的基本条件。药用植物生产基地的选择是指在建立基地之前，通过对拟建立药材基地区域的生态环境条件的调查研究及现场考察，并对环境质量现状做出合理判断。它是建立基地必须进行的前期准备工作。

（一）基地调查研究及现场考察的主要内容

药用植物生产基地自然环境条件的调查，应注重区域环境现状及污染控制措施，兼顾外部环境对基地的影响。调查通常采用查、观、听、访4种方法进行。即查阅该区域水文、气象、地质、卫生、环保、农业等有关资料；现场考察基地生态环境现状及外部污染情况；通过现场座谈的形式，了解基地生产区域保障其生态环境及产品质量的控制措施，以及生产单位有关产品生产、加工各个环节的质量保证措施；访问了解各相关方面的代表对区域目前环境质量状况的意见，以及生产

基地环境保护的建议。通过以上工作，达到对拟建中药材生产基地区域内的生态环境概况的初步了解，为环境质量评价准备基础资料。基地调查研究及现场考察的主要内容如下：

1. 收集药用植物生产基地的概况

它包括地理位置图，当地社会经济情况，自然环境概况，自然本底状况，周围污染源状况等。基地的地理位置图：包括生产地块分布位置、村镇、居民点、乡镇企业分布、道路、河流、灌溉水位置等；社会经济资料：主要包括土地面积、人口、经济结构、生产体制、发展规划、管理水平和技术水平以及人群、地方病等；自然环境条件资料：主要包括地形地貌、地质土壤、水文、气象、植被、生物资源、绿化情况，水土流失、沙漠化、盐渍化问题等；自然本底情况：主要是针对是否有自然本底缺陷或个别元素过高过低的问题。如是否是高氟区、缺碘区、高放射性本底区等；污染源状况：一般要注意在主风向和次主风向，以及水源上游约 10 km 范围内。其他方向和下游方向可以控制在约 5 km 范围内。并查清污染源的污染物质种类、性质、污染物量等，包括工业、医院和较大居民点等工业污染源、生活污染源和交通污染源等，以及收集大气、水质、土壤的有关原始监测资料。

2. 生产性污染源情况调查

重点了解农业生产结构布局及种植制度和农作物栽培过程中农药、化肥的施用以及农业废弃物的排放（畜禽粪便、秸秆、废水及其他初加工废物）等生产性污染源和污染物对基地本身及其周围环境产生直接或间接影响。

（二）药用植物生产基地选择的要求

基地的生态环境主要包括大气、水、土壤等环境因素。药用植物生产基地应建立在空气清新、水质纯净、土壤未受污染、农业生态环境质量良好的区域。具体要求如下：

1. 基地远离污染源

基地应远离城镇及污染区，大气质量好且相对稳定。基地上风口不得有工业废气污染源，如化工厂、钢铁厂、水泥厂等，不得有有毒、有害气体排放，也不得有烟尘和粉尘。区域内气流相对稳定，空气中尘埃少，空气清新洁净。如果是地上部分入药的植物，其生产基地还应远离交通干线 100 m 以上，或在基地周围设置防尘林带。

2. 水资源优越

基地要求水资源丰富，排灌方便。灌溉用水的水质清澈透明，无异味，重金属和有毒物质如汞、铅、铬、镉、砷、氟化物、氰化物、苯、酚等含量不超过国家有关条例中的规定。水源上方及其周围无工业污水排放，无医院、公厕、畜禽场、动物食品加工作坊等污染源。尽量避开某些因地质形成原因而致使水中有害物质（如氟）超标的地区。

3. 土壤质量达标

基地的土壤质量，要求耕作层内无有害元素和倾倒物富集，主要指汞、镉、铬、铅、砷、铜、锌等重金属离子。产地周围没有金属或非金属矿山。土壤中无有机氯和有机磷化物，如六六六、滴滴涕等的残留。土壤 pH 适中，质地疏松、肥沃。土地平整，地下水位较低，不积水，便于排灌。土壤肥力符合中药材生产的要求。

三、生产基地的环境质量监控

药用植物生产基地的环境质量监控,可参照农业部颁布的《农业环境监测技术规范》实施。重点测定基地的大气环境质量、水体环境质量和土壤环境质量,然后根据规定的质量标准,对各环境因子进行周期性监测控制,使种植基地的环境条件维持在良好的质量范围内。

(一)基地环境质量监测的概念和原则

基地环境质量监测就是通过对影响药用植物生产基地环境质量因素的代表值的测定,确定环境质量及变化趋势。其目的就是及时、准确、可靠、全面反映环境质量和污染源现状及发展趋势,为基地生产管理、规划、污染源控制、环境评价等提供科学依据。基地环境质量监测包括监视性监测、特定目的监测和研究性监测等类别。监视性监测是基地环境质量监测的主体,一般按照国家有关技术规定,对环境中已知污染因素和污染物质定期进行监测,以确定环境质量及污染源状况等。药用植物生产基地环境质量监测属于监视性监测的范畴。

基地环境质量监测的程序包括基地现场调查,监测计划设计,优化布点,样品采集、样品运送、保存及处理,分析测试,数据处理,综合评价等一系列过程。基地环境质量监测应按照《中药材生产质量管理规范(试行)》第二章"产地生态环境"要求遵循。基地环境质量监测的结果要求有代表性、完整性、可比性、准确性和精密性。

(二)基地大气质量要求与监测

1.基地大气质量要求

药材基地大气质量应符合国家环境空气质量标准 GB 3095- 2012 的二级标准。即二氧化硫日平均≤0.15 mg/m^3、总悬浮物日平均≤0.30 mg/m^3、可吸入颗粒物日平均≤0.15 mg/m^3、氮氧化物日平均≤0.10 mg/m^3、一氧化碳日平均≤4.00 mg/m^3、氟化物日平均≤7 μg/m^3。

2.基地大气质量监测

药用植物生产基地大气监测,首先监测点布设应具有较好的代表性,所设置的监测点应能反映一定范围地区的大气环境污染水平和规律。各监测点的设置条件尽可能一致或标准化,使各个监测点所取得的数据具有可比性,还要考虑区域内的污染源可能对基地环境空气造成的影响,考虑自然地理、气象等自然环境要素,以掌握污染源状况,反映该区域环境污染水平为目的。监测点位置的确定,采用网络布点法。采样时间和频率原则上要求安排在大气污染对中药材质量影响较大的时期。要能够满足标准中"各项污染物数据统计的有效性规定"的要求。一般连续采样 3 d,每天 3 次,晨、中、晚各 1 次。监测项目,按 GB 3095—2012 标准中要求的控制重点项目进行监测。大气环境质量监测分析方法,一般采用 GB 3095—2012 标准中选配的分析方法,亦可采用由权威部门规定或推荐的方法,还可根据实际情况,自选等效方法。

(三)基地灌溉水质量要求与监测

1.基地灌溉水质量要求

药材基地灌溉水质量应符合国家农田灌溉水质标准 GB 5084—2005。该标准规定农田灌溉用水水质基本控制项目标准值，如 pH 5.5～8.5、全盐（非盐碱地区）1 000 mg/L、全盐（盐碱地区）2 000 mg/L、氯化物 350 mg/L、硫化物 1 mg/L、总汞 0.001 mg/L、镉 0.01 mg/L、六价铬 0.1 mg/L、铅 0.2 mg/L，五日生化需氧量、化学需氧量、悬浮物、阴离子表面活性剂、总砷的浓度及粪大肠菌群数和蛔虫卵数与药用植物种类有关。另外，该标准规定农田灌溉用水水质选择性控制项目标准值，如锌 2 mg/L、硒 0.02 mg/L、氟化物 3.00 mg/L（高氟区）、氟化物 2.00 mg/L（一般地区）、氰化物 0.5 mg/L、挥发酚 1 mg/L、苯 2.5 mg/L、丙烯醛 0.5 mg/L，而石油类、三氯乙醛和硼的浓度与药用植物种类有关。药用植物生产基地灌溉水中各项污染物含量不应超过上述项目标准值。

2. 基地灌溉水质量监测

监测点布设要从水污染对药用植物生产危害出发，突出重点，照顾一般。按污染分布和水系流向布点，把监测重点放在药用植物生产过程中对其质量有直接影响的水源，布点多少以能控制整个监测区域为原则。水样的采集要有代表性，应能反映出时间和空间上的变化规律。为了掌握时间上的周期性变化，必须确定合理的采样频率。一般要求各灌溉期至少取样一次。在药用植物进行初加工时，加工用水也要取样监测。用作灌溉的河流、湖泊、水库等水源，每年分丰、枯、平三水期，每期采样一次。同时，还要结合基地药用植物生长情况，在集中灌溉期间补充 1～2 次采样。用于灌溉的地下水源，水质一般比较稳定，每年在主要灌溉期取样 1～2 次。水质监测的重点项目就是农田灌溉水质标准 GB 5084—2005 中要求控制的污染物。要根据当地环境污染状况，确认在水体中累积较多，对药用植物生产危害较大，影响范围广，毒性较强的污染物，亦属必测项目。水质监测分析方法，通常采用农田灌溉水质量标准 GB 5084—2005 中选配的分析方法。

（四）基地土壤环境质量要求与监测

1. 基地土壤环境质量要求

药用植物生产基地土壤环境质量符合国家土壤环境质量标准 GB 15618—2008 的第二级标准值。GB 15618—2008 的第二级标准值规定在土壤中 pH 在 6.5～7.5 的情况下，总镉、总汞、总砷、总铅、总铬、六价铬、总铜、总镍、总锌、总硒、总钴、总钒、总锑、稀土总量、氟化物、氰化物等 16 项土壤无机污染物的环境质量第二级标准值和甲醛、丙酮、丁酮、苯、甲苯、二甲苯、乙苯、1,4-二氯苯、氯仿、四氯化碳、1,1-二氯乙烷、1,2-二氯乙烯（顺）、1,2-二氯乙烯（反）、三氯乙烯、四氯乙烯、苯并（α）蒽、苯并（α）芘、氯乙烯、蒽、艾氏剂、狄氏剂、氯丹、西玛津等 60 项土壤有机污染物的环境质量第二级标准值。

2. 土壤环境质量监测

在环境因素分布较均匀的地区，监测点布设采用网络法布点；在环境因素分布较复杂的地区，采用随机布点法；在可能受污染源影响的地区，可采用放射型布点法。

土壤监测多数是采集耕作层土样，一般草本类采集 0～20 cm 土样，木本类植物采集 0～20 cm 和 20～50 cm 土样。代表一个取样点的土壤样品是指在该采样点周围处采集至少 3 个点的耕作层土壤，各分点混匀后取 1 kg 土样，多余部分用四分法弃去。混合样品采集一般采用对角线法、梅花点法、棋盘法或蛇形法。采好的土样必须挂上标签。土样经过风干、磨碎与过筛后进行保存。样品在运输、制样、保存过程中，要严防样品的损失、混淆和玷污。

土壤环境质量监测分析测试方法按国家土壤环境质量标准GB 15618—2008或《全国土壤污染状况调查样品分析测试技术规定》,以及其他等效方法进行,但其检出限、准确度、精密度均不应低于方法规定要求,并应经国家标样在实验室的验证后方能采用。

◉ 任务实施

技能实训1-7 调查当地主要药用植物生产基地

一、实训目的要求

1.了解当地代表性药用植物生产基地的选择原则、内容和要求。

2.了解《中药材生产质量管理规范(试行)》(GAP)和生产基地的环境质量监控。

二、实训材料用品

当地代表性药用植物生产基地、记录本、笔、计算机等。

三、实训内容方法

(1)实地调查　到当地药用植物生产基地调查,记录药用植物生产基地生态环境特点;根据《中药材生产质量管理规范(试行)》(GAP)的要求,判断生产基地的环境质量。

(2)上网搜索　记录当地主要药用植物生产基地,了解是否通过GAP认证。

四、实训报告

记录当地主要药用植物生产基地生态环境特点。

五、成绩评定及考核方式

以实训报告及实训表现综合评分。

【思考与练习】

1.药用植物生产基地的选择应考虑哪些原则?

2.药用植物生产基地调查研究及现场考察的主要内容有哪些?

3.什么是药用植物生产基地环境质量监测?

任务4 药用植物栽培制度

知识目标

- 了解药用植物栽培制度的功能。
- 掌握药用植物栽培布局的原则。
- 掌握当地药用植物主要栽培方式。

能力目标

- 能够正确选择当地药用植物栽培方式。

◉ 相关知识

一、栽培制度的含义和功能

1. 栽培制度的含义

栽培制度又称种植制度，是指一个地区或生产单位所种植物的结构、配置和栽培方式的总称。

栽培制度包括栽培植物的种类（粮食作物、经济作物、药用植物、油料作物等）、栽培植物的布局（各种多少、种在哪里等）、栽培方式（单作、间作、混作、套作、复种、休闲、轮作和连作等）。由于我国幅员辽阔，气候、地形、土壤复杂，栽培的植物种类、品种繁多，故各地的栽培制度差异很大。

2. 栽培制度的功能

栽培制度带有较强的综合性、地区性、多目标性，具有宏观布置功能。主要体现在因地种植合理布局技术、复种技术、立体种植技术、轮作与连作技术、单元区域栽培制度设计与优化技术等。建立一种科学、合理的栽培制度，对一个特定地区来说，有利于统筹国家、地方、集体与药农之间的利益；能合理利用土地自然资源与社会经济资源；能持续增产稳产并提高经济效益；能培肥地力，保护资源，维持生态平衡；能够合理安排种植业结构，处理好农药、林药关系；能够保证药用植物获得优质高产，实现农、林、牧、副、渔等各业的全面发展。

二、栽培植物的布局

1. 栽培植物布局的含义

栽培植物布局是指药用植物种植结构与配置的总称。种植结构包括种植植物种类、品种、面积比例等。配置是指种植植物在区域或田地上的分布，即解决种什么植物、种多少与种在哪里的问题。栽培植物布局是栽培制度的主要内容与基础。

2. 栽培植物布局的原则

（1）满足需求原则　科学合理的栽培植物布局需满足人类对药用植物经济产品的需要，主要满足中医临床及保健、中成药生产的需要。

（2）生态适应原则　应根据各种药用植物生物学特性及生长发育对环境条件的要求，结合当地的自然条件（光照、热量、水分等）、生产条件因地因时种植，因地制宜地进行植物的合理布局。充分利用自然资源，以提高产量和质量。

（3）高效可行原则　制定切实可行的植物布局，确定所种植物的种类、品种、熟制和面积等，应根据市场需求，结合当地的自然条件和社会条件，合理布局，生产适销对路、高产优质的产品，以达到生产上可行、经济上高效的目的。

（4）生态平衡原则　栽培植物布局的规划，必须坚持用地与养地相结合，农田开发与生态保护相结合，水源的积蓄与利用相结合的原则，农、林、牧、副、渔各业协调发展，从而达到布局合理、经济高效、农业生态平衡和药用植物资源持续发展的目的。

三、药用植物栽培方式

药用植物栽培方式很多，如复种、单作、套作、间作、混作、连作、轮作等。采用何种栽培方式，应根据药用植物的特性，当地的气候、土壤等自然环境条件，以及人们的需求等加以选择。下面介绍几种主要的栽培方式。

（一）复种

1. 有关概念

（1）复种　是指一年内在同一块土地上种收两季或两季以上植物的栽培方式。复种方法有 3 种：一种为接种复种，即在上茬植物收获后，直接播种下茬植物；一种为套种复种，是指在上茬植物收获前播种下茬植物；一种为移栽复种，即用移栽方法实现复种。在生产中，前两种复种方法在全国应用普遍。在有限的土地上，复种能够实现时间和空间上的种植集约化，充分利用自然资源、保持水土、恢复和提高地力、提高单位面积产量。

（2）复种指数　耕地复种程度的高低，通常用复种指数来表示，即全年总收获面积占耕地面积的百分比。公式为：

$$复种指数=\frac{全年栽培植物总收获面积}{耕地面积}\times 100\%$$

式中，“全年栽培植物总收获面积”包括绿肥、青饲料作物的收获面积在内。根据上式，也可以计算粮田的复种指数以及某种类型耕地的复种指数等，国际上通用的种植指数含义与复种指数相同，套作是复种的一种，计入复种指数，而混作、间作则不计入。

（3）熟制　耕地利用程度的高低还可以用熟制来表示，熟制是一年内在同一土地上栽培的植物季数。把一年栽培一季植物称为一年一熟，如东北地区一年栽培一季玉米；一年栽培两季植物称为一年两熟，如莲子—泽泻（符号“—”表示年内复种）；一年栽培三季植物称为一年三熟，如绿肥（小麦或油菜）—早稻—泽泻；两年内栽培三季植物，称为两年三熟，如莲子—川芎→夏甘薯（中稻）（符号“→”表示年间植物接茬播种）。其中，对年播种面积大于耕地面积的熟制，又称多熟制。

（4）休闲　耕地在可栽培植物的季节只耕不种或不耕不种等方式称为休闲。休闲是一种恢复地力的技术措施，其目的主要是使耕地短暂休息，减少水分、养分的消耗，促进土壤潜在养分转化，为后作植物创造良好的土壤条件。

2. 复种的条件

生产中，一个地区是否可以复种，能够复种到什么程度，与以下条件密切相关。

（1）热量条件　热量是决定能否复种的首要条件。复种所要求的热量指标积温，不仅是复种方式中各种作物本身所需积温（喜凉作物以≥0℃积温计，喜温作物以≥10℃积温计）的相加，还应在此基础上有所增减。如在前茬植物收获后再复播后茬植物，应加上农耗期的积温。套种则应减去上下茬植物伴生期间一种作物的积温。如果是移栽，则减去植物移栽前的积温。

一般情况下，≥10℃积温在2 500～3 600℃，基本上为一年一熟，仅能复种或套作早熟植物；在3 600～4 000℃，则可一年两熟，但要选择生育期短的早熟植物或者采用套种或移栽的方法；在4 000～5 000℃，可进行多种植物的一年二熟；5 000～6 500℃，可一年三熟；>6 500℃可三熟至四熟。也可以根据无霜期的长短决定复种熟制，一般情况下无霜期小于140 d的地方，作物一年一熟；无霜期140～240 d的地方，一年两熟；240 d以上的地方，一年三熟或四熟也有可能。

(2)水分条件　水分是决定能否复种的关键性条件。当热量条件符合复种条件，水分则成为能否进行复种的限制因子。例如热带非洲热量充足，可以一年三熟至四熟，而一些地区由于干旱，在没有灌溉条件下，复种受到限制，只能一年一熟。植物的复种受到降水量、降水分配规律、地上地下水资源、蒸腾量、农田基本建设等多因素影响。水分条件包括降雨量、灌溉水和地下水。降雨量不仅要看总的降雨量，还要看月份降雨量分布是否均匀。一般当降雨量在1 200 mm以上时，可一年三熟制；当年降雨量在800～1 000 mm时，可一年两熟制；我国复种耕地面积主要分布在有灌溉条件的地区。

(3)地力与肥料条件　在热量和水分条件具备的情况下，地力条件往往成为复种产量高低的主要矛盾，而且需要增施肥料才能保证多种多收。地力不足，肥料少，往往出现两季不如一季的现象。

(4)劳力、畜力和机械化条件　复种植物的次数多，要求在农忙季节里，短时间及时完成上季植物收获、下季植物播种以及田间管理任务。足够的劳力、畜力和机械化条件是事关复种成败的一个重要因素。

(5)技术条件与经济效益大小　除了上述自然、经济条件外，还必须有一套相适应的耕作栽培技术。主要包括植物种类、品种的结合、前后茬的搭配、栽培方式(套种、育苗移栽)，促进早熟措施(免耕播栽、地膜覆盖、密植打顶，使用催熟剂)等。技术条件的完善与否，决定着是否能够复种及复种程度的高低。复种是一种集约化的栽培，高投入，高产出，所以经济效益也是决定能否复种的重要因素。只有产量高，经济效益也增长时，提高复种才有意义。

(二)单作

是指在同一块田地上一个完整的生育期内只栽培同一种作物的栽培方式。这种方式栽培植物单一，群体结构单一，全田栽培植物对环境条件要求一致，生育期比较一致，便于田间统一管理与机械化作业。人参、西洋参、当归、郁金、菊花、莲子等单作居多。

(三)间作

是指在同一田地上于同一生长期内，分行或分带相间栽培两种以上植物的栽培方式。比如在黄瓜、玉米、高粱地里，可成行或成带间作广藿香、穿心莲、菘蓝、补骨脂、半夏、麦冬等。与单作不同，间作是不同栽培植物在田间构成人工复合群体，个体之间既有种内关系，又有种间关系。间作时，不论间作的作物有几种，皆不增计复种面积。间作的植物播种期、收获期相同或不相同，但植物共处期长，其中至少有一栽培物的共处期超过其全生育期的一半。间作是集约利用空间的栽培方式。

(四)混作

是指在同一块田地上，同时或同季节将两种或两种以上生育季节相近的植物、按一定比例混合撒播或同行混播栽培的方式。混作与间作都是由两种或两种以上生育季节相近的植物在田间构成复合群体，从而提高田间密度，充分利用空间，增加光能和土地利用率。两者只是配置形式不同，间作利用行间，混作利用株间。在生产上，有时把间作和混作结合起来。如玉米间大豆，玉米混小豆；玉米混大豆（小豆），间种贝母；果树间小葱，果树混福寿草；山茱萸间种豌豆（或蚕豆），山茱萸混种黄芩等。

（五）套作

是指在前季植物生长后期的株行间播种或移栽后季植物的栽培方式，称为套种。如甘蔗地上套种白术、丹参、沙参、玉竹等。对比单作，它不仅能阶段性地充分利用空间，更重要的是，能延长后季植物对生长季节的利用，提高复种指数，提高年总产量。它主要是一种集约利用时间的栽培方式。

（六）立体种植

是指在同一农田上，两种或两种以上的作物（包括木本）从平面、时间上多层次地利用空间的种植方式。如云南植物研究所建造人工林，上层是橡胶树，第二层是中药材肉桂和罗芙木，第三层是茶树，最下层是耐荫的名贵中药砂仁。形成了一个多层次的复合“绿化器”，使能量、物质转化效率及生物产量均比单一纯林显著提高。

（七）立体种养

是指在同一块田地上，植物与食用微生物、农业动物或鱼类分层利用空间种植和养殖的结构；或在同一水体内，高经济价值的水生或湿生药用植物与鱼类、贝类相间混养、分层混养的结构。前者如玉米（甘蔗）和菌菇、莲子和鱼共同种养，后者如藻（海带）和扇贝、海参共养。

（八）轮作

是在同一田地上有顺序地轮换栽培不同植物的栽培方式。例如，一年一熟条件下的白术→小麦→玉米三年轮作，这是在年间进行的单一作物的轮作，也有年内的换茬，例如南方的绿肥—莲子—泽泻→油菜—水稻—泽泻→小麦—莲子—水稻轮作，这种轮作由不同的复种方式组成，因此，也称为复种轮作。

茬口是植物轮作换茬的基本依据。所谓茬口是植物在轮作中给予后茬植物以种种影响的前茬植物及其茬地的泛称。药用植物种类较多，在安排轮作时应注意下列问题。

（1）叶类、全草类药用植物如菘蓝、毛花洋地黄、穿心莲、薄荷、曼陀罗、洋地黄、北细辛、长春花、颠茄、荆芥、紫苏、泽兰等，要求土壤肥沃，需 N 肥较多，应选豆科或蔬菜作前茬。

（2）用小粒种子进行繁殖的药用植物，如桔梗、柴胡、党参、藿香、穿心莲、芝麻、紫苏、牛膝、白术等，播种覆土浅，易受杂草危害，应选豆科或收获期较早的中耕植物作前茬。

（3）有相同病虫害的植物，如地黄与大豆、花生有相同的胞囊线虫，枸杞与马铃薯有相同的疫病，红花、菊花、水飞蓟、牛蒡等易受蚜虫危害。轮作时茬口必须错开。

（4）有些药用植物生长年限长，轮作周期长，如人参需轮作 20 年左右、黄连需轮作 7～10 年、大黄需轮作 5 年以上，可单独安排它的轮作顺序。

(九)连作

与轮作相反,连作是在同一田地上连年栽培相同作物的栽培方式,又叫重茬。而在同一田地上采用同一种复种方式称为复种连作。不同作物、药用植物对连作的反应不同。地黄、大黄、人参、山药、玄参、白术、马铃薯、烟草、番茄、西瓜、亚麻、甜菜等忌连作,这类植物需要间隔五六年以上方可再种植。麦冬、菊花、菘蓝、甘薯、紫云英能耐短期连作,这类作物在连作二三年内受害较轻。川泽泻、怀牛膝、莲子、贝母、大麻、水稻、甘蔗、玉米、麦类、棉花、洋葱等耐连作。同一植物多年连作后常产生许多不良的后果,但目前在生产上运用连作的现象依然相当普遍。如麦冬等经济价值高,药用需求量大,不实行连作便难以满足社会对这些产品的需求。还有的为了充分利用当地优势资源,不可避免地出现最适宜作物的连作栽培。由于某些植物具有耐连作特性,且随着新技术的推广应用,使连作具有可操作性。

◉ 任务实施

技能实训 1-8　调查当地主要药用植物栽培方式

一、实训目的要求

通过调查,了解当地主要药用植物栽培方式。

二、实训材料用品

当地主要药用植物生产基地、记录本、笔、计算机等。

三、实训内容方法

(1)实地调查　在当地主要药用植物生产基地调查,记录当地主要药用植物的栽培方式。

(2)上网搜索　记录主要药用植物栽培方式。

四、实训报告

记录当地主要药用植物的栽培方式。

五、成绩评定及考核方式

以实训报告及实训表现综合评分。

【思考与练习】

1.栽培植物布局的原则有哪些?

2.药用植物栽培方式有哪些?

项目 2

药用植物繁殖

任务 1　种子繁殖

知识目标

- 了解药用植物种子休眠、寿命特性。
- 熟悉药用植物种子采收、调制和贮藏方法。
- 熟悉种子品质检验指标和检验方法。
- 掌握种子播种前的处理方法。
- 掌握种子播种、育苗和移栽。

能力目标

- 能正确地采收、调制和贮藏药用植物种子。
- 具有辨别、检验药用植物种子优劣的能力。
- 能够对药用植物种子进行播前处理。
- 能准确地完成药用植物种子播种、育苗和移栽各操作环节。

◙ 相关知识

种子繁殖具有简便、经济、繁殖系数大、有利于引种驯化和培育新品种的特点，是药用植物栽培中应用最广泛的一种繁殖方法。由种子萌发生长而成植株称实生苗。由种子繁殖产生的后代容易发生变异，开花结实较迟，尤其是用种子繁殖的木本药用植物成熟年限较长。

一、种子的特性

(一)种子休眠

许多药用植物种子在适宜的温度、湿度、氧气和光照条件下，也不能正常萌发的现象叫种子休眠，也就是所谓的生理休眠。种子生理休眠的原因：①胚尚未成熟；②胚虽在形态上发育完全，但贮藏的物质还没有转化成胚发育所能利用的状态；③胚的分化已完成，但细胞原生质出现孤离现象，在原生质外包有一层脂类物质，透性降低；④在果实、种子或胚乳中存在抑制物质，如氢氰酸、氨、植物碱、有机酸、乙醛等；⑤种皮太厚太硬或有蜡质，透水透气性能差，影响种子萌发。此外还有一种强迫休眠，是由于种子得不到发芽所需条件，暂时不能发芽。种子休眠是植物抵抗和适应不良环境的一种保护性的生物学特性。

种子发芽的难易程度还与其初生长期所同化的生态条件密切相关。例如，终年在温暖多湿的热带地区生长的植物，其种子的休眠程度浅而不明显，休眠期短而极易萌发，这是因为它们生长的环境终年具备种子萌发及使幼苗良好生长的条件。相反，在干旱与潮湿，温暖与严寒相交错的地区，植物种子常有一定的休眠期，以避开旱涝、炎热、严寒等恶劣的气候条件，保证种子发芽及幼苗的安全生长发育。植物种子的休眠，是适应特殊的外界环境条件而保持物种不断生存、发展和进化的一种生态特征。

种子休眠在生产上有重要意义，常可通过应用植物激素及各种物理、化学方法来促进或抑制发芽。如不同浓度的赤霉素或激动素处理种子，可促进或抑制种子发芽，乙烯则可使种子维持休眠。植物种子的休眠特性，除了对物种的保存、繁衍具有特殊的生物学意义外，在生产上也具有一定的经济意义。例如，一定的休眠期可以保证种子不在果实内发芽，但种子的休眠特性对生产也有不利的一面。例如，有的种子由于休眠程度过深，休眠期过长，以至到了播种期它们仍未通过休眠而苏醒，常常影响到按时播种，贻误了生产。为了保证按时播种，人们不得不采用人工处理，打破种子休眠的方法来唤醒种子。又如，在种子贮藏期间，或在种子交换、出口外运之前，为了了解种子的生命状况，确定种子的使用价值，都必须进行发芽率测定。可是，往往由于种子休眠尚未通过或未完全通过，而使发芽率测定工作无法进行，或测定的发芽率太低，种子的使用价值无法确定。所以，深入了解种子的休眠特性及原因，就可以设法满足完成种子休眠过程的必要条件，减轻其休眠程度，以便随时唤醒种子，为生产和商品交易活动提供充分苏醒的种子；还可以采取继续加深，深化休眠程度，以达到既能保持种子旺盛的生活力，又能延长种子寿命的目的。

(二)种子寿命

种子从发育成熟到丧失生活力所经历的时间，称为种子寿命。即在一定环境条件下保持生活力的最长期限。种子的生活力是指种子能够萌发的潜在能力或种胚具有的生命力。在贮藏期间，种子的生活力逐渐降低，最后完全消失。种子寿命因药用植物种类不同而存在差异，可分为3种类型：

1. 短命种子

寿命在3年以内。短命种子往往只有几天或几周的寿命。对于这类种子，在采收后必须迅速播种。短命药用植物种子多是一些原产热带、亚热带的药用植物以及一些春花夏熟的种子。如很多热带植物可可属、咖啡属、金鸡纳树属、古柯属、荔枝属等的种子很容易劣变，延迟播种便会丧失种子生活力。春花夏熟的种子如白头翁、辽细辛、芫花等寿命也很短。

2. 中命种子

也称作常命种子，寿命为3～15年。如大黄、丝瓜、南瓜以及桃、杏、核桃、郁李等木本药用植物种子和黄芪、甘草、皂角等具有硬实特性的种子，其发芽年限为 5～10 年。

3. 长命种子

寿命在 15～100 年或更长。在长命种子中，以豆科植物居多，其次是锦葵科、苋科和蓼科植物。如豆科的多数野决明种子寿命超过 158 年。

种子寿命除了受遗传因素影响外，还与贮藏条件有关，贮藏条件合适可适当延长种子的寿命。生产上用来播种的种子，以鲜种子为好，因为隔年的种子往往发芽率降低。寿命短的种子，如杜仲、细辛等应随采随播，隔年的种子几乎全部丧失发芽能力。

种子寿命为群体概念，当一批种子的发芽率从收获后降低到半数种子存活所经历的时间，即为该批种子的平均寿命，也称半活期。但也有特殊情况，有的药用植物，例如白芷、柴胡等即使是新鲜的种子，发芽力也不高，其种子标准不能定得太高。

二、种子采收、调制和贮藏

(一)种子采收

药用植物种子的成熟期随植物种类、生长环境不同而差异较大。掌握适宜的采种时间十分重要。种子成熟包括形态成熟和生理成熟。生理成熟就是种子发育到一定大小，种子内部干物质积累到一定数量，种胚已具有发芽能力。形态成熟就是种子中营养物质停止了积累，含水量减少，种皮坚硬致密，种仁饱满，具有成熟时的颜色。一般情况下，种子的成熟过程是经过生理成熟再到形态成熟，但也有些种子形态成熟在先而生理成熟在后，如浙贝母、刺五加、人参、山杏等，当果实达到形态成熟时，种胚发育没有完成，种子采收后，经过贮藏和处理，种胚再继续发育成熟。也有一些种子如泡桐、杨树，它们的形态成熟与生理成熟几乎是一致的。真正成熟种子应是生理、形态均成熟。

在药用植物生产中，种子成熟程度的确定，主要是根据种子形态成熟时的特征来判断。即种皮的颜色由浅变深、质地变硬、籽粒干重达到最高值，含水量很快降低，标志着种子已经成熟，即可采收。另外，实际采种时，还要考虑到果皮颜色的变化。不同类型的果实，成熟时其形态特征不同，浆果、核果、柑果等多汁果实成熟时，颜色由绿逐渐转变为白、黄、橙、红、紫、黑等颜色，如南酸枣、杏、木瓜成熟时，果皮由绿色变为黄色，龙葵、土麦冬、女贞、樟树成熟时，果实变为黑色。蒴果、蓇葖果、荚果、翅果、坚果等干果类果皮由绿色变为褐色，由软变硬。其中，蒴果、蓇葖果和荚果果皮自然裂开，如浙贝母、黄连、四叶参、泡桐、甘草、黄芪等。

大多数药用植物应采收充分成熟的种子，但有时也例外。例如当归、白芷等应采适度成熟的种子，老熟种子播种后容易提早抽薹。又如黄芪、油橄榄等种子老熟后往往硬实增多，或休眠加深，如采后即播，需要采收稍嫩的种子。凡种子成熟后果实不易开裂，种子不易脱落的植物可以缓采，待全株的种子完全成熟时一次采收，如朱砂根的种子；否则，宜及时分批采收，或待大部分种子成熟后将果梗割下，后熟脱粒，如穿心莲、远志、白芥子、白芷、北沙参、补骨脂、黄连等应随熟随采，避免损失。

木本药用植物种子的采收，要选择生长健壮、生长到一定年限、充分表现出优良性状、无病虫害的植株作为采种母树。如杜仲要选择未剥皮的 15 年以上的树木作母树。

采种工具多采用手工操作的简单工具，如高枝剪、枝剪、采种镰、竹竿、种钩、采种袋、布、梯子、绳子、安全带、安全帽、簸箕、扫帚等。

(二)种子调制

种子调制的目的是获得纯净的、适宜播种或贮藏的优良种子，是防止种子变质的必要工序与措施。种子调制的程序包括脱粒、净种、干燥、分级等。种子采收后应尽快调制，避免发热、发霉。根据植物果实、种子的种类，选择恰当的调制方法，保证种子的品质。

1. 脱粒

(1)蓇葖果类　如黄连、淫羊藿、杠柳、白首乌、八角茴香等，果实或带果枝采收后，根据药用植物的性质采取阴干或晒干的方法，使果实自行开裂或揉搓，清除果皮果枝，取出种子并去杂。

(2)蒴果类　如党参、桔梗、蓖麻子、车前子、王不留行等，果实自行开裂后，过筛精选。含水量高的如杨、柳树果实采后，应立即放入避风干燥的室内，风干 3～4 d后，当多数蒴果开裂时，用柳条抽打，使种子脱粒，过筛精选。

(3)坚果类　如板栗、莲等，一般含水量高，不能曝晒，采后进行粒选或水选，去除蛀虫，摊开阴干，摊铺厚度不超过 20～25 cm，经常翻动，当种实湿度达到要求程度时，立即收集贮藏。

(4)翅果类　如杜仲、白蜡、臭椿、榆树等，处理时不必脱去果翅，干燥后清除杂物即可，其中榆树不可暴晒，要用阴干法。

(5)荚果类　如甘草、黄芪、刺槐、紫藤、合欢、皂荚、苦豆等，一般含水量低，采后暴晒 3～5 d，有的荚果晒后裂开脱粒，有的不开裂，用棍棒敲打或用石磙压碎进行脱粒清除杂质，提取净种。

(6)肉果类　肉质果类包括核果、浆果、聚合果等，其附属部分多为肉质，含果胶、糖类较多，易腐烂，其种子一般含水量较高，采后须立即处理，否则会降低种子品质。一般可以用水浸数日后，直接揉搓，再脱粒净种，阴干，并经常翻动，不可曝晒或雨淋。当种子含水量达到要求时即播或贮藏和运输。如柑橘、枇杷、杧果等种子不能晒，且无休眠期，故洗后略干一两天即可播种。少数种子假种皮含胶质，用水冲洗难以奏效，如三尖杉科、紫衫、罗汉松等，可用湿沙或苔藓加细石与种实一同堆起，然后揉搓，除去假种皮，再阴干贮藏。

(7)球果类　针叶树种子多在球果中，油松、侧柏、金钱松等球果采后曝晒 3～5 d，鳞片裂开，大部分种子可自行脱离，其余用木棒轻击球果，种子即可脱出。

不易开裂的马尾松球果含松脂较多，可用 2% 稻草灰和水，温度在 95～100℃，煮果 2 min，用稻草堆沤法脱脂，每日翻动时淋温水一次，经 1 周左右全脱脂后曝晒，球果即可开裂。

2. 净种

包括去掉种子中的夹杂物，如鳞片、果皮、果梗、枝叶、碎片、空粒等及异类种子。常用净种方法有：

(1)风选法　利用自然或人工、机械产生的流动空气净种，进行种子筛选，得到纯种和精种，适用于较重的中粒种子，如国槐、刺槐、合欢、紫藤、皂荚等。

(2)筛选法　用大小不同的筛子，将大于和小于种子的杂物除去，再用其他方法将与种子大小的相等的杂物除去，此方法多用于种子粒级的精选，如蔷薇科类种子等。

(3)水选法　利用水的浮力将夹杂物及空粒种子漂出或反复淘洗,良种留在下面。此方法适用于海棠、杜梨、樱桃、文冠果等。注意浸水时间不宜过长,浸水后禁暴晒,要阴干。

(4)粒选法　将大粒种子或珍贵、稀有的种子进行单个挑选,如核桃、珙桐、贴梗海棠等。

3. 干燥

种子干燥的主要作用是降低种子水分,提高种子的耐贮性,以便能较长时间保持种子活力。此外种子干燥还有杀死仓虫、消灭或抑制微生物活动、促进种子后熟、减少运输压力等作用。种子干燥的方法通常有自然干燥和人工机械干燥两类。

(1)自然干燥　当前生产用种子以采用自然干燥最为普遍。自然干燥是利用日光曝晒、通风和摊晾等方法降低种子含水量。一般是选择干燥、空旷、阳光充足及空气流畅的晒场,在晴朗干燥的天气,于9— 16时将种子摊成5～15 cm薄层,进行晾晒,晒种过程中要经常翻动,晚上要防止返潮,高水分种子要避免发热。这种方法简便,经济而又安全,尤其适于小批量种子。但用此法干燥种子,必须做到清场预晒、薄摊勤翻,适时入仓,防止结露回潮。

(2)人工机械干燥　人工机械干燥可分为自然风干法和热空气干燥法。自然风干法采用鼓风机干燥种子,适用于小批量种子的干燥。热空气干燥法用热空气干燥种子。其工作原理是:在一定条件下,提高空气的温度可以改变种子水分与空气相对湿度的平衡关系。不同类型的种子,不同地域,所采用的加热机械和烘房布局也各不相同。但用此法干燥种子都应注意如下事项:决不可将种子直接放在加热器上焙干;应严格控制种温;种子在干燥时,一次失水不宜太多;如果种子水分过高,可采用多次间隙干燥法;经烘干后的种子,需冷却到常温时才能入仓。

4. 分级

主要把同批种子按大小轻重进行分类,实践证明,不同级别的种子分别播种,发芽率高,出苗整齐一致,生长发育均匀,分化现象少,不合格苗大大减少。

(三)种子贮藏

种子贮藏是指种子从收获后至播种前需经过的或长或短的保存阶段。种子贮藏的任务就是采用合理的贮藏设备和先进的贮藏技术,人为地控制贮藏条件,防止发热霉变和虫蛀,使种子劣变降到最低限度,最有效地保持较高的种子发芽率和活力,从而确保种子的播种价值。种子贮藏期限的长短,因药用植物种类和贮藏条件不同而不同。其中种子含水量的贮藏的温度、湿度是主要影响因素。

依据种子性质及贮藏条件,种子贮藏方法可分为干藏和湿藏两大类。

1. 干藏法

将干燥的种子贮藏于干燥的环境中。干藏除要求有适当的干燥环境外,有时也结合低温和密封条件,凡种子含水量低的均可采用此法贮藏。干藏法又分普通干藏法和低温干藏法。

(1)普通干藏法　将充分干燥的种子装入麻(布)袋、箱、桶等容器中,再放于凉爽而干燥、相对湿度保持在50%以下的种子室、地窖、仓库或一般室内贮存。大多数药用植物种子均可采用此法,如云木香、栝楼、白芷、牛膝等。

(2)低温干藏法　将充分干燥的种子放在0～5℃、相对湿度维持在50%左右的种子贮藏室或放在冰箱或冷藏室内贮存。本法适用于种皮坚硬致密，不易透水透气的种子，如山茱萸、决明、合欢等。另外，还有些种子需要长期贮藏，低温干藏仍会失去发芽力，可采用低温密封干藏。即将种子放入玻璃等容器中，加盖后用石蜡或火漆封口，置于贮藏室内。容器内可放些吸湿剂如氯化钙、生石灰、木炭等。

2.湿藏法

有些种子一经干燥就会丧失生活力，如黄连、三七、肉桂、细辛等，可采用湿藏法。湿藏的主要作用是使具有生理休眠的种子，通过潮湿低温条件处理，破除休眠，提高发芽率，并使贮藏时所需含水量高的种子的生命力延长。其方法一般多采用层积法，如山茱萸、银杏、贴梗海棠、玉兰、酸橙等的种子。层积法必须保持一定的湿度和0～10℃的低温条件。如种子数量多，可在室外选择适当的地点挖坑，其位置在地下水位之上。坑的大小，根据种子多少而定。先在坑底铺一层10 cm厚的湿沙，随后堆放40～50 cm厚的混沙种子(沙∶种子＝3∶1)，种子上面再铺放一层20 cm厚的湿沙，最上面覆盖10 cm的土，以防止沙干燥。坑中央要竖插一小捆高粱秆或其他通气物，使坑内种子透气，防止温度升高致种子霉变。如种量少，可在室内堆积，即将种子和3倍量的湿沙混拌后堆积室内(堆积厚度50 cm左右)，上面可再盖一层15 cm厚的湿沙。也可将种子混沙后装在木箱中贮藏。贮藏期间应定期翻动检查。贮藏末期要注意温度突然升高或遇到反常的温暖天气引起种子提前萌发，应及时将种子取出并放入冰箱或冷藏室，以免芽生长太长，影响播种。

三、种子品质检验

药用植物种子品质检验又称种子品质鉴定。种子品质检验就是应用科学的方法对生产上的种子品质进行细致的检验、分析、鉴定以判断其优劣的一种方法。种子检验包括田间检验和室内检验两部分。田间检验是在药用植物生长期内，到良种繁殖田内进行取样检验，检验项目以纯度为主，其次为异作物、杂草、病虫害等；室内检验是种子收获脱粒后到晒场、收购现场或仓库进行扦样检验，检验项目包括净度、发芽率、发芽势、生活力、千粒重、水分、病虫害等。其中，净度、重量、发芽率、发芽势和生活力是种子品质检验中的主要指标。

室内检验步骤：

(一)扦样

扦样是种子取样或抽样的名称，是指从大量的种子中，扦取适量有代表性的，供分析检验的样品，由于抽取种子样品通常采用扦样器取样，因而在种子检验上俗称扦样。扦样检验结果的准确性，取决于扦样技术和检验技术。扦样的基本原则是：被扦种子批均匀一致，如果种子批存在异质性应拒绝扦样；扦样点应均匀分布在种子批的各个部位，既要有垂直分布，也要有水平分布；每个扦样点扦取的初次样品数量要基本一致，不可过多或过少；保证样品的可溯性和原始性，样品必须封缄与标志，能溯源到种子批，并在包装、运输、贮藏过程中尽量保持其原有特性；扦样员应经过培训，持证上岗，具有实践经验。

要从一批种子中扦取样品，一般都用特制的扦样器来进行(图2-1)，袋装种子用单管扦样器或用羊角扦样器，在口袋的不同部位均匀取样，将取样器插入袋内，插入时槽口向下，然后旋转 180°，使槽口向上，抽出取样器，即得到一个样品。散装种子可用圆筒形扦样器，扦样时以 30° 的斜度插入种子堆内，达到一定深度后，用力向上一拉，使活动塞离开进种门，略微振动，使种子掉入，然后抽出扦样器。散堆种子数量不多，堆的深度不超过 40 cm 时，可徒手扦样（图 2-2），流动性差的种子和大粒种子，可以徒手取样，手插入时，手指要伸直并拢。捏紧抽出时，手指要一直紧合一起。

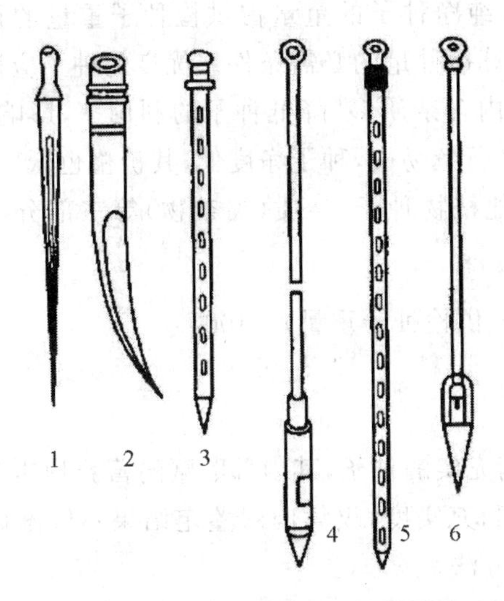

图 2-1 袋装、散装种子扦样器

1. 单管扦样器 2. 羊角扦样器 3. 双管扦样器 4. 长柄短筒圆锥形扦样器 5. 圆筒形扦样器 6. 圆锥形扦样器

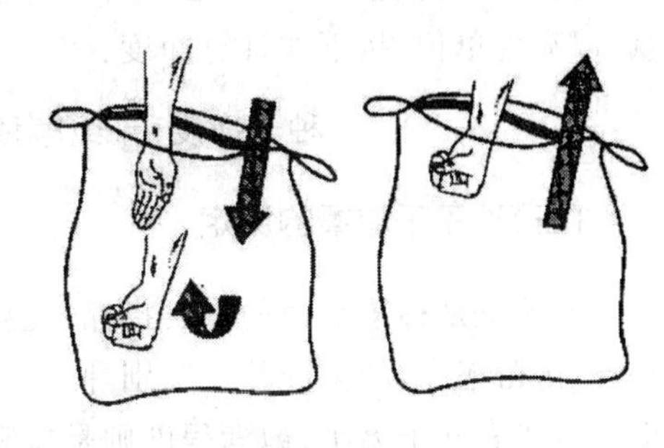

图 2-2 徒手扦样

种子扦样是一个过程，由一系列步骤组成：首先从种子批中取得若干个初次样品→然后将全部初次样品混合成为混合样品（原始样品）→再从混合样品中分取送验样品，送到种子检验室→在检验室，再从送验样品中分取试验样品，进行各个项目的测定。从混合样品中分取送检样品，从送验样品中分取试验样品，可采用四分法或分样器法。

四分法也叫对角线法（图 2-3），就是把种子倒在平滑的桌面或玻璃板上铺平，均匀混合后，摊成 1～2 cm 厚的正方形，用分样板按对角线把种子分成 4 个三角形，除去两个相对的三角形后，再把种子重新混合，按上法继续分样，直到相对的两个三角形中的种子相当于平均样品的要求量为止。

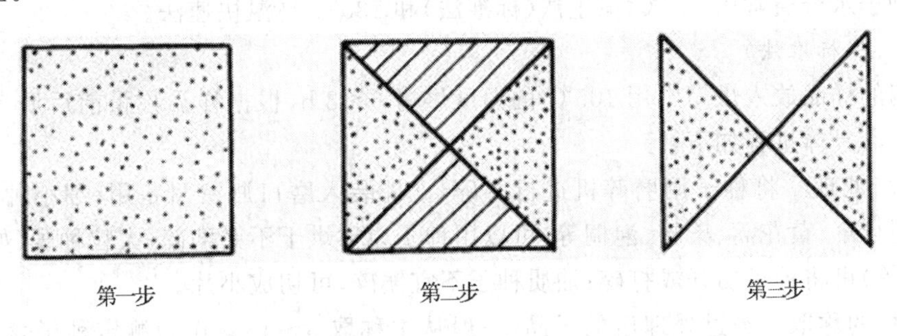

图 2-3 四分法示意图

分样器法适用于种粒小、流动性大的种子。将混合样品倒入分样器漏斗，不可振动分样器，很快拨开漏斗下面的活门，使种子迅速下落至两个盛接器内，关闭漏斗口，然后取其中一个盛接器的样品按上法继续分取，直至分出的样品达规定的量为止。

(二)种子净度的测定

种子净度是指样品中去掉杂质和废种子后，纯净种子的重量占供检种子重量的百分率。种子净度是衡量种子品质的一项重要指标，是计算播种量的必需条件。优良的种子应该洁净，不含任何杂质和其他废品。净度低的种子，种子内含杂质多，降低种子的利用率，影响种子贮藏与运输的安全。在以物质的量为基础的种子经营贸易中，种子净度低，其价格也低。

进行净度测量的样品，必须分成净种子、其他植物种子、杂质(夹杂物)等三部分，分别称量，以克为单位，按下式计算净度：

种子净度=(纯净种子重量÷供检种子重量)×100%

(三)种子千粒重的测定

千粒重是种子活力的重要指标，凡粒大、饱满充实的种子，其内部贮藏的营养物质多，发芽整齐，出苗率高，幼苗健壮。鉴别种子大小、饱满和充实度，仅凭肉眼鉴定结果不够准确，而用千粒重代表种子大小、饱满程度则是非常简便的方法。

种子千粒重是指在气干状态下 1 000 粒纯净种子的质量。其测定方法是从经净度分析后的净种子中随机数取 1 000 粒，称重，重复 2 次以上，取其平均值，即为千粒重。称重所用天平精密度如下：对大、中粒种子用感量为 0.1 g 的天平，千粒重 10 g 以下的小粒种子则用感量为 0.01 g 的天平。试样质量在 1 g 以下称至 4 位小数；1～9.99 g 的称重至 3 位小数；10～99.99 g 的称重至 2 位小数；100～999.9 g 称重至 1 位小数；1 000 g 以上称重至整数。如两份试样的质量相差未超过 5% 时，可用两份试样的平均质量为其千粒重。超过允许差距时，则应取第三份试样称重，取差距最小的两份试样计算平均千粒重。

(四) 种子含水量的规定

种子含水量是指种子中所含有水分的质量占种子总质量的百分率，种子含水量是影响种子品质的重要因素之一，与种子安全贮藏有着密切关系，在贮藏前和贮藏过程中均需测定含水量。测定种子水分通常用 105℃ 恒重法(标准法)和 130℃ 高温快速法。

1.恒重法(标准法)

将待测的样品放入烘箱中用 105℃ 的温度烘烤 6～8 h，根据样品称量前后质量之差来计算含水量。其具体过程如下：

(1)样品处理　将种子用磨碎机进行磨碎，立即装入磨口瓶密封备用，细小种子(如龙胆草、白桦、阴行草、黄花蒿、柴胡、泡桐等)可以用种子原样烘干不必磨碎；大粒种子(如核桃、杏、桃、核桃楸等)可将种子切开或打碎；油质种子不宜辗碎，可切成小片。

(2)试样的称取　经过处理后的样品，一般从中称取 3～15 g 作为测定种子含水量之用，具体操作时应根据种子千粒重大小而定，千粒重大的种子应适当称取量大些，千粒重小的种子，称取量可小些。

(3)烘干称重 先将称量盒放在105℃烘干，并称重，再将样品放入预先烘干且称过重的样品盒内，在感量为0.001 g的天平上称取试样两份，然后打开盒盖，一起放入预先预热至110℃的烘箱内关好箱门，保持105℃，经6～8 h后取出，盖上盖子，移入干燥器内冷却至室温称重。

(4)含水量的计算

种子水分=(试样烘前重－试样烘后重)/试样烘前重×100%

2.高温快速法

此法适用于含油脂不高的药材种子。将两份测定样品放入预热到140～145℃的烘箱中，在放入试样后5 min内，应使烘箱温度稳定在130℃，烘60 min，同上方法，计算出种子的含水量。

(五)种子发芽率和发芽势的测定

种子能否正常发芽是衡量种子是否具有生活力的直接指标，也是决定田间出苗率的最重要因素，对确定合理的播种量、改进种子贮藏方法、划分种子等级和确定合理的种子价格等具有重要意义。生产上所用的种子，不仅要具有旺盛的生活力，还要能在规定时期内和适宜条件下发芽迅速而整齐，并能达到较高的发芽率。

种子发芽率是指发芽试验终期或规定日期内，全部正常发芽种子数占供试种子数的百分率。种子发芽率是种子播种品质最重要的指标之一，发芽率高，表示有生活力的种子多，播种后出苗数多。

种子发芽势是指发芽试验初期，规定日期内正常发芽的种子数占供试种子数的百分率。种子发芽势高，表示种子生活力强，发芽整齐，出苗一致。种子发芽率和发芽势测定的具体步骤如下：

1.试样的数取

从经过净度测定的纯净种子中，随机数取100粒种子，供发芽测定之用，重复4次。种子大的可以50粒或25粒为一次重复。

2.发芽基质

发芽试验时，用来摆放种子，并供给种子水分和空气的衬垫物称为发芽基质。发芽基质可以是滤纸、纱布、细沙、珍珠岩、土壤等，使用时必须先经过消毒，也可以在滤纸下面垫上海绵或脱脂棉，以保证滤纸上温度均匀。一般小粒种子适宜放在滤纸上，大粒种子适宜放细沙等基质中。如五味子种子发芽试验一般是将其埋入细沙中1 cm；龙胆草种子发芽试验方法是在培养皿中放入一层脱脂棉，其上用双层纱布覆盖，然后均匀放入龙胆草种子；防风种子发芽试验一般是将种子放入消过毒的土壤中，覆土厚度1 cm左右。

3.种子的预处理

为了使种子尽快发芽，种子在摆放前，可用始温为45℃水浸种24 h，如防风、甘草、柴胡等。对于种皮致密、透水性差的种子，需采用较高温度的水浸种，如相思子、山茱萸可用始温为100℃的水浸种2 min，自然冷却24 h；槐树、胡枝子用80℃水浸种，自然冷却24 h；大巢菜、小巢菜可用60℃水浸种，自然冷却24 h。有些种子在发芽试验前还需要在一定的低温条件下经过层积才能萌发，五味子需经过4～5个月的低温层积；杜仲、山杏需要经过1个月5℃左右的低温层积；山核桃需在0～5℃下层积60 d，黄连需在0～5℃下层积50 d，浙贝母需在0～5℃

下层积 60 d。五加科的人参、刺五加等则需长时间的低温层积和变温处理。

4.发芽的观察和记载

种子放置完毕后，在摆入种子的培养皿或其他发芽的容器上贴上标签，注明种子名称、开始试验日期、样品号、种子粒数。每天观察记载种子变化状况和发芽情况，并定时定量加水。对一些发芽持续时间较长的种子，可每隔 3～4 d 观察一次。计算发芽率、发芽势。

发芽率＝发芽种子粒数÷试验种子粒数×100％

发芽势＝规定天数内发芽种子粒数÷试验种子粒数×100％

(六)种子生活力的测定

种子生活力是指种子发芽的潜在能力或种胚具有的生命力。药用植物种子寿命长短各异，为了在短时期内了解种子的品质，必须用快速方法来测定种子的生活力，一般采用生物化学的方法测定种子的生活力，以确定种子是否能用并估算播种量。

测定种子生活力的方法很多，其中以用红四氮唑和靛红进行染色具有快速准确的效果。

1.红四氮唑(TTC)染色法

2,3,5-氯化三苯基四氮唑简称四氮唑或 TTC，其染色原理是根据有生活力种子的胚细胞含有脱氢酶，具有脱氢还原作用，被种子吸收的氯化三苯基四氮唑参与了活细胞的还原作用，有生活力的种子胚染成红色，无生活力的种子则不染色或仅有浅色斑点。由此可根据胚的染色情况区分有生活力和无生活力的种子。

2.靛红染色法

又称洋红染色法，它是根据苯胺染料(靛蓝、酸性苯胺红等)不能渗入活细胞的原生质，因此不染色，凡种胚不被染色的是有生活力的种子，种胚染成斑点状的是生活力弱的种子，种胚或胚轴、胚芽、胚根、大部分子叶被染色的是无生活力的种子。一般染色所使用的靛红溶液浓度为 0.05％～0.1％，宜随配随用。染色时必须注意，种子染色后，要立即进行观察，以免褪色，剥去种皮时，不要损伤胚组织。

四、种子萌发的条件

种子萌发，除了本身必须具备的内在因素，比如健全的发芽力以及解除休眠期以外，也需要一定的环境条件，主要是充足的水分、适宜的温度和足够的氧气，这 3 个条件称为种子萌发三要素，缺一不可。还有些种子萌发需要光照条件。

1.充足的水分

休眠的种子含水量一般只占干重的 10％ 左右。种子必须吸收足够的水分才能启动一系列酶的活动，开始萌发。因此，在播种时土壤必须保持一定的湿度，也可以在播种前进行浸种催芽，可促进种子萌发。不同药用植物种子萌发时吸水量不同。含蛋白质较多的种子，如豆科植物的种子吸水较多；淀粉含量高的种子吸水量中等；脂肪含量高的种子吸水较少。种子吸水有一个临界值，在此以下不能萌发，一般种子要吸收其本身重量的 25％～50％ 或更多的水分才能萌发。为满足种子萌发时对水分的需要，在药用植物生产中要适时播种，精耕细作，为种子萌发创造良好的吸水条件。

2.适宜的温度

各类种子的萌发一般都有最低、最适和最高3个基点温度。温带植物种子萌发,要求的温度范围比热带的低。如起源于温带的植物大黄种子0～1℃就能萌发,1～20℃发芽率最高,低于0℃或高于35℃发芽受到抑制;而起源于热带的植物穿心莲的种子萌发最低温度为10.6℃,最适温度为20～30℃。不同植物种子萌发都有一定的最适温度。高于或低于最适温度,萌发都受影响。超过最适温度到一定限度时,只有一部分种子能萌发,这一时期的温度叫最高温度;低于最适温度时,种子萌发逐渐缓慢,到一定限度时只有一小部分勉强发芽,这一时期的温度叫最低温度。了解种子萌发的最适温度以后,可以结合植物体的生长和发育特性,选择适当季节播种,以保证植物种子正常萌发和生长。

3.足够的氧气

种子吸水后呼吸作用增强,需氧量加大。土壤氧气供应状况对种子发芽有直接影响。一般药用植物种子需要10%以上的氧浓度,才能正常发芽,尤其是脂肪含量高的种子,种子萌发时需氧更多。如果播种过深、土壤水分过多或土面板结使土壤空隙减少,通气不良,均会降低土壤中的氧含量,缺乏氧气,就会妨碍种子萌发。

一般种子萌发和光线关系不大,无论在黑暗或光照条件下都能正常进行,但有少数植物的种子,需要在有光的条件下,才能萌发良好,如黄榕、烟草、胡萝卜、芹菜和莴苣的种子在无光条件下不能萌发。这类种子叫需光种子。有些植物如毛蕊花等的种子在有光条件下萌发得好些。还有一些百合科植物和洋葱、苋菜、番茄、曼陀罗的种子萌发则为光所抑制,这类种子称为嫌光种子。需光种子一般很小,贮藏物很少,只有在土面有光条件下萌发,才能保证幼苗很快出土,进行光合作用,不致因养料耗尽而死亡。嫌光种子则相反,因为不能在土表有光处萌发,避免了幼苗因表土水分不足而干死。此外还有些植物如莴苣的种子萌发有光周期现象。

五、播种前种子处理

播种前进行种子处理是非常有效的增产措施。它不仅可以提高种子品质,防治病虫害,打破种子休眠,促进种子萌发、出苗整齐和幼苗生长健壮,而且手续简便,取材容易、成本低、效果好,生产上广泛采用。播种前种子处理主要有种子精选、消毒、催芽等。

(一)种子精选

种子精选的方法有风选、筛选、盐水选。通过精选,可以提高种子的纯度,同时按种子的大小进行分级。分级分别播种使发芽迅速,出苗整齐,便于管理。

(二)种子消毒

种子消毒可预防通过种子传播的病害和虫害。主要有药剂消毒处理和热水烫种等。

1.药剂消毒处理

(1)药粉拌种　一般取种子重量的0.3%杀虫剂和杀菌剂,在浸种后使药粉与种子充分拌匀便可。也可与干种子混合拌匀。常用的杀菌剂有70%敌克松、50%福美锌等;杀虫剂有

90%敌百虫粉等。

(2)药水浸种　药水消毒前，一般先把种子在清水中浸泡5～6 h，然后浸入药水中，按规定时间消毒。捞出后，立即用清水冲洗种子，随即可播种或催芽。需要注意的是要严格掌握药液浓度和消毒时间。常用方法有：

①福尔马林(即40%甲醛)，先用其100倍水溶液浸种子15～20 min，然后捞出种子，密闭熏蒸2～3 h，最后用清水冲洗。

②1%硫酸铜水溶液，浸种5 min后捞出，用清水冲洗。

③10%磷酸钠或2%氢氧化钠的水溶液，浸种15 min后捞出洗净。

2.热水烫种

对一些种壳厚而硬实的种子，如黄芪、甘草、合欢等可用70～75℃的热水，甚至100℃的开水烫种促进种子萌发。方法是用冷水先浸没种子，再用80～90℃的热水边倒边搅拌，使水温达到70～75℃后并保持1～2 min，然后加冷水逐渐降温至20～30℃，再继续浸种。70℃的水温已超过花叶病毒的致死温度，能使病毒钝化，又有杀菌作用。例如，薏苡种子先用冷水浸泡一昼夜，再选取饱满种子放进筛子里，把筛子放进开水锅里，当全部浸入时，再将筛子提起散热，冷却后用同样的方法再浸入一次，然后迅速放进冷水里冲洗，直到流出的水没有黑色为止，此法可有效防治薏苡黑粉病。另外，变温消毒可消除炭疽病的危害。即先用30℃低温浸种12 h，再用60℃高温水浸种2 h。

(三)促进种子萌芽的处理方法

1.晒种

晒种有促进种子后熟、提高发芽势和发芽率的作用，又能防治病虫害，可达到一播全苗和苗齐苗壮的目的。晒种时，种子要摊在架棚和苇席上，厚3～5 cm，每隔1～2 h翻动一次，日落后及时堆取盖好，第二天日出后再均匀摊开。不要在水泥地、砖地和石板地上晒种，因为温度过高灼伤种子，影响发芽。晒种时间根据种子特性、温度高低而定。

2.浸种催芽

将种子放在冷水、温水或冷水、热水变温交替浸泡一定时间，使其在短时间内吸水软化种皮，增加透性，加速种子生理活动，促进种子萌发，而且还能杀死种子所带的病菌，防止病害传播。浸种时间因药用植物种子的不同而异。如穿心莲种子在37℃温水中浸24 h，桑、鼠李等种子用45℃温水浸24 h，促进发芽效果显著。

3.机械损伤处理

利用破皮、搓擦等机械方法损伤种皮，使难透水透气的种皮破裂，增强透性，促进萌发。如黄芪、穿心莲种子的种皮有蜡质，可先用细沙摩擦，使种皮略受损伤，再用35～40℃温水浸种24 h，发芽率显著提高。

4.超声波及其他物理方法

超声波是一种高频率的人类听觉感觉不到的波动，频率大于20 000 Hz。用超声波处理种子有促进种子萌发，提高发芽率等作用。如早在1958年，北京植物园就用频率22 kHz，强度0.5～1.5 W/cm的超声波处理枸杞种子10 min后明显促进枸杞种子发芽，并提高了发芽率。

除超声波外，农业上还有红外线(波长770 nm以上)照射10～20 h已萌动的种子，能促进出苗，使苗期生长粗壮，并改善种皮透性。紫外线(波长400 nm以下)照射种子2～10 min，能促进酶活化，提高种子发芽率。另外，用γ、β、α、X射线等低剂量照射种子，有促进种子萌发、生长旺盛、增加产量等作用。低功率激光照射种子，也有提高发芽率，促进幼苗生长，早熟增产的作用。用适度强度的磁场处理种子，也可以促进种子萌发、提高发芽率，有利于提高幼苗生长，提高产量。

5. 化学物质处理

有些种子的种皮具有蜡质，如穿心莲、黄芪等，影响种子吸水和透气，可用浓度为60%的硫酸浸种30 min，捞出后，用清水冲洗数次并浸泡10 h再播种。也可用1%苏打或洗衣粉(0.5 kg粉加50 kg水)溶液浸种，效果良好。具体方法：用热水(90℃左右)注入装种子的容器中，水量以高出种子2～3 cm为宜，2～3 min后，水温达到70℃时，按上述比例加入苏打或洗衣粉，并搅动数分钟，当苏打全部溶解时，即停止搅动。随后每隔4 h搅动1次，经24 h后，当种子表面的蜡质可以搓掉时，再去蜡，最后洗净播种。

6. 生长调节剂处理

常用的常用的生长调节剂有吲哚乙酸、α-萘乙酸、赤霉素、ABT生根粉等。如果使用浓度适当和使用时间合适，能显著提高种子发芽势和发芽率，促进生长，提高产量。如党参种子用0.005%的赤霉素溶液浸泡6 h，发芽势和发芽率均提高1倍以上。

7. 层积处理

层积处理是打破种子休眠常用的方法。山茱萸、银杏、忍冬、人参、黄连、吴茱萸等种子常用此法来促进发芽。层积催芽方法与种子湿藏法相同。应注意的是，山茱萸种子层积催芽处理需5个月左右，种子才能露出芽嘴，而忍冬只需40 d左右就可发芽。如不掌握种子休眠特性，过早或过迟进行层积催芽，对播种都是不利的。过早层积催芽，不到春播季节种子就萌发了，即便能播种，出芽后也要遭受晚霜的危害；过迟层积催芽，则种子不萌发。

低温型种子如黄连、山茱萸、黄檗等的催芽，除用层积法外，还可在变温条件下进行催芽处理。这不仅能够缩短催芽日数，同时可以提高催芽效果。如黄皮树种子用30℃热水浸种24 h后，混以2倍湿沙，使种子在4昼夜内保持12～15℃温度，然后将沙混合物移到温度低的地方，直到混合物开始冻结时，再将种子移到温暖的房子里，4 d以后再移到寒冷的地方，这样反复5次，只需25 d，便可完成种子催芽工作。这比层积催芽可缩短一半以上时间，而且种子发芽率可提高5%以上。

(四)生理预处理

生理预处理包括：对种子进行干湿循环，有时称为"锻炼"或"促进"；在低温下潮湿培育；用稀的盐溶液，如浸在硝酸钾、磷酸钾或聚乙二醇中进行渗透处理。还有液体播种，就是将已形成胚根的种子同载体物质(如藻胶)混合，然后通过液体播种设备直接将它们移植到土壤中去。

聚乙二醇(PEG)渗调处理可提高作物种子活力和作物的抗寒性。采用PEG溶液浸泡种子时，PEG的浓度要调整到足以抑制种子萌发的水平。在适宜的温度(10～15℃)下，经2～3周处理后，将种子洗净、干燥，然后准备播种。

(五)丸粒化

为便于机械化播种，利用一定材料对种子进行包衣处理，使其丸粒化。包衣剂可根据需要加入各种防病剂、防虫剂、营养及生长调节剂等成分。丸粒化的种子发芽势强,发芽率高。

目前农业生产上也用菌肥处理种子,主要用细菌肥料,通过增加土壤有益微生物,把土壤和空气中植物不能利用的元素,变成植物可吸收利用的养料,促进植物的生长发育。常用的菌肥有根瘤菌剂、固氮菌剂、磷菌剂和“5406”抗生菌肥等。如豆科植物决明、望江南等,用根瘤菌剂拌种后一般可增产 10% 以上。

六、播种、育苗与移栽

(一)播种

1. 播种时期

适期播种不仅能保证发芽所需的各种条件,而且还能满足植物各个生育期处于最佳的生育环境,避开低温、阴雨、高温、干旱、霜冻和病虫害等不利因素,使之生育良好,获得优质高产。确定播种时期的原则,一般依据气候条件、栽培制度、品种特性、种植方式和病虫害发生情况综合考虑。

(1)气候条件　气温或地温是影响播期的主要因素。一般以当地气温或地温能满足植物发芽要求时,作为最早播种期。如在华北,西北地区,红花在地温稳定在 4℃ 时就可以播种,而薏苡、曼陀罗必须在地温稳定在 10℃ 以上播种。在确定具体播期时,还应充分考虑该种植物主要生育期、产品器官形成期对温度、光照的要求。像油菜、红花越冬期如果苗龄太小,耐寒力弱,不利于次春早发;如果苗龄太大甚至快要抽薹,冬季会被冻死。在干旱地方,土壤水分也是影响播期的重要因素,尤其是北方干旱地区,为保证种子正常出苗与保全苗,必须保证播期和苗期的墒情。

(2)栽培制度　间、套作栽培和复种对栽培植物播种时期都有一定要求,特别是多熟制地区,收种时间紧,季节性强,应以茬口衔接,适宜苗龄和移栽为依据,全面安排,统筹兼顾。利用药用植物和作物、蔬菜搭配种植(两熟或三熟)时,必须保证播期、苗龄、栽期三对口。一般根据前作收获期决定后作移栽期,按照后作移栽期和苗龄的要求,确定好后作播种育苗期。间、套作栽培应根据适宜共生期长短确定播期。一般情况下,地块只种一种植物时播期较早,间、套作播期较迟,育苗移栽的播期要早,直播的可迟。

(3)品种特性　品种类型不同,生育特性有较大的差异,播期也不一样。大多数药用植物播种可在春季或秋季进行,一般春播在 3—4 月,秋播在 9—10 月。一年生草本药用植物多为春播,如薏苡、决明、荆芥、紫苏等。二年生草本药用植物多为秋播,如菘蓝、红花、川芎、白芷等。多年生草本药用植物有春播、夏播、秋播,如甘草、黄芪、桔梗等宜春播;细辛、天麻、平贝母等宜夏播;番红花、紫草等宜秋播。耐寒性较强或种子具休眠特性的药用植物如人参、北沙参等宜秋播。核果类木本药用植物如银杏、山茱萸等多秋播或冬播。有些短寿命种子宜采后即播,如北细辛、肉桂等。因栽培目的不同,播种期也不同,如牛膝以收种子为目的者宜早播,以收根为目的者应晚播;板蓝根为低温长日照作物,收种子者宜秋播,收根者宜春播,并且春季播种不能过早,防止抽薹开花。

2. 播种方式

药用植物播种方式有条播、点播、撒播和精量播种。大田直播以条播、点播、精量播种为宜。苗床育苗则以撒播、条播为宜。

条播是按一定行距在畦面开小沟，将种子均匀播于沟内。适用于中、小粒种子，行距与播幅视情况而定。条播用种量较少，便于中耕除草施肥，通风透光，苗株生长健壮，能提高产量，在药用植物栽培上多用此法。如牛膝、红花、板蓝根等。

点播也称穴播，是按一定的株行距在畦面挖穴播种，每穴播种子 2～3 粒，发芽后保留一株生长健壮的幼苗，其余的除去或移作补苗用，此法适用于大粒种子和较稀少的种子，如银杏等。点播费工费时，但出苗健壮，管理方便。

撒播是把种子均匀撒在畦面上，疏密适度，适用于小粒种子。种子过于细小时，可将种子与适量细沙混合后播种。撒播播量大，出苗多，省工省地，但用种量大，管理较为困难。

精量播种是按一定的株行距和播种深度单粒播种，使每粒种子在均匀一致的发芽条件下整齐发芽，使苗齐、苗全、苗壮。精量播种是在点播的基础上发展起来的一种经济用种的播种方法，适用于珍稀、珍贵的药用植物种子的播种，如人参、西洋参等。精量播种要求精细整地，精选种子，还要有性能良好的播种机，这是未来精耕细作的发展方向。

3. 播种量

播种量是指单位面积土地播种种子的重量。对于大粒种子也可用粒数来表示。适当的播种量对种苗的数量和质量都很重要。播种量过大，浪费种子，间苗费工，而播种量过小，成苗数量少，达不到高产的要求。播种量主要根据播种方法、密度、种子千粒重、种子净重、发芽率等条件来确定。计算公式如下：

播种量(g/亩)＝(每亩需要苗株数×种子千粒重)/(种子净度×种子发芽率×1 000)

用上式计算出的数字是较理想的播种量，在生产实践中，由于气候和土壤条件、品种类型、整地质量、自然灾害、地下害虫和动物危害、播种方法与技术条件等的不同，不能保证每粒种子都发芽成苗，因此实际播种量须将上式求得的播种量乘上损耗系数。种粒愈小，耗损愈大。通常耗损系数在 1～20。

4. 播种深度

播种深度应根据药用植物的种类和种子大小而定，凡种子发芽时子叶出土的如决明、大黄等应浅播；子叶不出土的人参、三七等应深播。种粒大的可播深些，种粒小可播浅些。种子覆土厚度一般为种子大小的 2～3 倍，另外，播种深度和覆土厚度还与气候、土壤有关，在寒冷、干燥、土壤疏松的地方，覆土要厚；在气候温暖、雨量充足、土质黏重的地方，覆土宜薄。

(二)育苗

育苗是经济利用土地，培育壮苗，提高种植成活率，达到优质高产的一项有效措施。药用植物生产上有育苗移栽和直播栽培两种方式。如人参、细辛、山茱萸、黄柏、龙胆、车前等多以育苗移栽为主。育苗是争取农时，增多茬口，发挥地力，提早成熟，增加产量，避免病虫和自然灾害的一项重要措施。其优点是便于精细管理，有利于培育壮苗；能实行集约经营，节省种子、肥料、农药等生产投资；育苗可以按计划规格移栽，保证单位面积上的合理密度和苗全苗壮。但育苗移栽根系易受损伤，入土浅，不利于粗大直根的形成，对深层养分利用差，移栽时费工多。

育苗圃地要选择地点适中或靠近种植地，且灌排方便、避风向阳、土壤疏松肥沃的地块。

育苗的方式大致可分保护地育苗、露地育苗和无土育苗 3 类。

1.保护地育苗

保护地育苗就是在气候条件不适宜药用植物生长的时期，创造适宜的环境来培育适龄的壮苗。目前国内保护地育苗常用的保护性设施有阳畦、温床、塑料大棚、温室等。阳畦由风障、畦框、覆盖物 3 部分组成，形式很多，以改良阳畦性能为佳。改良阳畦由土墙、棚架、土屋顶、覆盖物(薄膜或玻璃及蒲席)等部分组成。阳畦东西向，依靠太阳光热，严密防寒保湿。温床是利用阳畦(或小拱棚)的结构，在床底增加加温设施。温床的热源，除利用马粪、鸡粪、树叶等有机酿热物酿热外，还可采用水暖、烟囱热和电热线加温等。电加热主要设施有热电缆、恒温控制元件、继电器及配电盘等。塑料大棚是利用塑料薄膜和竹木、钢材、水泥构件及管材等材料，组装或焊接成骨架，加盖薄膜而成。为提高大棚的夜间温度，减少棚内的夜间辐射，白天将大棚拉开，夜间将其盖严，或采用大棚内套小棚、大棚套平棚、大棚套中棚、大棚中棚加地面覆盖、双层大棚(内为吊棚)等覆盖形式。为提高大棚的性能，扩大用途，可以在棚内铺设电热线以控制温度，为苗木生长创造适宜的条件。温室是由地基、墙地构架、覆盖物、加温设备等部分构成。据屋面的形式可分为单屋面、双屋面、连接屋面、拱圆屋面等。温室采用煤火、暖气、热风、地下热水等加温设施。对温室的光、温、湿的调节，已由单纯的凭经验向通过仪表等现代手段发展。

2.露地育苗

露地育苗是不加任何保温措施，利用自然热源大量培育种苗的育苗方式。露天育苗在热雨季可采用高畦，利于排水，有时设防雨棚，干热季节可设阴棚等。常用于种子细小、直播出苗率低、成苗率低、苗期生长慢、占地时间长，或者苗期需要遮阴的药用植物，如党参、人参、三七、黄连、当归、杜仲、厚朴、山茱萸等。

3.无土育苗

无土育苗是近年来发展起来的一种育苗方式，具有出苗整齐迅速、秧苗长势好、易于管理等特点，可以人工调节或自动调节秧苗所需温、光、水、肥、气等条件，易于实现机械化育苗生产。无土育苗需培养基质物和营养液。培养基质物用于固定根系，支持秧苗生长，常用河沙、蛭石、小砾石、稻谷壳、锯木屑等材料。营养液根据秧苗生长所需营养元素进行合理配方。

(三)苗床管理

苗床管理可分为发芽期管理、幼苗期管理和移栽前锻炼 3 个阶段。

(1)发芽期管理　是指从播种到出苗，此时管理工作的关键是，从播种到出苗前必须保证床土有充足水分，良好通气条件和稍高的温度环境。另外，还要及时向床面撒盖湿润细土，防止床面裂缝，保证种子脱壳而出。子叶出土后要控水降温。此阶段，要防止胚轴徒长，光照多控制在 10 klx 以上。

(2)幼苗期管理　是指从幼苗破心开始到壮苗初步建成的管理。此期是生长点大量分化叶原基或由营养生长向生殖生长的过渡阶段，其生长中心在根、茎、叶。既要保证根、茎、叶的分化，又要促进花芽分化。此期苗床光照强度应提高，夜间床温不能低于 10℃，白天控制在 18～25℃。

为防止幼苗徒长，此期要控制供水，还要通过调节夜晚温度高低和白天的通风措施，来控制秧苗的生长速度和健壮程度。

(3)移栽前的锻炼　为使秧苗定植到大田后能适应露地环境条件，缩短返苗时间，必须在移栽前锻炼秧苗。锻炼的措施就是通风降温和减少土壤湿度。使秧苗生长速度减慢，根、茎、叶内大量积累光合产物；使茎叶表皮增厚，纤维组织增加；细胞液亲水胶体增加，自由水相对减少，细胞浓度提高，结冰点降低。锻炼秧苗根系恢复生长较快，利于加速缓苗。一般锻炼过程 5～7 d。

在整个育苗期间，注意间苗、松土除草、防治病虫害、加强肥水管理。在塑料大棚内如配置施肥喷水装置，能促进苗木苗壮生长。

(四)移栽

药用植物育苗后要及时移栽。根据药用植物种类和当地气候条件决定移栽时间。

1. 草本药用植物的栽植

移栽应选择在阴天无风或晴天的傍晚进行。移栽前一段时间适当节制浇水，进行蹲苗。移栽时先按一定株行距挖穴或沟，然后栽苗。幼苗可直栽或斜栽，栽植深度以不露出原入土部分，或稍微超过为好。根系要自然伸展，覆土要细，并且要压实，使根系与土壤紧密接触，仅有地下茎或根部的幼苗，覆土时应将其全部掩盖，但是必须保持顶芽向上。定植后应立即浇定根水，以消除根际与土壤间的空隙，增加土壤毛细管的供水作用。

2. 木本药用植物的栽植

木本植物移栽时期也应根据不同植物的特点和地区气候特点来确定。一般落叶药用植物多在落叶后和春季萌动前进行。因为此期苗木处于休眠状态，体内贮藏营养丰富，水分蒸腾较小，根系易于恢复，移栽成活率高，对于常绿的木本药用植物多在秋季移栽，或者在新梢停止生长期进行移栽。栽植时，一般采用穴栽，每穴只栽 1 株，穴要挖深挖大，穴底土要疏松细碎。穴的深度应略超过植株原入土部分，穴径应超过根系自然伸展的宽度。栽植穴挖好后，直立放入幼苗，使根系伸展开，先覆细土，约为穴深的 1/2 时，压实后用手握住主干基部轻轻向上提一提，使土壤能填实根部的空隙，再覆土填满，压实，然后浇水，最后培土稍高出地面。

◙ 任务实施

技能实训 2-1　种子净度测定

一、实训目的要求

学会测定计算种子净度的方法，并进一步了解种子净度对种子质量的影响和相关关系。

二、实训材料用品

本地主要药用植物种子 3～5 种、分样板（或直尺）、种子检验板、天平（感量 1 g、0.1 g、0.01 g、0.001 g）、盛种容器、标签纸牌等。

三、实训内容方法

1. 测定样品的提取

将送检样品（至少是净度分析试样重量的 10 倍）倒在种子检验板上混拌均匀后用四分法从中提取净度分析试样。净度分析的试验样品至少含有 2 500 个种子单位的重量或不少于称量精度要求。净度分析试样可以是规定重量的一个测定样品(一个全样品),或者至少是这个重量一半的两个各自独立分取的测定样品(两个“半样品”)。必要时也可以是两个全样品。

样品的称量精度如下:

样品重	精度
10 g 以下	0.001 g
10～99.99 g	0.01 g
100～999.9 g	0.1 g
1 000 g 以上	1 g

2.测定样品的分析

一个全样品分析时,将净度分析试样铺在种子检验板上,仔细观察,区分出纯净种子、其他植物种子及杂质(夹杂物)3 部分。若是两个“半样品”,两份净度分析试样的同类成分不得混杂。

分类标准如下:

(1)纯净种子　包括完整的,没受伤害的,发育正常的种子;发育不完全的种子和不能识别出的空粒;虽已破口或发芽,但仍具有发芽能力的种子。

带翅的种子中,凡种子加工时种翅易脱落的,其纯净种子是指去翅的种子;凡种子加工时种翅不易脱落的,则不必除去。但已脱离的种翅碎片,应算为杂质(夹杂物)。壳斗容易脱落的不包括壳斗;难于脱落的包括壳斗。

(2)其他植物种子　分类学上与纯净种子不同的其他植物种子。

(3)杂质(夹杂物)　包括能明显识别的空粒、腐坏粒、已萌发的显然丧失发芽能力的种子;严重损伤(超过原大小一半)的种子和无种皮的裸粒种子;叶片、鳞片、苞片、果皮、种翅、壳斗、种子碎片、土块和其他杂质;昆虫的卵块、成虫、幼虫、蛹等。

3.种子净度的计算

一个全样品试样分析时,所有成分即纯净种子、其他植物种子及杂质(夹杂物)3 部分的重量百分率应计算到一位小数。两个“半样品”分析时,净度分析中各个成分应计算到两位小数,如两份净度的差数不超过按两份净度之平均数查表得到的容许误差范围时(表 2-1),则平均数即为该批种子的净度,在质量检验证书上填写时修约到一位小数。如超过容许误差范围,则应再选取第三组样品进行分析,取其中差数未超过容许误差范围的两组计算净度。

百分率必须根据分析后各种成分重量的总和计算,而不是根据试验样品的原始重量计算。

表 2-1　同一送检样品净度分析容许差距表

(5%显著水平的两次测定)　　%

两次分析结果平均		不同测定之间的容许差距			
		半样品		全样品	
50%以上	50%以下	无稃壳种子或非黏滞性种子	有稃壳种子或黏滞性种子	无稃壳种子或非黏滞性种子	有稃壳种子或黏滞性种子
99.95～100.00	0.00～0.04	0.20	0.23	0.1	0.2
99.90～99.94	0.05～0.09	0.33	0.34	0.2	0.2
99.85～99.89	0.10～0.14	0.40	0.42	0.3	0.3
99.80～99.84	0.15～0.19	0.47	0.49	0.3	0.4

续表 2-1

两次分析结果平均		不同测定之间的容许差距			
		半样品		全样品	
50%以上	50%以下	无稃壳种子或非黏滞性种子	有稃壳种子或黏滞性种子	无稃壳种子或非黏滞性种子	有稃壳种子或黏滞性种子
99.75～99.79	0.20～0.24	0.51	0.55	0.4	0.4
99.70～99.74	0.25～0.24	0.55	0.59	0.4	0.4
99.65～99.69	0.30～0.34	0.61	0.65	0.4	0.5
99.60～99.64	0.35～0.39	0.65	0.69	0.5	0.5
99.55～99.59	0.40～0.44	0.68	0.74	0.5	0.5
99.50～99.54	0.45～0.49	0.72	0.76	0.5	0.5
99.40～99.49	0.50～0.59	0.76	0.80	0.5	0.6
99.30～99.39	0.60～0.69	0.83	0.89	0.6	0.6
99.20～99.29	0.70～0.79	0.89	0.95	0.6	0.7
99.10～99.19	0.80～0.89	0.95	1.00	0.7	0.7
99.00～99.09	0.90～0.99	1.00	1.06	0.7	0.8
98.75～98.99	1.00～1.24	1.07	1.15	0.8	0.8
98.50～98.74	1.25～1.40	1.19	1.26	0.8	0.9
98.25～98.49	1.50～1.74	1.29	1.37	0.9	1.0
98.00～98.24	1.75～1.99	1.37	1.47	1.0	1.0
97.75～97.99	2.00～2.24	1.44	1.54	1.0	1.1
97.50～97.74	2.25～2.49	1.53	1.63	1.1	1.2
97.25～97.49	2.50～2.74	1.60	1.70	1.1	1.2
97.00～97.24	2.75～2.99	1.67	1.78	1.2	1.3
96.50～96.99	3.00～3.49	1.77	1.88	1.3	1.3
96.00～96.49	3.50～3.99	1.88	1.99	1.3	1.4
95.50～95.99	4.00～4.49	1.99	2.12	1.4	1.5
95.00～95.49	4.50～4.99	2.09	2.22	1.5	1.6
94.00～94.99	5.00～5.99	2.25	2.38	1.6	1.7
93.00～93.99	6.00～6.99	2.43	2.56	1.7	1.8
92.00～92.99	7.00～7.99	2.59	2.73	1.8	1.9
91.00～91.99	8.00～8.99	2.74	2.90	1.9	2.1
90.00～90.99	9.00～9.99	2.88	3.04	2.0	2.2
88.00～89.99	10.00～11.99	3.08	3.25	2.2	2.3
86.00～87.99	12.00～13.99	3.31	3.49	2.3	2.5
84.00～85.99	14.00～15.99	3.52	3.71	2.5	2.6
82.00～83.99	16.00～17.99	3.69	3.90	2.6	2.8
80.00～81.99	18.00～19.99	3.86	4.07	2.7	2.9
78.00～79.99	20.00～21.99	4.00	4.23	2.8	3.0
76.00～77.99	22.00～23.99	4.14	4.37	2.9	3.1
74.00～75.99	24.00～25.99	4.26	4.50	3.0	3.2
72.00～73.99	26.00～27.99	4.37	4.61	3.1	3.3

续表 2-1

两次分析结果平均		不同测定之间的容许差距			
		半样品		全样品	
50%以上	50%以下	无稃壳种子或非黏滞性种子	有稃壳种子或黏滞性种子	无稃壳种子或非黏滞性种子	有稃壳种子或黏滞性种子
70.00～71.99	28.00～29.99	4.47	4.71	3.2	3.3
65.00～69.99	30.00～34.99	4.61	4.86	3.3	3.4
60.00～64.99	35.00～39.99	4.77	5.02	3.4	3.6
50.00～59.99	40.00～49.99	4.89	5.16	3.5	3.7

4.测定样品的分析误差

全样品的原重减去净度分析后纯净种子、其他植物种子和杂质(夹杂物)的重量和,其差值不得大于原重的5%,否则需重做。用两个"半样品"时,每份"半样品"各自将所有成分的重量相加,如果同原重量的差距超过原重量5%,需再分析两个"半样品"。

四、实训报告

1.填写种子净度分析记录表。

净度分析记录表

g

方法	样品重	纯净种子重	废种子及其他植物种子重	杂质(夹杂物)重	净度/%
重复1					
重复2					
重复3					
平均					

2.写出测定种子净度时,应注意的问题。

五、成绩评定及考核方式

以实训报告及实训表现综合评分。

技能实训2-2 种子千粒重测定

一、实训目的要求

学会测定计算种子千粒重的方法,并进一步了解种子千粒重对种子质量的影响和相关关系。

二、实训材料用品

经过净度检验并混合均匀的药用植物种子、分样板(或直尺)、种子检验板、天平(感量1 g、0.1 g、0.01 g、0.001 g)、毛刷、胶匙、镊子、培养皿、小尺、盛种容器等标签纸牌等。

三、实训内容方法

1.抽取测定样品

采用千粒法，以净度分析后的全部纯净种子充分混匀后倒在种子检验板上，用四分法随机(一定注意要避免人为的舍弃)用手或数粒仪取样品两个重复，大粒种子每个重复500粒，中小粒种子数1 000粒。

2.称重

按规定感量的天平将计数后的测定样品称重(g)，记入种子千粒重测定记录表。各重复称重精度同净度分析时的精度。

3.计算

如两份样品的重量相差在5%的范围内时，两份样品的平均重量即为该样品的千粒重。若两份样品的重量相差超过5%时，应再数取第三份样品称重，直至达到要求。

四、实训报告

1.填写种子千粒重测定记录表。

种子千粒重测定记录表 g

重复	千粒重
重复1	
重复2	
重复3	
平均	

2.写出测定种子千粒重时，应注意的问题。

五、成绩评定及考核方式

以实训报告及实训表现综合评分。

技能实训2-3 种子含水量测定

一、实训目的要求

掌握低恒温烘干法测定种子含水量的操作技术及计算方法。

二、实训材料用品

本地区主要药用植物种子2～3种、恒温箱、温度计、干燥器、样品盒、坩埚钳、取样匙、天平(感量0.001 g)、量筒等。

三、实训内容方法

1.样品盒准备

将2个样品盒编号、烘干、称量并记录。

2.提取测定样品

从含水量的送检样品中随机分取两份测定样品。每份样品重量为:样品盒直径小于 8 cm 时 4～5 g;直径等于或大于 8 cm 时 10 g。大粒种子(每千克小于 5 000 粒)以及种皮坚硬的种子(豆科),每个种子应当切成小片,再取 5～10 g 测定样品。分别装入样品盒后,连盖称重,记下读数。称重以克为单位,保留 3 位小数。

3.烘干

将装有测定样品的样品盒放入已经保存在(103±2)℃的烘箱中烘(17±1) h。烘箱回升至所需温度时开始计算烘干时间,达到规定的时间后,迅速盖好样品盒的盖子,并放入干燥器里冷却 30～45 min。冷却后,称出样品盒连盖及样品的重量,记下读数。

4.结果计算

含水量以重量百分率表示,用下式计算到一位小数。

$$含水量=(M_2-M_3)\div(M_2-M_1)\times 100\%$$

式中:M_1—样品盒和盖的重量(g);M_2—样品盒和盖及样品的烘前重量(g);M_3—样品盒和盖及样品的烘后重量(g)。

两份测定样品测定结果不能超过容许差距,如超过容许差距(表 2-2),必须重新测定。

表 2-2 含水量测定两次重复间的容许差距 %

种子大小类别	平均原始水分		
	<12	12～25	>25
小种子	0.3	0.5	0.5
大种子	0.4	0.8	2.5

*含水量测定结果在质检书上填报,精度为 0.1%;小种子是指每千克超过 5 000 粒的种子。

四、实训报告

1.填写种子含水量测定记录表。

含水量测定记录表 g

容器号	1号	2号
容器重		
容器及测定样品原重		
烘至恒重		
测定样品原重		
水分重		
含水量		
平均/%		

2.说明低恒温烘干法和高恒温烘干法主要区别。

五、成绩评定及考核方式

以实训报告及实训表现综合评分。

技能实训 2-4 种子发芽率和发芽势的测定

一、实训目的要求

掌握种子发芽测定的操作技术及计算种子发芽率、发芽势的方法。

二、实训材料用品

本地区主要药用植物种子 3～5 种、发芽箱、发芽盒、滤纸、纱布、脱脂棉、镊子、温度计、取样匙、直尺、量筒、烧杯、甲醛、高锰酸钾、标签、电炉、蒸煮锅、蒸馏水、滴瓶、解剖刀、解剖针等。

三、实训内容方法

1. 测定样品的提取

用四分法从净度测定合格的纯净种子，每个三角形中数取 25 粒种子组成 100 粒，共组成 4 个 100 粒，即为 4 次重复，分别装入纱布袋中。

2. 消毒灭菌

为了避免霉菌感染，干扰检验结果，检验所使用的种子和各种物件一般都要经过消毒灭菌处理。

(1)检验用具的消毒灭菌　发芽盒、纱布、小镊子仔细洗净，并用沸水煮 5～10 min，供发芽试验用的发芽箱用喷雾器喷甲醛后密封 2～3 d 然后使用。

(2)种子的消毒灭菌　目前常用的有甲醛、高锰酸钾。使用甲醛时，将纱布袋连同其中的种子测定样品放入小烧杯中。注入 0.15% 的甲醛溶液，以浸没种子为度，随即盖好烧杯。20 min 后取出晾干，置于有盖的玻璃皿中 30 min，取出后连同纱布用清水冲洗数次，即可进行浸种处理。使用高锰酸钾时，用 0.2%～0.5% 的高锰酸钾溶液浸 2 h，取出用清水冲洗数次。

3. 浸种

多数药用植物种子不必浸种处理，但是落叶松、油松、马尾松、云南松、樟子松、杉木、侧柏、水杉、黄连木、胡枝子等，用始温为 45℃水浸种 24 h，刺槐种子用 80～90℃热水浸种，待水冷却后放置 24 h，浸种所用的水最好更换 1～2 次。杨、柳、桉等则不必浸种。

4. 置床

将经过消毒灭菌、浸种的种子安放到发芽床上。常用的发芽床有纱布、滤纸、脱脂棉。一般中、小粒种子可在发芽盒中放上纱布或滤纸做床。

每个发芽盒床上整齐地安放 1 个重复的种子，种粒之间保持的距离大约相当于种粒本身的 1～4 倍，以减少霉菌感染。种粒的排放应有一定规则。在发芽盒不易磨损的地方贴上小标签，写明送检样品号、重复号、姓名和置床日期，然后将发芽盒盖好放入能调控温度、光照的发芽箱内。

5. 管理

经常检查测定样品及其水分、通气、温度、光照条件。发芽所用温度执行 GB 2772—1999 中的规定。轻微发霉的种粒可以拣出用清水冲洗后放回原发芽床。发霉种粒较多的要及时更换发芽床或发芽容器。

6.观察记载

发芽情况要定期观察记载。观察记载的间隔时间根据不同药用植物和样品情况自行确定，但初次计数和末次计数必须有记载。

发芽测定持续为末次计数天数，自置床之日起算，不包括预处理时间。

7.计算发芽率和发芽势

发芽率按组计算，然后计算四组的算术平均值。

四、实训报告

1.填写种子发芽测定记录表，计算种子发芽率和发芽势。

种子发芽测定记录表

重复	发芽种子数	霉烂种子数	死亡种子数	未发芽种子数	发芽但不正常幼苗数
重复1					
重复2					
重复3					
重复4					
平均					

2.说明测定种子发芽率在生产工作中的意义。

五、成绩评定及考核方式

以实训报告及实训表现综合评分。

技能实训2-5　药用植物种子生活力的快速测定

一、实训目的要求

1.学会用TTC染色法快速测定药用植物种子的生活力。

2.了解所采用方法的基本原理。

3.掌握相应实训的操作方法。

二、实训材料用品

本地区主要药用植物种子3～5种、种子检验板、恒温箱、烧杯、解剖刀、小镊子、手持放大镜、量筒、培养皿、解剖针、玻璃棒、胶匙、红四氮唑等。

三、实训内容方法

1.浸种

将待测种子用温水(30～35℃)浸泡2～6 h，以增强种胚的呼吸强度，使显色迅速。

2.染色

随机取吸胀的种子4个50粒，红花、蓖麻等具有外壳的种子需要去掉外壳，豆类种子要去皮。然后沿种胚的中央纵切两半，取一半备用，也可纵切 3/4 备用。将准备好的种子浸于 0.1%～1% 的 TTC 溶液中，以浸没种子为度，置于 25～35℃ 恒温箱中 0.5～1 h。可用沸水杀死种子作对照。

3. 鉴定

染色结束后倾出 TTC 溶液，用自来水反复冲洗种子，然后逐个观察胚部着色情况。凡胚被染成红色的是活种子，死种胚完全不染色，或染成极淡的颜色。

另外，在以上两种类型中间有许多过渡类型，判别的要点是观察胚根、胚芽、盾片中部等关键部位是否当成红色。凡这几部分染成红色就是有生命力的种子；反之，则为无生命力的种子。

4. 结果计算

生活力的百分率根据 4 个重复组计算，不带小数，重复组间最大容许误差与发芽测定的规定相同，最后以 4 组生活力百分率的平均值为该种子批的生活力。

四、实训报告

1. 填写种子生活力测定记录表。

生活力测定记录表

重复	测定种子粒数	种子解剖结果				进行染色粒数	染色结果				平均生活力	备注
		腐烂粒	涩粒	病虫害粒	空粒		无生活力		有生活力			
							粒数	%	粒数	%		
1												
2												
3												
4												
平均												
测定方法												

五、成绩评定及考核方式

以实训报告及实训表现综合评分。

技能实训 2-6 药用植物种子处理与催芽技术

一、实训目的要求

1. 学会药用植物种子处理与催芽的方法。
2. 理解药用植物种子处理与催芽的基本原理。
3. 掌握不同药用植物种子所采用的处理方法及催芽操作要点。

二、实训材料用品

本地种皮较厚和种皮具有蜡质的药用植物种子 3～5 种、搅拌棒、清洁的纱布、热水、1%硫酸铜水溶液或 10% 磷酸钠溶液或 2% 氢氧化钠的水溶液、容器、温度计、培养皿、恒温培养箱等。

三、实训内容方法

1. 热水烫种

根据所选种子，采用水温 70℃ 以上的适宜热水，水量不超过种子量的 3～5 倍，要选用经过充分干燥达到安全含水量的种子。方法是用冷水先浸没种子，再用 80～90℃ 的热水边倒边搅拌，使水温达到 70～75℃ 后并保持 1～2 min，然后加冷水逐渐降温至 20～30℃，再继续浸种。

2. 药水浸种

选择 1%硫酸铜水溶液、10% 磷酸钠、2% 氢氧化钠的水溶液一种，先用清水把种子浸泡 4～6 h 后再放入配好的药水中，1% 硫酸铜水溶液，浸种子 5 min 后捞出，用清水冲洗；10% 磷酸钠或 2% 氢氧化钠的水溶液，则浸种 15 min 后捞出洗净。

3. 催芽

将处理完的种子，用室温的水继续浸种达到种子完成吸水所需的时间，然后用湿纱布包好，放在培养箱内，将温度调节到发芽所需的适宜温度，每天冲洗 2 次并观察记录。

四、实训报告

观察种子处理与催芽情况，记录结果。

五、成绩评定及考核方式

以实训报告及实训表现综合评分。

技能实训 2-7　药用植物播前整地和播种

一、实训目的要求

掌握药用植物播种前的整地技术和播种方法。

二、实训材料用品

各类药用植物播种材料（种子或种茎、种根、珠芽等）、农具、肥料、遮阳网、实训基地等。

三、实训内容方法

1. 清除杂草，翻埋肥料

翻地前将基肥撒施在地上，通过整地翻埋混合土肥，通过翻耕、整地措施清除杂草。

2. 做畦

畦的形式可分为高畦、平畦、低畦 3 种。

(1)高畦　畦面比畦间走道高 10～20 cm,具有提高土温、加厚耕层,便于排水等作用。适于栽培根及根茎入药的药用植物。一般雨水较多、地下水位高、地势低洼地区多采用高畦。

(2)平畦　畦面与畦间走道高相平,保水性好,一般在地下水位低、风势较强,土层深厚、排水良好的地区采用。

(3)低畦　畦面比畦间走道低 10～15 cm,保水力强。一般在降雨量少,易干旱地区或种植喜湿性的药用植物采用此方式。

畦的宽度一般以 1.3～1.5 m 为宜,做畦时,要求畦面平整。

3.播种

(1)确定播种密度,每亩所要求的基本苗数,即计划播种量,然后根据种子纯度、种子千粒重和发芽率,计算其实际播种量。

(2)播种方法:种子直播和育苗移栽。不同药用植物种子种植方法不同,要根据种子大小、形态和休眠特性确定播种方法。一般播种方法有:条播、穴播和撒播。育苗移栽一般是开沟。

四、实训报告

1.完成整地和播种的任务。

2.列表记录实际整地和播种的方法(整地的方法,畦的形式、宽度,每平方米播量,播种方法)。

五、成绩评定及考核方式

以实训报告及实训表现综合评分。

技能实训 2-8　药用植物的育苗及移栽

一、实训目的要求

掌握药用植物育苗技术和移栽技术,能熟练进行药用植物的育苗和移栽。

二、实训材料用品

当地主要药用植物种子、农具、塑料温棚,试验地等。

三、实训内容方法

1.育苗方式

(1)露地育苗　党参、车前、金银花、杜仲、厚朴等大多数药用植物常采用露地育苗。

(2)保护地育苗　利用阳畦、温床、塑料小拱棚、温室等培育种苗的育苗方式。

(3)无土育苗　需培养基质物(河沙、蛭石、稻谷壳、锯木屑等)和营养液(根据秧苗生长所需营养元素进行合理配方)。

2.苗床管理

可分为发芽期管理、幼苗期管理和移栽前锻炼 3 个阶段。在整个育苗期间,注意间苗、防治病虫害、加强肥水管理。秧苗定植前 1～2 d 浇透水,以利于起苗带土,同时喷一次农药防病。

(1)发芽期管理　须保证床土有充足水分、良好通气条件和稍高的温度环境。

(2)幼苗期管理　苗床光照强度应提高，夜间床温不能低于 10℃，白天控制在 18～25℃，要控制供水，调节夜晚温度高低和白天的通风措施。

(3)移栽前锻炼　通风降温，减少土壤湿度。锻炼过程 5～7 d。

3. 移栽

(1)栽植前准备　草本类药用植物移栽前，需要整地、施肥、做畦。木本药用植物，移栽前要进行园地规划设计，按规划后的株行距挖穴，施入有机肥后待移栽。

(2)移栽时期和方法　应根据气候、土壤条件、药用植物特性确定。草本药用植物一般栽植时，按一定株行距挖穴或挖沟栽苗，可直栽或斜栽，栽植深度应不露出原入土部分。苗根系要自然伸展，覆土要细，定植后浇定根水。多年生草本植物多在进入休眠期或春季萌动前移栽，栽后不浇水。落叶木本药用植物一般多在落叶后或春季萌动前移栽。常绿木本药用植物多在秋季移栽或在新梢停止生长期进行。采用穴栽，每穴一株。穴深应略超过植株原入土部分，穴径应超过根系自然伸展的宽度。栽植穴挖好后，直立放入幼苗，使根系伸展开，先覆细土，约为穴深的 1/2 时，压实后用手握住主干基部轻轻向上提一提，再覆土填满，压实，然后浇水，最后培土稍高出地面。

(3)栽后保苗　采用营养钵育苗、带土移栽可缩短缓苗时间；栽后应采取保苗措施，如适当遮阴，遇霜降可覆土防寒、烟熏或灌水防霜冻，及时浇水保湿。栽后及时查苗补苗，除草、防治病虫害、追肥、灌水等。

四、实训报告

1. 写出育苗技术和移栽操作步骤和注意事项。

2. 完成育苗和移栽任务，并列表记录育苗时间、方法，移栽时间。

五、成绩评定及考核方式

以实训报告及实训表现综合评分。

【思考与练习】

1. 种子生理休眠的原因有哪些？

2. 如何进行种子调制？

3. 如何进行种子贮藏？

4. 种子品质检验有哪些主要指标？

5. 播种前如何对种子进行处理？促进种子萌芽的方法有哪些？

6. 播种要考虑哪些要素？

任务2 营养繁殖

知识目标

- 了解药用植物营养繁殖的常用方法。
- 熟悉药用植物分离繁殖和压条繁殖。
- 掌握药用植物扦插繁殖和嫁接繁殖在生产中的应用。

能力目标

- 能进行分离繁殖和压条繁殖。
- 能采取正确方式提高扦插繁殖和嫁接繁殖的成活率。
- 能针对不同的药用植物选择正确的繁殖方式,并能准确地完成各操作环节。

相关知识

营养繁殖又称无性繁殖,是以植物营养器官为材料,利用植物的再生能力、分生能力以及与另一植物通过嫁接愈合为一体的亲和能力来繁殖和培育植物的新个体。植物的再生能力是指植物体的一部分能够形成自己所没有的其他部分的能力,如叶扦插后可长出芽和根,茎或枝扦插后可长出叶和根。植物的分生能力是指植物能够长出新的营养个体的能力,包括产生可用于营养繁殖的一些特殊的变态器官,如鳞茎、球茎、根状茎等。采用扦插、压条、分株等方法繁殖的苗称为自根苗;用嫁接方法繁殖的苗称嫁接苗。

营养繁殖不是通过两性细胞的结合,而是由分生组织直接分裂的体细胞所得的新植株,故其遗传性与母体一致,能保持其优良性状。同时新植株的个体发育阶段是在母体的基础上的继续发育,发育阶段往往比种子繁育的实生苗高,有利于提早开花结实。如山茱萸、酸橙、玉兰等木本药用植物用种子苗繁殖,生长慢、开花结果晚;若采用结果枝条扦插、嫁接繁殖就可提早3~4年开花结实。对无种子的、有种子但种子发芽困难的,以及实生苗生长年限长、产量低的药用植物,采用营养繁殖则更为必要。但营养繁殖苗的根系不如实生苗的发达(嫁接苗除外)且抗逆能力弱,有些药用植物若长久使用营养繁殖易发生退化、生长势减弱等现象。因此,在生产上应有性繁殖与无性繁殖交替进行。常用的营养繁殖方法有分离、压条、扦插、嫁接等。

一、分离繁殖

分离繁殖是将植物的营养器官如根茎或匍匐枝切割而培育成独立新个体的一种繁殖方法,此法简便,成活率高。

(一)分离繁殖的类型

1. 分株繁殖

分株繁殖是利用根上的不定芽、茎或地下茎上的芽产生新梢,待其地下部分生根后,切离母体，成为一个独立的新个体(图 2-4)。凡是易生根蘖或茎蘖的植物都可以用这种方法繁殖。如牡丹、芍药、砂仁、射干等。

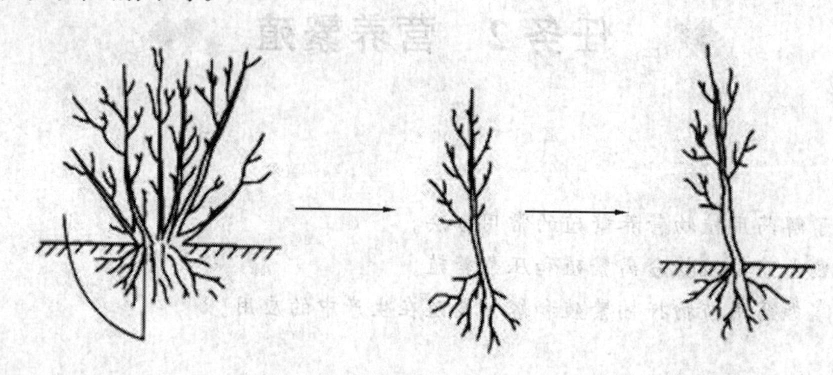

图 2-4　分株繁殖

分株繁殖基本上分两大类，一是利用根上的不定芽产生根蘖，待其生根后，即成为一个连接母体的新个体。春、秋季切离母体后，即可栽植。另一类是由地下茎或匍匐茎节上的芽或茎基部的芽萌发新梢，待其生根后，也成为一个连接母株的新植株，切离母体后，即成为独立的新个体。

2. 变态器官繁殖

根据繁殖材料采用母株部位的不同，可分为根茎(如薄荷、款冬、甘草等)、块茎(如天南星、半夏等)、球茎(番红花等)、鳞茎(如百合、贝母等)、块根(如地黄、何首乌、白及等)、珠芽(如芦荟、景天、拟石莲花、凤梨、卷丹、黄独、半夏等)等。

(二)分离时期

分株繁殖的时期一般在春、秋两季。春天在发芽前进行，秋天在落叶后进行，具体时间依各地气候条件而定。花木类要注意分株对开花的影响。一般夏、秋季开花的宜在早春萌发前进行，春天开花的则在秋季落叶后进行。这样在分株后能保证有足够的时间使根系愈合并长出新根，有利于生长，且不影响开花。变态器官繁殖具体时间也因各地气候条件而定，一般南方春、秋均可进行，而北方宜在春季进行。

(三)分离方法

在繁殖过程中要注意繁殖材料的质量，分割的苗株要有较完整的根系。球茎、鳞茎、块茎、根茎应肥壮饱满，无病虫害。对块根和块茎材料在割下后，先晾 1～2 d，使伤口稍干，或拌草木灰，促进伤口愈合，减少腐烂。为提高成活率，要及时栽种。栽种时，对球茎和鳞茎类材料，芽头要朝上，分株和根茎类根系要舒展，覆土深浅应适度。

萌芽力和根蘖力强的树种，会自然分蘖，但为了提高分蘖的数量，有时需要采取一些促进分蘖的措施。常用的方法是行间开沟，切断水平根，施肥、填平、灌水，促发更多根蘖苗。

二、压条繁殖

压条繁殖是将母株上的一部分枝条压入土中或用其他的湿润材料包裹，促使枝条的被压部分生根，然后与母株分离，成为独立的新植株。新植株在生根前，其养分、水分、激素等均由母株提供，且新梢埋入土中又有黄化作用，故较易生根。其缺点是繁殖系数低，对母株有伤害。

压条时期可分休眠期压条和生长期压条。休眠期压条在秋季落叶后或早春发芽前，利用1～2 年生成熟枝条进行压条。生长期压条是在生长季节中进行，一般为雨季时（华北为 7～8 月，中南为春夏多雨时节）采用当年生枝条压条。压条的方法很多，依其埋条的状态、位置及其操作方法的不同可分为普通压条、堆土压条、空中压条 3 种方法。

（一）普通压条

适用于枝条离地面近且容易弯曲的植物。根据埋头的状态，普通压条又分为以下 3 种方法。

1. 单枝压条

将母株上近地面的 1～2 年生枝条弯曲压入土中生根。先将欲压的枝条弯曲至地面，再挖一深约 8 cm、宽 10 cm 的浅沟，距母株近的一端挖成斜面，以便顺应枝条的弯曲，使其与土壤密贴，沟的另一端挖成垂直面，以引导枝梢垂直向上，沟内最好加入松软肥沃的土壤并稍踏实，在枝条入沟和沟上弯曲处分别插一木或竹钩予以固定，露出地面的枝条，需用支柱扶直。生根后与母体分离栽植。此法适用于杜仲、玉兰等（图 2-5）。

2. 波状压条

此法与弯曲压条相似，所不同的是被压枝条常缩成波浪形屈曲于长沟中，而使各露出地面部分的芽抽生新枝，埋于地下的部分产生不定根成为新植株（图 2-6）。其目的是充分利用繁殖材料，提高繁殖系数。此法适用于枝条长而柔软或为蔓性的植物，如连翘、忍冬、蔓荆子等。一般于秋、冬间进行压条，次年秋季即可分离母体。在夏季生长期间，应将枝梢顶端剪去，使养分向下方集中，有利于生根。

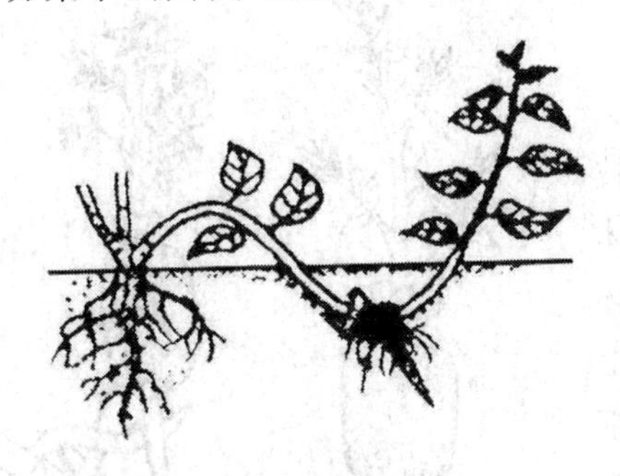

图 2-5 单枝压条

图 2-6 波状压条

3. 水平压条

又称沟压、连续压或水平复压，是我国应用最早的一种压条法，适用于枝条较长而且生长较易的植物，如忍冬、连翘等。此法的优点是能在同一枝条上得到多数植株，其缺点是操作不如弯曲压条法简便，各枝条的生长力往往不一致，而且易使母体趋于衰弱。通常仅在早春进行，一次压条可得 2～3 株苗木(图 2-7)。

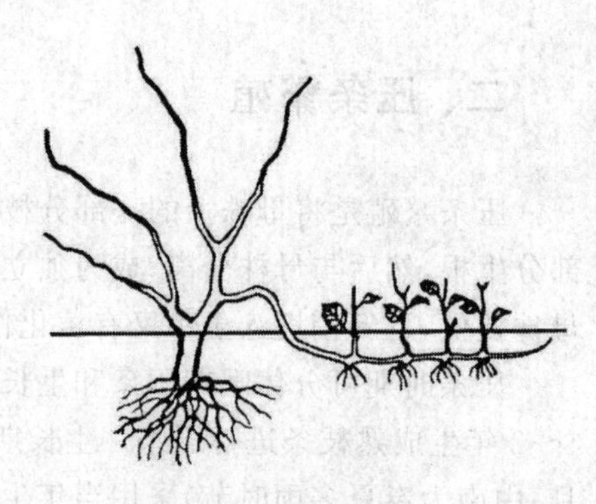

图 2-7 水平压条

(二)堆土压条

堆土压条又称直立压条或壅土压条。采用堆土压条，母株需具有丛生多干的性能。在其平茬截干后，覆土堆盖，待覆土部分萌发枝条，并于生根后分离。每一枝条均可成为一新植株，这一方法所得苗比其他方法多。适合堆土压条的植物有栀子、贴梗木瓜、玉兰等。堆土压条可在早春发芽前对母株进行平茬截干，截干高度距地面越短越好。如是乔木可于树干基部留 5～6 个芽处剪断，灌木可自地际处抹头，使其萌发新枝。堆土时期依植物的种类不同而异。对于嫩枝容易生根的如贴梗海棠，可于 7 月间，利用当年生半成熟的新枝条埋条。分离时期一般在晚秋或早春进行(图 2-8)。

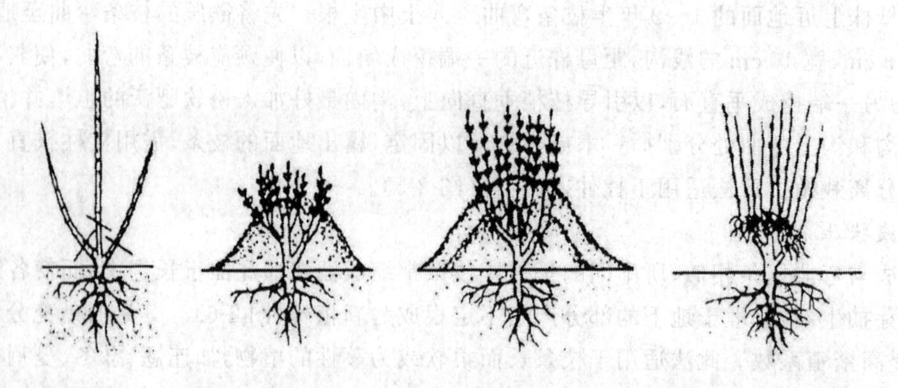

图 2-8 堆土压条

(三)空中压条

凡是木质坚硬、枝条不易弯曲或树冠太高、基部枝条缺乏，不易发生根蘖的树种，均可用此法繁殖。具体做法是：在母株上选 1～2 年生枝条将其压处刻伤或环割，将松软细土和苔藓混合后裹上，外用薄膜包扎，上下两头捆紧，或用从中部剖开的竹筒套住，其内填充细土。要经常给压条处浇水保持泥土湿润，待长出新株后，便与母株分离栽植。适用此法的植物有酸橙、佛手等(图 2-9)。

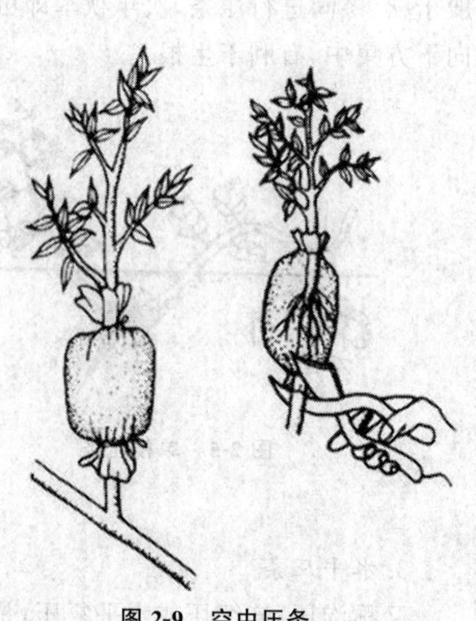

图 2-9 空中压条

为使压条及时生根，特别是对不易生根，或生根时间较长的植物，可采用技术处理，促进其生根，常用的方法有刻伤、环割、软化、生长调节剂处理等。

分离压条的时间一般在早春或秋末进行。分离较粗的压条时，最好分次割断，以避免死亡。对与母体割离的新植株，移植后应注意灌水、施肥、遮阳和防寒等工作。

三、扦插繁殖

扦插也称为插枝、插条、插木，是人为剪取植株的部分营养器官(如根、茎、叶等)插入土、沙或其他基质中，在适宜的环境条件下，使基部产生不定根，上部发出不定芽，培育成完整植株的繁殖技术。扦插用的枝条叫作插穗，通过扦插成活的新植株称为扦插苗。

(一)扦插方法

扦插依插穗材料不同可以分为枝插、根插和叶插。在生产上，枝插方法应用广泛，根插其次，叶插应用较少。

1. 枝插法(图 2-10)

(1)硬枝扦插

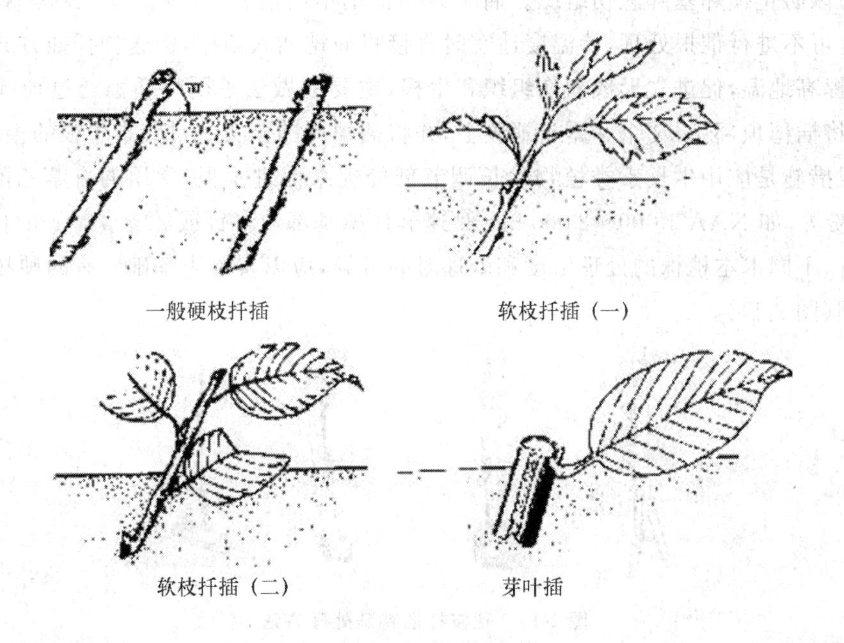

图 2-10 枝插法

①插穗的采集与贮藏　一般于深秋落叶后至来年早春树液开始流动之前，从优良品种母树上采集生长健壮、芽体饱满且无病虫害的 1～2 年生枝条。同一植株上，插材要选择中上部、向阳充实的枝条，且节间较短，芽头饱满，枝叶粗壮。在同一枝条上，硬枝扦插选用枝条的中下部，因为中下部贮藏的养分较多，而梢部组织不充实。但常绿树种则宜选用充分木质化的带饱满顶芽的梢作插穗为好。采集枝条后一般通过低温湿沙贮藏至扦插，要保证休眠芽不萌动。

②剪插穗　将枝条剪成带 2～3 个芽、20 cm 左右长的插穗，有些长势强健的枝条也可保

留1个芽。除了要求带顶芽的插穗外，一般树种的接穗上切口为平口，离最上面一个芽1 cm为宜，而干旱地区可为2 cm。如果距离太短，则插穗上部易干枯，影响发芽。常绿树种应保留部分叶片。容易生根的树种下切口可采用平切口，其生根较均匀，斜切口常形成偏根；对有些植物，为扩大吸收面积和促进愈伤组织形成，可采用双斜切口或踵状切口，并力求下切口在芽的附近。踵状切口一般是在接穗下带2～3年生枝时采用。上下切口一定要平滑。

③基质的选择　除了水插外，插条均要插入一定的基质中，对基质的要求是：渗水性好，有一定的保水能力，升温容易，保温良好。基质种类很多，有园土、培养土、山黄泥、兰花泥、砻糠灰、蛭石、河沙等。对于较粗放的花卉，一般插入园土或培养土中，喜酸性土的植物可插入山黄泥或兰花泥，生根较难的花木则宜插在砻糠灰，蛭石或河沙中。

④催根与扦插　扦插前进行催根处理既能提高生根率，又能延长生育期，使苗木健壮，催芽的方法是在温床的底部铺上一层马粪等酿热物，待温度上升至25℃以上时将插穗成捆立于床内，要提前浸泡使插穗吸足水分，用湿锯末或湿沙填满空隙，只露上部芽眼，气温控制在10℃以下，避免发芽，约20 d后即可形成愈伤组织和根原始体，待室外气温上升至25℃以上后就可将插穗直插于已备好的苗床上，将插穗上部1～2个芽露出土壤或基质，切忌直接用插穗向下用力以防止损坏基部愈伤组织。插床的准备基本同播种，扦插前灌足水。对于易生根木本植株也可不进行催根处理，待温度适宜时直接将插穗插入苗床，但这种扦插方式最好用地膜覆盖，以提高地温，促进先形成愈伤组织和生根，主要的做法是用将插穗透过地膜插入土壤或基质中，将插穗顶部1～2个芽露于地膜上，并将插穗周围压实。对较难生根的植株，目前最常用的催根措施是应用生长素类植物生长调节剂处理来促进生根，常用的有萘乙酸(NAA)、ABT生根粉等，如NAA 1 000～2 000 mg/L速蘸插穗基部数秒钟或20～2 00 mg/L处理插穗基部数小时，不同木本植株的处理浓度和处理时间各异，应以实验为基础。有的硬枝扦插要经过特殊处理(图2-11)。

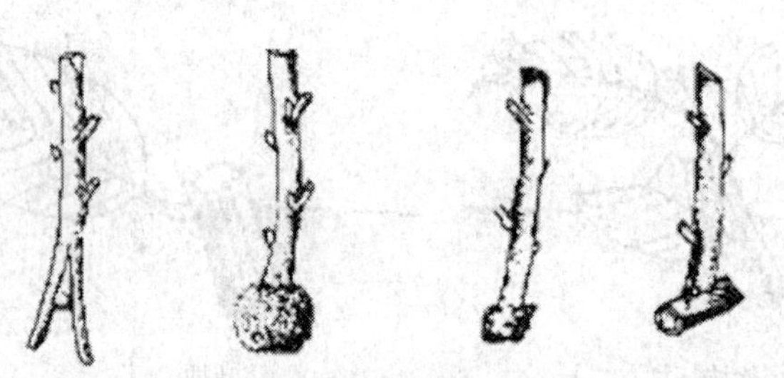

图2-11　硬枝扦插特殊处理方法

1.夹石子插　2.泥球插　3.带踵插　4.锤形插

⑤插后管理　水、肥、气、热是插穗成活和生长的必需条件，直接影响到插穗的生根成活和苗木的生长，水分条件更是关键因子，要注意合理灌溉，以保持土壤湿润，保证苗木的水分供应。在插穗愈合生根时期，要及时松土除草，使土壤疏松湿润，通气良好，提高地温，减少水分蒸发，以促进插穗生根和成活。但插穗长出许多新梢时，应选留一个生长健壮、方位适宜的新梢作为主干培养，抹除多余的萌条。除萌应及早进行，以避免木质化后造成苗木出现伤口。

(2)嫩枝扦插　插条为尚未木质化或半木质化的新梢，随采随插的扦插就是嫩枝扦插，也称绿枝扦插。插穗一般保留1～4个节，长度5～15 cm，插穗下切口位于叶或腋芽之下以利于生根，上端则保留顶梢。阔叶木本植物为减少水分蒸腾，将插穗下部的叶片适当摘除，上部的叶片必须保留，若叶片过大可再将留下的叶片剪掉1/3～1/2，针叶树的针叶可以不去掉。插穗入土深度以其长度的1/3～1/2为宜。插穗一般随采随插，不宜贮藏。可用相当于插条粗度的枝条和木棍，按一定的株行距离插洞。洞的深度为插条长的2/3，随插洞插入插条，再用双手将插条两侧的土按实，使之与土壤密贴。嫩枝扦插后需要适度遮阳和保持湿度，使床面经常保持湿润状态和一定的空气湿度。可利用全光照自动间歇喷雾装置对空气加湿，使嫩枝扦插的插穗在一定光照条件下，空气相对湿度为80%～90%、插床基质保持适度湿润和良好通气状态，可获得较好的生根效果。嫩枝扦插的苗床基质最好在扦插前进行消毒。

若插条仅有1芽附1片叶，这种扦插方式称作芽叶插，芽下部带有盾形茎部1片，或1小段茎，扦插时插入沙床中，仅露芽尖即可，插后盖上薄膜，防止水分过量蒸发。叶插不易产生不定芽的种类，宜采用此法，如山茶、橡皮树、天竺葵等(图2-10)。

(3)草质茎扦插　此类插穗用于容易发根的草本植物如天竺葵、菊花和许多热带药用植物。草本药用植物在生长期随时都可以取插穗，容易发根，尤其在插穗水分充足时。取插穗后将插穗基部插于温暖(24～32℃)、无通风装置的环境，且在长出新根前要喷雾保湿。由于栽培种类和栽培品种不同，插穗生根时间多为数天或数周。插穗的基质温度若能保持在25℃的恒温状态，可缩短生根时间并且可使生根情况一致。当插穗形成愈伤组织和生根后应当减少喷雾频率，以降低病害风险和锻炼强化插穗。

2.根插法

根插法是切取植物的根插入或埋入土中，使之成为新个体的繁殖方法，又称为分根法，根据根入土情况，可分为全埋根插和露顶根插(图2-12)。凡根上能形成不定芽的药用植物都可以进行根插繁殖，如杜仲、厚朴、山楂、枣树、补血草、使君子、杜梨、榅桲、海棠果、牛舌草等。下面以枣为试材，说明根插法。

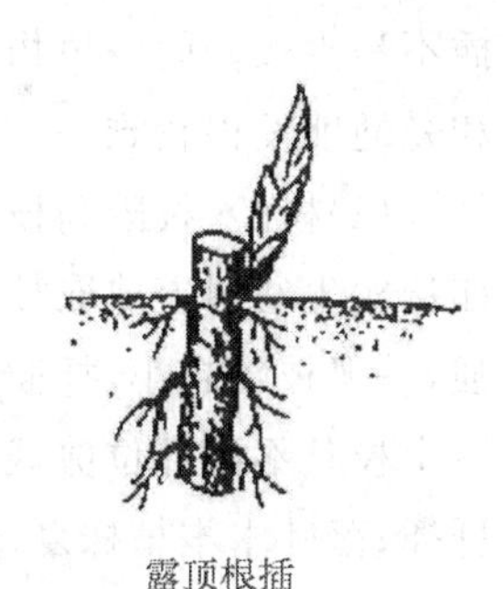

图2-12　根插法

(1)取插穗　于休眠期选取粗0.5～1.5 cm的一年生根为插穗。

(2)削插穗　将所选的一年生粗壮根截成15～20 cm的根段，上切口为平口，下切口为斜形，于春季扦插。

(3)扦插　插时多是定点挖穴，将其直立或斜插埋入土中，根上部与地面基本持平，表面覆1～3 cm厚的锯末或覆地膜，经常浇水保湿，待不定芽发生后移植。对于某些草本植物如牛舌草、剪秋萝、宿根福禄考等根段较细的植物，可把根剪成3～5 cm长，撒播于苗床，覆沙土1 cm，保持湿润，待不定芽发生后移植。

3. 叶插法

叶插是以叶片或带叶柄叶片为插材，扦插后通常在叶柄、叶缘和叶脉处形成不定芽和不定根，最后形成新的独立个体的繁殖方法。这种方法适用于虎尾兰属、秋海棠属、景天科、苦苣苔科、胡椒科等具粗壮的叶柄、叶脉或肥厚叶片的植物。叶插按所取叶片的完整性可分为全叶插和片叶插；按叶片与基质接触的方式又可分为平置法和直插法。叶插后需要适度遮阳和保持湿度，使床面经常保持湿润状态和具有一定的空气湿度。

(1)全叶插　插材为带叶柄的完整叶片或不带叶柄的完整叶片，根据扦插方法的不同又可分为直插法和平置法。直插法是将叶片的叶柄部分插入基质中，叶片直立，最后叶柄基部发生不定根和不定芽，如大岩桐、非洲紫罗兰、豆瓣绿、球兰等。平置法则是将叶片去柄，将叶片上的粗壮叶脉用刀切断数处，平铺于基质上面，用竹针等插入叶片以使叶片背面与基质密切接触，在每个切断处发生幼小植株，如秋海棠属和景天科许多植物等。

(2)片叶插　片叶插通常采用直插法，即将一个叶片切成数块，每一块直立于基质中，一般在下切口出生根长芽，最后形成新植株，如虎尾兰、蟆叶秋海棠等常采用此法。注意一定要将形态学下方插于基质中，保持温度和湿度。

(二)影响扦插生根成活的因素

1. 内部因素

(1)植物种类　不同药用植物插条生根的能力有较大差异。可以分为极易生根类、较易生根类、较难生根类和极难生根类。无花果、石榴、柠檬、香橼、龙柏、连翘、菊花、天竺葵以及仙人掌科植物茎段扦插生根较易，而板栗、核桃等枝条扦插生根很难。山楂、酸枣根插则易成活，枝插不易生根。同一植物的不同品种枝条扦插发根难易程度也不同，如美洲五味子中的杰西卡和爱地朗发根较难。

(2)树龄、枝龄和枝条部位　一般情况下，树龄越大，插条生根越难。发根难的木本植株，如从实生幼树上剪取枝条进行扦插，则较易发根。插条的年龄，以一年生枝条的再生能力最强，一般枝龄越小，扦插越易成活。但有的木本植物用二年生枝条扦插容易生根，如醋栗。从一个枝条不同部位剪截的插条，其生根情况也不一样。常绿木本植株，春、夏、秋、冬四季均可扦插；落叶木本植株夏、秋扦插，以树体中上部枝条为宜；冬、春扦插以枝条的中下部为好。

(3)枝条的发育状况　凡枝条发育充实的枝条，其营养物质比较丰富，扦插容易活，生长也较好。嫩枝扦插应在插条刚开始木质化即半木质化时采取，硬质扦插多在秋末冬初和营养状况较好的情况下采条，草本植物应在植株生长旺盛时采条。

(4)贮藏营养　枝条中贮藏营养物质的含量和组分，与生根难易有关。通常枝条碳水化合物越多，生根就越容易。如五味子插条中淀粉含量高的发根率达 63%，中等含量的发根率达 35%，含量低的发根率仅有 17%。枝条中的含氮量过高影响生根数目，低氮可以增加生根数，而缺氮就会抑制生根。硼对插条的生根和根系的生长有良好的促进作用，所以应对采取插条的母株补充必需的硼。

(5)激素　生长素和维生素对生根和根的生长有促进作用。由于内源激素与生长调节剂的运输方向具有极性运输的特点，如枝条插倒，则生根仍是枝段的形态学下端，因此，扦插时应特别注意不要将插穗倒插。

(6)插穗的叶面积　叶片能合成生根所需的营养物质和激素,因此插条的叶面积大时对扦插生根有利。然而在插条未生根前,叶面积越大,蒸腾量越大,插条容易失水枯死。所以扦插时,应依植物种类及条件,为有效地保持吸水与蒸腾的平衡关系,应限制插条上的叶数和叶面积,一般留2～4片叶,大叶种类要将叶片剪去一半或一半以上。

2.外在因素

(1)生根基质　理想的生根基质要求通水透气性良好,pH适宜,可提供营养元素,既能保持适当的湿度,又能在浇水或大雨后不积水,而且不带有害的细菌和真菌。生产上采用蛭石、砻糠灰、泥炭等。

(2)温度　一般木本植物扦插时,白天气温达21～25℃,夜间气温在15℃时就可以满足插条生根需要。扦插基质在10～12℃条件下可以萌芽,但生根则要求土温18～25℃,或略高于平均气温3～5℃。如果土温偏低,或气温高于土温,扦插虽能萌芽但不能生根,由于先长枝叶大量消耗营养,反而会抑制根系发生,导致死亡。在我国北方,春季气温高于土温,扦插时要采取措施提高土壤温度,使插条先发根,如用火炕加热、马粪酿热或用电热温床,以提供最适的温度。南方早春土温回升快于气温,要掌握时期抓紧扦插。

(3)湿度　插条在生根前失水干枯是扦插失败的主要原因之一。因为新根尚未生成,无法顺利供给水分,而插条的枝段和叶片因蒸腾作用而不断失水,因此要尽可能保持较高的空气湿度,以减少插条和插床水分消耗。尤其是嫩枝扦插,高湿可减少叶面水分蒸腾,使叶子不致萎蔫。插床湿度要适宜,又要透气良好,一般维持土壤最大持水量的60%～80%为宜。可采用自动控制的间歇性喷雾装置,可维持空气中高湿度而使叶面保持一层水膜,降低叶面温度。其他如遮阴、塑料薄膜覆盖等方法,也能维持一定的空气湿度。

(4)光照　光对根系的发生有抑制作用,因此,必须使枝条基部埋于土中避光,才可刺激生根。硬质扦插生根前可以完全遮光,嫩枝带叶扦插需要有适当的光照,以利于光合作用制造养分,促进生根,但仍要避免日光直射。同时,扦插后适当遮阳,可以减少扦插基质的水分蒸发和插条的水分蒸腾,使插条的水分保持平衡。但遮阴过度,又会影响土壤温度。

(5)氧气　扦插生根需要氧气。插床中水分、温度、氧气三者是相互依存、相互制约的。土壤中水分多,会引起土壤温度降低,并挤出土壤中的空气,造成缺氧,不利于插条愈合生根,也易导致插条腐烂。一般扦插基质气体中以含15%以上的氧气且保有适当水分为宜。

(三)促进插条生根成活的方法

1.机械处理

有剥皮、刻伤等方法,主要用于不易成活的木本药用植物扦插。

(1)剥皮　对枝条木栓组织比较发达的枝条,如五味子,或较难发根木本药用植物,插前可将表皮木栓层剥去,注意勿伤韧皮部,对促进发根有效。剥皮后能加强插条皮部吸水能力,幼根也容易长出。

(2)纵伤　用利刀或手锯在插条基部第1～2节的节间刻划5～6道纵切口,深达木质部,可促进节部和茎部断口周围发根。

(3)环剥　剪枝条前15～20 d,对母株上准备采用的枝条基部剥去宽1.5 cm左右的一圈树皮,在其环剥口长出愈合组织而又未完全愈合时,即可剪下进行扦插。

(4)缢伤　剪枝条前1～2周,对将作插穗枝梢的用铁丝或其他材料绞缢。

剥皮、纵刻伤、环剥、缢伤之所以能促进生根,是由于处理后生长素和糖类积累在伤口区或环剥口上方,并且加强了呼吸作用,提高了过氧化氢酶的活动,从而促进细胞分裂和根原体的形成,有利于促发不定根。

2.黄化处理

对不易生根的枝条在其生长初期用黑纸、黑布或黑色塑料薄膜包扎枝条基部,能使叶绿素消失,组织黄化,皮层增厚,薄壁细胞增多,生长素积累,有利于根原基的分化和生根。黄化处理耗时费事,适用于生根困难的特殊木本植株的扦插繁殖。

3.浸水处理

休眠期扦插,插前将插条置于清水中浸泡12 h左右,使之充分吸水,达到饱和生理湿度,插后可促进根原始体形成,提高扦插成活力。有些植物枝条中含有树脂,常妨碍插条切口愈伤组织的形成且抑制生根。可将插条浸入30～35℃的温水中2 h,使树脂溶解,促进生根。

4.加温处理

早春扦插常因温度低生根困难,需加温催根,方法有温床和冷床两种。

(1)温床催根　即用塑料薄膜温床、阳畦和火炕等。方法是:底部铺一层沙或锯木屑,厚3～5 cm,将插条成捆直立埋入,捆间用湿沙或锯木屑填充,但顶芽要露出。插条基部温度保持在20～28℃,气温最好是在8～10℃。为保持湿度,要经常喷水。该处理利于根原体迅速分生,而因气温低芽则生长缓慢。另外,还可用火炕或电热线等热源增温。

(2)冷床倒插催根　一般在冬末春初进行。利用春季地表温度高于坑内温度的特点,将插条倒放坑内,用沙子填满孔隙,并在坑面上覆盖2 cm沙,使倒立的插穗基部的温度高于插穗梢部,这样为插穗基部愈伤组织的根原基形成创造了有利条件,从而促进生根,但要注意水分控制。该方法可操作性差。

5.化学药剂处理

有些化学药剂也能有效地促进插条生根。如醋酸、磷酸、高锰酸钾、硫酸锰、硫酸镁等。高锰酸钾溶液处理插条,可以促进氧化,使插条内部的营养物质转变为可溶状态,增强插条的吸收能力,加速根的发生。一般采用的浓度为0.03%～0.1%,对嫩枝插条用0.06%左右的浓度处理为宜。处理时间依植物种类和生根难易不同。生根较难的处理10～24 h;反之,较易生根的处理4～8 h。维生素B_1和维生素C对某些种类的插条生根有促进作用。硼可促进插条生根,与植物生长调节剂合用效果显著,如IBA 50 mg/L加硼10～200 mg/L,处理插条12 h,生根率可显著提高。2%～5%蔗糖液及0.1%～0.5%高锰酸钾溶液浸泡12～24 h,亦有促进生根和成活的效果。

6.生长调节剂处理

应用人工合成的各种植物生长调节剂对插条进行扦插前处理,不仅生根率、生根数和根的粗度、长度都有显著提高,而且苗木生根期缩短,生根整齐。常用的植物生长调节剂有萘乙酸(NAA)、吲哚乙酸(IAA)、吲哚丁酸(IBA)、2,4-D等。处理方法有液剂浸渍、粉剂蘸粘。应用该方法时注意:生长调节剂浓度过大时,其刺激作用会转变为抑制作用,使有机体内的生理过程遭到破坏,甚至引起中毒死亡。

(1)液剂浸渍　配成水溶液,不溶于水的,先用酒精配成原液,再用水稀释。分高浓度(500～1 000 mg/L)和低浓度(5～200 mg/L)两种。低浓度溶液浸泡插条 4～24 h,高浓度溶液快蘸 5～15 s。

(2)粉剂蘸粘　一般用滑石粉作稀释填充剂。配合量为 500～2 000 mg/L,混合 2～3 h 后即可使用。将插条基部用清水浸湿、蘸粉后扦插。

此外,ABT 生根粉是多种生长调节剂的混合物,是一种高效、广谱性促根剂,可应用于多种药用植物扦插促根。一般 1 g 生根粉能处理 3 000～6 000 根插条。生根粉共有 3 种型号,其中 1 号生根粉,用于促进难生根植物插条不定根的诱导,如金茶花、玉兰、山楂、海棠、枣、银杏等;2 号生根粉用于一般木本药用植物苗木的繁育。如月季、茶花、葡萄、石榴等;3 号生根粉用于苗木移栽时的根系恢复和提高成活率。

7. 其他处理

一些营养物质也能促进生根,如蔗糖、葡萄糖、果糖、氨基酸等。丁香、石竹等插条下端用 5%～10% 蔗糖溶液浸泡 24 h 后扦插,生根成活率显著提高。一般来说,单用营养物质促进生根效果不佳,配合生长素使用效果更为明显。

四、嫁接繁殖

将一种植物的枝或芽,接到另一种植物的茎或根上,使之愈合生长在一起形成一个独立的新个体,称嫁接繁殖。供嫁接用的枝或芽叫接穗或接芽,承受接穗的植株叫砧木。

由于接穗采自遗传性状比较稳定的母本树上,因此嫁接后长成的苗木变异性较小,能保持母本的优良特性。嫁接苗能促进苗木的生长发育,提早开花结果和进入盛果期。如山茱萸实生苗需 8～10 年才开始开花结果,20 年后方进入盛果期,但嫁接苗只需 2～3 年即可结果,10 年后便进入盛果期。嫁接苗这种促进苗木生长发育,提早开花结果的特性,不仅可用于栽培,也可用于育种,从而缩短育种工作年限。通过嫁接,可利用砧木对接穗的生理影响,提高嫁接苗对环境的适应能力,如提高抗寒、抗旱、抗病虫害等能力。用乔化砧,能使树冠高大,防止早衰;用矮化砧,可使树冠矮化,提早结果。此外,通过高接,可以把品质差的品种改换成优良的新品种。在花果类木本药用植物栽培上,高接应用具有广阔的应用前景。

(一)嫁接的意义

(1)利用砧木根系对土壤及气候的适应性,提高植株整体对环境的适应性。例如,利用抗病性强的砧木培育幼苗,可以有效控制多种植物的病虫害。在木本药用植物的生产中,利用抗性砧木可以提高树木的抗旱性、抗寒性、抗涝性、抗盐碱性。

(2)由于接穗或接芽枝条处于生理成熟期,因而通过嫁接可以促使树木提早结果。例如,银杏实生苗需要生长 18～20 年才开始结果,而嫁接后 3～4 年便可结果。

(3)利用特殊性状砧木,例如树木矮化砧可以改变树体生长特性,引起树木生长方式革新,可矮化密植，促进成花，提早结果，增加产量，改善品质。

(4)有些植株雌雄异体，或者需要异花授粉。通过嫁接雄株枝条，可以使雌雄异株变成雌雄同株，或者一株多品种，从而减少人工授粉用工量。

(5)当植株根系受害或树皮受伤时，利用靠接或桥接技术，可以恢复植株生长，延长经济寿命。

(二)嫁接愈合原理

当接穗嫁接到砧木上后，在砧木和接穗伤口的表面，死细胞的残留物形成一层褐色的薄膜覆盖着伤口。在愈伤激素的刺激下，伤口周围的细胞及形成层细胞旺盛分裂，并使褐色的薄膜破裂，形成愈伤组织。愈伤组织不断增加，接穗和砧木间的空隙被填满后，砧木和接穗愈伤组织的薄壁细胞便相互连接起来。愈伤组织不断分化，向内形成新的木质部，向外形成新的韧皮部，进而使导管和筛管也相互沟通，这样砧木和接穗就结合为统一体，形成一个新的植株。

(三)影响嫁接成活的因素

1. 砧木和接穗的亲和力

嫁接亲和力是指砧木和接穗经嫁接后能愈合并能正常生长的能力。具体是指两者在内部组织结构、生理和遗传特性等方面的相似性和差异性。嫁接能否成功，亲和力是其最基本的条件。亲和力越强，嫁接愈合性越好，成活率越高，生长发育越正常。

亲和力强弱，取决于砧木和接穗之间的亲缘关系的远近。一般来说，亲缘关系愈近，亲和力愈强。所以，嫁接时接穗和砧木的配置要选择近缘植物。

2. 嫁接的时期和环境条件

嫁接时期对嫁接成活率影响很大。枝接一般在植物休眠期进行，多在春、冬两季，以春季最为适宜。春、夏、秋三季都可进行芽接，当皮层能剥离时就可开始，但以秋季较为适宜。嫁接的时期主要与气温、土温及砧木与接穗的活跃状态有密切关系。要根据木本植株特性，方法要求，选择适期嫁接。不宜选择雨季、大风天气嫁接。嫁接时一般以20～25℃的温度为宜，接口应保持一定湿度。嫁接部位包扎要严密，保持较高湿度有利于愈伤组织形成。

3. 砧木、接穗质量和嫁接技术

砧木和接穗发育充实，生长健壮，贮藏营养物质较多时，嫁接易成活。草本植物或木本植物的未木质化嫩枝也可以嫁接，但要求较高技术。

嫁接技术要求快、平、准、紧、严，即动作速度快，削面平，形成层对准，包扎捆绑紧，封口要严。

(四)嫁接方法

药用植物的嫁接常用枝接和芽接。枝接包括切接、劈接、腹接、插皮接等；芽接包括"T"形芽接、嵌芽接等。

1. 枝接

枝接的接穗既可以是一年生休眠枝，也可以用当年新梢，同样嫁接时砧木既可处于未萌发状态，即将解除休眠时期，也可以处于正在生长状态。因此。按照接穗与砧木的生长状况有以下 4 种类型：一是硬枝对硬枝，即接穗为休眠的一年生枝，个别木本植株也可用多年生枝，砧木为即将解除休眠或已展叶的硬枝；二是嫩枝对硬枝，即接穗为当年新梢，砧木为已展叶的硬枝；三是嫩枝对嫩枝，即接穗和砧木均为当年新梢；四是硬枝对嫩枝，即将保持不发芽的一年生硬枝嫁接到当年新梢上。其中第一种方法应用最为普遍，各种木本药用植物基本都采用，其嫁接的时期以春季萌芽前后至展叶为主，保持接穗不发芽的前提下，嫁接时期便晚一点成活率更高，但不能过晚。其他 3 种方法只适应于五味子等少数木本植物。

(1)劈接　接穗基部削成两个长度相等的楔形削面，两削面长约 3 cm，外侧稍厚于内侧。将砧木在嫁接部位剪断或锯断，削平切口后，用劈刀在砧木中心纵劈一刀，深 3～4 cm。用劈刀将切口撬开，插入接穗，厚侧在外，薄侧向里，并使接穗的外侧形成层与砧木的形成层对准，接穗削面上端微露，然后用薄膜条将所有的伤口全都包严，以防失水过多影响成活。较粗的砧木可以同时接入两个接穗，以有利于伤口的愈合(图 2-13)。

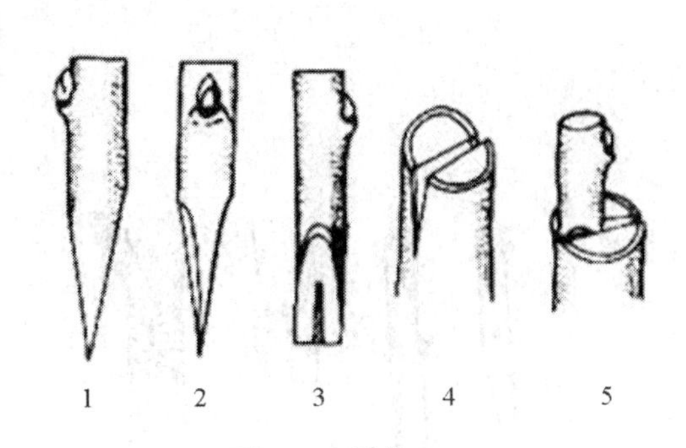

图 2-13　劈接

1. 接穗正面　2. 反面　3. 侧面
4. 砧木劈口　5. 插入

(2)切接　接穗长 5～8 cm，有 2～3 个饱满芽，过长的接穗萌芽后生长势较弱。将接穗基部削成一长一短两个削面，长削面 2～3 cm，与顶芽同侧，对面的短削面长 1 cm 左右。砧木在距地面 5～8 cm 平滑处剪断，削平截面后，选皮层平整光滑面由截口稍带木质部处垂直向下纵切 2～3 cm，长削面向里插入接穗，砧穗形成层对准，用薄膜条等绑缚即可(图 2-14)。

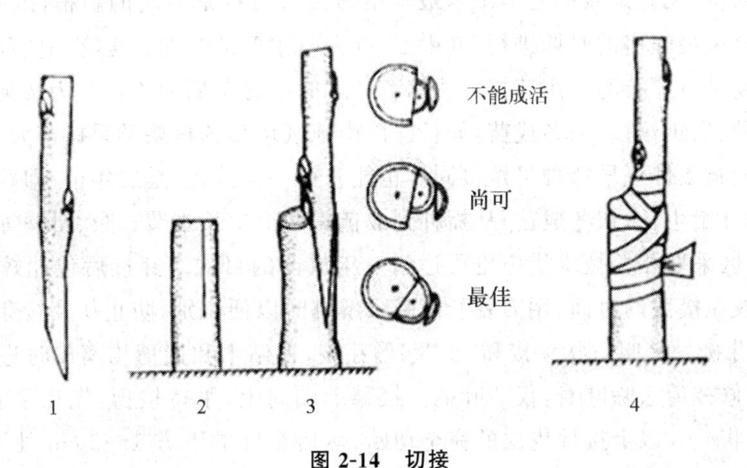

图 2-14　切接

1. 削接穗　2. 劈砧木　3. 形成层对齐　4. 包扎

(3)腹接　又称腰接，即在砧木腹部的枝接。砧木不在嫁接口处剪截，或仅剪去顶梢，待成活后再剪除上部枝条。接穗留 2～3 个芽，与顶端芽的同侧作长削面，长 2～2.5 cm，对侧作短削面，长 1.0～1.5 cm，类似于切接接穗的削面。在砧木嫁接部位，选择平滑面，自上面下斜切一刀，切口与砧木约呈 45° 角，深达木质部，约为砧木直径的 1/3，将接穗长削面与砧木内切面的形成层对准插入切口,用薄膜条包扎嫁接口即可(图 2-15)。

(4)插皮接　又称皮下接,砧木易离皮时采用。将接穗基部与顶端芽同侧的一面削成长 3 cm 左右的单面舌状削面,在其对面下部削去 0.2～0.3 cm 的皮层形成一小斜面。将砧木在嫁接部位剪断,削平切口,用与接穗削面近似的竹签自形成层处垂直插下,取出竹签后插入刚削好的接穗,接穗的削面应微露,然后用薄膜条绑缚(图 2-16)。

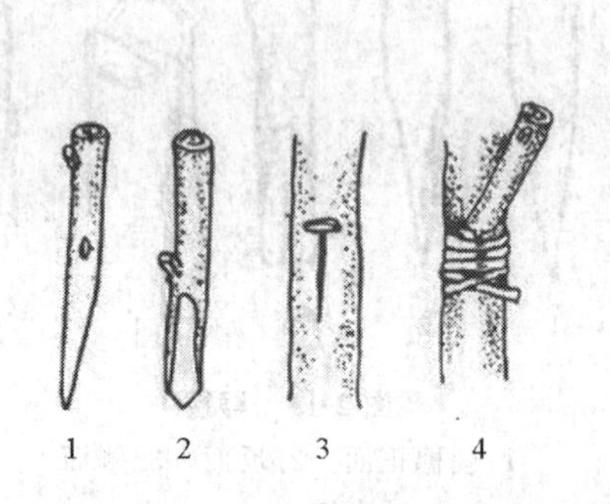

图 2-15　腹接

1. 接穗削成斜面　2. 接穗斜面背部
3. 砧木的丁字形切口　4. 插入接穗并绑扎

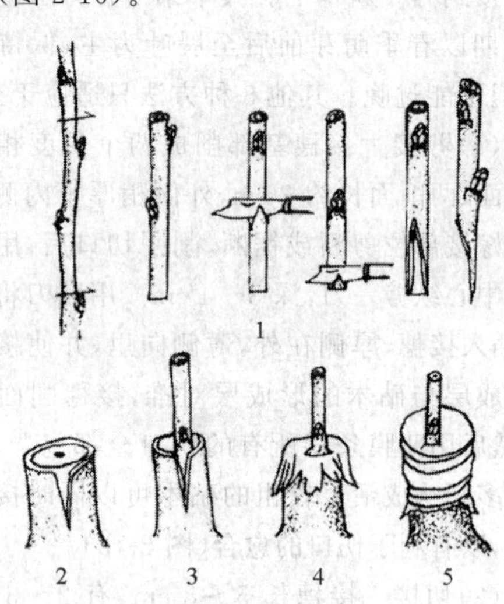

图 2-16　插皮接

1. 接穗处理　2. 砧木处理　3. 插接穗
4. 用塑料布封口　5. 绑缚

2. 芽接

对于芽接来说,无论是接穗还是砧木最常用的繁殖材料是当年的新梢,因此,芽接一般是在形成层细胞分裂最旺盛的时期进行,其中 6—9 月是主要的时期。也有一些利用休眠芽作接穗在春季或早夏进行芽接的。用芽接方法培育苗木时按育苗周期长短分为两类:一是一年苗,即砧木当年播种、当年嫁接、秋冬成苗,如长江以南地区培育的核果类果树苗大多是一年苗,在北方地区采用设施条件下早播种早嫁接同样也能获得一年苗;二是二年苗,即嫁接当年接芽不萌发,次年春季开始生长,秋冬成苗,从播种到成苗需两个生长季节。梨、柑橘等苗木大多数是二年苗,南方地区采取相关技术措施也可达到一年成苗的目的。芽接后包扎嫁接口时注意薄膜条的对接处放在接芽的对面,用刀划开薄膜条解绑时以便识别,防止伤及接芽。

(1)"T"形芽接　又叫盾状芽接和"丁"字形芽接,在砧木和接穗均离皮时进行。剪取当年生新梢,用手或修枝剪去除叶身,仅留叶柄。接穗上端向上,手持接穗,先在芽上方 0.5 cm 左右处横切一刀,将 1/3 以上接穗皮层的完全切断,然后在芽的下方 1～2 cm 处下刀,略倾斜向上推削到横切口,用手捏住芽的两侧,左右轻摇掰下芽片。芽片长度为 1.5～2.5 cm,宽 0.6～0.8 cm,不带木质部。芽体处于芽片正中略靠上。将砧木离地 3～5 cm 处切开"T"形切口,纵切口应短于芽片,宽度应略宽于芽片,用芽接刀柄拨开皮层,插入芽,芽片的上端对齐砧木横切口,切忌留有空隙或与砧木皮层重叠。接芽插入后用薄膜条从下向上绑紧,越挤越紧,芽片的上切口与砧木的横切口更好地紧密接触,但要求芽眼和叶柄露出(图 2-17)。

(2)嵌芽接　带木质部芽接的一种方法,在砧木和接穗不离皮时进行。接穗上端向下,手持接穗，先在接穗的芽上方 0.8～1.0 cm 处向下斜切一刀，长约 1.5 cm，然后在芽下方 0.5～0.8 cm 处，斜切成 30° 角到第一刀口底部，取下带木质部芽片。芽片长约 1.5～2.0 cm。按照芽片大小，在砧木上由上向下切一切口，切口比芽片稍长，将芽片嵌入切口中，注意芽片上端必须微露出砧木皮层，以利于愈合。尽量使接穗形成层下部和两侧与砧木对齐，若砧木和接穗的粗度不一致，至少一侧要对齐，最后用薄膜条从上向下绑缚，越挤越紧，芽片的下切口与砧木的下切口更好地紧密接触(图 2-18)。

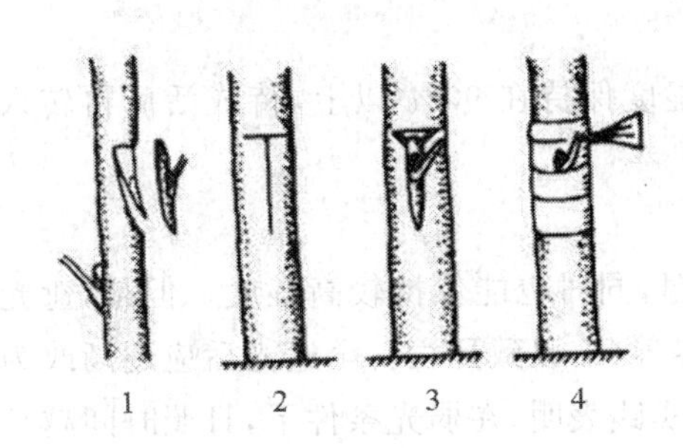

图 2-17 "T"形芽接

1. 取芽 2. 切砧 3. 装芽片 4. 包扎

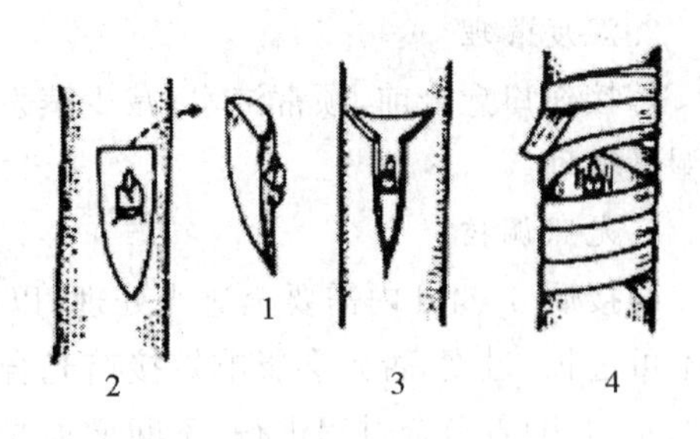

图 2-18 嵌芽接

1. 削芽 2. 削砧木切口 3. 插入接芽 4. 绑缚

(3)草本芽接 多用于双子叶草本植物的嫁接。包括砧木和接穗的准备、嫁接等步骤。

①砧木的准备 砧木播于穴盘或塑料钵中。当砧木第一片真叶展开时为嫁接适宜时期。嫁接时，先用刀片或竹签消除砧木的真叶及生长点，然后用与接穗下胚轴粗细相同、尖端削成楔形的竹签，从砧木右侧子叶的主脉向另一侧子叶方向朝下斜插深约 1 cm。以不划破外表皮，隐约可见竹签为宜。

②接穗的准备 顶插接法的接穗一般比砧木晚播 7～10 d，一般在砧木出苗后接穗浸种催芽。当接穗两片子叶展开时，用刀片在子叶下 1～1.5 cm 处削成斜面长 1 cm 的楔形面。

③嫁接 将插在砧木上的竹签拔出，随机将削好的接穗插入孔中，接穗子叶与砧木子叶呈十字状(图 2-19)。

嫁接机器人技术，是近年在国际上出现的一种集机械、自动控制与嫁接技术于一体的高新技术，它可在极短的时间内，把双子叶植物苗茎秆直径为几毫米的砧木、接穗的切口嫁接为一体，使嫁接速度大幅度提高；同时由于砧木、接穗结合迅速，避免了切口长时间氧化和苗内液体的流失，从而又可大大提高嫁接成活率。

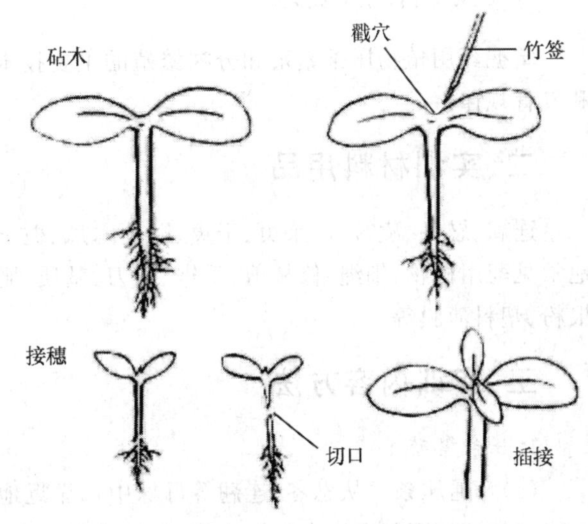

图 2-19 草本芽接法

(五)嫁接后的管理

对于木本药用植物来说，嫁接后的管理相对比较简单。除了及时检查成活率及适时补接外，还应解除绑缚物、剪砧、除萌蘖以及苗圃内整形等。

对于草本药用植物而言，由于嫁接所用的砧木接穗都处于生长状态，而且许多嫁接苗将用于设施条件下的生产栽培，因而加强嫁接后温湿光等环境控制是嫁接成功的关键。

1.温度管理

温度过低或过高均不利于接口愈合，影响其成活率。早春低温季节嫁接育苗应在温床（电热温床或火道温床）中进行，待伤口愈合后即可转入正常的温度管理。

2.湿度管理

嫁接伤口愈合前，须常浇水，减少蒸发，使空气湿度保持在90%以上，待成活后再转入正常湿度管理。

3.光照调控

嫁接后3～4 d内需要全遮光处理，以防产生高温，同时也能保持较高湿度。但是，遮光时间不可过长、过度，否则会影响嫁接苗光合作用，耗尽养分，以致死亡。全遮光后应逐渐改为早晚见光，并随着愈合过程进行，不断增加光照时间。实践表明，在弱光条件下，日照时间越长越好，10 d后可恢复到正常管理。

4.CO_2与激素处理

设施环境内施用CO_2可使嫁接苗生长健壮。当CO_2浓度从0.3 μL/L提高到10 μL/L时，成活率可提高15%。因CO_2的增加使幼苗光合作用增强，可以促进嫁接部位组织的融合。另外，嫁接口用一定浓度的外源激素处理，也可明显提高嫁接苗的成活率。实验研究表明NAA+KT(1∶1)，2,4-D+BA(1∶1)或2,4-D+KT(1∶1)，浓度为200 mg/L处理较适宜。

◉ 任务实施

技能实训2-9　药用植物压条与分株繁殖技术

一、实训目的要求

掌握药用植物压条繁殖和分株繁殖的主要技术要点；定期进行检查管理，以了解新苗形成和发育规律。

二、实训材料用品

连翘、忍冬、凌霄、山茱萸、辛夷、贴梗木瓜、栀子、丹参、鸢尾、唐菖蒲、牡丹、芍药、百合等当地常见药用植物；细绳、修枝剪、手锯、刻刀、基质（肥沃园土、苔藓、锯末）、吲哚丁酸、萘乙酸、生根粉、塑料薄膜等。

三、实训内容方法

1.压条繁殖

(1)普通压条　从忍冬、连翘等母株中选靠近地面的枝条，在其附近挖沟，沟与母株的距离以能将枝条的下部弯压在沟内为宜，沟的深度与宽度，一般为15～20 cm，沟挖好后，将待压枝条的中部弯曲压入沟底，用带有分杈的枝棍将其固定。固定之前先在弯曲处进行环剥，以利于生根。环剥宽度以枝蔓粗度的1/10左右为宜。枝蔓在中段压入土中后,其顶端要露出沟外,在弯曲部分填土压平,使枝蔓埋入土的部分生根,露出地面部分则继续生长。秋末冬初将生根枝条与母株剪离,即成一独立植株。

(2)堆土压条　在早春发芽前对母株进行平茬截干,截干高度距地面越短越好。贴梗木瓜于树干基部留5~6个芽处剪断,栀子可自地际处抹头,使其萌发新枝。堆土时间依植物的种类不同而异。对于嫩枝容易生根的如贴梗木瓜,可于7月间,利用当年生半成熟的新枝条埋条。分离时期一般在晚秋或早春进行。

(3)空中压条　在春季或雨季选充实的山茱萸、辛夷二、三年生枝条,在枝条的1/3~1/2处进行环剥,环剥后用5 000 mg/L的吲哚丁酸或萘乙酸涂抹伤口,以利伤口愈合生根,再于环剥处敷以保湿生根基质(苔藓),用塑料薄膜包紧。2~3个月后即可生根。待发根后即可剪离母体而成为一个新的独立的植株。

2.分株繁殖

牡丹没有明显的主干,为丛状灌木,很适合分株,也较简便易行。其优点是成苗快,新株生长迅速;缺点是繁殖系数小,苗木规格大小不一,商品性差。

(1)分株时间　牡丹分株一般于9月上旬(白露)到10月上旬(寒露)期间进行,牡丹有秋生根的习性,这期间的低温非常适合新根系的形成。

(2)分株方法　牡丹生长3年即可进行分株繁殖,但以4~5年生为宜。将母株从地里挖出,去掉泥土、病根、伤根,晾晒1~2 d,使根部失水变软,这样分株时不易伤根。分株时应注意观察根部纹理,顺其自然之势用双手拉开,或用剪刀、斧凿等剪开、劈开,一般4~5年生母株可分3~5株,多者可分5~8株。每棵分株苗地上部应带有1~3个枝条或2~3个萌蘖芽(俗称“土芽”),下部应带有3~5条主根和部分细根,使枝根比例适当,上下均衡。分株苗上部的老枝栽前应在根颈上部3~5 cm处剪去,如果分株苗没有萌蘖芽或萌蘖芽太少、瘦弱,剪除部位以下应留有2~3个潜伏芽。剪去老枝的目的主要是避免老枝的叶、花对根内养分的消耗,促进分蘖及增强分株苗的生长势。

(3)分株苗的栽植方法　由于分株苗在分株时形成许多创伤面,为避免病虫侵害,栽植前应用药剂预防,方法是:将分株苗在甲基异柳磷与绿亨一号(或甲基立枯磷、福美砷、安多福等)的混合液中速蘸,晾干后即可栽植。同时,为刺激新生根系的生成,可在混合液中加入50~200 mg/L的吲哚丁酸、萘乙酸等生根剂,可以促进生根,增强生长势,特别是分栽较晚时更为明显。

(4)管理　将栽植地块施足底肥,深耕整平,按株行距栽植,如果是生产催花用苗木,株行距以70 cm×70 cm为宜,如果是生产观赏性品种的苗木,株行距以60 cm×60 cm为宜,如果是建造专门的牡丹园,株行距以80 cm×80 cm或更大些为宜。栽植穴深浅以分株苗大小而定,一般深为30~50 cm,穴口直径为18~24 cm,穴底略小于穴口直径。栽植时,一手将苗垂直放入穴中,另一手将根向四周分开,使其均匀舒展,勿使根部弯曲。然后一手轻轻提苗,一手向坑内填土,待土填到坑的一半时,用手将苗轻轻向上一提,使苗的根颈位置稍低于地平面2 cm左右,并轻轻左右摇动一下,使细土与根密接,再将土填满、捣实,只有栽植穴内的土壤与根系密接,才能有效提高成活率,否则容易“吊死”或活而不旺。栽植后用松土将栽植穴封成一个土丘,土丘一般高出地面15~20 cm,作用是保温、保墒。

四、实训报告

1. 按下表记录实训结果。

压条实训记录表

种类名称	压条日期	压条株数	生根情况			成苗株数	成活率/%	未成活原因
			生根部位	根数	平均根长			

分株实训记录表

种类名称	压条日期	压条株数	生根情况			成苗株数	成活率/%	未成活原因
			生根部位	根数	平均根长			

2. 对分株及压条情况进行统计，计算成活率，总结分析成败的原因。

五、成绩评定及考核方式

以实训报告及实训表现综合评分。

技能实训 2-10　药用植物扦插繁殖技术

一、实训目的要求

使学生熟悉扦插育苗的程序，掌握基质配制、整地、插穗的选择、插穗处理、扦插等各重要环节的操作方法，以提高插穗的成活率。

二、实训材料用品

连翘、忍冬、菊花、丹参等当地常见药用植物插穗；IBA、IAA 或 ABT 生根粉等植物生长素；修枝剪、手锯、嫁接刀、磨石、水桶、地膜或薄膜等。

三、实训内容方法

1. 选择基质并整地

容器育苗可选择轻质壤土、河沙、苔藓等作栽培基质。栽培基质用高压灭菌锅进行湿热灭菌 1.5 h，用福尔马林熏蒸或紫外灯对育苗盘进行杀菌。将基质平铺于育苗盘上，10 cm 厚，浇透水备用。亦可根据药用植物实际情况和现实条件，选择适宜的基质并整地，然后做畦或装箱。

2. 剪截插穗

(1)硬枝扦插　选择生长健壮且无病虫害的 1～2 年生枝条，一般于深秋落叶后至次年芽萌动前采集;落叶树种一般以中下部插穗成活率高,常绿树种则宜选用充分木质化的带饱满芽的梢作插穗为好。将插穗截成带有1～4个饱满芽,长约20 cm枝段,上口剪平,离最上面一个芽1 cm为宜,常绿树种应保留部分叶片。下口剪成斜面。要求切口平滑。

(2)绿枝扦插　是指用尚未木质化或半木质化的新梢随采随插进行的扦插。插条最好选自生长健壮的幼年母树,并以开始木质化的当年生嫩枝为最好。插穗一般须有3～4个芽,长约10～20 cm,剪口在节下,保留叶片1～2片。

3.激素处理

将IBA或IAA用少量酒精溶解,配成50～100 mg/kg浓度的溶液。如果插穗量小,可用一般容器,如果量大,可以选择地面平整的地方,用砖围成方形浅池(或容器),深10～12 cm,再用宽幅双层薄膜将池铺垫。将配制好的溶液倒入浅池(或容器)内,保持3 cm左右的深度。将插穗按同一方向把基部弄整齐,捆成小捆,整齐地放在池内,浸泡12～24 h。

4.扦插

按要求的株行距进行扦插,注意及时浇水保湿和遮阴,可搭塑料小棚。

5.检查成活率

根据不同植物的特性,按规定的时间到田间检查成活率。

四、实训报告

1.记录操作步骤。

2.根据统计的成活率,总结分析扦插成败的原因。

五、成绩评定及考核方式

以实训报告及实训表现综合评分。

技能实训2-11　药用植物嫁接繁殖技术

一、实训目的要求

掌握主要嫁接方法和操作技术,能熟练进行药用植物的硬枝嫁接,提高嫁接的成活率。

二、实训材料用品

银杏、牡丹、玉兰等当地常见木本药用植物接穗及适宜的砧木;塑料薄膜条与保湿材料或地膜;修枝剪、手锯、芽接刀、切接刀、劈接刀、磨石、水桶等。

三、实训内容方法

1.确定嫁接时期

硬枝嫁接多在植物休眠期进行,多在早春为宜,根据当地实际情况确定嫁接时间。

2.训练嫁接方法

(1)教师示范　老师取当地常见木本药用植物枝条进行切接、劈接等嫁接方法的示范。

(2)学生练习　练习时单人操作,先进行离体嫁接,开始是不限时练习,当熟练到一定程度以后，进行限时练习，在规定的时间内，每种嫁接方法嫁接一定数量上交检查。然后是实体嫁接，每种嫁接方法每人嫁接一定数量，老师根据嫁接情况进行点评。

3. 接穗采集

选择生长健壮、具有饱满芽的1年生发育枝作直接接穗，可结合冬季修剪采集，经冬季贮藏后供春季嫁接用。在接前采集，要学会接穗采集、处理与临时存放的方法。

4. 嫁接实际操作

根据当地条件选择用1～2种嫁接方法，在规定时间内嫁接一定数量的嫁接苗，统计每人嫁接数量。要求严格按技术要求独立进行操作。

5. 检查成活率

嫁接后，利用业余时间检查成活，统计成活数量。以后还要进行嫁接后的其他管理，如补接、解绑、除萌等。

四、实训报告

1. 记录操作步骤。

2. 对嫁接情况进行统计，计算成活率，总结分析嫁接成败的原因。

五、成绩评定及考核方式

以实训报告及实训表现综合评分。

【思考与练习】

1. 分离繁殖的类型有哪些？

2. 压条繁殖有哪些重要方法？

3. 扦插方法有哪些？促进插条生根成活的方法有哪些？

4. 有哪些嫁接方法？影响嫁接成活的因素有哪些？

◎ 学习拓展

药用植物快速繁育技术

药用植物快速繁育是指利用植物组织培养技术对药用植物外植体进行离体培养，使其短期内获得遗传性一致的大量再生植株的方法。其特点是繁殖效率高、培养条件可控性强、占用空间小、管理方便、便于种质保存和交换。原理是利用细胞全能性进行组织培养。

植物组织培养是指在无菌条件下，将离体的植物器官（如根尖、茎尖、叶、花、未成熟的果实、种子等）、组织（如形成层、花药组织、胚乳、皮层等）、细胞（如体细胞、生殖细胞等）、胚胎（如成熟和未成熟的胚）、原生质体（如脱壁后仍具有生活力的原生质体），培养在人工配制的培养基上，给予适宜的培养条件，诱发产生愈伤组织或潜伏芽等，或长成完整的植株，统称为植物组织培养。由于是在试管内培养，而且培养的是脱离植物母体的培养物，因此也称离体培养和试管培养，根据外植体来源和培养对象的不同，又分为植株培养、胚胎培养、器官培养、组织培养、原生质体培养等。

项目3

药用植物田间管理

任务1 药用植物土壤耕作技术

知识目标

- 了解土壤基本耕作技术。
- 掌握表土耕作技术。

能力目标

- 能识别表土耕作质量。
- 能够正确进行表土耕作。

相关知识

土壤耕作技术是根据植物生长对土壤的要求，利用机械或使用农机具，为植物创造良好的土壤耕层构造所采用的一系列技术措施的总称。是农业生产中最基本的技术措施。其作用是调节土壤中水、肥、气、热等肥力因素之间的矛盾，提高土壤肥力；改变土壤物理性状；改良土壤结构；增强保水保肥能力；消灭杂草和病虫，为植物生长发育创造良好的环境条件。

在药用植物栽培过程中，需要采取多种土壤耕作措施。不同土壤耕作措施对土壤影响不同。根据对土壤耕层影响范围及消耗动力，可将耕作措施分为土壤的基本耕作技术和表土耕作技术两种类型。

一、土壤基本耕作技术

土壤的基本耕作技术是影响整个耕层土壤的耕作措施。通过翻转耕层土壤，交换上下层的土壤，翻埋肥料，可以使土壤、肥料充分混合，增强肥效；又能晒垡土壤，促进土壤熟化；粉碎或消除根茬和杂草残体，掩埋病菌及虫害，减轻病虫为害；改善耕层理化和生物状况，创造良好的土壤环境。土壤的基本耕作技术包括耕翻、深松耕和上翻下松3种方法。

(一)耕翻

耕翻是使用各种式样的有壁犁进行全耕层翻土。耕翻所用犁的结构和犁壁的形式不同，壁片的翻转有半翻垡、全翻垡和分层翻耕3种方法。半翻垡采用熟地型犁壁的犁，将垡片翻转135°，垡片和地面呈45°，适应熟地使用；全翻垡采用螺旋形犁壁将垡片翻转180°，适用于耕翻牧草地、荒地、绿肥地的杂草严重地段；分层耕翻采用带小前犁的复式犁，将耕层的上下层分层翻转，能保证良好的翻地质量。

耕翻方式分内翻法和外翻法两种。内翻法也称闭垄耕作，即由某一地段的中间开始，机具从地块中心线左侧进入开始第一犁，至地头右向转弯，土垡向内翻，覆盖在中间，形成一个闭垄。外翻法也称开垄耕作，机具从耕作区右边缘开始第一犁，至地头抬犁左向转弯，至另一侧边缘犁第二犁，进行向心耕作，最后在地段中央形成一个开垄。

1. 耕翻深度

在药用植物生产中，一般翻耕深度在15～20 cm，浅耕10～15 cm，较深的达20～25 cm。深耕是创造植物生长理想土壤的基本措施之一。栽培药用植物宜深耕。我国农民对深耕极为重视，并积累了丰富的经验，例如“深耕细耙，旱涝不怕”，“耕地加一寸，强如施茬粪”等农谚，都反映了深耕对增产的作用。生产实践证明，在地表下50 cm的土层范围内，药材产量有随深度增加而提高的现象。耕地深度要根据药用植物种类、土壤特性和气候特点来决定。

深根性药用植物如黄芪、甘草、牛膝、山药等的翻耕宜深，浅根性植物如半夏、黄连、贝母等翻耕宜浅。

旱地土壤耕翻深度以20～25 cm为宜；黏土通透性差，深耕效果比沙性土壤明显；上黏下沙的土壤，不宜深耕，以免沙层翻上造成漏水、漏肥；上沙下黏的土壤，可以增加耕翻深度，使黏、沙混合以改善耕层土壤质地，增强保水保肥能力；土层肥沃深厚，耕翻深度不受土壤质地限制；肥力差的灰化土、白浆土则应采取逐年加大耕地深度的措施；土层浅薄、下层石砾多的土壤，不宜深耕，宜采取客土的办法加深耕作层；地下水位高的土壤，耕地时要保持与地下水的距离。

干旱地区，不宜深耕，耕作深度仅限于10～15 cm；多雨地区，可深耕。雨季前耕地可深，耕后无降水补充宜浅；秋冬耕作宜深，春耕宜浅。

2. 耕翻时期

在前作收获后，土壤宜耕期马上耕地。根据地域特点决定耕地时期。我国东北、西北、华北等地，冬季土地冻结，多在春、秋两季进行，即春耕和秋耕。春耕宜提早，因此时温度低、湿度大，利于保墒，给上年末秋耕的地块补耕，为春播做好准备。对于那些因前作收获太晚或因其他原因(土壤秋旱、低洼积水、畜力或动力不足等)没有秋耕的地块，第二年必须抓紧适时早耕翻，当土地解冻深度够一犁时即应进行。秋耕在植物收获后，土壤冻结前进行，可使土壤经过冬季冰冻、风刮、日晒后，质地疏松，既能积蓄大量降水，增加土壤底墒，又能消灭土壤中的病菌和害虫，还能提高春季土壤温度。各地经验认为，植物收获后及早秋耕有利于防止春旱，故有“秋耕无旱，越早越好”的农谚。长江以南地区，冬季比较温暖，许多药用植物可全年栽培，一般随收随耕，多数进行冬耕，要求前作收获后及时耕地，翻埋稻茬，浸泡半月至一个月，临冬前再犁耙一次，耙后越冬或蓄水越冬。

深耕还应注意以下几点：

(1)不要一次把大量的生土翻上来。一般要求熟土在上，不乱土层。机耕应逐年加深耕层，每年加深 2～3 cm 为宜。

(2)应与增施有机肥料结合起来，使肥土相融，深耕的效果更好。另外还要把翻沙压淤、翻淤压沙、黏土掺沙等改良土壤措施和深翻结合起来进行。

(3)在适耕期翻耕，既不能湿耕，也不能干耕。

(4)有利于保持水土。药用植物用地多为坡地，应沿等高线种植，以减缓水流速度，防止水土流失。

(二)深松耕

用深松铲或凿形犁对土壤深松耕，松耕深度 20～50 cm。深松耕能打破传统耕翻所形成的坚实的犁底层，又不打乱土层，只将心土就地翻动，上下层不翻转变换，避免生土、熟土相混；局部深松，耕层构造呈虚实相间状态，不但具有良好的通气透水性，有利于贮水，而且有利于提墒供水，促进根系发育，增强抗旱防涝性能，可减轻风蚀水蚀和土壤水分流失，适于干旱半干旱地区采用；还可以打破犁底层。加厚耕作层，为植物创造一个疏松深厚的活土层，适用于有犁底层的农田。在山区、坡地采用深松耕有利于水土保持。深松耕后的盐碱地，增产效果明显。但深松耕不便于肥料和残茬的翻埋，可出现田间杂草较多，易发生草荒，尤其是我国南方，气温高、湿度大、土质黏重、复种指数高、施用大量的有机肥料，所以翻耕还不能被深松耕所取代。

(三)上翻下松

由于南方地区有些耕作层比较浅薄，为了加深耕作层，又不让生土翻上来，生产上常采用两架普通犁进行前后套犁的分层耕法，即前犁耕翻后再用去掉犁壁的犁或松土铲松土。北方的麦茬地，压绿肥和施有机肥以及秸秆还田的地块，或草荒严重的大豆、玉米茬地，也都运用上翻下松的方法进行基本耕作。

此外还有土壤保护性耕作。土壤保护性耕作是以少耕和免耕为核心的技术体系，它以尽量减少对土壤的扰动为基本原则，以较低的能量投入，保持相对较高的作物产量，提高经济效益和生态效益。保护性耕作的基本内涵包括免耕、少耕及残茬覆盖。免耕法是指生产上不翻耕土地直接播种或者栽种作物的方法，就是除了播种，不再进行任何土壤耕作，一般是用特制的免耕播种机一次完成播种行内的灭茬、施肥、施农药(除草剂)、播种、镇压等操作，地表以残茬覆盖。这种新的耕作方法的具体步骤各国都不尽相同，称呼也不一样，有的叫免耕法(no-tillage)，有的叫最少耕作法(reduced tillage)、零耕法(zero tillage)，也有的叫直接播种法(direct drilling)、保护耕作法(reserved tillage)、留茬播种法(stubble mulching)等。少耕法是指将连年翻耕改为隔年翻耕或 2～3 年再翻耕以减少耕作次数，少耕法也往往伴随有地面残茬覆盖。

二、表土耕作技术

表土耕作是借助于蓄力、机械力改善土壤耕作层结构和表面状况的土壤耕作措施的总称。包括灭茬、耙地、旋耕、镇压、起垄、开沟、做畦、筑埂、中耕、培土等作业。多在耕地后进行，其耕作深度为 3～10 cm，是土壤耕作的辅助性措施，是完成土壤耕作的各项任务必不可少的措施。它的主要作用是：消除土壤经过翻耕出现的地面起伏不平、表土不够细碎、耕层过松等不良状况，达到地平土碎、上虚下实，有利于播种和种子出苗。有时，为了减少耕作次数，争取农时，也可以表土耕作代替基本耕作。在需要灌溉、排水的情况下，常在播种前做畦、起垄或开沟。由此可见，表土耕作既是基本耕作的补充，又是播种、出苗和田间管理的基础。

1. 耙地

耙地一般在作物收获后进行。多用圆盘耙、钉齿耙、刀耙、滚耙和“而”字耙进行。耙地有疏松表土，耙碎土块，破除板结，透气保墒，平整地面，混拌肥料，耙碎根茬，清除杂草以及覆盖种子等作用。北方地区在耙地后还常用轻型农具耢子耢地，形成干土覆盖层，以减少水分蒸发，并有平地碎土和轻度镇压作用。耙地运用不当也会产生不良后果，耙地次数过多，不仅消耗动力和劳畜力，还会压实土壤，破坏土壤结构。在干旱地区和干旱季节，会损失土壤水分，不利于种子发芽生长。

2. 旋耕

旋耕是利用旋耕机进行整地的一种方法。我国南方地区近年来常用旋耕机进行整地，主要作用是切削、打碎土块、疏松混拌耕层土壤。广泛应用于旱地、水田和园田。与翻耕相比，旋耕碎土性强，旱耕土壤细碎，水耕表土松软起浆，耕后地面平整，一次能完成耕、耙、平、压等作业。可以压下绿肥和其他有机肥料，使土肥相融，均匀混合，提高肥效，但旋耕机的耕作深度，一般 10～14 cm，单用旋耕机进行耕作，往往会使耕层变浅。

3. 耢地

又称耱地。其工具是用荆条、柳条编制的长方形耢，应用时可加重物，以增加重量。耙后耢地可把土地耢平，兼有平土、破碎土块和轻压的作用，在地表形成厚 2 cm 左右的疏松层，下面形成比较紧实的耕层，这是北方干旱地区或轻质土壤常用的保墒措施。

4. 镇压

镇压有压实土壤，压碎土块和平整地面的作用。播种前适当镇压，可防止土壤下陷，使种子与土壤密切接触，促进毛管水上升，以利种子吸水萌芽，并使播种深度一致，出苗整齐粗壮。但盐碱地不宜镇压，以免引起返盐。镇压工具有石砘子、木磙和各种类型的镇压器，可根据具体要求选择使用。

5. 开沟、做畦、起垄、筑埂

开沟可在药用植物播前或播后整个生育期进行。其作用是方便排灌，提高排灌质量；防渍排涝，利于降低地下水位，消除有毒物质等。

土壤翻耕之后，为了管理上的方便和植物生长的需要，整地后应随即做畦。畦的形式可分为高畦、平畦和低畦 3 种。高畦畦面比畦间步道高 10～20 cm，具有提高土温，加厚耕层，便于排水等作用。适于栽培根及根茎类药用植物。一般雨水较多、地下水位高，地势低洼地区多采用高畦。平畦畦面与畦间步道高相平，保水性好，一般在地下水位低、风势较强，土层深厚、排水良好的地区采用。低畦畦面比畦间步道低 10～15 cm，保水力强。一般在降雨量少，易干旱地区或种植喜湿性的药用植物采用。

畦的方向以南北向较为合适，植物受光均匀，利于生长发育，尤其是喜阳植物；在北风强烈的地区，为避免两侧植物受害，可采用东西向；在山坡或倾斜地段上，做畦应与坡向垂直，等高开行做畦或做梯田，以减缓坡度，减少水土流失，利于保持水分和养分。畦的宽度一般以1.3～1.5 m为宜，过宽则不便于操作管理；太窄则步道增多，土地利用率减少。做畦时，要求畦面平整。

块根、块茎药用植物常用起垄栽培。起垄可加厚耕作层和提高土温，有利于地下器官的生长发育，也有利于排水和防止风蚀。起垄一般用犁和锄头进行操作，先犁一行沟将肥料施入，再在行沟两侧向内翻犁两犁，即形成垄。

另外，在坡地上筑埂有防止冲刷、减少水土流失的作用。

6.中耕

中耕是在药用植物生长期间常用的表土耕作措施，尤其是目前不提倡施用除草剂的情况下，中耕工作更显重要。中耕有疏松表土，破除板结，增加土壤通气性，提高土温，减少地表水分蒸发，清除杂草，减少病虫危害的作用。中耕深度因植株的大小、高矮、根系分布的深浅及地下部分生长情况而定，根系分布在土壤表层的植物中耕宜浅些，深根植物宜深些。中耕次数应根据药用植物种类和生产状况、当地的气候和土壤状况而定。苗期植株幼小、杂草易滋生、土壤易板结，中耕除草宜勤；成株期植株枝叶生长茂盛，中耕除草次数宜少，以免损伤植株；天气干旱，土壤黏重，应多中耕；雨后或灌水后应及时中耕，避免土壤板结。一般植物中耕2～3次。中耕次数过多，会使土壤结构受到破坏，另外在风沙地区和坡地上容易造成风蚀或水蚀。中耕工具常用的有手锄、耠子、中耕犁、齿耙和各种耕耘器等。

7.培土

培土多应用于块茎、块根和高秆药用植物。培土常与中耕结合进行，将行间的土培向植株基部，逐步培高成垄。主要有固定植株、防止倒伏，增厚土层，防止表土板结，提高土温，改善土壤通气性，覆盖肥料，压埋杂草和促进根类向上伸长等作用。培土一般结合第二、三次中耕进行，在封行前结束。在干旱地区和干旱季节不宜培土，否则翻动土壤过多，容易引起土壤水分大量蒸发。

◙ 任务实施

技能实训3-1　土壤耕作及其质量检查

一、实训目的要求

根据当地实际情况和药用植物生产的需要选择合适的耕作方法，能采用正确的方法对耕作质量进行检查。

二、实训材料用品

药用植物生产基地、拖拉机、配套农机具、旋耕机、锄头、锹、“而”字耙、直尺等。

三、实训内容方法

(一)耕作

1.平翻耕作

要求翻地、耙地和耢地等始终保持平整状态。其耕作深度要求浅翻(耕深14～18 cm)、常规耕翻(耕深 20～22 cm)和深翻(耕深 22 cm 以上)。

2. 起垄耕作

要求垄高 14～18 cm,垄距 60～70 cm。

3. 旋耕

要求利用旋耕机一次完成耕、耙、平、压等作业。一般耕深 12～15 cm。

(二)土壤质量耕作标准

各地耕作时期、土壤耕作方法不同,耕作质量标准也不一样。本标准根据实际工作总结而来,仅供参考。

1. 平翻耕作

(1)耕深一致。按照不同的要求采取合理的耕深,误差为±1.5 cm。

(2)耕地直线度与耕幅一致。要求耕直,百米直线度≤15 cm,耕幅一致。

(3)不漏耕,不重耕。

2. 起垄耕作

(1)垄向直线度。垄形直,50 m 垄长直线度≤5 cm。

(2)垄距相等。垄体宽度按要求形成标准垄形。垄距误差为±2 cm。

(3)垄形整齐,不起垄块,地头整齐,垄到地边。

3. 旋耕

(1)旋耕深度。春旋耕深度 8～10 cm,秋旋耕深度 12～15 cm。

(2)土壤细碎,地面平整。

(3)根茬破碎。

(4)旋耕到地头,地边,不重不漏旋耕。

(三)土壤质量耕作检查

土壤质量耕作检查包括耕深情况、地面平整情况、土垄翻转情况、肥料及植物残株等覆盖情况、漏耕重耕情况以及地头整齐情况等。

1. 耕深检查

可在耕翻过程中检查,也可在耕后检查。每趟检查 2～3 次,每次要在相同地段的不同地点测量 5～6 个点,耕翻的平均深度与规定深度不超过 1 cm。

2. 地面平整性检查

首先垂直于耕地方向走一趟,检查沟、垄及翻堡情况,除开墒和收墒处的沟垄外,如结合处凸起,表明两行行程中有重耕;如有低洼,表明有漏耕。

3. 覆盖检查

检查前茬作物的残根,杂草是否覆盖平实,并要求覆盖有一定深度,最好覆盖至 12 cm 以下。

4. 地头检查

检查地头是否整齐,有无剩边、剩角。

四、实训报告

根据生产某一药用植物,对指定地块进行土壤耕作,检查耕作质量,并对实训结果进行总结。

五、成绩评定及考核方式

以实训报告及实训表现综合评分。

【思考与练习】

1. 土壤的基本耕作技术有哪些?
2. 表土耕作技术包括哪些具体内容?

任务 2 田间管理

知识目标

- 掌握田间管理主要措施。

能力目标

- 能针对药用植物不同生育时期采取相应田间管理措施。

相关知识

药用植物栽培从播种到收获的整个生长发育期间,在田间所进行的一系列管理措施,总称为田间管理。主要内容包括间苗、定苗、中耕除草、培土、排灌、追肥、整枝、修剪、打顶、摘蕾、整枝、修剪、覆盖、遮阴、防寒冻、防高温和病虫害防治等。

一、间苗、定苗与补苗

间苗是田间管理中一项调控植物密度的技术措施。对于用种子或块根、块茎繁殖的药用植物,在生产上为了防止缺苗和便于选留壮苗,其播种量一般大于所需苗数,播种出苗后为避免幼苗苗芽拥挤、争夺养分,需适当拔除一部分过密的、瘦弱的幼苗,选留壮苗,如发现杂苗及染病虫的也要及时拔除,这些均称为间苗。间苗宜早不宜迟,过迟间苗,幼苗生长过密,通风不良,植株细弱,易遭病虫害。同时苗大根深,间苗困难,且易伤害附近植株。间苗一般进行 2～3 次,小粒种子间苗次数一般多些。最后一次间苗称为定苗。播种后出苗少,或出苗后遭受病虫侵袭,造成缺苗的,必须及时补苗。大田补苗与间苗同时进行,即从间苗中选生长健壮的幼苗带土进行补栽。补苗最好选阴天或晴天傍晚进行,并浇足定根水,保证成活。

二、中耕、培土与除草

中耕是药用植物经常性的田间管理工作，是在药用植物生长期间对土壤进行的表土耕作，是借助畜力、机械力使土壤疏松、消灭杂草的作业方式。其目的是：消灭杂草，减少养分损耗；防止病虫的滋生蔓延；疏松土壤，流通空气，加强保墒；早春中耕可提高地温；可结合除蘖或切断一些浅根以控制植物生长。中耕除草一般在封垄前、土壤湿度不大时进行。中耕深度要看根部生长情况而定。根群多分布于土壤表层的宜浅耕，根群深的可适当深耕。中耕次数根据气候、土壤和植物生长情况而定。苗期杂草易滋生，土壤易板结，中耕宜勤；成株期枝叶繁茂，中耕次数宜少，以免损伤植物。此外，气候干旱或土质黏重板结，应多中耕；雨后或灌水后，为避免土壤板结，待地表稍干时中耕。

结合中耕把土壅到植株基部，称为培土。培土能保护植物越冬过夏，避免根部裸露，防止倒伏，保护芽头，促进生根及减少土壤水分蒸发等作用。培土时间视不同植物而定，一、二年生植物，在生长中后期可结合中耕进行，多年生草本和木本植物，一般在冬季结合越冬防冻进行。地下部分有向上生长习性的药用植物如黄连、玉竹、大黄等，适当培土可提高产量和质量。中耕培土的时间、次数、深度因植物种类、环境条件和精细耕作程度而异。

田间除草是为了消灭杂草，减少水肥消耗，防止病虫的滋生和蔓延。除草一般与中耕、间苗、培土等结合进行，以节省劳力。防除杂草的方法很多，如精选种子、轮作换茬、合理耕作、人工除草、机械中耕除草、化学除草等。

三、施肥

药用植物栽培定苗后，根据植株生长发育状况，可适时追肥。追肥是基肥的补充，用以满足药用植物各个生育时期对养分的需求。追肥的时期，除定苗后追施外，一般在萌芽前、现蕾开花前、果实采收后及休眠前进行。根据植物长势和外观症状确定追施肥料的种类、浓度、用量、施用时期和施用方法。追肥一般多用速效性肥料，在植物生长前期多施用人粪尿、尿素、氨水、硫酸铵、复合肥等含氮较高的液体速效性肥料；在植物生长的中后期多施用草木灰、过磷酸钙、钾肥、充分腐熟达到无害化的厩肥、堆肥和各种饼肥等。追肥有根外追肥、根侧追肥两种形式。根外追肥多用低浓度的无机肥料直接喷雾于茎叶表面。根侧追肥又分条施、环施、穴施3种，施肥量一次不能过大，也不能与根直接接触。科学追肥不仅可提高产量，还可提高药用植物有效成分含量，如追施氮肥可以提高贝母、黄连等的生物碱含量。

四、灌溉与排水

灌溉与排水是控制土壤水分，满足植物正常生长发育对水分要求的措施。不同药用植物种类或品种的全生育期的耗水量差异很大，同时自然条件和栽培条件都影响植物田间需水量的变化，在一定的田间水分范围内，药用植物能正常生长发育，超出这一范围，则引起旱害或者涝害。因此，栽培时要根据药用植物需水规律和田间水分的变化规律及时做好灌水与排水工作。如花及果实类药用植物在开花期及果熟期一般不宜灌水,否则易引起落花落果;当雨水过多时,应及时排水,特别是根及根茎类药用植物更应注意排水,以免引起烂根;多年生的药用植物,在土地结冻前灌一次水,避免因冬旱而造成冻害。

灌溉方式分为地面灌溉、地下灌溉、喷灌和滴灌。地面灌溉是指水在田面流动或蓄存的过程中,借重力作用和毛管作用湿润土壤的灌水方式;地下灌溉是利用埋设在地下的管道,将灌溉水引入田间植物根系吸水层,借毛细管的吸水作用,自下而上湿润土壤的灌水方法;喷灌是利用水泵和管道系统,在一定压力下,把水喷到空中如同降细雨一样湿润土壤的灌水方式;滴灌是利用低压管道系统,把水或无机肥料的水溶液,通过滴头以点滴方式均匀缓慢地滴到根部土壤,使植物主要根系分布区的土壤含水量经常保持在最佳状态的一种先进灌水技术。无论采用何种灌溉方式,都必须依据气候、土壤、药用植物生长状况来确定适宜的灌水方式和灌水量。

排水是土壤水分调节的另一项措施,土壤水分过多或地下水位过高都会造成涝害。通过排水可以及时排除地面积水和降低地下水位,使土壤水分达到适宜植物正常生长的需要,避免涝害。排水有明沟排水和暗沟排水两种。

五、打顶与摘蕾

打顶与摘蕾是利用植物生长的相关性,人为地对药用植物体内养分进行重新分配,从而促进药用部分生长发育的一项重要增产措施。其作用是根据栽培目的,及时控制植物体某一部分的无益徒长,而有意识地诱导或促进药用部分生长发育,使之减少养分消耗,提高产量和药材品质。如红花、菊花等花类或薄荷、穿心莲等叶及全草类常采用打顶的措施来促进多分枝,以增加单株开花数或枝叶、全草产量;栽培乌头常采用打顶和去除侧芽的措施来抑制地上部分生长,促进块根生长。打顶时间和长度视药用植物种类和栽培目的而定,一般也宜早不宜迟。打顶不宜在有雨露时进行,以免引起伤口溃烂,感染病害。

药用植物开花结果会消耗大量的养分,为了减少养分的消耗,对于根及根茎类药材,要及时摘除花蕾,以利增产。摘蕾时间与次数取决于花芽萌发现蕾时间延续长短,宜早不宜迟,除留种田外,其他地块上的花蕾都要及时摘除。药用植物发育特性不同,摘蕾要求也不同。留种植株不宜摘蕾,但可以疏花疏果,尤其是果实种子入药的药用植物或靠果实种子繁殖的药用植物,疏花疏果可以获得果大、籽大、质量好的产品。

六、整枝与修剪

整枝与修剪是在药用植物生长期内,人为地控制其生长发育,对植株进行修饰整理的各种技术措施。整枝修剪主要用于果实入药的药用植物。整枝是通过人工修剪枝条以控制幼树生长,合理配置和培育骨干枝条,便于形成良好树体与冠幅;而修剪则在土、肥、水管理基础上,根据当地自然条件、植物生长习性和生产要求,对植物体养分分配及枝条的生长势进行合理调整的一种管理措施。整枝修剪的作用是改善通风透光条件,加强同化作用,增强植物抵抗力,减少病虫害,合理调节养分和水分运转,减少养分无益消耗,增强植物体各部分生理活性,促使植物按栽培所需方向发展,不断提高产品的品质和产量。

药用植物的修剪包括修枝与修根。修枝主要用于木本药材,但有的草本植物也要进行修枝,如瓜蒌主蔓开花结果迟,侧蔓开花结果早,要摘除主蔓留侧蔓。不同的药用植物及同一种药用植物的不同年龄,对修枝的要求也各有不同。一般以树皮入药的木本药材如肉桂、杜仲、厚朴等,应培养直立粗壮的主干,剪除下部过早的分枝与残弱枝。以果实种子入药的木本药材,可适当控制树体高度,增加分枝数量,并注意调整各级主侧枝的从属关系,以利促进开花结果。

幼龄树一般宜轻剪以培养合理树型,扩大树冠。灌木树一般不需要做较多修剪。而很多果树自然树体高大,不便于采花采果和后期修剪,或者不修剪则开花结果较少,这些树一般需要矮化树冠,常培育成自然开心型或多层疏散型。无论是自然开心型还是多层疏散型,都要培养形成多级骨干枝,并使它们分布均匀,各自分布在不同方位并保持适当距离。成年树在大量开花以后,枝条常常过密,一些枝条衰弱、枯死或徒长,修剪的目的是使之通风透光,减少养分无益消耗,集中养分供结果枝生长以及促进萌生新的花枝、果枝,重点是促花促果和保花保果。此期的修剪主要是剪除枯枝、病枝、弱枝、密枝、交叉下垂枝,疏去过密的花和芽。枝条过稀处可通过短截、回缩、摘心、环割等使其萌发新枝。徒长枝可通过打顶、扭梢、拿枝等抑制长势,促进开花结果。对于长势衰弱、开花结果少的枝条,可通过回缩修剪促进重发新枝。老龄树长势衰弱,开花结果明显减少,修剪的目标是更新枝条,使之形成新的花枝、果枝,要重剪、多剪,对于开花结果很少的衰弱枝条,要从基部剪除,只留短桩。整棵树都严重衰退的,可将全部枝条剪除,重新培育形成新的树冠。

修剪时期主要在休眠期(冬季)和生长期(夏季)两个时期。冬季修剪主要侧重于主枝、侧枝、病虫枝、枯枝和纤弱枝等,因冬季树体贮藏的养分充足,修剪后枝芽减少,营养集中在有限枝芽上,开春新梢生长旺盛。夏季修剪,剪枝量要从轻,主要侧重于徒长枝,打顶、摘心和除芽等。

另外,少数药用植物还要修根,如乌头要修去母根上过多的小块根,使留下的大块根肥大生长,个头大,质量好。芍药要修去侧根,保证主根肥大,提高产量和品质。

七、搭支架

攀援、缠绕和蔓生的药用植物生长到一定高度时,茎不能直立,则需要设立支架,以利支持或牵引藤蔓向上伸长,使枝条生长分布均匀,增加叶片受光面积,促进光合作用,使株间空气流通,降低湿度,减少病虫害发生。一般对于株型较小的药用植物,如天门冬、鸡骨草、党参、山药等,只需在旁立竿作支柱;而株型较大的药用植物,如金银花、罗汉果、五味子、木鳖子等,则应搭设棚架,让藤蔓匍匐在棚架上生长。设立支架要及时,过晚,则植株长大互相缠绕,不仅费工,而且对其生长不利,影响产量。

八、覆盖与遮阳

覆盖是利用稻草、落叶、谷壳、废渣、马粪、草木灰或泥土,以及塑料薄膜覆盖地面,调节土壤温度。冬季覆盖可防寒冻，使植物根部不受冻害，夏季覆盖可降温，也可以减少土壤中水分的蒸发，避免杂草滋生，利于植物生长。覆盖的时期应根据药用植物生长发育阶段及其对环境条件的要求而定。

对于许多阴生药用植物，如人参、三七、黄连等，必须搭棚遮阴保证荫蔽的生长环境。某些药用植物如肉桂、五味子等，在苗期也需要搭棚遮阴，避免高温和强光直射。由于各种药用植物对光的反应不同，要求遮阴的程度也不一样，故必须根据药用植物的种类和不同生长发育阶段调节阴棚的透光度。阴棚的高度、方向应根据地形、气候和药用植物生长习性而定，棚料可就地取材，选择经济耐用的材料，也可采用遮阳网。除搭棚遮阴以外，生产上常用间种、套作、混作、林下栽培等立体种植方法，为阴生药用植物创造良好的荫蔽环境，如麦冬套种玉米等。

九、抗寒防冻

一些越年生或多年生的药用植物的幼苗或块根、块茎等，常遭受寒冻的为害而导致死亡或腐烂，从而给药用植物生产带来很大的损失。因此，在栽培时要根据当地的气候情况采取必要的防霜、防寒冻措施，使植物免遭冻害。

可采取覆盖、包扎与培土的方法防寒冻使药用植物不受冻害。对于珍贵和植株矮小的药用植物，在冬季到来之前，可覆盖或搭建温室或塑料布包裹防冻害，对于落叶木本植物，如在东北地区引种杜仲时，在冬季常在根部培土并用稻草包扎幼树来防寒冻。辽宁、吉林等省引种延胡索时，冬季需要在田间覆盖泥土或杂草，才能保证安全越冬。

灌水能增大土壤的热容量和导热率，增加空气湿度和缓和气温下降，是一项重要的防寒冻措施。灌水防冻的效果与灌水时期有关，越接近霜冻日期，灌水效果越好，最好在霜冻发生前一天灌水。

在霜冻未发生之前，增施磷、钾肥腐熟的堆肥和厩肥等，也能提高药用植物的耐寒力。

药用植物在不同的生长发育时期，其抗寒力亦不同。一般苗期和花期抗寒力较弱。因此，适当提早或推迟播种期，可使苗期或花期避过低温的危害。例如穿心莲生育期一般在 5 个月左右，其开花结果与生长发育时期有密切关系，因此，在江苏、四川等地栽培穿心莲时，需要提早在 2—3 月份采用温床育苗后移栽，植株才能正常开花结果，收到种子。

药用植物遭受霜冻为害后，应及时采取补救措施，如扶苗、补苗、补种和改种、加强田间管理等。木本药用植物可将受冻害枯死部分剪除，促进新梢萌发，恢复树势。剪口可进行包扎，以防止水分散失和病菌侵染。

十、防高温

高温常伴随着大气干旱，高温干旱对药用植物生长发育威胁很大。生产上，可培育耐高温、抗干旱的品种。遇高温干旱天气，可采用灌水降低地温，喷水增加空气湿度，覆盖遮阴等办法来降低温度，减轻高温为害，保证药用植物正常生长发育。

◙ 任务实施

技能实训3-2　药用植物的田间管理

一、实训目的要求

掌握药用植物田间管理的方法。

二、实训材料用品

材料:实训基地里处于不同生育阶段的各类药用植物。

用品:农具、肥料、枝剪、绳子、遮阳网、搭架材料等。

三、实训内容方法

(1)间苗、定苗、补苗

(2)中耕、培土、除草

(3)追肥

(4)灌溉与排水

(5)打顶与摘蕾

(6)搭支架

(7)覆盖与遮阴

(8)抗寒防冻

(9)防高温

要求掌握药用植物田间管理的各项技术措施、方法。

四、实训报告

1.记录药用植物田间管理的步骤和方法以及它们之间的区别。

2.完成相应的田间管理任务,并列表记录操作时间和方法。

五、成绩评定及考核方式

以实训报告及实训表现综合评分。

技能实训3-3　木本药用植物的整枝修剪

一、实训目的要求

掌握药用植物田间管理中整枝修剪技术及各种方法异同点。

二、实训材料用品

木本药用植物实训地、不同生长阶段的药用植物的植株、枝剪等。

三、实训内容方法

(1)练习操作木本药用植物的整技修剪方法 短截、缩剪、疏剪、长放(甩放)、弯枝、除萌和疏梢、摘心和剪梢、刻伤、扭梢、拿枝、环状剥皮。

(2)幼龄树的修剪

(3)成年树的修剪

(4)老龄树的修剪

药用植物在不同的生长阶段,整形修剪的目标和重点不一样,方法也不相同。要求掌握药用植物在不同的生长阶段整形修剪的方法及技术。

四、实训报告

1. 列举药用植物在不同的生长阶段整形修剪的操作技术。

2. 区分木本药用植物整枝修剪的方法及适用对象。

3. 完成整形修剪操作任务。

五、成绩评定及考核方式

以实训报告及实训表现综合评分。

【思考与练习】

1. 田间管理包括哪些主要内容?

2. 木本药用植物为什么要进行整枝修剪?

任务3 病虫害防治技术

知识目标

- 了解药用植物生理性病害原因和侵染性病害病原生物种类。
- 熟悉昆虫的生物学特性。
- 掌握药用药用植物病虫害的综合防治技术。

能力目标

- 能识别当地主要药用植物病虫害。
- 能开展药用植物病虫害综合防治工作。

相关知识

药用植物在生长发育过程中,受环境因素影响较大,常会受到各种病虫害为害,导致生长不良，产量降低，质量下降。因此，重视药用植物栽培的规范化管理，加强病虫害的防治工作，是保证中药材优质、高产、无公害的重要措施。

一、药用植物的病害

病害是药用植物在生长发育过程中，受到病原生物的浸染或不良环境条件的影响，正常新陈代谢遭到破坏和干扰，在生理功能、形态结构等方面发生的一系列反常变化，而呈现出枯萎、腐烂、斑点、粉霉等病变现象。药用植物染病后表现的病态称为症状，症状包括病状和病症。药用植物染病后所表现出的反常状态叫病状，病原物在药用植物发病部位所形成的特征性结构称为病症。常见的症状主要有变色、斑点、腐烂、萎蔫、畸形等。药用植物的病害分生理性病害和侵染性病害。

(一)生理性病害

由非生物因素如干旱、洪涝、严寒等不利的环境因素或养分失调等所致的病害，没有传染性，称为生理性病害或非侵染性病害。药用植物的生理性病害较少。引起生理性病害的因素主要有以下几个方面。

1. 温度

药用植物的生长和发育都有其最低、最高和最适温度，超出了适宜温度范围，就有可能造成不同程度的损害。温度过高可发生高温伤害，引起生长不良或死亡，如在参棚下生长的人参，在夏季遮阴不当常发生叶面灼伤。温度过低可引起冻害。因此，温度是药用植物栽培必须考虑的重要因素。

2. 湿度

药用植物的生长状况与土壤湿度密切相关。土壤水分不足或连续干旱，植株生长发育受到抑制，甚至导致凋萎和死亡，如枸杞在结果期遇干旱，果实明显瘦小，产量和质量下降。土壤湿度过大会引起涝害，使土壤中氧气供应不足，根部得不到正常生理活动所需要的氧气而容易烂根。此外，由于土壤缺氧促进了厌氧性微生物的生长，产生一些对根部有害的物质，如丹参在湿度过大时极易烂根。

3. 光照

光照的影响包括光照强度和光照时间两个因素。光照过弱常引起药用植物黄化，植株生长过弱，干物质积累较少，极易遭受病原物的侵染，这种情况常发生在颠茄、洋地黄等多种药用植物的温室或冷床育苗时。光照过强与高温结合导致药用植物灼伤，如砂仁、人参等喜阴植物常易被灼伤。光照时间长短影响生长发育和生殖。如华北地区引种的穿心莲，因日照时间长而不能正常结果。

4. 土壤和空气的成分

土壤中的营养条件不适宜或存在其他有害物质，可使药用植物表现各种病态。药用植物的缺素症很多，不同植物对同一种元素的反应也不尽相同。如缺 N、P、K、Mg 时，都会引起药用植物生长不良、变色；缺锌时细胞生长分化受影响，导致花叶和小叶簇生；缺硼引起幼芽枯死或造成器官矮化或畸形。土壤中某些元素或有害物质的含量过多也能引起病害，微量元素超过一定限度就会危害药用植物，尤其是 B、Mn、Cu 对植物有毒。施肥不当，如过量施用硫酸铵或未充分腐熟的有机肥，常使土壤中积累过量的硫化氢，导致植物根中毒。

空气中的有害成分，如工业产生的氟化氢、二氧化硫或二氧化氮和臭氧，会危害药用植物。

另外，杀虫剂、杀菌剂、除草剂和植物生长素等施用不当，常引起药害。这些药害引起叶面出现斑点或灼伤，或干扰破坏植物的生理活动，导致产量和质量下降。

(二)侵染性病害

由生物因素如真菌、细菌、病毒、寄生性线虫及寄生性种子植物等病原生物侵入植物体而引起的病害。有传染性，称侵染性病害或寄生性病害。侵染性病害很多，如霜霉病、白锈病、根腐病、猝倒病、立枯病、炭疽病、线虫病。目前已知的药用植物病原生物有以下几类。

1. 真菌

真菌的种类很多，分布广。在药用植物栽培种，真菌引起的病害是数量最多、为害最大的一类。其症状多为枯萎、坏死、斑点、腐烂、畸形等，导致产量降低，品质下降。

2. 细菌

在药用植物栽培中，细菌性病害较少，为害不如真菌和病毒病害。细菌病害多为急性坏死，呈现腐烂、斑点、枯焦、萎蔫等症状。细菌性腐烂常散发出特殊的腐败臭味。如浙贝母、人参、天麻等软腐病等都是生产上的较难防治的病害。

3. 病毒

药用植物病毒病的发生相当普遍，仅次于真菌性病害，寄生性强、致病力大、传染性高。受害植株通常在全株表现出系统性的病变，常见症状有花叶、黄化、卷叶、萎缩、矮化、畸形等，如北沙参、桔梗、人参、牛膝、萝芙木、天南星、玉竹、地黄、洋地黄和欧白芷等都较易感染病毒病。

4. 寄生线虫

线虫在潮湿的沙性土壤中活动性强，植物发病率高。受害植株矮小，生长缓慢、茎叶卷曲，根部常产生肿瘤。如人参、川芎、草乌、丹参、罗汉果、牛膝和小蔓长春花等 50 多种药用植物受根结线虫病为害，须根形成根结，影响产量和质量。

5. 寄生性种子植物

寄生性种子植物寄生在药用植物上，主要是抑制寄主的生长。使受害植株生长矮小、黄化、开花减少、落果或不结果，甚至全株枯死。如菟丝子主要为害多种豆科、菊科、茄科、旋花科的药用植物；列当主要危害黄连；桑寄生、樟寄生和槲寄生主要为害酸枣等木本药用植物。

二、药用植物的虫害

为害药用植物的害虫主要为昆虫，其次为螨类、蜗牛、鼠类等。很多害虫以植物的花、叶、果、茎、枝、根等器官为取食对象，造成这些部位缺失、枯萎、畸形、腐烂等，降低药用植物价值和产量，甚至引起植株死亡。有的还能传染人畜疾病及植物病害，如蝼蛄、地老虎、蚜虫等。此外，也有一部分昆虫对人类是有益的，如蜜蜂能酿蜜并帮助传粉，家蚕、白蜡虫等可直接创造物质财富，寄生蜂、寄生蝇能防治害虫，瓢虫、胡蜂、蚂蚁能捕食害虫，这些对人类有益的昆虫称为益虫。

(一)昆虫的生物学特性

1.昆虫的生长发育

昆虫从卵孵化后直至羽化为成虫的发育过程中，要经过一系列从外部形态到内部器官的变化，形成几个不同的发育时期，这种现象称为变态。昆虫的变态分为完全变态和不完全变态两种。完全变态的昆虫，一生要经过卵、幼虫、蛹、成虫4个不同虫期。幼虫和成虫外表及生活习性都不同。如蛆的成虫是苍蝇，蚕的成虫是蛾子。天牛、蛾类、蝶类等都是完全变态的昆虫。不完全变态的昆虫，由卵孵化为幼虫后，直接变为成虫，没有蛹期，只经过3个虫期，即卵期、幼虫(若虫或稚虫)和成虫期。不完全变态昆虫的若虫，除了体形较小和生殖器官没有完全以外，幼虫期形态、生活环境和习性等方面和成虫都很相似，若虫经过几次蜕皮，就变成成虫。如蝼蛄、蚜虫、叶蝉、蝗虫、蟋蟀等。但蜻蜓等昆虫，在幼虫期是水生的，其外表、生活环境和习性等方面和成虫不同，这种幼虫通称为“稚虫”。

昆虫从卵发育开始到变为成虫至能繁殖后代为止的个体发育史称为一个世代，简称一代或代。不同昆虫或同一昆虫在不同地区完成一个世代所需时间不同，一年中发育世代数也不同。如黄芪食心虫、白术术籽虫一年只发生1代；枸杞子负泥虫、珊瑚菜钻心虫、黄凤蝶一年则发生3～4代；蚜虫、红蜘蛛等一年发生十几代或数十代；还有的昆虫一个世代要长达几年，如某些叩头虫、天牛等。昆虫完成一个世代的全部经历，称为生活史。了解害虫的生活史和每一个世代的发生期以及每个虫态的初发期、盛发期等，就可抓住害虫生活中的薄弱环节，采取措施进行有效防治。

2.昆虫的生活习性

昆虫的种类不同，生活习性亦异，掌握其生活习性，对制定虫害防治措施具有十分重要的意义。

(1)食性　昆虫食性复杂，按采食种类可分为植食性、肉食性和腐食性。大多数药用植物害虫为植食性害虫，植食性害虫因取食范围不同可分为单食性、寡食性和多食性。单食性昆虫只危害一种植物，如白术术籽虫；寡食性昆虫只取食同科属或近缘的植物，如菜青虫只为害十字花科植物；多食性昆虫能危害不同科的植物，如小地老虎、蛴螬、大灰象、桃蚜等。肉食性昆虫以其他动物为食料，多数为益虫，如寄生蜂、瓢虫，蜻蜓等；腐食性昆虫以动、植物的残体或排泄物为食料，如有些金龟子幼虫，蝇、蛆等。

(2)趋性　趋性是昆虫较高级的神经活动。某些外来的刺激使昆虫发生一种不可抑制的行为，称为趋性。昆虫受到刺激后，向刺激来源运动，称为正趋性，反之，称为负趋性。引起昆虫趋性活动的主要刺激有光、温度及化学物质等。这些趋性在防治害虫上是很有用处的，例如，对正趋光性的害虫，如蛾类、金龟子、蝼蛄等可以设诱蛾灯诱杀之；对喜食甜、酸或喜闻化学物质气味的害虫，如地老虎、黏虫等可用含毒糖醋液或毒饵诱杀。

(3)假死性　有些害虫，当受到外界震动或惊扰时，立即从植株掉落至地面，暂不动弹，这种现象叫作假死性。如金龟子、象鼻虫、叶甲、大灰象甲、银纹夜蛾等，在防治上常利用此习性将其震落捕杀。

(4)群集性　同种昆虫的大量个体高密度地聚集在一起的习性。如天幕毛虫在树杈上结网，并群集栖息在网内的习性。

(5)休眠　昆虫在发育过程中,由于低温、酷热或食料不足等多种原因,虫体不食不动,暂时停止发育的现象,称为休眠。昆虫的卵、幼虫、蛹、成虫都能休眠。昆虫以休眠状态度过冬季或夏季,分别称为越冬或越夏。害虫种类不同,越冬或越夏的虫态和场所亦异。害虫休眠是其一生中的薄弱环节,特别是在越冬阶段。许多害虫还具有集中越冬现象,而越冬后的虫体又是下一季节害虫发生发展的基础。因而利用害虫休眠习性,调查越冬害虫的分布范围,密度大小,潜藏场所和越冬期间的死亡率等,开展冬季防治害虫,聚而歼之,是一种行之有效的防治方法。

(二)药用植物主要害虫及其为害

药用植物害虫种类很多,除受一般农作物害虫为害外,其本身还有一些特有害虫。现简单介绍药用植物主要害虫及其为害情况。

1.蚜、蚧、螨类等刺吸口器害虫

蚜虫是药用植物的重要害虫,为害十分普遍。有些蚜虫是终生寄生,有些是乔迁寄生。其中常见的有为害红花、牛蒡等菊科植物的红花指管蚜,为害数十种药用植物的桃蚜,为害萝藦科植物的萝藦蚜等。介壳虫主要为为害一些南方生长的药用植物,尤其是木本南药受害较重,如为害槟榔的椰圆盾蚧、为害多种药用植物的日本龟蜡蚧、为害三七的软蚧等;少数药用植物受螨类危害较重,如为害地黄的棉叶螨、为害枸杞的瘿螨、为害望江南的短须螨等。

这类害虫吸食药用植物汁液,造成黄叶、皱缩,叶及花果脱落,严重影响药用植物生长发育,导致产量降低、质量下降。有些害虫还是传播病毒病的媒介,造成病毒病蔓延。由于发生量大,世代多,用药水平较高,如何防止或减少农药污染,是值得重视的问题。

2.咀嚼口器害虫

这类害虫主要咀食药用植物叶、花、果等,造成孔洞或被食成光秆。如危害伞形科药用植物的黄凤蝶幼虫,为害枸杞的枸杞负泥虫、为害板蓝的青菜虫、为害大黄等蓼科植物的蓼金花虫等,为害都很严重。金银花受尺蠖为害,几天内可被吃光秆,造成严重损失。

3.钻蛀性害虫

钻蛀性害虫是药用植物的一类为害重、防治难度较大,造成经济损失较大的害虫类群。为害药用植物的钻蛀性害虫主要有蛀茎性害虫如金银花咖啡虎天牛、菊天牛、肉桂木蛾等;蛀根及根茎类害虫如北沙参钻心虫等;蛀花、果害虫如槟榔红脉穗螟、枸杞实蝇等;蛀种子害虫如黄芪种子小蜂等。

钻蛀性害虫为害药用植物很普遍,无论是木本、草本或藤本均受这类害虫危害,不少种类直接蛀食药用部位,造成严重经济损失。同时防治难度大,一旦蛀入,一般防治方法很难奏效。因此,这类害虫应是药用植物害虫的防治重点。

4.地下害虫

地下害虫是主要为害植物地下部分又生活在土壤里的害虫。地下害虫种类很多,包括蛴螬、蝼蛄、金针虫、地老虎、根蛆、根蚜、根蚧、白蚁等,但以前4种为害最普遍。因药用植物中根及根茎类入药者居多,地下害虫直接为害药用部位,致使商品规格下降,影响产量和质量。

三、药用植物病虫害的综合防治

药用植物病虫害防治的目的在于使药用植物不因病虫的为害而减产或降低品质。防治病虫害的方法很多，主要有植物检疫、农业防治、生物防治、物理机械防治和化学防治。每种防治方法都有其优越性和局限性，任何依赖单一方法想解决病虫害防治问题是不可能的。从 20 世纪 60 年代全球兴起了有害生物综合治理的对策。即以栽培技术防治为基础，根据病虫害发生发展规律，因时、因地制宜、合理地协调应用生物、物理、化学等防治方法，取长补短，既能保护环境，又能有效地控制病虫害的发生。

病虫害综合防治主要应围绕以下几个方面进行：消灭病虫害的来源；切断病虫的传播途径；利用和提高药用植物的抗病、抗虫性，保护药用植物不受侵害；控制田间环境条件，使它有利于药用植物的生长发育，而不利于病虫的发生发展；直接消灭病原和害虫，或直接给药用植物进行治疗。

1. 植物检疫

植物检疫又称法规防治，就是在一个国家或地区，命令禁止某些危险的病虫害、杂草，人为地传入或传出，对国外或国内地区之间引进或输出种子、苗木及其他植物产品，均须经过国家检疫部门检疫发证后方可进行。

2. 农业防治

指运用栽培管理措施，创造有利于作物和天敌生长繁殖而不利于病虫害发生的环境条件，直接或间接地抑制病虫害的发生来控制和消灭病虫害发生的方法。

(1)合理轮作和间作制度　药用植物在同一块地上连作，就会使其病虫源在土中积累加重。对寄主范围狭窄、食性单一的有害生物，轮作可恶化其营养条件和生存环境，切断其生命活动过程的某一环节。如大豆食心虫仅危害大豆，采用大豆与禾谷类作物轮作，就能防治其危害。对一些土传病害和专性寄主或腐生性不强的病原物，轮作也是有效的防治方法之一。此外，轮作还能促进有颉颃作用的微生物活动，抑制病原物的生长、繁殖。如土传病害发生多的人参、西洋参绝不能连作，老参地不能再种参，否则病害严重。如浙贝母与水稻隔年轮作，分别可大大减轻根腐病和灰霉病的危害。合理选择轮作物对象很重要，同科、属植物或同为某些严重病虫害寄主的植物不能选为轮作物。此外，药用植物在生长过程中分泌一些有毒物质在土壤中，也使得连作的效果不好。一般药用植物的前作以禾本科植物为宜。一般烂根病严重的药用植物与禾本科作物进行水旱轮作 4 年以上，可减轻根腐病和白绢病的发生。但是如果轮作作物选择不当，也会使某些病虫害加剧，如地黄和花生、珊瑚菜都有枯萎病和根线虫病，不能彼此互相轮作。

(2)深耕细作　深耕细作能促进根系的发育，增强吸肥能力，使药用植物生长健壮，同时也有直接杀灭病虫的作用。很多病原菌和害虫在土内越冬，因此，冬耕晒土可改变土壤物理、化学性状，促使害虫死亡，或直接破坏害虫的越冬巢穴或改变栖息环境，减少越冬病虫源。耕耙除能直接破坏土壤中害虫巢穴和土室外，还能把表层内越冬的害虫翻进土层深处使其不易羽化出土，又可把蛰伏在土壤深处的害虫及病菌翻露在地面，经日光照射，鸟兽啄食等，亦能直接消灭部分病虫。例如，对土传病害发生严重的人参、西洋参等，播前除必须休闲地外，还要耕翻晒土几次，以改善土壤物理性状，减少土中病原菌数量，达到防病的目的。

(3)除草、修剪和清洁田园　田间杂草和药用植物收获后的残枝落叶常是病原菌和害虫隐蔽及越冬场所。因此，除草、修剪病虫枝叶和收获后清洁田园将病虫残枝和枯枝落叶进行烧毁或深埋处理，可大大减少病虫害的发生和减轻为害程度。

(4)其他农业措施

①调节播种期。有些病虫害常和药用植物某个生长发育阶段的物候期有着密切关系。调节药用植物播种期，设法使其发育阶段避开病虫大量为害的危险期，可避免或减轻病虫危害的为害程度。如北方薏苡适期晚播，可以减轻黑粉病的发生；红花适期早播，可以避过炭疽病和红花实蝇的危害；黄芪夏播，可以避免春季苗期害虫的危害；地黄适期育苗移栽，可以有效地防止斑枯病的发生。但是在实际应用时，要以不影响药材品质为前提，尤其是晚播可能影响有效成分的含量，一年生药材的产量也可能受到影响。

②合理施肥。合理施肥能促进药用植物的生长发育，增强其抗病虫害的能力和避开病虫为害时期，特别是施肥种类、数量、时间、方法等都对病虫害的发生有较大影响。一般来说，增施磷、钾肥，特别是钾肥可以增强植株茎秆的硬度，从而增强植物的抗病性，如白术施足有机肥，适当增施磷、钾肥，可减轻花叶病；偏施氮肥会促进病害发生，红花施用氮肥过多或偏晚，易造成植物贪青徒长，诱发炭疽病的发生；延胡索后期施氮肥会造成霜霉病和菌核病的严重发生。使用厩肥或堆肥，一定要腐熟，否则肥中的残存病菌、杂草种子以及蛴螬等地下害虫虫卵未被杀灭，极易使某些病害草害加重。

③选育抗病虫的优良品种。药用植物不同类型或品种之间往往对病虫害抵抗能力有显著差异。因此，对那些病虫害严重且防治难度大的药用植物，要采取措施，选育出抗病虫的优质高产品种。如地黄农家品种金状元对地黄斑枯病比较敏感，而小黑英比较抗病；有刺型红花比无刺型红花抗炭疽病和红花实蝇；阔叶矮秆型白术苞片较长，能盖住花蕾，可抵挡白术术籽虫产卵。另外，同一品种内，单株之间抗病虫能力也有差异，因此，可在病虫害发生盛期，在田间选择比较抗病、抗虫的单株留种，并通过连年不断选择和培育，选育出抗病虫能力较强的品种。

3. 生物防治

生物防治是利用某些生物或其产品、代谢产物来消灭和抑制病虫害的方法。目前主要是采用以虫治虫、微生物治虫、以菌治病、抗生素以及性诱剂防治害虫等。

(1)以虫治虫　以虫治虫是利用捕食性和寄生性两类天敌昆虫来防治害虫。捕食性昆虫主要有螳螂、草蛉幼虫、步行虫、猎蝽、食蚜虻及食蚜蝇等。寄生性昆虫主要有寄生蜂和寄生蝇，例如，利用凤蝶金小蜂防治马兜铃凤蝶，利用小茧蜂防治菜青虫幼虫和菘蓝菜粉蝶幼虫，利用肿腿蜂防治金银花咖啡虎天牛，利用赤眼蜂防治木通枯叶蛾等。

(2)微生物治虫　微生物治虫是利用细菌、真菌、病毒等昆虫病原微生物防治害虫。病原细菌主要是苏云金杆菌类，它可使昆虫得败血病死亡。现在已有苏云金杆菌(Bt)各种制剂，有较广的杀虫谱。病原真菌主要有白僵菌、绿僵菌、虫霉菌等。目前应用较多的是白僵菌。罹病昆虫表现运动呆滞，食欲减退，皮色无光，有些身体有褐斑，吐黄水，3～15 d 后虫体死亡僵硬。昆虫的病原病毒有核多角体病毒和细胞质多角体病毒，染病 7 d 后死亡，虫尸常倒挂在枝头。一般一种病毒只能寄生一种昆虫，专化性较强。

(3)植物源农药和农用抗生素的应用　植物源农药和农用抗生素近年发展较快，如以烟碱、苦参碱、大蒜素等为主要成分的植物源农药和以多氧霉素、春雷霉素、链霉素为主要成分的农药抗生素的应用，正逐步取代化学农药，为生产绿色药用植物创造了条件。如哈茨木霉防治甜菊白绢病，用5406菌肥防治荆芥茎枯病等。

(4)性诱剂防治害虫　性诱剂是一种无毒，对天敌无杀伤力，不使害虫产生抗药性的昆虫性外激素。如小地老虎性诱剂、橘小实蝇性诱剂、瓜实蝇性诱剂等。性诱剂防治害虫主要有两种方法。一是诱捕法，又称诱杀法，是用性外激素或性诱剂直接防治害虫的一种方法。在防治区设置适当数量的性诱剂诱捕器，及时诱杀求偶交配的雄虫，实践表明，在虫口密度较低时，诱捕法防治效果较好。二是迷向法，又称干扰交配，是在大田应用昆虫性诱剂防治害虫的一项重要的方法。许多害虫是通过性外激素相互联系求偶交配的，如果能干扰破坏雄、雌昆虫间这种通讯联络，害虫就不能进行交配和繁殖后代，以此达到防治的效果。

4.物理防治

根据害虫的生活习性和病菌的发生规律，利用温度、光、电磁波、超声波、放射能、激光、红外线等物理因子来防治药用植物病虫害的方法，称为物理防治。这类防治方法可用于有害生物大量发生之前，或作为有害生物已经大量发生为害时的急救措施。如对活性不强，为害集中，或有假死性的大灰象甲、黄凤蝶幼虫等害虫，实行人工捕杀；对有趋光性的鳞翅目、鞘翅目及某些地下害虫等，利用高压汞灯、诱蛾灯或黑光灯等诱杀，均属物理机械防治法。

5.化学防治

应用化学农药防治虫害的方法，称为化学防治法。其优点是作用快、效果好、应用方便，能在短期内消灭或控制大量发生的虫害，受地区性或季节性限制比较小，是防治虫害常用的一种方法。但如果长期使用，害虫易产生抗药性，同时杀伤天敌，往往造成害虫猖獗；有机农药毒性较大，有残毒，能污染环境，影响人畜健康。尤其是药用植物大多数都是内服药品，农药残毒问题，必须严加注意，严格禁止使用毒性大或有残毒的药剂，对一些毒性小或易降解的农药，要严格掌握施药时期，防止污染植物。目前，国家明令禁止生产、销售和使用的农药有六六六、滴滴涕、毒杀芬、二溴氯丙烷、杀虫脒、二溴乙烷、除草醚、艾氏剂、狄氏剂、汞制剂、砷类、铅类、敌枯双、氟乙酰胺、甘氟、毒鼠强、氟乙酸钠、毒鼠硅、甲胺磷、甲基对硫磷、对硫磷、久效磷、磷胺、苯线磷、地虫硫磷、甲基硫环磷、磷化钙、磷化镁、磷化锌、硫线磷、蝇毒磷、治螟磷、特丁硫磷等33种；禁止甲拌磷、甲基异柳磷、内吸磷、克百威、涕灭威、灭线磷、硫环磷和氯唑磷在蔬菜、果树、茶叶和中草药材上使用；禁止氧乐果在甘蓝和柑橘树上使用；禁止三氯杀螨醇和氰戊菊酯在茶树上使用；禁止丁酰肼(比久)在花生上使用；禁止水胺硫磷在柑橘树上使用；禁止灭多威在柑橘树、苹果树、茶树和十字花科蔬菜上使用；禁止硫丹在苹果树和茶树上使用；禁止溴甲烷在草莓和黄瓜上使用；除卫生用、玉米等部分旱田种子包衣剂外，禁止氟虫腈在其他方面的使用。

根据目前农药加工不同的剂型种类，施药方法也不尽相同，主要施药方法如下：

(1)喷粉法　喷粉是利用机械所产生的风力将低浓度或用于细土稀释好的农药粉剂吹送到植物体表面防治病虫害，它是农药使用中比较简单的方法。但要求喷撒均匀、周到，使植物和病虫草的体表上覆盖一层极薄的粉药。喷粉法的优点：①操作方便，工具比较简单；②工作效率高；③不需用水，可不受水源的限制，就可做到及时防治；④药用植物一般不易产生药害。但也有一定的缺点：①药粉易被风吹失和易被雨水冲刷，降低防治效果；②单位耗药量多，在经济上不如喷雾节省；③污染环境，对施药人员有害。

(2)喷雾法　将农药配成一定浓度的药液,用喷雾器将其均匀地喷洒在植物体表面防治病虫害,是防治病虫草害最常用的一种施药方法。可分为人力喷雾法和机动式喷雾法两种。在田间喷洒农药一般采用人力喷雾法,而对高大树木喷洒农药则需要采用机动式喷雾法。喷雾时一定要做到喷洒均匀,以植株充分湿润为度,具体用量根据植物和病虫害程度而定。这种方法与喷粉法相比有不易被风吹散失、药效期长等优点,防治效果好,不足之处是在干旱地区和山区使用较费工。喷雾法常可用于乳油、乳剂、可湿性粉剂、悬浮剂、水剂等农药。

(3)毒饵法　将具有胃毒作用的农药与害虫和鼠类喜食饵料按一定比例混合均匀,用来防治蝼蛄、地老虎、蝗虫、鼠类等。毒饵法是用来防治地下害虫和鼠类最为经济实用的方法,用药量随农药种类不同而定,宜在傍晚将毒饵投放在害虫、鼠类为害或栖息的地方。如将炒香的豆粕或油饼与一定量的敌百虫混合制成毒饵来毒杀蝼蛄、地老虎。

(4)种子处理法　种子处理有拌种、浸种、浸渍和闷种4种方法。①拌种法。拌种是用一种定量的药剂和定量的种子,装在拌种器内搅动拌和,使每粒种子都能均匀地沾着一层药粉,在播种后药剂就能发挥防御病菌或害虫为害的效力,这种处理方法,对防治由种子表面带菌或预防地下苗期害虫的效果很好,且用药量少。例如,在1 500～2 000 g水中加入50%辛硫磷或50%久效磷乳油10 g拌种50 kg可防治蝼蛄等地下害虫,药效期一般可维持30 d以上。拌过的种子,一般需要闷上1～2 d后,使种子尽量多吸收一些药剂,这样会提高防病、杀虫的效果。②浸种法。把种子或种苗浸在一定浓度的药液里,经过一定的时间使种子或幼苗吸收了药剂,以防治被处理种子内外和种苗上的病菌或苗期虫害。③浸渍法。把需要药剂处理的种子摊在地上,然后把稀释好的药液,均匀喷洒在种子上,并不断翻动,使种子全部润湿,盖上席子堆闷一天,使药液被种子吸收后,再行播种。这种方法虽很简单,同样可达到浸种的要求。④闷种法。杀虫剂杀菌剂混合闷种防病治虫,可达到既防病又杀虫的效果。

(5)土壤处理法　结合耕翻,将农药的药液、粉剂或颗粒剂均匀施入土壤中防治病虫害的方法称为土壤处理法。主要用来防治地下害虫、线虫、土传性病害和土壤中的虫、蛹等。此法通常用于苗床消毒或温室大棚内土壤的消毒处理。也可将药剂几种喷洒或灌注于播种沟或播种穴中,节约用药量。

(6)熏蒸法　利用药剂产生有毒的气体,在密闭的条件下,用来消灭仓库、温室大棚、土壤中病虫害方法。如用磷化铝熏蒸中药材仓库来防治害虫,用氯化苦进行土壤熏蒸防治人参根腐病。

(7)熏烟法　利用烟剂农药产生的烟来防治有害生物的施药方法。此法适用于防治虫害和病害,鼠害防治有时也可采此法,但不能用于杂草防治。烟是悬浮在空气中的极细的固体微粒,其重要特点是能在空间自行扩散,在气流的扰动下,能扩散到更大的空间中和很远的距离,沉降缓慢,药粒可沉积在靶体的各个部位,包括植物叶片的背面,因而防效较好。熏烟法主要应用在封闭的小环境中,如仓库、房舍、温室、塑料大棚以及大片森林和果园。影响熏烟药效的主要气流因素有5点:①上升气流使烟向上部空间逸失,不能滞留在地面或作物表面,所以白昼不能进行露地熏烟。②逆温层,日落后地面或作物表面便释放出所含热量,使近地面或作物表面的空气温度高于地面或作物表面的温度,有利于烟的滞留而不会很快逸散,因此在傍晚和清晨放烟易取得成功。③风向风速会改变烟云的流向和运行速度及广度,在风较小时放烟能取得较好的防效。④海风和陆风,在邻近水域的陆地,早晨风向自陆地吹向水面,谓之陆风;傍晚风向自水面吹向陆地,谓之海风。在海风和陆风交变期间,地面出现静风区。⑤烟容易在低凹地、阴冷地区相对集中。研究利用上述气流和地形地貌,可以成功地在露地采用熏烟法。

(8)烟雾法 把农药的油溶液分散成为烟雾状态的施药方法。烟雾法必须利用专用的烟雾机才能把油状农药分散成烟雾状态。烟雾一般是指直径为0.1～10 μm的微粒在空气中的分散体系。微粒是固体称为烟,是液体称为雾。烟是液体微滴中的溶剂蒸发后留下的固体药粒。由于烟雾的粒子很小,在空气中悬浮的时间较长,沉积分布均匀,防效高于一般的喷雾法和喷粉法。

(9)施粒法 是抛撒颗粒状农药的施药方法,如施用防治烟草黑胫病的颗粒剂"灭菌宁"等。粒剂的颗粒粗大,撒施时受气流影响很小,容易落地而且基本上不发生漂移现象,特别适用于地面、水田和土壤施药。撒施可采用多种方法,如徒手抛撒(低毒药剂)、人力操作的撒粒器抛撒、机动撒粒机抛撒、土壤施粒机施药等。

(10)飞机施药法 用飞机将农药液剂、粉剂、颗粒剂、毒饵等均匀地撒施在目标区域内的施药方法,也称航空施药法。它是功效最高的施药方法,适用于连片种植的药用植物、果园、森林、草原、孳生蝗虫的荒滩和沙滩等地。适用于飞机喷撒的农药剂型有粉剂、可湿性粉剂、水分散粒剂、悬浮剂、乳油、水剂、油剂、颗粒剂等。

(11)擦抹施药法 这是近几年来在农药使用方面出现新的使用技术,在除草剂方面已得到大面积推广应用。其具体施药方法,是由一组短的、裸露尼龙绳组成,绳的末端与除草剂药液相连,由于毛细管和重力的流动,药液流入药绳,当施药机械穿过杂草蔓延的田间时,吸收在药绳上的除草剂就能擦抹生长较高杂草顶部,却不能擦到生长较矮的作物上。擦抹施药法所用的除草剂的药量,大大低于普通的喷雾剂。因为药剂几乎全部施在杂草上,所以这种施药方法作物不受药害,雾滴也不飘移,节省防治费用。

(12)覆膜施药方法 这种施药方法主要用在种子和果实类木本药用植物上。当其无袋栽培时,其锈果数量就会成倍增加。在坐果时,施一层覆膜药剂,使果面上覆盖一层薄膜,以防止发生病虫害。目前国外已有覆膜剂商品出售。

(13)种子包衣技术 它是在种子上包上一层由杀虫剂或杀菌剂等外衣,以保护种子和其后的生长发育不受病虫的侵害。目前我国中国农业大学和江苏吴县农药厂已试制成多菌灵多种种子包衣剂。

(14)挂网施药方法 也是用在木本药用植物上,它是用纤维的线绳编织成网状物,浸渍在高浓度的药剂中,然后张挂在木本药用植物上,以防治害虫。这种施药方法可以延长药效期,减少施药次数,减少用药量。

(15)水面漂浮施药法 这是近年来新发展的一种农药使用技术。它是以膨胀珍珠岩为载体,与农药一起加工成水面漂浮剂,其颗粒大小在60～100筛目。这种施药方法对水生药用植物为害部分有较强的针对性,药效显著,且药效期较长。

(16)控制释放施药技术 所谓农药控制释放技术,就是控制从制剂中释放出来的农药量,使其在一定的时间内仅仅释放出防治所必需的量,并在它发挥药效的同时,避免产生种种药害。控制释放技术的核心是使高分子化合物与农药互作,农药活性成分会根据病虫害防治的需要按照预先设定的浓度和时间释放,并能长时间地维持一定的浓度。现有农药缓释剂型可分为物理型缓释剂和化学型缓释剂。物理型缓释剂是指将活性物质"溶解"在聚合物中或用其他物理方法使之与聚合物混成一体,可分为微胶囊、包结化合物、多层制品、空心纤维、吸附体、发泡体、固溶体、分散体、复合体等。化学型缓释剂是指将活性物质与聚合物通过形成化学键而结合在一起或活性物质单体通过聚合形成该活性物质的聚合物,可分为自身缩聚体、直接结合体和架桥结合体。在已商品化的农药缓释剂中,以物理型的微胶囊剂型的居多,杀虫剂的缓释剂型多。

农药使用方法的发展,是农药剂型发展的反映。也就是说,一种新的使用方法的出现,一定要以新的农药剂型为后盾,是互相促进、相辅相成的。

◉ 任务实施

技能实训3-4 药用植物常见病害的识别、诊断和防治技术

一、实训目的要求

识别当地主要药用植物常发性重要病害,基本掌握病害症状的识别与诊断技术,掌握防治技术要点。

二、实训材料用品

当地常见药用植物发病植株、药用植物实训基地发病植株、放大镜、显微镜、载玻片、盖玻片、镊子、刀片、记录本、笔、农药、农具等。

三、实训内容方法

(1)熟悉当地常见药用植物的主要病害,观察其原色图片。教师讲解,学生观察记录。

(2)实地调查。在老师的指导下,学生到药用植物实训基地,分组完成2~5种药用植物主要病害调查任务,并采集病害标本,对其病害症状加以描述记录,并进行诊断。

(3)汇报。各组分别汇报所调查的药用植物病害种类和识别特征,指导老师进行点评。

(4)根据所调查的药用植物病害情况,熟悉当地常见病害防治技术。

(5)现场实训。结合当地主要药用植物的各生长期特点,以小组为单位,选择合适的防治方法,适时进行病害防治技术实训,掌握防治技术要点。

四、实训报告

1.列表记录所调查的药用植物病害种类和识别特征。

2.完成采集病害标本和病害调查汇报任务。

3.列举当地主要药用植物病害防治技术要点及其注意事项。

4.比较当地常见药用植物病害防治技术优劣。

五、成绩评定及考核方式

以实训报告及实训表现综合评分。

技能实训 3-5　药用植物常见虫害的识别、诊断和防治技术

一、实训目的要求

识别当地药用植物常发性重要虫害及害虫种类，掌握防治技术要点。

二、实训材料用品

材料：当地常见药用植物虫害植株、药用植物实训基地虫害植株。

用品：放大镜、显微镜、解剖针、镊子、剪刀、蜡盘、记录本、笔、农药、农具等。

三、实训内容方法

(1)熟悉当地常见药用植物的主要虫害及害虫种类，观察其原色图片。教师讲解，学生观察记录。

(2)实地调查。在老师的指导下，学生到药用植物实训基地，分组完成 2～5 种药用植物主要虫害调查任务，并采集害虫标本，对其虫害为害状加以描述记录，并进行害虫诊断。

(3)汇报。各组分别汇报所调查的药用植物害虫种类，指导老师进行点评。

(4)根据所调查的药用植物虫害情况，熟悉当地常见虫害防治技术。

(5)现场实训。结合当地主要药用植物的各生长期特点，以小组为单位，选择合适的防治方法，适时进行虫害防治技术实训，掌握防治技术要点。

四、实训报告

1. 列表记录所调查的药用植物害虫种类。
2. 完成采集害虫标本和虫害调查汇报任务。
3. 列举当地主要药用植物虫害防治技术要点及其注意事项。
4. 比较当地常见药用植物虫害防治技术优劣。

五、成绩评定及考核方式

以实训报告及实训表现综合评分。

【思考与练习】

1. 昆虫有哪些主要生活习性？
2. 病虫害防治的主要方法有哪些？

◙ 学习拓展

农业耕作机械

农业耕作机械主要有铧式犁、圆盘犁、凿式犁、旋耕机、圆盘耙、钉齿耙、水田耙、镇压器、中耕机、联合机械等。铧式犁是土壤耕作最常用的机具。它的主要工作部件是由犁铧、犁壁等组

成的犁体。犁铧和犁壁的工作面为连续、光滑的犁体曲面，其形状和参数根据不同的土壤和耕作要求选取，并与机组的行进速度有关。不同的犁体曲面具有不同的翻土、松土、碎土和覆盖杂草残茬等作用。圆盘犁的工作部件是与铅垂面约呈20°倾角、而与前进方向呈40°～50°偏角的凹面圆盘。作业时，圆盘在土壤反力作用下转动前进，由圆盘刃口切下的土垡沿凹面升起并翻转下落。圆盘犁能切碎干硬土块，切断草根和小树根。它适用于多石、多草和潮湿黏重的土壤以及高产绿肥田的秸秆还田后的耕翻作业，但在一般土壤条件下，其翻土、碎土和覆盖性能均不如铧式犁。凿式犁的工作部件是1～3列带刚性铲柱的凿形松土铲，耕地时松土而不翻转土层，耕后地表留有残茬覆盖，可减少水土流失，适用于干旱、多石和水土流失严重地区的土壤基本耕作。耕深一般为30 cm，用于干旱地的土壤改良时最大耕深可达45～75 cm。旋耕机的工作部件旋耕刀滚是在一根水平横轴上按多头螺纹均匀配置的一组切土刀片，由拖拉机动力输出轴通过传动装置驱动，旋转切土和碎土，一次作业即可达到种床准备要求。它主要用于水田、蔬菜地和果园的耕作。圆盘耙由成组排列的凹面圆盘配置而成。圆盘的刃口平面与地面垂直，作业状态与前进方向呈一偏角。它用于翻耕后的碎土平整、收获后的浅耕灭茬和果园的松土除草等项作业。钉齿耙的工作部件为等距、间隔配置在耙架上的若干排钉齿，可用于松碎耕地后的土壤、破碎雨后地表形成的硬壳和作物苗期除草等作业。水田耙由圆盘耙组、缺口圆盘耙组、星形耙组和轧滚等工作部件前后配置而成，用于水田耕翻后的碎土、平整作业，根据地区和土壤条件的不同，可用这些工作部件组合成不同形式的水田耙。镇压器用于耙后或播种后的表层碎土和压实作业，工作部件为镇压轮。镇压轮有圆筒形、环形或“V”形等，工作时活套在轮轴上。中耕机用于作物生长期间的松土、除草、开沟和培土等作业，常用的工作部件有除草铲、松土铲、通用铲和培土器等。在中耕机上加装施肥装置，可在中耕除草的同时施加肥料。水田的中耕可采用人力手推齿滚式水田中耕机，或由动力驱动的除草轮式水田中耕机。联合耕作机械能一次完成土壤的基本耕作和表土耕作——耕地和耙地。其形式可以是两台不同机具的组合，如铧式犁-钉齿耙、铧式犁-旋耕机等；也可以是两种不同工作部件的组合，由铧式犁犁体与立轴式旋耕部件组成的耕耙犁等。

项目4

药用植物采收、加工与贮藏

任务1 药用植物采收和产地加工

知识目标

- 了解药用植物采收时期和收获年限。
- 理解中药材采收期的确定。
- 掌握常见产地加工方法。

能力目标

- 能够掌握各类药材的采收时期和采收方法。
- 会运用各种干燥方法,会运用常用的传统贮藏方法。
- 熟练掌握药材产地加工处理方法。

◎ 相关知识

一、药用植物采收

药用植物生长发育到一定阶段,药用部位质量已符合药用标准的要求,采取相应的技术措施,从田间将其采集收获的过程,就是药用植物的采收。药用植物的合理采收,也是生产中的关键技术之一。合理采收药材,药材才能达到质量标准要求,一是药用部位外部要达到规定的色泽和形态要求,二是品质要符合有关药材标准规定的药用要求,即性味、有效成分等应达到国家药用标准。药材质量的优劣与疗效密切相关,而影响药材质量的诸多因素中除了优良种质、适宜产地、生产技术等重要因素外,药材的采收直接影响药材的产量、质量和收获率。适时采收对药材的产量、质量和收获率都有良好的作用,因此必须十分重视采收这一环节,合理的采收时间的确定应以药材有效成分含量的高峰期与产品器官的高峰期的最大化为原则。

(一)采收时期

药用植物的根、茎、叶、花、果实等各器官的成熟程度和适收标志都具有明显的季节性。正如我国民间流传的一首采药歌所云:“含苞待放采花朵,树皮多在春夏剥;秋末初春挖根茎,全草药材夏季割;色青采叶最为好,成熟前后摘硕果”。北方药农也有谚语云“春采茵陈夏采蒿,知母黄芩全年刨;九月中旬采菊花,十月上山采连翘”。这些均充分反映了各类植物药材都有其不同的适宜采收季节。

合理采收药材,不但与采收时期有关,而且与药用植物的种类供药用的部位以及有效成分含量的变化等亦有密切关系。如薄荷在生长初期不含薄荷脑,而在开花末期,薄荷脑的含量才急剧增加。因此,合理适时采收中药材不仅要考虑到单位面积的产量,而且还要了解药用植物生长发育特性、生长年限、有效成分积累变化规律以及加工方法等条件,以药材品种和产量相结合考虑,以确定最佳采收期,才能达到优质高产的目的。

1.根和根茎类

多在秋末春初或在植物生长停止的休眠期采收。此时药用植物完成了年生育周期,进入冬眠状况,根和根茎生长充实,贮藏的各种营养物质丰富,累积的有效成分含量高,药材产量和加工折干率也高。例如,天麻、桔梗、葛根、党参、丹参、天花粉、人参、黄连、玄参、当归、石菖蒲等。如丹参在秋末收获其丹参酮及次甲丹参醌含量较其他季节收获高2～3倍。但也有一些药材地上部分枯萎较早,如延胡索、夏天无、浙贝母、半夏、山慈姑、太子参、石蒜等,宜在初夏或夏季地上部位枯萎时采收;附子、麦冬等宜在生长发育旺盛期采收;柴胡、关白附宜在花蕾期或初花期采收;白芷、川芎为了避免抽薹开花,根茎木质化或空心,宜在生长期采收;防风、明党参宜在春天采收;仙鹤草芽只有在根芽未出土时采收。故仍应具体分析,区别对待。

采收方法多用挖掘法,一般用锄头或特制的工具先从地的一端挖沟,然后依次掘起,采收时要力求药材完整,避免受伤破损而影响药材质量。

采收后除净泥土,除去无用部分,如残茎、叶、须根等,有的需要趁鲜除皮,如北沙参、桔梗、粉防己等,有的需要趁鲜加工,如红参等。

2.皮类

皮类主要是指木本植物的干皮、枝皮和根皮,少数根皮来源于多年生草本植物。干皮、枝皮应在春夏之交采收,此时植物生长旺盛,皮内养分充足,汁液增多,皮部易剥离,如黄柏、厚朴、白蜡树等,但肉桂则例外,在寒露前采割含油量最丰富。根皮一般在秋末冬初采挖根后采收,如牡丹、远志等。

干皮采收方法多采用剥取法,目前有砍树采皮法和活立树采皮法。

砍树采皮法是把树砍伐后再进行剥取树皮的方法,此法四季可以进行,但一般只在林木采伐时应用,纯粹为剥树皮而砍树代价太高,一般不采用。

生产中多采用的是活立树采皮法,具体操作有环割法和条剥法两种。

环割法:先分别在树基部离地20 cm处和120 cm处各环割一刀,在上下割口间沿树干向下对齐割一刀,之后慢慢将树皮剥下即可。

条剥法:在树基部离地20 cm处和120 cm处,按树的大小分别对应横割10 cm刀口,然后自上而下对齐割两条切口,剥下树皮。

剥皮应选择清晨、傍晚时剥取，使用锋利刀具，深度以割断树皮为准，力争一次完成，以便减少对木质部的损伤；把剥皮处进行包扎，根部灌水、施肥有利于植株生长和新皮形成。剥下的树皮趁鲜除去老的栓皮，如黄檗、苦楝、杜仲等，根据要求压平，或发汗，或卷成筒状，阴干、晒干或烘干。

根皮的采收应在春秋时节，用工具挖取，除去泥土、须根，趁鲜刮去栓皮或用木棒敲打，使皮部和木部分离，抽去木心，如白鲜皮、香加皮、地骨皮、五加皮等，然后晒干或阴干。牡丹皮可采用抽心法，先将洗净的根在日光下晒半天，让水分大部分蒸发，全部变软，将中间木质部抽出就得到丹皮。

3. 茎木类

大部分全年可采，如苏木、沉香、降香等；木质藤本植物宜在全株枯萎后或者是秋冬至早春前采收，如忍冬藤、络石藤、槲寄生等，质地好，活性成分含量较高；草质藤本植物宜在开花前或果熟期之后采收，如首乌藤（夜交藤）。

茎类采收时用工具砍割，有的需要去除残叶、细嫩枝条等非药用部位，根据要求切块、段、片，晒干或阴干。

4. 叶类

大多数叶类药材宜在植物生长最旺盛时，色泽青绿，花未开放或果实未成熟时采收，如荷叶、艾叶、大青叶等。因此，时植物光合作用最强，相应的有效成分合成积累较多。少数的品种需经霜后采收，如桑叶等；有的植物一年采收几次，如枇杷叶、菘蓝叶等。采收时要除去病残叶、枯黄叶，晒干、阴干或炒制。

5. 花类

以花蕾入药的，如金银花、丁香、洋金花、辛夷、款冬花、槐花等，一般在花蕾期时采收；以开放的初花入药的，如菊花、旋复花等，一般在初花时采收；以盛开的花入药的，如野菊花、番红花应在花盛开时采收；花粉类药材，如蒲黄、松花粉应在开花期采收，宜早不宜迟，否则花粉脱落；有的药材，例如红花、金银花应分批次采收。花类中药材主要是人工采收，采收后宜阴干或低温干燥。

6. 全草类

全草类的地上全草，如淡竹叶、龙芽草、紫苏梗、益母草、荆芥等宜在茎、叶生长旺盛、枝繁叶茂、活性成分含量高、质地色泽均佳的初花期采收。全草类的全株全草，如蒲公英，辽细辛等宜在初花期或果熟期之后采收。低等植物石韦等四季都可采收。

全草类药材用割取或挖取采收，大部分需要趁鲜切段，晒干或阴干，全株全草要除净泥土。

7. 果实和种子类

果实和种子类药材多在自然成熟或将要成熟时采收，如五味子、草果、苍耳子、栀子、山楂、栝楼、枸杞、薏苡等；决明子、马兜铃、牵牛子、天仙子、青葙子、白芥子、白扁豆、王不留行等在果实成熟而尚未开裂时采收；青皮、枳实、乌梅、藏青果等宜在未成熟时采收；川楝、山茱萸经霜后变黄、罗汉果由嫩绿转青色时采收；成熟期不一致的果实或种子应随熟随采，如木瓜、补骨脂、续随子、水飞蓟等。多浆果实适宜在近成熟的清晨或傍晚采收较好，采摘后避免挤压翻动以免碰伤。种子采收多为人工或机械收割，脱粒、除净杂质，稍加晾晒。

8. 其他

藻类、菌类、地衣类药材采收情况不一，茯苓在立秋后采收质量较好；马勃宜在子实体刚成熟时采收，冬虫夏草在夏初子实体出土孢子未发散时采挖；海藻在夏秋二季采捞；松萝则可全年采收。

树脂类药材一般是植物体的自然分泌物或代谢产物，如血竭（果实中渗出物）、没药（干皮渗出物），有的是人为或机械损伤后的分泌物，如苏合香。树脂类采收以凝结成块为准，随时收集。

（二）收获年限

收获年限是指播种或栽植到采收所经历的年限。收获年限长短取决于 3 个主要因素：一是植物本身特性，如木本或草本，一年生、二年生和多年生等；第二是环境因素影响，同一药用植物因南北气候或海拔高度差异而采收年限不同，如红花在北方多为一年收获，而南方是二年收获。第三是药材品质要求，根据药用要求，有的药用植物收获年限可短于该植物的生命周期，如川芎、麦冬、白芷等为多年生植物，而其药用部位的收获年限为 1～2 年。

收获年限根据药用植物药性及药用部位成熟度和有效成分含量来决定。可分为 4 类：

1. 一年收获的药用植物

播种后当年收获的药用植物。大部分为一年生草本，少数为多年生草本或灌木。一般多为春季播种，当年秋、冬季收获，如薏苡、荆芥、前胡、紫苏、菊花、红花等；少数为夏季播种，当年冬季收获，如牛膝、泽泻、郁金等。

2. 两年收获的药用植物

播种后次年收获的药用植物。一般实际生长周期不足两周年，甚至有的不足一周年，故又称为越年收获或跨年收获。比较普遍的是秋季播种，次年夏季收获，如浙贝母、延胡索、川芎等；其次是春、夏、秋季播种，次年冬季收获，如白术、党参、当归等；少数为冬季播种，次年夏季收获，如附子等。

3. 多年收获的药用植物

播种后 3 年及以上收获的药用植物。其中包括多年生草本与木本，如 3 年收获的川明参、芍药、百合、云木香、三七等；4～7 年收获的黄连、牡丹、人参等；10～30 年收获的如杜仲、黄柏、厚朴、肉桂、苦楝等。

4. 连年收获的药用植物

播种后能连续收获多年的药用植物。多为以果实、种子或花、叶等入药的木本药材，如佛手、山茱萸、使君子、辛夷、金银花、银杏、枸杞等。其次是以果实、种子、花、叶或全草入药的多年生草本植物，有的从播种后当年开始连年收获，如薄荷、旋覆花、菊花、马蓝等；有的则于播种后需 2 年以上才能连年采收，如砂仁、石斛、栝楼等。

（三）采收方法

依据不同的入药部位采用不同的采收方法和工具。

1. 挖掘

用锄头或特制的工具挖取药材的方法，此法适用于根及根茎类药材的采收。

2. 收割

用镰刀或特制工具采收药材的方法，主要用于为全草类、花类、种子和果实类药用植物的采收。

3. 采摘

用手或辅以特定工具采收药材的方法，此法主要用于叶、成熟不一致的花、果实和种子的采收等。

4. 击落

用木棍或竹竿等敲击而采收药材的方法，此法主要用于树体高大的木本或藤本药用植物中果实和种子类药材。

5. 剥离

用特制的刀具剥取树皮或根皮类药材的方法，又称剥皮。适用于皮类药用植物。

6. 割伤

树脂类药材常采用割伤树干收集树脂的方法，如安息香、松香、桃胶、鸦片等。

二、药用植物产地加工

药用植物采收后，除少数种类如鲜石斛、鲜芦根等供鲜药外，大多数需在产地经过初步加工，然后才能出售。在产地对药材进行的初步处理与干燥称为“产地加工”或初加工。

(一)产地加工的目的

中药的规格等级是其品质的标志之一，也是商品以质论价的依据。产地加工对于中药材的商品形成、市场流通以及中药饮片和中成药等的深加工、临床使用等方面都具有重要的意义。药用植物产地加工的目的有以下几点：及时除去鲜药材中的水分，使药材干燥；除去药材的杂质和非药用部分；将药材加工成一定的形状，便于鉴别；加工成市场需要的规格和等级，提高商品价值，便于按质论价；便于包装、运输和贮藏；便于药厂炮制加工成中药饮片或制备成药，便于患者用药。

(二)产地加工方法

1. 净制

净制是药用植物产地加工的第一道工序，几乎每一种中药材在使用前都需要净制，也就是说要把药材的杂质、非药用部位、虫蛀品、霉变品等除去，使药材干净。

(1)净制的一般要求　产地加工时对药材进行净制主要需要做以下工作：

①去根去茎　去残根是指用茎或根茎的药材需除去残根，如荆芥、薄荷、茵陈、益母草等。去残茎是指用根的药材要除去非药用部位残茎，如丹参、秦艽、防风、龙胆等。有些药材根、茎同时可以入药，但根、茎的作用不同，需要把根、茎分开，如麻黄，根能止汗，茎能发汗解表。一般通过剪切、挑选来完成。

②去皮壳　药材的去皮壳包括皮类药材去栓皮，根及根茎类药材去除根皮，果实类药材除去果皮或种皮。

去皮壳的操作方法，早在汉代就有记载，如《金匮玉函经》中明确指出：“大黄皆去黑皮”。这些方法无疑对中药的质量和疗效是一个提高。因为有些药物的表皮(栓皮)及果皮、种皮属非药用部位，或是有效成分含量甚微，或果皮与种子两者作用不同，如苦杏仁、白扁豆等，故须除去或分离,以便纯净药物或分离不同的药用部位。有些外皮辛燥耗气,尤其是体弱的病人,过多服用生姜皮、橘皮等辛散皮类药物会有耗气之虑。传统所谓:“去皮免损气”,可能是指这些特殊情况而言。有些皮有毒,如苦楝根皮、雷公藤皮剥除其红黄色外皮不完全,会引起中毒,大伤元气。又如白首乌中含有毒金属元素高达 946.11 mg/kg,去皮白首乌饮片有毒金属元素为 36.50 mg/kg,含量大为降低,所以必须去皮。

③去毛　有些药物表面或内部,常着生许多茸毛,服后能刺激咽喉引起咳嗽或其他有害作用,故须除去,消除其副作用。如枇杷、石韦表面有毛,所以在产地要把这些药材的细茸毛、鳞片去除掉,以免在服用时引起咳嗽。此外金樱子果实内的茸毛也需要在产地加工时把毛、核挖出。

④去心　“心”,一般指根类药物的木质部或种子的胚芽。古时就有麦冬、天冬、远志、丹皮、巴戟天、贝母去心,近代有地骨皮、五加皮、白鲜皮、连翘等药材去心。现在去心有两个方面的作用,一是除去非药用部位,如牡丹皮、地骨皮、白鲜皮、五加皮、巴戟天的木质心不入药用,在产地趁鲜将心除去,以保证调剂用量准确。二是分离药用部位,如莲子心(胚芽)和肉作用不同,莲子心能清心热,而莲子肉能补脾涩精,故须分别入药。

⑤去芦　“芦”又称“芦头”。一般指药物的根茎、叶茎等部位。通常认为需要去芦的药物有人参、党参、桔梗、续断、牛膝、草乌、茜草、地榆、玄参等。因为历代医药学家认为“芦”是非药用部位,故应除去。多数古代医籍记载认为人参芦头有催吐作用,现代研究认为,参芦中所含的三醇型甙较人参高,有明显的溶血作用,不宜和人参同用或代替人参作注射剂。

⑥去核　有些果实类药物,常需用果肉而不用核或种子,其中有的核(或种子)属于非药用部位。去核是一项传统操作。汉代有花椒去目,南北朝有山茱萸去核,近代有乌梅、诃子、北山楂等药材去核的要求。如乌梅,按医疗要求有用是肉,且核的分量较重,并无治疗作用,故须除去。去核方法,质地柔软者可砸破,剥取果肉去核,质地坚韧者可用温水洗净润软,再取肉去核。

山楂(北山楂),为了增强果肉的疗效,多将核除去。切成饮片后,干燥,筛去饮片中脱落的瓤核。南山楂以个入药,多不去核用于临床。

⑦去瓤　有些果实类药物,须去瓤用于临床。如枳壳,通常用果肉而不用瓤,瓤无治疗作用。据研究,枳壳瓤中不含挥发油等成分,故枳壳瓤作为非药用部分除去是有一定道理的。

⑧去枝梗　去枝梗是指除去某些果实、花、叶类药物非药用部位的枝梗,以使其纯净,用量准确,如五味子、花椒、连翘、夏枯草、辛夷、密蒙花、桑叶、侧柏叶、钩藤、桑寄生、桑螵蛸等。一般采用挑选、切除等方法去除枝梗。

⑨去杂质　一般指除去土块、砂石、杂草等杂质。

(2)净制的加工方法　净制的加工方法主要有:

①挑选　清除混在药材中的杂质及霉变品,如木屑、砂石、枯枝、腐叶、杂草等,或将药材按大小、粗细分类的方法净选。

②筛选　是根据药材和杂质的体积大小不同,选用不同规格的筛子以筛除药材中的泥沙、地上残茎残叶等。常用药筛有:菊花筛,孔眼内径 16～20 mm(5～6 分),如筛桑叶、菊花等;延胡索筛,孔眼内径 10 mm(3 分),如筛延胡索、浙贝母等;中眼筛:5 mm(1 分 5 厘),如筛半夏,香附等;紧眼筛,3 mm(1 分),如筛薏苡仁、牵牛子等;小紧眼筛,2 mm(6 厘),如筛莱菔子、王

不留行等;1号箩,孔眼内径1 mm;2号箩,孔眼内径0.5 mm。

传统筛选是手工操作效率不高,现在多采用机械操作,主要有震荡式筛药机和小型电动筛药机。

③风选 风选是利用药材和杂质的比重不同,借助风力将杂质除去的一种方法。一般可用簸箕或风车进行,可除去果皮、果柄、残叶、花萼、叶柄和不成熟的种子等,多用于果实、种子类药材的初加工。如浮小麦、葶苈子、车前子、水红花子、青葙子、浮萍等。

④洗、漂 是通过水洗或漂的方法除去杂质。有些药材杂质用风选方法不易除去,可以通过水选方法除去泥土、干瘪之物、盐分等。多用于植物种子类的净选。如菟丝子、蝉蜕、瓦楞子、牡蛎、昆布、海藻等;酸枣仁常用水漂,目的是除去核壳。

⑤刮 即用金属刀或木片竹片刀、瓷片等利器刮去药材表面的附着物或不入药部分,在植物类药材里主要是对于皮类药材刮粗皮,如黄柏、牡丹皮等。另外制竹茹时,也需要把外面的青皮刮去。

⑥摘 用手或剪刀将不入药的残基、叶柄、花蒂等摘除,使之纯净。

⑦挖 用金属刀或竹片刀等挖去果实类药材中的内瓤、毛核,使药纯净,如枳壳挖去内瓤,金樱子挖去毛核。

2.揉搓

一些药材在干燥过程中易于皮肉分离或空枯,为了使药材不致空枯,达到油润、饱满、柔软的目的,在干燥过程中必须进行揉搓,如山药、党参、麦冬、玉竹等。

3.蒸、煮、烫

有时需在药材干燥之前,将鲜药材在蒸汽或沸水中进行不同时间的加热处理,称为蒸、煮、烫。其目的在于:驱除药材组织中的空气,破坏氧化酶,阻止氧化,避免药材变色,减少活性成分的损失,保证药材的性味不致发生质的变化;使药材细胞中原生质凝固,产生质壁分离,利于水分蒸发,迅速干燥;使加入的辅料易向药材组织中渗透;通过高温破坏药材中的有毒物质,或使一些酶失去活力而不致分解药材中的活性成分,或杀死虫卵,或不致剥皮抽心;使淀粉糊化而增强药材的角质样透明状等。如块茎类药材(如天麻、黄精)等的初加工。

4.发汗

鲜药材加热或半干燥后,停止加温,密闭堆积使之发热,内部水分就向外蒸发,当堆内空气含水汽达到饱和,遇堆外低温,水气就凝结成水珠附于药材的表面,如人出汗,故称这个过程为“发汗”。发汗是药材加工常用的独特工艺,它能有效地克服干燥过程中产生的结壳,使药材内外干燥一致,加快干燥速度;使某些挥发油渗出,化学成分发生变化,药材干燥后更显得油润、光泽,或者香气更浓烈。发汗的方法有普通发汗(如玄参、板蓝根、大黄、黄芪、薄荷等)和加温发汗(如厚朴、杜仲等)。

5.切制

在传统的中药生产中,中药材产地加工与中药炮制一直是生产中的紧密相连的两个环节,但同时又保持各自独立,中药材产地加工的制成品是中药材,中药炮制的制成品是饮片。这种传统的中药生产过程有一定的弊病,中药材中的全草类、根茎类药材在产地加工时,通常把原药材干燥,在炮制时,全草类药材重新打湿、润透、切段、干燥;根茎类药材需要闷润、透心后切薄片或者厚片、干燥。加工炮制过程中再经过水处理,势必会损失中药材有效成分的含量,因此就有专家提出"中药材产地加工与中药饮片炮制一体化",它的基本含义就是使一些药材能趁新鲜切制成饮片,然后再干燥。中药材产地加工与中药饮片炮制一体化可以更好地保证中药材的质量,降低中药材加工成本,可以避免水处理环节有效成分的损耗。此外,中药材产地加工与中药饮片炮制一体化以后还会减少中间的贮藏环节,避免了因为贮藏造成的中药材下降和损耗。减少了中间的加工环节,不需要重复建设仓库,将会省去原来必要的厂房、设备等方面的投入,减少人力资源和能源的消耗。

(1)饮片类型

①极薄片　厚度为 0.5 mm 以下,适宜木质类及动物角质类药材,如羚羊角、鹿角、苏木、降香等。

②薄片　厚度为 1～2 mm,适宜质地致密、坚实、切薄片不易破碎的药材,如白芍、乌药、槟榔、当归、木通、三棱、天麻等。

③厚片　厚度为 2～4 mm,适宜质地松泡、黏性大、切薄片易破碎的药材,如茯苓、山药、天花粉、泽泻、升麻、大黄等。直片(顺片)、斜片均属于厚片的范畴,直片是顶刀切成的,刀与药材夹角是 90°,斜片是刀与药材有一定的倾斜度,倾斜度越大切出来的饮片越长。

④丝　有细丝(2～3 mm),宽丝(5～10 mm)。适宜皮类、叶类和较薄果皮药材。切细丝的如黄柏、厚朴、桑白皮、青皮、合欢皮,切宽丝的如荷叶、枇杷叶。

⑤段(咀、节)　长为 10～15 mm,长段称节,短段称咀,适宜全草类和形态细长,内含成分易于煎出的药材。如薄荷、荆芥。

⑥块　切 8～12 mm 长的立方块,防止药材煎熬时糊化。如阿胶丁。

(2)切制方法　切制的方法主要有两类:传统的手工切制和现代化的机械切制。

①手工切制　也就是利用切药刀手工切制。优点:饮片光滑平整,外形美观,而且外形和规格齐全,弥补了机器切制的不足。缺点:劳动强度大,生产量小,不适合规模化生产。手工切制常用的器具是切药刀、刀片。切药刀主要由刀片、压板、刀床、控药棍、装药斗等部件组成,操作时,人坐在刀凳上,左手握住药材向刀口推送,同时右手拿刀柄向下按压,即可切成饮片。

②机器切制　目前,全国各地生产的切药机种类较多,如剁刀式切药机、旋转式切药机、转盘式切药机和多功能切药机。它们功率不等,基本特点是生产能力大,速度快,节约时间,减轻劳动强度,提高生产效率。操作时,将软化好的药材整齐地置输送带上或药斗中,压紧,随着机器的转动,药材被送至刀口,运动着的刀片将其切制成一定规格的饮片。

6. 干燥

(1)干燥的方法　干燥是药材加工的重要环节,除鲜用的药材外,绝大部分要进行干燥。干燥的目的是及时除去鲜药材中的大量水分,避免发霉、虫蛀以及活性成分的分解和破坏,保证药材的质量,有利于贮藏。理想的干燥方法是要求干得快、干得透,干燥的温度不至于破坏药材的活性成分,并能保持原有的色泽。

干燥的方法分为自然干燥法和人工加温干燥法。

①自然干燥法　分为晒干、阴干、晾干。晒干为常用方法,是利用太阳光直接晒干,一般将药材铺放在晒场或晒架上晾晒,是一种最简便、经济的干燥方法,但含挥发油的药材、晒后易爆裂的药材均不宜采用此法;阴干是将药材放置或悬挂在通风的室内或阴棚下,避免阳光直射,利用水分在空气中自然蒸发而干燥,此法主要适用于含挥发性成分的花类、叶类及全草类药

材。晾干则将原料悬挂在树上、屋檐下，或晾架上，利用热风、干风进行自然干燥，也叫风干，常用于气候干燥、多风的地区或季节，如大黄、菊花等。

在自然干燥的过程中，要随时注意天气的变化，防止药材受雨、雾、露、霜等浸湿；要常翻动使药材受热一致，以加速干燥。在大部分水分蒸发后，药材干燥程度已达五成以上时，一般应短期堆积回软或发汗，促使水分内扩散，再继续晾或晒干。这样处理不仅加快了干燥速度，而且内外干燥一致。

②人工加温干燥法　可以大大缩短药材的干燥时间，而且不受季节及其他自然因素的影响。根据加热设备不同，人工加热干燥法可分为炕干、烘干、红外干燥等法。具体有直火烘烤、火炕烘烤、蒸汽排管干燥设备(利用蒸汽热能干燥)、隧道式干燥设备(利用热风干燥)、火墙式干燥室、电热烘干箱、电热风干燥室、太阳能干燥室、红外与远红外干燥、微波、冷冻干燥设备等干燥方法。一般温度以50～60℃为宜，此温度对一般药材的成分没有多大破坏作用，却能很好地抑制酶的活性。对于含维生素较多的多汁果实类药材可用70～90℃的温度，以利迅速干燥。但对含挥发油或须保留酶活性的药材，如薄荷、杏仁等，则不宜用本法干燥。

(2)干燥的标准　药材干燥标准虽因各种药材的要求不同而异，但其基本原则是相同的，即以贮藏期间不发生变质霉变为准。药材的含水量要符合《中国药典》及有关部省标准，可采用烘干法、甲苯法及减压干燥法等检测。但在实际工作中，药材干燥的经验鉴别亦很重要，常用的经验鉴别法有：

①干燥的药材断面色泽一致，中心与外层无明显的分界线。如果断面色泽不一致，说明药材内部还未干透。断面色泽仍与新鲜时相同，也是未干燥的标志。

②干燥的药材相互敲击时，声音清脆响亮。如是噗噗的闷声，说明尚未干透。一些含糖分较多的药材，干燥后敲击声音并不清脆，则应以其他标准去判定。

③干燥的药材质地硬、脆，牙咬、手折都费力，质地柔软的说明尚未干透。

④果实、种子类药材，用手能轻易插入，感到无阻力，牙咬或手掐感到较软，都是尚未干透的表现。

⑤叶、花、茎或全草类药材，用手折易碎断，叶、花手搓易成粉末，都是干透的标志。

值得注意的是，产地加工除了上述方法外，在中药材传统加工上经常采用熏硫的方法，一般在干燥前进行，主要是利用硫黄燃烧产生的二氧化硫，达到加速干燥，使产品洁白的目的，并有防霉、杀虫的作用，如白芷、山药、菊花的产地加工大多使用硫黄熏蒸等。但因硫黄颗粒及其所含有毒杂质等残留在药材上影响药材质量，国家卫生部已禁止在食品生产加工使用硫黄。为此建议在中药材生产加工上也应慎用或禁用。

◉ 任务实施

技能实训4-1　药用植物最佳采收时期的确定

一、实训目的要求

掌握当地常用药用植物的适宜采收时期、采收时间的确定方法。

二、实训材料用品

材料：当地常用药用植物。

用品：烘箱、电子分析天平、玻璃仪器、水浴锅、高效液相色谱器及紫外分光光度计等。

三、实训内容方法

(1)根据药用植物药用部位的主要生长过程，在采收期前分阶段采收，以相同的加工方法处理后，分析其产量和品质(主要药用成分含量)。

(2)综合考虑药用植物产量和品质因素，以药用部位有效成分累计总量(有效成分产量)最大值作为最佳采收期。

四、实训报告

以忍冬为例，将其从现蕾到花开放全过程分为幼蕾期、三青期、二白期、大白期、银花期、金花期及凋落期，以 5 月份头茬花为对象，分别在这 7 个阶段采收，以相同的加工方法加工干燥，分析其产量和品质(绿原酸和木樨草甘)，填写下表后，确定忍冬的最佳采收时期。

不同采收时期忍冬的产量和品质

采收期	幼蕾期	三青期	二白期	大白期	银花期	金花期	凋落期
干蕾重/g							
绿原酸/%							
绿原酸产量/g							
木樨草甘/%							
木樨草甘产量/g							

五、成绩评定及考核方式

以实训报告及实训表现综合评分。

技能实训 4-2 新鲜药材的清洗、切制、干燥

一、实训目的要求

1. 了解清洗、切制、干燥的目的。
2. 掌握药材清洗的方法。
3. 掌握手工切制及机器切制的方法。
4. 掌握饮片干燥的方法。

二、实训材料用品

切药刀、压板、竹把、铁夹、切药机、干燥箱、各种药材、清洗器具、毛刷、竹筐或塑料筐。

三、实训内容方法

1.药材清洗

不同的药材清洗的方法不同,根据不同要求可选择不同的清洗方法,清洗方法一般有喷淋法、刷洗法、涮洗法、淘洗法等。

(1)喷淋法　喷淋法是用清水喷淋药材除去泥土的一种方法。有些药材质地鲜嫩,不适合机械清洗或刷洗,可采用喷淋法清洗。如贝母在清洗时很容易碰伤鳞茎,全草类药材,茎叶往往也带有泥土和灰尘,在干燥前必须清洗干净。操作时,将药材放在沥水的筛网上,用清水均匀喷洒,喷淋的次数可根据药材的种类和含泥土多少而定,一般3～4次即可。在喷淋过程中要进行轻翻,以便喷淋均匀,在残存泥土。喷淋方法有:

①手工喷淋法　利用喷壶喷淋,适用于少量药材的清洗。

②常压喷淋法　利用自来水或高位水槽,连接喷头(如洗澡用的淋浴头即可),进行药材的清洗。

③高压喷淋法　利用高压水泵抽水喷洗或高压水枪喷淋洗的一种方法,但压力不可过高,防止将药材表皮冲破。如西洋参加工前的清洗可用本法进行。因原皮西洋参加工时不准用硬毛刷刷洗,为了避免刷破毛降低质量,可用水喷洗。

(2)刷洗法　利用人工用毛刷将药材表面上的泥土刷洗干净,在刷洗时需要进行适当浸泡,以利泥土软化,容易刷洗。在刷洗时,应尽力避免使用过硬毛刷,防止刷破表皮,造成有些成分流失。

(3)涮洗法　将被清洗的药材,装入竹筐或塑料筐内,置流水或水池内涮洗,是除去泥土的一种方法。本法适用于含泥土少的小量药材的清洗。

(4)淘洗法　将被清洗的药材投入清水中,淘洗后及时取出,故又称抢水法。淘洗的药材多为质地松、最适于能漂于水面上药材的清洗。

2.新鲜药材的切制

部分药材需采收净制后,趁鲜切片。如鲜石斛、鲜芦根、鲜地黄等以鲜品入药者,必须趁鲜切制;有的药材干燥后非常坚硬,干燥后不易软化的药材,也大多趁鲜切制,趁鲜加工可以减少干燥后再软化切制的烦琐工序,避免有效成分损失。如乌药、土茯苓、鸡血藤、黄药子、白药子等。将新鲜药材净洗、洗净后晾至半干,趁药材中纤维未完全干燥还有一定韧性时,即可切制。

(1)手工切制

①把活　先将切药刀固定,将药材放置在刀床上,根据切制饮片厚度,选择软硬不同的木制压板,左手掌握压板,压紧药材,右手持刀,两手配合进行切制。

②个活　将软化好的药材用铁夹夹紧,向刀口推进,按下切刀,切成薄片。

(2)机器切制　首先检查机器各部件,然后试车,再根据各药适宜的片型、厚度进行调节和固定刀口的位置,即可切片。

旋转式切药机:切制白芍、黄芩、槟榔。

剁刀式切药机:切制大黄、陈皮。

3.干燥

(1)自然干燥　将切制的饮片,置竹匾或其他容器内阴干、风干或晒干,并定时翻动,以达到充分干燥。

(2)干燥箱干燥　将饮片置于钢网筛或适宜的容器内，放入恒温干燥箱中，温度控制在50～80℃，并定时翻动至全部干燥时，取出放凉。

四、实训报告

1. 列表说明几种新鲜药材所使用的清洗方法及清洗注意事项、清洗效果。
2. 列表说明几种新鲜药材切成饮片后的类型、规格。
3. 哪些药材不适宜加热干燥？

五、成绩评定及考核方式

以实训报告及实训表现综合评分。

技能实训4-3　根及根茎类药用植物的采收与加工

一、实训目的要求

1. 了解根及根茎类药用植物的地下生长情况。
2. 学会选用适宜的工具，采收加工不同类型根及根茎类药用植物。
3. 掌握根及根茎类药用植物的采收时期、采收与加工方法和测产方法。

二、实训材料用品

采收工具：铁锨(铁锹)、镢头等。

加工工具：水盆、笊篱、锅、笼屉、灶具、晒席或药匾、剪刀、麻袋或条筐、搓板、瓷碗、分级筛、刮皮刀、木铲、竹签、瓦片或刀片、锯刀、木锤或铁锤、竹筐等。

加工辅料：盐、醋、硫黄、玉米淀粉等。

测产工具：杆秤或台秤、米尺、计算器等。

三、实训内容方法

(一)浅根系类根及根茎类药材的采收与加工

1. 采收与加工品种

天麻、地黄、三七、川芎、贝母、白芷、白术、延胡索、麦冬、附子、黄连等当地主要浅根种植品种。从中选取3种进行采收与加工训练。

2. 采收方法

(1)试采　在土壤比较松软、湿度适宜(一般含水量在40%～60%)及采收时期内，用镢头从距离植物芦头20 cm的两侧，将土刨开深至20 cm以上，逐渐靠近植物芦头，待隐约可见药用部位时，挖出药材，采收数株，总结经验，掌握药用部位距离植物芦头的距离和深度，以便快速收刨。

(2)采收　根据试采经验，掌握好下镢距离和下镢深度，一镢即可将药材挖出。

3.加工方法

天麻、贝母、麦冬等,洗净,分级,置于笼屉中蒸透,晒干或烘干;晒干时需上午出晒,下午趁药材温热时推拢起来发汗,待表面潮湿时再行出晒,多次反复,直至干透。

三七、川芎、白芷等,剪去须根,大小分档,用晒干法干燥;三七需边晒边用手、搓板或机械进行揉搓,以避免药材皮肉分离或出现空枯现象,使药材质地致密、条直、光洁,提高药材的商品性。

延胡索块茎洗净后,过筛分级,放入锅内,按比例加入适量醋和水,煮至水尽透心,再行晒干或烘干。

附子清洗后,置于盐水中,煮 20 min 以上,再行晒干或烘干。

4.质量要求

采收的药材应完整、无破损。加工后,药材无霉变,有固有色泽,并充分干燥。

(二)深根系类根及根茎类药材的采收与加工

1.采收与加工品种

人参、山药、党参、牛膝、丹参、白芍、西洋参、当归、郁金、牡丹皮、远志等当地主要深根种植品种。从中选取 3 种进行采收与加工训练。

2.采收方法

在土壤比较松软、湿度适宜(一般含水量在 40%~60%)及采收适期内,用镢头(采收山药需用铁锹)从距离植物芦头 30 cm 的两侧,将土刨开深至 40 cm 以上,慢慢挖土靠近药材,用力将镢头从一侧的深处刨向另一侧(山药需慢慢挖土,使药材完全暴露后用手提出),晃动镢头,使土壤与药材分离,将药材挖出。

3.加工方法

人参(生晒参)、西洋参、山药、党参、牛膝、丹参、当归等,洗净泥土,修剪(山药需刮去外表褐色粗皮和特殊处理)后,大小分档,晒干或烘干;干燥过程中,要不断用手、搓板或机械进行揉搓,以避免药材皮肉分离或出现空枯现象,使药材质地致密、条直、光洁,提高药材的商品性。修剪下来的人参、西洋参的参须,也晒干入药。

白芍、郁金等,洗净后,大小分档,放沸水锅中,煮至透心,捞出;郁金可切片晒干、直接晒干或烘干;白芍用手或机械刮去外表粗皮,洗净放入玉米或豌豆粉浆浸渍(能够抑制药材的氧化变色)12 h 后,晒干或烘干。干燥过程中要注意进行多次发汗,以利充分干燥。

牡丹根洗净后需依粗细修剪,分档,用手或机械刮去外表粗皮,较粗的牡丹根(直径一般在 2 cm 以上)先截取适宜长度,用刀顺着根的长度方向纵划一刀,切开根皮,然后用手将皮与木芯从一端向另一端剥离,去芯取皮;较细牡丹根皮,先将根放在木墩上,用木锤敲击,使木质部与皮分离,再用手将木芯抽出,晒干即可,商品上称刮丹皮或粉丹皮;不刮外表粗皮,直接将皮与木芯分离所得丹皮,商品上称原丹皮。晒时注意进行发汗,以利充分干燥。

远志根洗净后直接用木锤或铁锤轻轻捶打根部,使根皮与木质部分离后,再抽出或剔除木芯,晒干即可。

4.质量要求

采收的药材应完整、无破损。加工后,药材无霉变,有固有色泽,并充分干燥。

四、实训报告

测量采收的根及根茎类药材的面积，将采收的药材去净泥土和非药用部位，称重，计算单位面积鲜药材产量后，称取 2 kg 进行干燥加工，计算折干率，再折算出 667 m^2 的产量。

五、成绩评定及考核方式

以实训报告及实训表现综合评分。

技能实训 4-4　全草类、叶类药用植物的采收与加工

一、实训目的要求

1. 了解全草类、叶类药用植物的采收与加工工具。
2. 掌握全草类、叶类药用植物的采收时期、采收与加工方法和测产方法。

二、实训材料用品

采收工具：镰刀、镢头等。

加工工具：晒席或药匾、铝锅、灶具、1 000 mL 烧杯等。

测产工具：杆秤或台秤、米尺、计算器等。

三、实训内容方法

(一)不带根全草类、叶类药用植物的采收与加工

1. 采收与加工品种

全草类：薄荷、麻黄、瞿麦、半枝莲、藿香、佩兰、荆芥、泽兰、金钱草、青蒿、紫苏、益母草、穿心莲等当地不带根全草类药用植物；叶类：芦荟、大青叶、银杏叶、桑叶、侧柏叶、茵陈等当地不带根叶类药用植物。从中各选 1 种进行采收与加工训练。

2. 采收方法

在全草类、叶类药用植物的采收时期，选择晴朗天气、地稍旱(芦荟除外)时进行。用镰刀从距地面 3 cm 处收割全草类药材和大青叶；或齐地割下茵陈；或单独割取芦荟叶片；或用手摘取银杏叶、桑叶、侧柏叶等的叶片即可。

3. 加工方法

将采收的药材，剔除非药用部位、净选后，在弱日光下晒至完全干燥即可。含挥发油的药材应避免阳光直晒和高温。

芦荟采割叶片后，将叶片切口向下，直放入大烧杯中，取其流出的液汁即成。也可将叶片洗净，横切片，加入同量的水煮 3～4 h，用纱布过滤，将滤液浓缩成黏稠状，倒入模具内烘干或暴晒干，即得药用芦荟膏。

4. 质量要求

采收的药材应无根等非药用部位。

(二)带根全草类药用植物的采收与加工

1.采收与加工品种

徐长卿、蒲公英、细辛、地丁、车前草、柴胡等当地带根全草类药用植物。从中选1种进行采收与加工训练。

2.采收方法

在土壤比较松软、湿度适宜(一般含水量在40%～60%)及采收适期内,用镢头或铁锹从畦端挖开地头,深达药材的根底,从根底向药材方向刨去,晃动镢头,使土壤与药材分离,将药材挖出。

3.加工方法

将采收的药材,在阳光下晒干即可。注意晒至半干时要适当拍打根部,以除去泥土;晒至近干时,梳理成把,再晒至完全干燥。

4.质量要求

尽可能将地下根全部挖出,以提高药材产量。

四、实训报告

写出采收和加工体验,测算产量。

五、成绩评定及考核方式

以实训报告及实训表现综合评分。

技能实训4-5　花类、皮类药用植物的采收与加工

一、实训目的要求

掌握花类、皮类药用植物的采收时期、采收与加工方法和测产方法。

二、实训材料用品

采收工具:镰刀、木夹、竹篓、锯刀等。

加工工具:锅、灶具、笼屉、铁筛子、晒席或药匾、刮刀等。

测产工具:杆秤或台秤、米尺、计算器等。

三、实训内容方法

(一)花类药材的采收与加工

1.采收与加工品种

花蕾入药的,如金银花、槐花等;开放花入药的,如红花、菊花等当地花类种植品种。从中选1种进行采收与加工训练。

2.采收方法

在空气相对湿度60%以下,天气晴朗及适宜的采收时期采收。金银花用手摘取;槐花需

用钩杆或长剪剪下花序后，再用手捞下；采摘红花时，需在早晨10时前进行，一手捏住花托，用另一手大拇指、食指和中指一起捏住花丝，稍偏离中心方向用力摘下。菊花可在下午直接从花柄着生处摘下即可。

3.加工方法

将采收的金银花、槐花或菊花净选后，放笼屉内蒸透，取出晒干即可。红花在干燥时，要注意选用弱日光晒至完全干燥，忌强光，以免变色，降低质量。

4.质量要求

采收金银花时，要等到花蕾充分长大，但又不得开放，采收的花蕾要完整、不开裂；槐花内不要混有开放的花和未发育完全的花蕾、叶和梗等；采收的红花以带出花在种子上着生的白色冠为宜；采收的菊花应有1/3花心未开最为适宜，加工后不破碎、无杂质、色泽鲜艳。

(二)皮类药材的采收与加工

1.采收与加工品种

杜仲、肉桂等当地皮类种植品种。从中选1种进行采收与加工训练。

2.采收方法

(1)活树部分剥皮　在雨季和适宜的气候条件(温度一般在25℃以上、相对湿度在80%以上)时，用锯子在树干上进行上下交错或条状部分剥皮。剥皮时应注意不要破坏形成层，剥皮后的地方用塑料膜覆盖，以利新皮生长。

(2)砍枝剥皮　将大树主干上的粗大树枝锯下，从锯口开始，向枝梢方向依次量取67～100 cm，进行环状切割，使刀口深达木质部，然后再以同样的深度，从上圈切口纵切至下圈切口，最后用刀在纵切口处左右拨动，使树皮与木质部分离，将树皮取下。

3.加工方法

将采收的杜仲树皮，展平，按宽窄叠放在一起，两端和中部用绳捆扎好，晾晒。每日解捆，重新叠放，捆扎，直至干透。肉桂可直接晒干，呈卷筒状；肉桂干皮也可用刮刀刮去外表粗皮后再行晒干或烘干，商品上称桂心。

4.质量要求

药材完整，无霉变、有固有色泽。

四、实训报告

写出采收和加工体验，测算单株产量。

五、成绩评定及考核方式

以实训报告及实训表现综合评分。

技能实训4-6　果实和种子类药用植物的采收与加工

一、实训目的要求

1.学会选用适宜工具采收加工果实和种子类药用植物。

2.掌握果实和种子类药用植物的采收适期、采收与加工方法和测产方法。

二、实训材料用品

采收工具：剪刀、镰刀、木夹、钩杆或长剪、竹筐等。

加工工具：晒席或药匾、剪刀、脱粒机、簸箕、切刀、锅、灶具、笼屉、小铁锤等。

测产工具：杆秤或台秤、米尺、计算器等。

三、实训内容方法

(一)果实类药材的采收与加工

1.采收与加工品种

浆果类：枸杞、山茱萸、栝楼等；核果类：薏苡、胡桃、大枣、川楝子、山楂、木瓜、女贞子等当地果实类种植品种。从中选1种进行采收与加工训练。

2.采收与加工方法

浆果类：枸杞、山茱萸等，摘取时最好用木夹，采后放筐内，避免挤压和过多翻动，及时进行干燥，可烘干或晒干；山茱萸在晒到6成干时，手工或机械去除果核。栝楼在近半数的果实变黄或将要变黄时，在距离第一果前1 m处剪断藤蔓，待风干至藤蔓近干时取下，将约5个栝楼的蔓系在一起，不使果实互相挤靠，剪去多余的藤蔓，挂通风处晾干。

核果类：薏苡在大部分(2/3)果实变成紫褐色时，割取全株，用脱粒机脱粒，或顺序排放整齐，待一周后用手工摔打脱粒，扬净枝叶，晒干贮存。胡桃等用长杆击落，捡拾后放入石灰水池内，沤去外果皮，捞出冲洗干净，晒干即可。大枣、川楝子用击打法采收，晒干即可。山楂、木瓜需用手采摘，并趁鲜切片，厚3 mm，晒干。霜降后将女贞子果穗剪下，放笼屉内蒸透，晒干。

3.质量要求

采收加工后药材应无杂质，不霉变，色泽鲜亮。山茱萸含果核量不得大于5%。

(二)种子类药材的采收与加工

1.采收与加工品种

银杏、杏仁、桃仁、砂仁、牵牛子、决明子等当地种子类种植品种。从中选1种进行采收与加工训练。

2.采收与加工方法

在果实完全成熟，籽粒饱满、达到一定的硬度，并呈现出固有的色泽时进行采收，摘取果实。银杏、杏、桃去掉果肉，砸破果核，取出种子，晒干即可。砂仁放在弱日光下晒至完全干燥即可；牵牛子、决明子等种植品种采摘果实后晒干，去掉果皮即可。

3.质量要求

银杏、杏仁、桃仁要求破损率不得大于5%；药材不能混有非药用部位。

四、实训报告

写出果实和种子类药用植物采收和加工体验，测算单株产量。

五、成绩评定及考核方式

以实训报告及实训表现综合评分。

【思考与练习】

1.如何确定药用植物最佳采收期?

2.药用植物有哪些主要采收方法?

3.产地加工方法有哪些?

4.药材干燥常用的经验鉴别法哪些?

任务2 中药材贮藏保管

知识目标

- 了解中药材包装的要求和方法。
- 熟悉中药材贮藏中常见的变质现象。
- 掌握中药材贮藏保管方法。

能力目标

- 能够对中药材进行简单包装。
- 能够正确贮藏保管中药材。

◎ 相关知识

一、中药材包装

中药材包装是指对中药材进行盛放、包扎并加以必要说明的过程,是药用植物加工操作很重要的一道工序。

(一)中药材包装的意义

中药材包装能够保证中药材的数量和质量;有利于中药材的存放、运输、贮藏和销售;体现和提高药材的商品价值;有利于促进中药材生产的现代化和标准化。

(二)中药材包装的要求

中药材包装要逐步实现规格化、标准化。包装材料应有利于保质、贮存、运输,并不得对成品有污染。包装标签或合格证要注明品名、数量、批号、生产单位和质检签章。包装后应延长保质期;不能带来二次污染;中药材内含成分、药效不发生变化;符合密封、隔热、避光要求。避免中药材霉蛀、泛油、潮解、粘连、变色和散失气味等变异现象发生；包装成本要低；包装的类型、规格、容量、包装材料、容器的结构造型、承受力以及商品的盛放、衬垫、封装方法、检验方法等做到统一规定。

(三)中药材包装方法

1. 袋装

常用的包装袋有布袋、细密麻袋、无毒聚氯乙烯袋等。

布袋常用于盛装粉末状药物，例如海金沙、蒲黄等；细密麻袋用于盛装颗粒小的药物，例如车前子、青葙子、黑芝麻等；无毒聚氯乙烯袋用于盛装易潮解、易泛糖的中药材。

2. 筐装或篓装

一般用于盛装短条形药材，例如桔梗、赤芍等。其优点是能通风换气，能承受一定压力，不至于压碎药材。

3. 箱装

多用木箱，用于怕光、怕潮、怕热、怕压的名贵药材的包装。

4. 桶装

流动的液体药材常选用木桶和铁桶盛放，如苏和香油、薄荷油、缬草油等。一些易挥发的固体药材如冰片、麝香、樟脑等，常用铁桶、铁盒、陶瓷瓶盛放。

5. 打包包装

有手工打包和机械打包。手工打包应避免“斧头形”、“龟背形”包形出现。

二、中药材贮藏保管

中药材的贮藏保管是中药采集、产地加工后的一个重要环节。良好的贮藏条件、合理的保管方法是保证中药材质量的关键。贮藏保管的核心是保持中药材的固有品质，减少贮品的损耗。如中药材贮存保管不当，会发生多种变质现象，从而影响饮片的质量，进而关系到临床用药的安全性与有效性。

(一)中药材贮藏中常见的变质现象

1. 发霉

药物受潮后，在适宜温度下霉菌孳生繁殖，在药物表面布满菌丝的现象，产生的霉多为黄白色、黄绿色或黑灰色。发霉以后的药材腐烂变质，有效成分破坏，轻微发霉，可以加工处理，以控制霉变的发展，但严重的霉变导致药材失效，不可入药。中药材发霉的适宜条件是：温度为20～35℃，湿度为75%以上。

导致中药材发霉的原因：

(1)中药材大多是植物或动物等有机体，含有脂肪、蛋白质、糖类、维生素、水分等可使霉菌寄生的物质，为霉菌的寄生提供了物质条件。

(2)中药材干燥不充分、在存放过程中吸收外界水分受潮、药材本身发汗等导致药材中含水量较高。

(3)药材在放置过程中导致药材温度较高,有利于霉菌的滋生。

(4)外界环境的不清洁也容易导致中药材发霉。

2. 虫蛀

指中药及其炮制品被仓虫啮蚀的现象。中药材或饮片被蛀空而成粉末,有效成分损失。害虫的排泄物或分泌物或死亡体,污染药物,影响质量,是贮藏过程中危害最严重的现象。危害药材的害虫主要有昆虫纲的鳞翅目、鞘翅目,以及蛛形纲蜱螨目的一些螨类,如印度粉螟、谷象和粉螨等。

害虫的生长繁殖需要适宜的条件,对害虫有利的条件为温度16～35℃,相对湿度在60%以上,药材中含水量在11%以上;一般螨类适宜温度为25℃,相对湿度为80%,繁殖最旺时间为5—10月。故养护的关键是杀虫和控制温、湿度。

易导致虫蛀危害产生的因素有:

(1)中药材在贮存之前附有虫体或虫卵,入库后会孵化或变活从而产生危害。

(2)在中药材仓库中或贮存容器中潜伏有虫体或虫卵,从而对入库的中药材产生危害。

(3)仓库周围环境不整洁,存在有害虫体,在药材存放过程中飞入或爬入仓库危害药材。

(4)把虫蛀后的药材与新药材一同贮藏,可导致新药材遭受虫蛀。

(5)药材本身的性质对是否易于遭受虫蛀影响较大,如含糖类的(人参等)、脂肪油(蕲蛇等)、淀粉(山药等)、蛋白质(鹿茸等)的中药材极易遭受虫蛀,而含有辛辣、苦味及具有较大刺激性的中药材不易被虫蛀;此外质地坚硬的药材(如三七等)不易被虫蛀,而质地松软的药材易遭受虫蛀(如甘草等)。

3. 变色

变色是指药物的固有颜色发生变化。各种药材都有其固有的色泽,色泽往往是药材的主要的质量标准之一。药材的色泽发生变化后会引起外观改变,导致混乱,并且会使内在质量下降或失效。颜色由浅变深,如天花粉、山药等;或由深变浅,如黄芪、黄柏等;或由鲜艳变黯淡,如金银花、红花、大青叶等。

中药材变色的原因:

(1)光线与空气的影响。阳光会引起一些药材的色素发生反应导致褪色,如经过阳光直射后一些叶类药材绿色变浅,一些花类药材经过日晒后颜色也由深变浅,另外如果花类药材贮藏时间较长,空气中氧气可以使一些花色素氧化而导致药材变色。

(2)酶的影响。对于有些含有黄酮苷类、蒽醌类、鞣质类的药材,在酶的作用下经氧化聚合形成有色的化合物,导致药材的颜色发生改变,如黄芩,黄芩苷元在酶的作用下容易被氧化成醌类物质而由黄色变绿色。

(3)温度、湿度的影响。高温、高湿也能加剧药材的变色,如干燥时温度过高易使药材失去原有的色泽。

4. 变味

中药的味分为口味和气味,口味是通过品尝,由味觉得来;气味是由嗅觉辨别而来。变味主要是指口味的改变(变浓、变淡、失去或变成其他味)或气味的散失,与其本身性质和有效成分相关。药材中挥发性的成分往往是药材的有效成分,是鉴别中药材质量的标志之一,所以气味的散失直接影响着药材的质量。

影响变味的因素：

(1)口味改变多由泛油、泛糖、发霉、虫蛀等造成。

(2)气味散失多数是因含挥发性成分的类药材(如薄荷、荆芥、藿香、樟脑等),因温度过高、贮存时间过长、风吹日晒等贮存条件不当导致挥发性成分逸出而造成气味变淡。

5.风化

风化指某些含有结晶水的矿物药,经风吹日晒或过分干燥而逐渐失去结晶水成为粉末的现象。风化后的药物失去结晶水后其化学结构也发生相应的改变,药效也随之发生改变,从而影响药物质量。如芒硝极易风化失水,成为风化硝。

6.潮解

潮解是指某些盐类固体药物容易吸收潮湿空气中的水分,表面慢慢溶化成液体状态。潮解后的药物含水量会增加,如咸秋石、硇砂、大青盐、芒硝等如果贮存不当常常会吸收空气中的水蒸气。

7.粘连

粘连是指某些熔点比较低的固体树脂类或动物胶类药物,受潮、受热后粘结成块。如白胶香、乳香等,其质脆而易碎,受热后开始变软,再热则融化;又如柿霜饼,当温度在35℃时,会粘连变形,甚至融化;又如蜂蜜、蜂蜡等,在受热后,则会膨胀发酵或变形融化。

8.挥发

挥发某些含挥发油的药物,因受空气和温度的影响以及贮存日久,挥发油散失,失去油润,产生干枯或破裂的现象。如肉桂、沉香、厚朴等。

9.腐烂

腐烂指某些鲜活药物,因受温度、空气及微生物的影响,引起发热,使微生物的繁殖和活动增加,导致药物酸败、臭腐。如鲜生地、鲜生姜、鲜芦根等。

10.冲烧

冲烧又叫自燃,质地轻薄松散的植物药材,由于干燥不适度,或在包装码垛前吸潮,在紧实状态中细胞代谢产生的热量不能散发,导致热量从中心冲出垛外,轻者起烟,重者起火。如红花、艾叶、甘松等,柏子仁也易产生自燃。

11.泛油

又称走油。指含有挥发油、脂肪油的药物,在一定温湿度的情况下,油脂外溢,质地返软、发黏、颜色变浑,并发出油败气味的现象。表明药物成分已经变化,不宜药用。如苦杏仁、桃仁、柏子仁、郁李仁等。

(二)影响中药材贮藏质量的因素

中药材在贮藏过程中发生的多种变质现象,究其原因,总的说来有两方面的因素。一是中药材本身的因素,二是贮藏的外界条件。

1.中药材本身的因素

主要是指中药材中所含化学成分的性质。含淀粉多的药材,易生霉、虫蛀;含盐分多的药材,易受潮而变稀,出现潮解;含挥发油的药材挥发;含挥发油、脂肪油、糖类等成分的药材,都易泛油;苷类药材易被分解。

采收过程存在变质因素,如非最佳采收时间采收会造成药材枯萎干瘪,并且使药材的有效成分含量达不到要求,药材在入库之前带有病菌或虫体、虫卵都会导致药材发生变质。

产地加工好坏也会影响贮藏,如陈皮,烘干的较晒干的不易回潮、生霉和虫蛀。桑螵蛸等蒸后干燥品质稳定。延胡索、郁金蒸煮后不易生虫。

包装严密或真空包装更利于贮藏,要防止包装破坏而污染药物。

2.贮藏的外界条件

主要指空气、温度、湿度、日光、生物因素等。

(1)空气　药材在贮藏过程中,难免与空气接触的。空气中的臭氧在空气中的含量虽然微少,但是却对药材的质量产生极大的影响。因为臭氧是一种强氧化剂,可以加速药材中有机物质,特别是脂肪的变质。

氧对药材颜色的改变,起着很大的作用,如药材成分的结构中含有酚羟基,在酶的作用下,经过氧化、聚合等作用,即形成大分子化合物,于是药材颜色加深。例如,含羟基蒽醌类、鞣质等的药材,即易变色。

空气可使药物出现酸败、泛油、泛糖、发霉、虫蛀、变色、变味等异常现象。

(2)温度　药物的有效成分在正常的贮藏条件下,绝大多数是比较稳定的。但随着温度升高,物理、化学和生物的变化均可加速。若温度过高,能促使药材水分蒸发,其含水量和重量下降;同时加速氧化、水解等化学反应,造成变色、气味散失、挥发、泛油、粘连、干枯等变质现象。

在低温的环境中,一般药材都不易发生变质,并可以阻止霉菌的生长和害虫的繁殖,所以绝大多数的干燥药材,是适于在低温条件下保管的。但温度过低,对某些鲜药材如鲜石斛、鲜芦根等,或是含水量较高的药材,也会发生有害的影响。因为0℃以下的低温,可使药材中的水分结冰。一般新鲜药材的结冰温度在－3～0℃。药材在冻结后,不能再恢复原来的新鲜状态,颜色往往变深,品质变劣。

(3)湿度　湿度是影响药材变质的一个重要的因素,它可以引起药材的物理变化和化学变化,而且还能招致微生物的繁殖和害虫的生长。一般药材的绝对含水量应控制在7%～13%,如果包装不好,吸收了空气中的水蒸气,或者存放不当,受地面或接触物的潮湿影响,都会使含水量增加。通常在空气相对湿度为70%时,药材绝对含水量没有大的变化,但是相对湿度超过70%时,绝大部分药材都能逐渐吸收空气中的水蒸气,而使本身水分增加。怕潮易霉的药材受潮后,就容易发生霉烂变质现象。

当空气相对湿度在60%以下时,药材的水分会逐渐减少,如果水分过少,又会使某些动、植物类药材干裂发脆,如使芒硝、胆矾等结晶体失去结晶水而风化,或者使某些药材因过分干燥而枯朽。

所以空气的相对湿度宜在60%～70%。过高易出现发霉、虫蛀、泛油、泛糖、变味、潮解、冲烧等质变现象。过低可造成某些药物风化失水,干硬、干裂等。

(4)日光　日光的直接或间接照射,会导致饮片变色、气味散失、挥发、风化、泛油、粘连,从而影响饮片质量。

(5)生物因素　影响药材变质的生物因素主要有仓储害虫、霉菌、老鼠。

虫蛀和发霉是最常发生的,也是危害最大的变质现象。仓储害虫的种类很多,但大部分都属于昆虫类动物,以幼虫危害最大。仓储害虫的危害造成蛀蚀损失外,并以其排泄物和脱皮污染药材，引起发霉变质。

空气中存在大量的霉菌孢子，如散落药材上，在适当的温度和湿度的条件下，特别是在发汗和受潮后，萌发为菌丝，并分泌酶，溶蚀药材内部组织，促使有效成分分解失效。

害虫和霉菌分布广，传播快，容易感染，并且难于发现，应严格注意。

老鼠对中药材造成的危害主要有：破坏贮藏仓库的结构、破坏中药材的包装，降低了库房和贮藏药材的容器及包装性能，加速了药材变质；盗走药材、破坏药材的完整，降低药材质量；排泄粪便污染药材；传播致病菌、病毒，导致人类或动物用使用药材后感染疾病。

除了以上两大类影响药材变质的因素外，还有一个时间因素不能忽视。绝大多数药物不能长期贮藏，药材会因长期贮藏而导致质量下降，应遵循先进库先出库的原则。

(三)贮藏保管方法

中药材的贮藏方法有很多，不同时期有不同贮藏方法，有些传统的贮藏方法目前仍然在沿用。

1. 常用的传统贮藏方法

(1)日晒法　利用日光的照射，对受潮的药材进行摊晒。日晒可除去药材中过多的水分，同时也可利用紫外线杀死霉菌。不易变色、不挥发或不碎裂的药材，都可以采用日晒法进行防虫和防霉。摊晒药材要勤翻动，合理掌握时间和干燥程度，防止过分干燥造成的碎裂。对日晒后易变色的药材，应置阴处晾干，或在摊晒时，用纸遮盖药材。

(2)烘烤法　利用加热设备，对药材进行干燥处理。含水量过高而又不能曝晒的药材，或者因阴雨连绵，无法利用日光曝晒时，可以进行烘烤，以除去水分和杀虫除霉。烘烤时的温度、时间和方法，可根据药材的性质而定。

烘烤时应选用无烟的燃料，以免影响药材的颜色和气味。烘烤温度不宜过高，一般掌握在50℃左右，防止药材中挥发油成分的耗散；要根据不同药材的性质，分别采用不同温度或先高温后低温等方法，视实际情况灵活运用。烘烤时要勤翻动，使药材受热均匀，防止焦枯和变色。

(3)密封法　利用密封的库房或包装，使药材与外界空气隔离，尽量减少湿气或仓储害虫、霉菌侵入药材的机会，保持药材质量优良。但在密封前，应将药材充分干燥，不应超过安全水分，同时应没有虫霉现象；对含糖、易潮的药材，要在未潮时，提前进行密封。若药材欠干、有虫蛀、已潮，就不能采用本法，否则，不但得不到应有的效果，甚至会造成霉烂变质。对贵重的药材，最好采取无菌真空密封法。

(4)吸潮法　为了保持药材贮藏环境的干燥，除了采用通风法或使用空气去湿机以降低库房的湿度外，还可以采用吸潮剂来吸收空气中和药材的水分。常用的吸潮剂有石灰块、干木炭或无水氯化钙等，使用时不要与药材接触，要定期更换。本法适用于易变色、虫蛀、发霉类药材，如黄芪、三七、天麻、红花、冬虫夏草等。

(5)对抗同贮法　将两种或两种以上的药物放在一起保存，以防止虫蛀或霉变。此法是利用药材相互间所含成分散发出的特殊气味和吸潮的物理性能，防止生虫、发霉、泛油、变色等现象。例如，牡丹皮与泽泻同贮，则泽泻不易生虫，牡丹皮不易变色。柏子仁最易泛油，也易发霉，若与滑石块或明矾存放在一起，可防止泛油和发霉。在梅雨季节前，与密封法结合应用，则效果更好。可以对抗同贮的有丹皮与泽泻、山药、白术、天花粉等同贮；花椒与蕲蛇、白花蛇、蛤蚧、全蝎、海马等同贮；人参与细辛同贮；明矾与柏子仁同贮；冰片与灯心草同贮；土鳖虫与大蒜同贮；吴茱萸与荜澄茄同贮；胶类(鹿角胶，阿胶等)与滑石粉或米糠同贮；荜澄茄、丁香等与人参、党参、三七等同贮等。蕲蛇、地龙、柏子仁、郁李仁等可与乙醇或白酒一起密封保存。

(6)谷糠贮藏法　适用于胶类中药材或某些根类中药材，胶类药材遇热、遇潮容易粘连，所以可用油纸把药材包好放在埋入谷糠中密闭贮藏，夏季时，取出放入石灰干燥器中，干燥后再埋入谷糠中。党参、白芷也可以埋在谷糠里贮藏，药材和谷糠要一层层间隔存放。

(7)干沙贮藏法　干燥的沙子无养料、不易吸潮，既可防虫也可预防药材发霉。贮藏时将沙子铺在晒场上暴晒，充分干燥后，装入容器内，然后把药材埋入沙中，此法适于党参、山药、泽泻等药材以及石斛、生地、金钱草等新鲜药材的贮藏。

2. 中药贮藏新技术

(1)化学气体杀虫灭菌技术　是采用具有挥发性的化学药剂杀虫或灭菌的一种养护方法。常用的杀虫剂有二氯化硫、氯化苦、磷化铝等。既能灭菌又能杀虫的为环氧乙烷或为环氧乙烷的混合气体(与二氧化碳或氟利昂)。

①防治害虫　密封之前将药剂用量均匀分配，布点适当，用厚铁盒盛入药片，挂于堆垛药材的包装之上，然后密封。使用的药品为磷化铝时用量 $0.1\sim0.3\ g/m^3$。

在密闭条件下，由于库房内中药材、害虫、微生物的呼吸耗氧，而使密闭库房内氧的含量减少，二氧化碳浓度增高，从而恶化了害虫的生态条件。同时，又因磷化铝药剂投放后吸收空间水气，产生磷化氢气体，使有限的空间中增大了有效浓度，从而使仓虫死亡或受到抑制，以此达到防治害虫的目的。也可用于处理早期生虫的药材，如富含淀粉的白芷、葛根等。

此法优点成本低，设施简单。缺点是化学熏蒸剂有残留。

②环氧乙烷防霉　环氧乙烷是一种气体灭菌杀虫剂，有较强的扩散性和穿透力，对各种细菌、霉菌及昆虫、虫卵均十分埋想。缺点是残留量大，易燃，因此在使用时常用二氧化碳或氟利昂稀释(稀释比例：12％的环氧乙烷＋88％的氟利昂；10％的环氧乙烷＋90％的二氧化碳)，使用时较为安全。

灭菌的程序：将待灭菌的药材置于排除空气的密闭灭菌器内，预热，在减压下输入混合气体，保持一定浓度、湿度和温度，经一定时间后，抽真空排除残余环氧乙烷使入水中，成乙二醇排放，然后送入无菌空气。

(2)气调养护　目前应用的方法主要有充氮或二氧化碳法、脱氧剂脱氧法。通过充氮降氧的气调法，使容器内氧的浓度降到 0.4％，则可杀死所有的害虫。另外，也可充二氧化碳气体，同样达到杀虫效果。此法费用低，无污染，劳动强度小，利于保持药材的色泽。

气调养护的实质是将药材置于密闭环境内，对影响其质变空气中氧浓度进行有效的控制，人为地造成低氧状态；或人为地造成高浓度的二氧化碳状态，使药材在气调环境中，害虫窒息或中毒死亡，微生物繁殖及药材自身呼吸氧气受到抑制，延缓了药材的陈化速度；还能隔离湿气，防止吸潮，防霉、防泛油、防变色、防挥发、防潮解风化等作用，从而确保储存药材品质的稳定。

(3)气幕防潮法　是装在库房门上，配合自动门以防止库内冷空气排出、库外潮热空气侵入的装置，达到防潮目的。此法即使在梅雨季节，库内相对湿度及温度也相当稳定。安装气幕的先决条件是保证库房结构严密，否则作用甚微。气幕防潮的气幕只起到防护作用，并没有吸潮作用，所以刚开始时最好与一些吸潮剂配合起来应用。

(4)冷藏法　采用低温环境(0℃以上、10℃以下的冷库)下贮藏药材。温度在5℃左右时药材即不易生虫、发霉、变色和走油,因此可采用冷库干燥冷藏。此法适用于少数贵重药材或极难保存的药材,如人参、银耳、哈士蟆油、苏合香等,在炎热季节可置于冷气仓库里度夏。

(5)^{60}Co-γ射线辐射　^{60}Co-γ射线辐射技术是采用^{60}Co射线对中药材及饮片杀虫灭菌,已成为中药材、饮片和中成药灭菌最实用的方法,但需专门设施。大量的实验数据表明,中药一般照射剂量为15万～100万R就能使杂菌数量降到国家《药品卫生标准》限度以下,并且对有效成分影响较小。但放射性物质受管理限制,基建投资大、防护措施严、设备复杂、费用高、维护难等制约,难以推广应用。

(6)高频介质电热灭虫法　是一种新的物理技术,其杀虫原理是:如果将绝缘物质放在容器的金属片间,这种物质的分子受两个金属片间交流电场变化而摩擦产生介质电热。电压越高,电场越强,摩擦频率就越高,产生的热能就越多,在温度50℃时只需50 min,60℃时只需10 min,就可以将害虫全部杀死。

(7)中药挥发油熏蒸防霉技术　多种中药的挥发油具有一定程度的抑菌、灭菌作用,利用挥发油挥发特性,熏蒸中药材能起到杀灭霉菌并抑制其繁殖的作用,且对药材表面色泽、气味均无明显影响,常用的挥发油为丁香挥发油和荜澄茄挥发油。

(8)机械吸湿　机械吸湿是利用空气除湿机吸收空气中的水分,降低库房的相对湿度,达到防蛀、防霉的效果。特点是费用较低,无污染。

(9)蒸汽加热　蒸汽加热是利用蒸汽杀灭中药材及其炮制品中的霉菌、杂菌及害虫的方法。特点是简单、廉价、可靠。

(10)无菌包装　无菌包装是先将中药材、饮片或其炮制品灭菌,再装入一个微生物无法生长的容器,避免再次污染,在常温下,不需任何防腐剂或冷冻设施,在规定时间内不会发生霉变。

(四)贮藏保管的注意事项

随时注意季节和贮存时间的变化,保证先进先出。勤检查,勤通风,勤倒垛。中药材贮藏过程中的保管养护措施,不是一成不变的,要根据实际情况应用,有些方法要根据本地实际和具体药材进行改进。因此,在平时的贮藏保管工作中,应因地制宜,针对所贮藏各药材品种的性能、存量、季节及设备条件等,遵循"以防为主,防治结合"和"先进先出"原则,坚持勤检查、勤翻垛、勤整理、勤烘晒、勤打扫、勤检漏,采取相应有效的养护措施加强预防,尽可能降低库存损耗。发现虫蛀、霉变药材,应按虫害轻重、霉变程度分开处理。例如采用化学药剂防治仓储害虫,有的药剂会带来残毒,使药材质量下降,甚至降低药效,使用时必须保证药材的质量,尽量减少农药的残留,这样才能保证药效。

◙ 任务实施

技能实训4-7　中药材包装与质量检查

一、实训目的要求

掌握常用的包装材料和包装方法,能进行规范性包装质量检查。

二、实训材料用品

经过产地加工待包装的中药材、包装袋、筐、篓、箱、桶，粗布、麻布、草袋等包裹物，铁丝、麻绳等捆扎物。

三、实训内容方法

(1)根据中药材的种类和性质，选择不同的包装材料和包装方法。

(2)按照规范化的要求进行包装。

(3)包装质量检查

①包装前，质量检验部门应对每批药材按相关标准检验，有检验人员和质监部门负责人签章的检验报告。

②包装环境、包装设备良好，包装人员身体健康。

③外包装的初检应完整，没有污染、受损、淋湿、受潮、虫蛀、霉变、鼠咬等。

④每件包装上应附有明显标识，标明品名、规格、数量、产地、来源、采收(加工)日期。

⑤毒性、麻醉性、贵细药材应使用特殊包装，并贴上相应标记。

四、实训报告

写出包装过程和主要注意事项。

五、成绩评定及考核方式

以实训报告及实训表现综合评分。

技能实训 4-8　中药材贮藏保管技术

一、实训目的要求

掌握中药材常见贮藏保管方法，能进行中药材库房管理。

二、实训材料用品

经过产地加工或包装好的中药材、干沙、生石灰、木板、塑料薄膜、箱、缸、货位架、仓库等。

三、实训内容方法

(1)根据中药材的种类和性质，选择密封法、吸潮法、干沙贮藏法、冷藏法等相应的贮藏方法。为了保证贮藏过程中的质量，各品种按药典中“贮藏”项下要求进行保管。

(2)实行分库、分区、分类、分批堆放，每批中药材应有状态标志及货位卡。

(3)库房管理。按药用部位结合养护方法分类分区设库，如中药材库、中药饮片库、贵细类库、毒麻库、阴凉库。库房必须要具有通风、照明、避光、防火以及防止昆虫和动物进入和测量记录温湿度的设施，并记录温湿度的变化；阴凉库必须要有能够调节温度和湿度的设施，其温度必须控制在 0～25℃范围内。中药材、中药饮片、毒麻库必须分库储存；毒麻库必须双人双锁,双人复核;贵细类可根据品种数量多少设专柜储存。控制库房内的温湿度,阴凉库可用空调来调节,其他库房可用通风的方法来调节库内的温湿度。通过晾晒、吸潮等方法控制中药材的含水量。

(4)仓库中堆放要求:牢固、整齐,符合“六距”。

六距:垛距不少于0.5 m,梁距不少于0.3 m,柱距不少于0.3 m,墙距不少于0.5 m,底距不少于0.15 m,顶距不少于0.5 m(照明灯其垂直下方与储存中药材间距);另有一距:垛与水暖散热器、供热管道间距应大于0.3 m。

(5)五防:防鼠、防盗、防火、防霉潮、防虫。

(6)库存中药材的检查。库存中药材检查的时间和方法,应根据在库中药材的性质、特点,结合季节气候、贮藏环境等多方面来确定,采取经常和定期相结合的方法检查,在每年的5～9期间,对易发生虫蛀、发霉、泛油的中药材每星期检查一次;一般中药材每半个月检查一次;每月全面检查一次。

(7)中药材管理的几种状态标志:待验——黄色;合格——绿色;不合格——红色;退货——蓝色。

(8)中药材应每日巡检和养护,确保无潮解、无霉变、无虫蛀、无鼠咬、无污染、无渗漏、无锈蚀、无燃爆,质量保持良好。

四、实训报告

写出库房管理主要注意事项。

五、成绩评定及考核方式

以实训报告及实训表现综合评分。

【思考与练习】

1. 中药材包装方法有哪些?
2. 简述中药材贮藏中常见的变质现象。
3. 影响中药材贮藏质量的因素有哪些?
4. 中药材的贮藏保管方法有哪些?

项目5

主要药用植物栽培技术

任务1　根及根茎类药用植物

知识目标

- 了解当地主要根及根茎类药用植物的生物学特性。
- 掌握当地主要根及根茎类药用植物的栽培技术。
- 掌握当地主要根及根茎类药用植物的采收和加工。

能力目标

- 能熟练操作当地主要根及根茎类药用植物的种子繁殖和营养繁殖。
- 能顺利进行当地主要根及根茎类药用植物的田间管理、采收和加工。

相关知识

人　参

人参为五加科植物人参(*Panaxginseng* C. A. Mey.)的干燥根和根茎。栽培者习称园参,野生者习称山参,播种在山林野生状态下自然生长的称林下参。以根入药,叶、花、果实也可入药。性温、味甘。有补气固脱、生津安神作用,可调节人体生理功能的平衡。用于体虚欲脱,气短喘促,自汗肢冷,精神倦怠,久咳,津亏口渴,失眠多梦,惊悸健忘,阳痿,尿频,气血津液不足等症。主产东北三省,北京、河北、山东、山西、湖北、陕西、江西、四川、贵州、甘肃及新疆等地亦有栽培。

一、生物学特性

人参为阴生植物,喜凉爽温和的气候,耐寒,怕强光直射,忌高温。适应生长的温度范围是

10～34℃，最适温度为20～25℃，温度高于34℃或低于10℃时，人参处于休眠状态。越冬时最低可耐受－40℃的低温。一般4月下旬至5月上旬，平均气温10～18℃，人参休眠芽开始萌动；5月上中旬，平均气温14℃以上时，为地上茎叶生长期；6月上中旬，平均气温16℃以上时，进入开花期；6月下旬至7月上旬，平均气温18℃以上，为结果期；8月上中旬，平均气温18℃以上，为果熟期；9月中下旬，平均气温12℃以上，进入枯萎期，然后转入休眠期。人参喜湿润、怕干旱、怕积水，适宜空气湿度为80%左右，土壤相对含水量80%左右。要求土壤水分适当，排水良好。人参喜弱光、散射光和斜射光，怕强光和直射光，栽培时要加强遮阳管理。要求选择土层深厚，富含腐殖质的沙壤土栽培，适宜微酸性土壤（pH 5.5～6.5），不宜在碱性土壤中栽培。

人参种子千粒重25～40 g，种子有休眠特性，必须经过后熟过程，一般先经高温20℃左右，1个月后，转入低温3～5℃两个月，才能发芽出苗。种子寿命为2～3年。

二、栽培技术

（一）栽培品种

人参的人工栽培历史悠久，在产区经过参农的长期人工选择和自然选择形成一些“农家品种”，如“大马牙”、“二马牙”、“圆膀圆芦”、“长脖”等。“大马牙”生长快，产量高，但根形差；“二马牙”次之；“长脖”和“圆膀圆芦”根形好，但生长缓慢，产量低。

（二）选地与整地

人参栽培有伐林栽参、林下栽参和农田栽参。人参对土壤要求严格，适宜微酸性，富含腐殖质，排灌方便的沙壤土或壤土，忌重茬。一般利用林地栽参。如用农田栽参，前茬以禾本科或豆科作物为好，且要收获后休闲一年才能种植。选地后，于封冻前翻耕1～2次，深20 cm。翌春化冻结合耕翻，每667 m^2施入农家肥4 000 kg，与土拌匀，以后每1～2月翻耕1次。栽播前1个月左右，打碎土块，清除杂物，整地做畦，畦面宽1～1.5 m，略呈弓形，畦高25～30 cm，畦间作业道宽50～100 cm。畦面依地势、坡向、棚式等而异，应以采光合理、土地利用率高、有利防旱排水及田间作业方便为原则。

（三）繁殖方法

一般采用种子繁殖，通常采用育苗移栽法。

1.选种与种子处理

选茎秆粗壮、无病虫的4～5年参株，在开花结青果时摘除花序中的小果，待果熟后，选果大、种子饱满的作种用。7—8月，采种后可趁鲜播种，种子在土中经过后熟过程，第二年春可出苗。或将种子进行沙埋催芽。方法是选向阳高燥的地方，挖15～20 cm深的坑，其长和宽视种子量而定，坑底铺上一层小石子，其上铺上一层过筛细沙。将鲜参籽搓去果皮，或将参籽用清水浸泡2 h后捞出，用相等体积的湿细沙混合拌匀，放入坑内，覆盖细沙5～6 cm，再覆一层土，其上覆盖一层杂草，以利保持湿润，雨天盖严，防止雨水流入烂种。每隔半月检查翻动1

次，若水分不足，适当喷水；若湿度过大，筛出参种，晾晒沙子。经自然变温，种子即可完成胚的后熟过程，11月上、中旬裂口时即可进行冬播。如次春播种，可将裂口种子与沙混合装入罐内，或埋入室外，置于冷凉干燥处贮藏。播种前将种子放入冷水中浸泡2 d左右，待充分吸水后播种。

2. 播种

分春播、夏播和秋播。产区多夏播和秋播。夏播采用鲜籽随采随播；秋播在土壤结冻前，用处理过的催芽籽，播后次春出苗；春播在土壤解冻后，用头年经过催芽处理的种子，播后当年出苗。

播种方法有撒播、点播和条播3种，但多用撒播法，每平方米用催芽籽30～40 g，鲜籽40～50 g。条播的行距6～7 cm，每行播50～60粒种子。点播的行株距各5 cm，可用木制点播器，每穴播2粒种子。播后覆土5～6 cm，用木板轻轻镇压畦面，使种子和土壤紧密结合。最后覆盖秸秆或草，再覆盖防寒土。

3. 移栽

目前多用“二三制”、“二四制”和“三三制”。“二三制”和“二四制”即育苗2年，移栽后3～4年收获。“三三制”指或育苗3年，移栽后3年收获。

移栽时期一般在秋季地上茎叶枯黄至地表结冻前进行。春季移栽，应在参苗尚未萌动时，土壤化冻后立即进行。移栽时选用根部乳白色，无病虫害、芽苞肥大、根条长的壮苗。栽前可适当整形，除去多余的须根。并用100～200倍液的代森锌或用1∶1∶140波尔多液浸根10 min，注意勿浸芽苞。移栽时，以畦横向成行，行距25～30 cm，株距8～13 cm。斜栽芦头朝上，参根与畦基呈30°～40°角。覆土深度应根据参苗的大小和土质情况而定。一般4～6 cm。秋栽后，畦面上应用秸秆或干草等覆盖，保湿防寒。冻害严重的地区，在覆盖物上还要加盖防寒土。

（四）田间管理

1. 搭设阴棚

参苗出土后应及时搭设阴棚。棚架高低视参龄大小而定。一般一至三年生，前檐高1.0～1.1 m，后檐高0.6～0.7 m；三年生以上，前檐高1.2～1.3 m，后檐高1.0～1.1 m。每边立柱间距1.7～2.0 m，前后相对，上绑搭架杆，以便上帘。棚帘一般用芦苇、谷草、苫房草等编织而成，帘宽1.8 m、厚3 cm、缝隙0.5～1.0 cm、长4 m以上。帘上摆架条，用麻绳铁丝等把帘子固定在架上。参床上下两头，也要用帘子挡住，以免边行人参被强光晒死。为防止盛夏参床温度过高和帘子漏雨烂参，要加盖一层帘子，即上双层帘。8月后，雨水减少，可将帘撤去。否则秋后参床地温低，土壤干燥，影响人参生长。

2. 松土除草

在人参出苗前，或土壤板结、土壤湿度过大、畦面杂草较多时，应及时进行松土除草。松土除草时切勿碰伤根部和芽苞，以防缺苗。

3. 追肥

播种或移栽当年一般不用追肥，第二年春苗出土前，将覆盖畦面的秸秆去除，撒一层腐熟的农家肥，配施少量的过磷酸钙，通过松土与土拌匀，土壤干旱时随机浇水。在生长期可用

2% 的过磷酸钙溶液和 1% 磷酸二氢钾溶液进行根外追肥。

4.排灌

不同参龄和不同发育阶段的人参,对水分的要求和反应是不同的。一般四年生以下人参因根浅,多喜湿润土壤,而高龄人参对水分要求减少,水分过多时,易发生烂根。因此,人参出苗后,5—6 月正是生长发育的重要时期,如果参畦表土干旱应及时灌水,水量以渗到根系土层为度。入夏雨水多时应及时排除。8 月以后雨水渐少,气温逐渐下降,应及时撤掉二层帘,使雨水适当进入畦内,以调节土壤水分。

5.插花

为防止烈日照射及热雨侵袭而发生病虫害,于 6 月下旬,在前檐帘头或畦边上,按 30 cm 距离插一根带叶的树枝,俗称"插花"。树枝高 45～60 cm,秋后撤除。

6.摘蕾

人参生长 3 年以后,每年都能开花结籽,花薹抽出时,对不留种的参株应及时摘除花蕾,使养分集中供应参根生长,从而提高人参的产量和质量。如果人参 6 年收获,则以四年生和五年生留一次种为好,其他年份一律摘除花蕾。

7.防寒越冬

10 月中、下旬植株黄枯时,将地上部分割掉,烧毁或深埋,以便消灭越冬病原。11 月上旬,应将帘子拆下卷起,捆立在后檐架上,以防冬季风雪损坏。下帘时要在畦面上盖防寒土,先在畦面上盖一层秸秆,上面覆土 8～10 cm 以防寒。第二年春季撤防寒土时,应从秸秆处撤土,以免伤根。

(五)病虫害及其防治

1.病害

(1)立枯病　5 月始发,6—7 月严重为害幼苗,受害参苗在地表下干湿土交界的茎部,呈褐色环状缢缩,地上茎倒伏死亡。防治方法:适当增加光照,疏松土壤;发现病株及时清除,并用 50% 多菌灵 500 倍液喷施或浇灌。

(2)疫病　6 月始发,为害全株。防治方法:降低田间湿度;发病初期用 1∶1∶120 倍波尔多液喷施,或用 65% 代森锌 500 倍液喷施。

(3)锈腐病　5 月始发,主要为害根部,呈黄褐色干腐状,病部出现松软的小颗粒状物,从而使表皮破裂,最后使参根或芦头全部烂掉。防治方法:移栽时减少伤口,并用药剂浸根;降低田间湿度;发病时可用 50% 多菌灵 500 倍液浇灌病区。

(4)黑斑病　5 月下旬初至 6 月上旬始发,为害全株。防治方法:选无病种子进行种子消毒,可用多抗霉素 200 IU,浸泡 24 h 后取出阴干,或按种子重量的 0.2%～0.5% 拌种;清除病残株;发病初期用多抗霉素 100～200 IU 喷施,进入雨季改用 1∶1∶(100～180) 倍波尔多液或多菌灵 500 倍液,或代森锌 800～1 000 倍液交替喷施。

2.虫害

虫害主要有蛴螬、蝼蛄、金针虫、地老虎等,主要为害根部。防治方法:灯光诱杀成虫,即在田间用黑光灯进行诱杀;用 90% 的敌百虫 1 000 倍液或 75% 的辛硫磷乳油 700 倍液浇灌;用 50% 的辛硫磷乳油 50 g,拌炒香的麦麸 5 kg,加适量水配成毒饵进行诱杀。

三、采收与加工

(一)采收

一般在五年生植株采收1次种子;若种子不足,四、五年生植株连采两次种子也可。采种时间一般在7月下旬至8月上旬,当果实充分成熟呈鲜红色时采摘。随采随搓洗,清除果肉和瘦粒,用清水冲洗干净,待种子稍干,表面无水时便可播种或催芽埋藏。若需干籽,则将种子阴干至含水量达15%以下时即可,注意不宜晒干。阴干的种子,置干燥、低温及通风良好的地方保藏。

人参产区多数在5~6年生时收获参根,于9—10月茎叶枯萎时即可采收,早收比晚收好。采收时,先拆除参棚,从畦的一端开始,将参根逐行挖出,抖去泥土,去净茎叶,并按大小分等。做到边起、边选、边加工。

(二)加工

1. 生晒参和红参

将参根洗净,剪去须根及侧根,晒干或烘干,即为生晒参。选择体形好、浆足、完整无损的大参根放在清水中冲洗干净,刮去疤痕上的污物,掐去须根和不定根,沸水后蒸3~4 h,取出晒干,亦可在60℃的烘房内烘干,即得红参。

2. 保鲜参

选择形体好的全参根,不需经过烘、晒而直接将整条鲜人参与装人参的透明塑料容器或玻璃瓶一起消毒灭菌,然后将人参作真空保鲜盛装保存,供以后销售与食用、药用。

3. 糖参

白糖参简称糖参,缺头少尾、浆液不足、体形欠佳、质地较软的鲜参适合加工成糖参。主要工艺流程包括选参、熏参、洗刷、焯蒸、排针、灌糖、干燥等步骤。由于加工糖参的工艺烦琐,多次排针、浸糖,使人参的有效成分严重损失,加上贮藏、运输中易于吸潮、污染,冬季易于烊化返糖,夏季易于发霉变质,故使其应用受到限制,产量较少。

四、商品质量标准

(一)外观质量标准

红参主根圆柱形,有芦头、无艼帽,质坚实,无抽皱沟纹,内外呈深红色或黄红色,有光泽,半透明。生晒参主根圆柱形,有芦头、艼帽,表皮土灰或土褐色,有横纹,皱细且深,质充实,根内呈白色,无杂质、虫蛀和霉变者为佳。糖参根内外呈黄白色,无返糖、虫蛀和霉变者为佳。

(二)内在质量标准

《中华人民共和国药典》(2010年版)规定:人参水分不得过12.0%,灰分不得过5.0%。

按干燥品计算，含人参皂苷 Rg1($C_{42}H_{72}O_{14}$)和人参皂苷 Re($C_{48}H_{82}O_{18}$)的总量不得少于0.30%，人参皂苷 Rb1($C_{54}H_{92}O_{23}$)不得少于0.20%。

三　七

三七(*Panax notoginseng*(Burk) F. H. Chen)为五加科多年生草本植物，又名金不换、血参、田七、田三七、参三七、滇七等，以根、根状茎入药。生药称三七，味甘、微苦，性温，为“云南白药”的主要原料。生品具有止血、散瘀、消肿、定痛的功效；熟品补血活血。其花也可药用。最近，我国医学家还发现三七具抗疲劳、耐缺氧、壮阳、抗衰老、降血糖和提高机体免疫功能等多方面的滋补强壮作用。三七主产于云南、广西，近年来江西、广东、湖北、四川等地也有引种栽培，以云南文山产量最大，质量最好。

一、生物学特性

三七属亚热带高山药用植物，生态幅度较窄。喜冬暖夏凉、四季温差变化幅度不大的气候，夏季气温不超过35℃，冬季气温不低于－5℃，均能生长，生长适宜温度18～25℃。喜潮湿但怕积水，一般以年降水量900～1 200 mm、空气相对湿度70%～80%、土壤含水量以20%～40%为宜。三七为林下植物，生长要求光照不强的阴凉环境。因此，栽培时要求搭阴棚，一般透光度为20%～40%为宜。三七对土壤要求不严，适应范围广，pH在4.5～8.0范围均可，但以土壤疏松，排水良好的沙壤土为好。凡过黏、过沙以及低洼易积水的地段都不宜种植。对肥力的要求以中等肥力较好，土壤过于肥沃易发生病害。

三七种子具后熟性，保存在湿润条件下，才能完成生理后熟而发芽。种子发芽适温为20℃。种子在自然条件下的寿命为15 d左右，宜随采随播，或层积处理。

二、栽培技术

(一)选地与整地

宜选坡度在5°～15°的排水良好的缓坡地，富含有机质的腐殖质或沙壤土。农田地前作以玉米、花生或豆类为宜，忌用蔬菜、荞麦、茄科植物等。地块选好之后，要休闲0.5～1年，多次翻耕，深15～20 cm，促使土壤风化。有条件的地方，可在翻地前铺草烧土或每667 m^2施石灰100 kg，进行土壤消毒。最后一次翻地每667 m^2施充分腐熟的厩肥5 000 kg，饼肥50 kg，整平耕细。在播种和移栽前，将畦做好，畦面宽1.2～1.5 m，长度根据地形酌定，根据坡度的大小畦高为30～40 cm，畦周用竹竿或木棍拦挡，以防畦土流坍，畦面呈瓦背形。

(二)繁殖方法

一般采用种子繁殖，通常采用育苗移栽法。

1. 选种与种子处理

一般选择3～4年生、生长健壮、粒大饱满的植株作为留种，当果实成熟时，分批采收，连花梗一同摘下，除去花盘和不成熟果实后即可播种，不宜久贮，如不能及时播种，可将种子摊放于阴凉处或用湿沙贮藏。一层沙一层种子，沙不可过湿或过干。过湿，会促使用种子过早发芽不利于贮藏；过干，种子失去发芽能力；一般情况下，水分含量低于60%时，三七种子即丧失生活力。

2. 播种

用工具划印行，以株行距5 cm×6 cm进行点播，然后均匀撒一层混合肥（腐熟农家肥或与其他肥料混合），畦面盖一层稻草，以保持畦面湿润和抑制杂草生长，每667 m^2用种7万～10万粒，折合果实10～12 kg。播种后浇水后如用银灰色地膜覆盖，可起到明显的增产和良好的保水节肥等效果。

3. 移栽

三七育苗后1年后移栽，一般在12月至翌年1月移栽。要求边起苗、边选苗、边移栽。起根时，严防损伤根条和芽苞。选苗时要剔除病、伤、弱苗，并分级栽培。三七苗根据根的大小和重量分3级：千条根重2 kg以上的为一级；千条根重1.5～2 kg的为二级；1.5 kg以下的为三级。移栽行株距：一、二级为18 cm×(15～18) cm；三级的为15 cm×15 cm。种苗在移栽前要进行消毒。多用65%代森锌300倍液浸根部，浸后立即捞出晾干并及时栽种。

(三)田间管理

1. 浇水与排湿

三七种子从1—2月播种至3—4月出苗展叶期间，正值旱季，要及时浇水，才不会影响种子和种苗出土。三七地土壤的含水量以保持在25%左右为宜。6—9月由于湿度大，是三七黑斑病、根腐病的高发季节，因此雨季防涝排湿也十分重要，特别是地势平坦的七园。雨季来临前必须检查排水沟，挖好防洪沟，调整畦面，做到雨停沟内、畦面无积水。

2. 搭棚与调节透光度

三七喜阴，人工栽培需搭棚遮阴，棚高1.5～1.8 m，棚四周搭设边棚。棚料可就地取材，一般用木材或水泥柱作棚柱，棚顶拉铁丝作横梁，再用竹子编织成方格，铺设棚顶盖。阴棚透光度对三七生长发育有密切关系，若透光过小，病虫多，结果少，产量低；透光过大，叶片变黄，易出现早期凋萎现象。一般应掌握“前稀、中密、后稀”的原则，即春季透光度为60%～70%，夏季透光度稍小，为45%～50%，秋季天气转凉，透光度逐渐扩大为50%～60%。

3. 除草与培土

三七为浅根系植物，根系多分布于15 cm的地表层，因此不宜中耕，以免伤及根系。幼苗出土后，畦面杂草应及时除去。在除草时，用手握住杂草的根部，轻轻拔除，不要影响三七根系。拔除时若有三七根系裸露，应用细土覆盖。

4. 追肥

三七追肥应掌握“少量多施”的原则，以保证三七正常生长发育的需要。出苗初期在畦面撒施草木灰2～3次，每667 m^2每次25～50 kg，以促进幼苗组织健壮，减少病虫危害；4—5月每月追施粪灰混合肥一次，促进植株生长，每667 m^2用500～1 000 kg，混合肥中牛粪占30%～40%、草木灰占60%～70%；6—8月三七进入开花结果时期，应追混合肥2～3次，每次1 000～1 500 kg，混合肥比例同上，另加磷肥25 kg左右。

5.保持三七园清洁

保持三七园清洁，要做到经常化，切勿忽视。勤除杂草，除了把畦面、畦沟的杂草及时清理干净外，三七园周围1～2 m宽的范围内也要铲光杂草。清除病株落叶，这在三七园清洁中是很重要的工作，尤其是在发病的三七园，更应加强，做到及时彻底地清除。这样做实质上是在清理发病中心和初次侵染源，对防治多种病害能起到良好效果。

6.防寒保温

三七出苗遭受寒流时，刚萌发的幼苗新芽和休眠芽会被冻死或冻伤，表现青枯状，严重的造成死亡。因此，三七产区在冬季栽种或管理中，要注意气象预报，及时做好防寒保温工作。

7.打薹

为防止养分的无谓消耗，集中供应地下根部生长，于7月出现花薹时，摘除全部花薹，可提高三七产量。打薹应选晴天进行。

(四)病虫害及其防治

1.病害

(1)根腐病　该病在田间主要表现两种症状类型：一是地上部植株矮小，叶片发黄脱落，地下部块根呈黄色干腐，称“黄臭”；二是叶片呈绿色萎蔫披垂，地下发病部位有白色菌浓，闻有臭味，称“绿臭”。防治方法：发现中心病株，立即拔除并进行消毒处理和清除病残体及杂草；选择土质疏松、排水较好的沙壤土并在有一定坡度的地块种植；忌连作，实行轮作，轮歇时间为6～8年；增施K肥和有机肥，不偏施N肥；用58%瑞毒霉锰锌+20%叶枯宁+50%多菌灵按1:1:1的比例稀释成300～500倍液灌根防治。

(2)立枯病　在三七播种后即开始发生，种子受侵染后组织腐烂成乳白色浆汁而不能出苗。幼苗被害后，在假茎基部出现黄褐色水渍状条斑，茎表皮组织凹陷，染病部位缢缩，地上部逐渐萎蔫，幼苗折倒枯死。防治方法：结合整地用杂草进行烧土或每667 m^2用1 kg氯硝基苯作土壤消毒处理；施用充分腐熟的农家肥，增施磷钾肥，以促使幼苗生长健壮，增强抗病力；严格进行种子消毒处理；未出苗前用1:1:1倍波尔多液喷洒畦面，出苗后用苯并咪唑1 000倍液喷洒，7～10 d喷1次，连喷2～3次；发现病株及时拔除，并用石灰消毒处理病穴，用50%托布津1 000倍液喷洒，5～7 d喷1次，连喷2～3次。

(3)黑斑病　多发于6—7月高温多湿季节，茎叶产生近圆形或不规则水浸状褐色病斑。病斑中心产生黑褐色霉状物，病重的茎叶枯死，果实霉烂。防治方法：选用和培育健壮无病的种子、种苗；加强田间管理，增施K肥，不偏施N肥，提高植株抗病性；调整阴棚透光度至20%以下；适时施药防治，用50%腐霉利1 000倍液，40%菌核净400倍液，40%大生500倍液交替使用。

(4)疫病　主要危害叶片，在叶尖或叶缘处产生水渍状病变，叶片病部披垂，叶脉发黄，叶片脱落。花轴和茎秆受害，导致软腐，潮湿条件下有灰白色稀薄霉层。于4—5月发病，7—8月发病严重。防治方法：冬季清除残株病叶后用波尔多液喷畦面消毒处理；发病后及时剪除病叶，用64%杀毒矾M8可湿性粉剂350～450倍液防治，连续3～5次。

2.虫害

(1)蚜虫　为害茎叶，使叶片皱缩，植株矮小，影响生长。防治方法：用40%乐果乳油800～

1 500 倍液喷杀。

(2)短须螨　又称红蜘蛛。群集于叶背吸取汁液,使其变黄、枯萎、脱落。以 6—10 月危害严重。花盘和果实受害后造成萎缩、干瘪。防治方法:清洁三七园;3 月下旬以后喷 0.2~0.3 波美度石硫合剂,每隔 7 d 喷 1 次,连喷 2~3 次;6—7 月发病盛期,喷 20% 三氯杀螨砜 800~1 000 倍液。

三、采收与加工

(一)采收

三七收获的年龄以 3 年生三七最为适宜,收获分 2 次进行,第一次是在 10 月,由于没有留种,块根养分丰富,产量高,加工后的三七饱满,表皮光滑,此次采挖的三七称“春三七”。第二次是在 12 月至次年 1 月,由于要留种,养分主要供给花和种子,养分消耗大,产量低,加工后的三七皱纹多,质轻,内部空泡多。一般将留种后采挖的三七称“冬三七”。收获前 1 周,在离畦面 7~10 cm 处剪去茎秆,以便挖掘时识别。收获时,用铁耙或竹撬挖出全根,不要挖断及损伤根部。

(二)加工

采挖回来的三七根部主要包括三七主根(头子)、根茎(剪口)、支根(筋条)、须根等,必须经过清洗和修剪处理后方可进行干燥。其加工工艺是:三七根部→分选→清洗→修剪→干燥→分级→商品三七。三七采挖运回加工处,首先将病七、受损三七、茎叶、铺畦草及杂质和泥土等拣出,然后用不锈钢剪刀剪去直径在 5 mm 以下的须根放在 1.0 m×1.0 m 规格的箩筐内,浸在水里淘洗或把三七放在加工平台上,用高压水枪边冲边翻动,直至将三七上粘附的泥沙等杂物全部冲掉为止。清洗三七的用水,水质一定要无污染,尽量采用自来水或山泉水等生活用水。将修剪处理后的三七放在阳光下晾晒或在 40~60℃ 条件下烘烤干燥至含水量为 40%~50%,然后进行第二次修剪,用不锈钢剪刀在离三七主根表皮高约 1 mm 处将支根、根茎剪下。然后进行搓揉后,再次进行干燥,将三七主根、支根、根茎放在阳光下晾晒或在 40~50℃ 条件下烘烤干燥至含水量为 13% 以下。干燥方法可采用日晒和机器烘烤等方法,干燥后的三七应分级包装和保存。

四、商品质量标准

(一)外观质量标准

主根呈类圆锥形或圆柱形,长 1~6 cm,直径 1~4 cm。表面灰褐色或灰黄色,有断续的纵皱纹及支根痕。顶端有茎痕,周围有瘤状突起。体重,质坚实,断面灰绿色、黄绿色或灰白色,木质部微呈放射状排列,味苦回甜。

筋条呈圆柱形或圆锥形,长 2~6 cm,上端直径约 0.8 cm,下端直径约 0.3 cm;剪口呈不规则的皱缩块状及条状,表面有数个明显的茎痕及环纹,断面中心灰绿色或白色,边缘深绿色或灰色。

三七规格按个形大小分:20头(一等)、30头(二等)、40头(三等)、60头(四等)、80头(五等)、120头(六等)、160头(七等)、200头(八等)、无数头(250头,九等)、剪口(十等)、筋条(十一等)、毛根(十二等)12个规格。

(二)内在质量标准

《中华人民共和国药典》(2010年版)规定:三七水分不得超过14.0%,总灰分不得超过6.0%,酸不溶性灰分不得超过3.0%,醇溶性浸出物不少于16%。按干燥品计算,含人参皂苷Rg1($C_{42}H_{72}O_{14}$)、人参皂苷Rb1($C_{54}H_{92}O_{23}$)及三七皂苷R1($C_{47}H_{80}O_{18}$)的总量不得少于5.0%。

当 归

当归(*Angelica sinensis*(Oliv.)Diels.)为伞形科多年生草本植物,以干燥的根入药,药材名当归,又名秦归、云归、西当归、岷当归等。味甘、辛、微苦,性温。具有补血活血、润燥滑肠、调经止痛、扶虚益损、破瘀生新的功能。主治月经不调、崩漏、经闭腹痛、血虚头痛、痈疽疮疡、跌打损伤、肠燥便秘、头晕眼花、面色苍白等症。主产甘肃岷县和云南丽江,也产于陕西、贵州、四川、湖北等地。是甘肃的道地药材,以"岷当归"品质最佳。

一、生物学特性

当归是一种低温长日照类型的植物,原产于高寒阴湿地带,适宜在海拔1 500～2 500 m的高寒地区生长,喜凉爽湿润、空气相对湿度大的自然环境。当归种子寿命短,在室温下,放置1年即丧失生命力,种子于6℃左右就可以萌发,在10～20℃随温度的升高而加快萌发速度,20℃时种胚吸水和发芽速度最快,大于20℃时减缓,大于35℃时就失去发芽力。越冬后的根在5～8℃就开始萌动,9～10℃出土,在日平均温度14℃时生长最快。

当归为多年生草本,但药材栽培过程中一般为2年。第1年为营养生长阶段,形成肉质根后休眠;第2年抽薹开花,完成生殖生长。抽薹开花后,当归根木质化严重,不能入药。由于1年生当归根瘦小,性状差,因此生产上采用夏育苗(最好控制在6月中下旬),用次年移栽的方法来延长当归的营养生长期,但一定要控制好栽培条件,防止当归第2年的"早期抽薹"现象。采用夏育苗后,当归的个体发育在3年中完成,头两年为营养生长阶段,第3年为生殖生长阶段。

二、栽培技术

(一)选地与整地

1. 育苗地

育苗地应选择阴凉湿润的生荒地或熟地,以土质疏松肥沃、结构良好、微酸性或中性的沙质壤土为宜，最好在前一年的秋季选地、整地，使土壤充分风化。前茬以小麦、烟草为好，忌重茬，土质以黑土、黑油沙土为好。选好育苗地后要及时翻耕，于4—5月把草皮连土铲起并晒干，堆成外圆内空的圆堆，内放柴草，烧成火土后均匀撒开，播种前结合整地每667 m^2施入农家肥2 500～3 000 kg，翻入土中作基肥，翻地深20～25 cm，深耙3遍，整平土地做成宽1 m的高畦，随即播种。

2.移栽地

移栽地应选择土层深厚，疏松肥沃，富含腐殖质，排水良好的荒地、休闲地或熟地。前茬以小麦、黑麦、青稞、麻类为好。前茬作物收获后及时翻耙1次，使土壤风化，种植前再翻耙1次，并667 m^2施2 500～3 000 kg农家肥作基肥，耙平地块可栽苗。

(二)繁殖方法

当归多为育苗移栽，但也有直播繁殖的。

1.育苗移栽

(1)采种　适时采种和选种可减少2年生植株抽薹。应选播种后第三年开花结实的新鲜种子作种。种子的成熟度，应掌控在成熟前种子呈粉白色时即采收。

(2)播种　播种的时间，应根据当地的地势、地形和气候特点而定。过早容易提早抽薹；过晚生长期短，幼苗不壮实。高海拔地区宜于6月上、中旬播种，低海拔地区宜6月中、下旬播种。播种方法，多采用条播。播种前先将种子用30℃的温开水浸泡24 h后捞出晾干，拌上10倍于种子的草木灰，在畦面上按行距15～20 cm横畦开沟，沟深3 cm左右，将种子均匀撒入沟内，覆土1～2 cm，整平畦面，盖草保湿遮光，每667 m^2用种5 kg左右。如采用撒播播种量可达每667 m^2为10～15 kg。

(3)苗期管理　播种后的苗床必须盖草保湿遮光，以利于种子萌发出苗。一般播后10～15 d出苗。当种子待要出苗时，应细心将盖草挑虚，并拔除露出来的杂草。再过1个月，将盖草揭去。最好选阴天或预报有雨天时揭草。之后拔2次草，间去过密的弱苗。一般为了降低早期抽薹率，在苗期无须追肥，但追施适量的N肥，能降低早期抽薹率。

(4)种苗贮藏　10月上、中旬，当苗的叶片刚刚变黄即可收挖种苗。将挖出的苗抖掉一部分泥土，去掉残叶，捆成直径5～6 cm的小把，稍晾干，放室内堆藏或室外窖藏。

(5)移栽　翌年春季4月上旬为移栽适宜期。过晚，则种苗芽子萌动，移栽时易伤苗，成活率低。栽时，将畦面整平，按株行距30 cm×40 cm开穴，呈"品"字形错开挖穴，穴深15～20 cm，每穴栽大、中、小苗共3株，在芽头上覆土2～3 cm。也可采用沟播，即在整好的畦面上横向开沟，沟距40 cm，深15 cm，按3～5 cm的株距，大、中、小相间置于沟内，芽头低于畦面2 cm，盖土2～3 cm。

2.直播

立秋前后播种为宜。此法省工，但产量较育苗移栽低。可以采用条播或穴播。在整好的畦上按行距30 cm、株距25 cm，三角形错开挖穴，穴深5 cm，每穴点入种子5～10粒，盖土2 cm以内，搂平畦面，上盖草保温保湿。苗出齐后揭去盖草。条播即在整好的畦面上横向开沟，沟深5 cm，沟距30 cm，种子均匀撒在沟内。通常穴播每667 m^2播种量0.75～1 kg，条播每667 m^2播种量1.5～2 kg。

(三)田间管理

1. 间苗、定苗

育苗移栽和直播均要进行间苗。早间苗、定苗,能避免当归苗拥挤,有一定的营养面积,利于生长。间苗、定苗过晚,苗生长拥挤,彼此争夺养分,苗弱、叶片瘦长、根浅。直播者,在苗高3 cm时,即可间苗。穴播者,每穴留苗2~3株,株距3~5 cm,到苗高10 cm时定苗,最后一次中耕应定苗;条播的株距10 cm定苗。

2. 中耕除草

每年在苗出齐后,进行3次中耕除草,封行后拔大草。当苗高5 cm时进行第一次中耕除草,要早锄浅锄。当苗高15 cm时进行第二次锄草,要稍深一些。当苗高25 cm进行第三次中耕除草。中耕要深,并结合培土。

3. 追肥

当归为喜肥植物,除了施足底肥外,还应及时追肥。追肥一般以厩肥、油渣为主,同时配以速效肥。追肥分两次进行,第一次主要以促进地上部茎叶生长为主,多以油渣、熏肥和氮肥为主;第二次在要以促进根系生长发育、获得高产为目的,多以厩肥和磷钾肥为主。

4. 拔薹

栽种时应选用不易抽薹的晚熟品种,采取各种农艺措施降低早期抽薹率,对出现提早抽薹的植株,应及时拔除。

5. 排灌

当归苗期干旱时应适量浇水,保持土壤湿润,但不能灌大水。雨季及时排除积水,防止烂根。

(四)病虫害及其防治

1. 病害

当归主要病害有褐斑病、白粉病、菌核病、麻口病及根腐病等。

(1)褐斑病　该病5月发生,7—8月严重。为害叶片。高温多湿易发病,初期叶面上产生褐色斑点,严重时全株枯死。防治方法:冬季清园,烧毁病残株;发病初期喷1:1:(120~150)波尔多液防治,7~10 d喷一次,连续2~3次。

(2)根腐病　主要为害根部,受害植株初期根部组织褐色,最终整株死亡。防治方法:栽种前每公顷用70%五氯硝基苯15 kg消毒;与禾本科作物轮作;雨后及时排除积水;选用无病健壮种苗,并用65%可湿性代森锌600倍液浸种苗10 min,晾干栽种;发病初期及时拔除病株,并用石灰消毒病穴;用50%多菌灵1 000倍液全面浇灌病区。

(3)麻口病　受害当归根皮层组织纵裂,裂纹深1~2 mm,干烂呈褐色糠腐状,病根表皮出现裂纹或根毛增多,病株地上部矮化,叶细小或皱缩。防治方法:移栽前用于50%辛硫磷乳剂800~1 000倍液浸根15~20 min,边浸边晾,移栽时再用硫黄悬浮剂500倍液浸根定植。也可采用50%辛硫磷、40%多菌灵各500 g分别对土50 kg混合后,结合定植,按每穴50~100 g壅于小苗根茎部位后覆土2 cm左右。成株期麻口病防治以灌根为主,可用50%辛硫磷1 000倍液,40%多菌灵800~1 000倍液,5%石灰乳分别交替灌根,视病情确定施用次数。

(4)菌核病　主要为害根、叶。植株发病初期叶片变黄,后期植株萎蔫,根部组织腐烂成为空腔,腔内含有多个黑色鼠粪状菌核。低温高湿、杂草多、管理粗放条件下易发生。防治方法:集中清除烧毁发病植株和土壤中菌核,杜绝病菌源;水旱轮作,消除土壤的菌核;建立无病种苗基地,选用无病苗移栽,移栽前用 0.05% 代森铵浸泡 10 min,对种苗进行消毒;早期及时拔除病株,挖去病穴土壤,并用生石灰消毒,防止病害扩散为害。发病初期喷洒 600 倍 65% 代森锌或波尔多液(1∶1∶300)或用 300 倍菌核利浇灌。

2. 虫害

(1)种蝇　幼虫为害根部,蚕食根茎。幼苗期,从地面咬孔进入根部为害,蛀空根部并引起腐烂,植株死亡。防治方法:施肥要用腐熟肥;发现种蝇为害,用 40% 乐果 1 500 倍液或 90% 敌百虫 1 000 倍液灌根,每周 1 次,连续 2～3 次。

(2)黄凤蝶　幼虫咬食叶片呈缺刻,甚至仅剩叶柄。防治方法:幼虫较大,初期可人工捕杀;用 90% 敌百虫 800 倍液喷杀,每周 1 次,连续 2～3 次。

(3)蚜虫、红蜘蛛　为害新梢和嫩芽。防治方法:用 40% 乐果乳油 1 000～1 500 倍液防治。

(4)蛴螬、蝼蛄、地老虎　为害根茎。防治方法:铲除田内外杂草,堆成小堆,7～10 d 换鲜草,用毒饵诱杀,减少过渡寄主;用 90%晶体敌百虫 1 000～1 500 倍液浇灌或人工捕杀。

三、采收与加工

(一)采收

移栽定植的当归于当年 10 月下旬,地上部分开始枯萎时采挖,秋季直播的宜在第 2 年枯黄时采挖。在收获前,割去地上叶片,留叶柄 3～5 cm,在阳光下曝晒 3～5 d。采挖时力求根系完整无缺,抖净泥土,挑出病根,刮去残茎,置通风处晾晒。

(二)加工

当归根晾晒至根条柔软后,按规格大小,扎成小把,每把鲜重约 0.5 kg。将扎好的当归堆放在竹筐内 5～6 层,总高度不超过 50 cm。于室内用湿草作燃料生烟烘熏,忌用明火,室内温度保持在 60～70℃,要定期停火回潮,上下翻堆,使干燥程度一致。10～15 d 后,待根把内外干燥一致,用手折断时清脆有声,表面赤红色,断面乳白色为好。当归加工时不可经太阳晒干或阴干。

四、商品质量标准

(一)外观质量标准

当归主根粗长、油润、支根少、外皮黄褐色、断面黄白色、气味浓郁者为佳品。主根短小、支根多、气味较弱及断面变红棕色者品质较次。

(二)内在质量标准

《中华人民共和国药典》(2010 年版)规定:水分不得超过 12.0%,总灰分不得超过 7.0%,酸不溶性灰分不得超过 2.0%,挥发油不得少于 0.4%,醇溶性浸出物不得少于 45.0%,阿魏酸($C_{10}H_{10}O_4$)不得少于 0.050%。

丹　参

丹参(*Salvia miltiorrhiza* Bunge)为唇形科多年生草本植物,以干燥的根入药。药材名丹参,别名血参、紫丹参、赤参、红根等。其味苦,性微寒;归心、肝二经。具有活血祛瘀、养血安神、消肿止痛等功能。主治冠心病、心肌梗死、心绞痛、月经不调、产后瘀阻、瘀血疼痛、痈肿疮毒、心烦失眠等症。丹参的主要有效成分可分为两类,即脂溶性丹参酮类(脂溶性二萜醌类)和水溶性酚酸类。前者有抗菌、抗炎、治疗冠心病等疗效;后者有改善微循环、抑制血小板凝聚、减少心肌损伤和抗氧化等作用。全国大部分省区均有栽培。主产安徽、江苏、山东、河北、陕西、四川、山西等省。

一、生物学特性

丹参分布广,适应性强。野生于林缘坡地、沟边草丛、路旁等阳光充足、空气湿度大、较湿润的地方。喜温和气候,较耐寒,可耐受 −15℃ 以上的低温。生长最适温度为 20～26℃,最适空气相对湿度为 80%。产区一般年平均气温 11～17℃,海拔 500 m 以上,年降水量 500 mm 以上。丹参根部发达,长度可达 60～80 cm,怕旱又忌涝。对土壤要求不严,一般土壤均能生长,但以地势向阳、土层深厚、中等肥沃、排水良好的沙质壤土栽培为好。忌在排水不良的低洼地种植。对土壤酸碱度要求不严,从微酸性到微碱性都可栽培丹参。

丹参为多年宿根草本,当 5 cm 土层地温达到 10℃时开始返青。3—5 月为茎叶生长旺季;4—6 月枝叶茂盛,陆续开花结果,这一时期的气温、空气相对湿度最适于丹参地上部分的生长,为营养生长和生殖生长的旺盛期。7 月之后根生长迅速,7—8 月茎秆中部以下叶部分或全部脱落,果后花序梗自行枯萎,花序基部及其下面一节的腋芽萌动并长出侧枝和新叶,同时又长出新的基生叶,此时新枝新叶能增加植物的光合作用,有利于根的生长。8 月中、下旬根系加速分枝、膨大,此时应防止积水烂根,增加根系营养。10 月底至 11 月初平均气温 10℃以下时,地上部分开始枯萎。温度降至 −5℃ 时,茎叶在短期内仍能经受。最低温度 −15℃ 左右,最大冻土深 40 cm 左右时仍可安全越冬。

二、栽培技术

(一)选地与整地

宜选择向阳、土层深厚、排水良好、肥力中等、中性至微碱性的沙质壤土栽种,易积水、涝地、过黏和过沙地均不宜种植。忌连作。可与小麦、玉米、葱头、大蒜、薏苡、蓖麻等作物或非根类中药材轮作,或在果园中套种。不适于与豆科或其他根类药材轮作。前茬作物收割后深翻整地,翻地的同时施足基肥,再耕翻平整开沟。多雨地区可取高垄种植,北方雨水较少的地区可开平畦。

(二)繁殖方法

丹参的繁殖方法有种子繁殖、分根繁殖、扦插繁殖和芦头繁殖。以芦头作繁殖材料产量最高,其次是分根繁殖。

1. 种子繁殖

可育苗移栽或直播。

(1)育苗移栽　丹参种子于 6—8 月成熟,采摘后即可播种。在整理好的畦上按行距 25~30 cm 开沟,沟深 1~2 cm,将种子均匀地播入沟内,覆土,以盖住种子为度,播后浇水盖草保湿。用种量 4~5 kg/667 m^2,15 d 左右可出苗。当苗高 6~10 cm 时间苗。一般 11 月左右,即可定植于大田。北方地区在 2—3 月采用阳畦育苗,5—6 月移栽。

(2)直播　3 月播种,采取条播或穴播。穴播方法是:行距 30~40 cm,株距 20~30 cm 挖穴,穴内播种量 5~10 粒,覆土 2~3 cm。条播方法是:沟深 3~4 cm,覆土 2~3 cm;沟深 1~1.3 cm 时,覆土 0.7~1 cm,播种量 0.5 kg/667 m^2。如果遇干旱,浇透水再播种,半个月左右即可出苗,苗高 7 cm 时间苗。

2. 分根繁殖

(1)备种　一般选直径 1 cm 左右,色红、无病虫害的 1 年生侧根作种,最好用上、中段,细根萌芽能力差。留种地当年不挖,到翌年 2—3 月随栽随挖,也可在 11 月收获时选取好种根,埋于湿润土壤或沙土中,翌年早春取出栽种。

(2)根段直播　要选一年生的健壮无病虫的鲜根作种,侧根为好,根粗 1~1.5 cm,老根、细根不能作种。栽种时期一般在 2—3 月,按行距 30~40 cm,株距 20~30 cm 开穴,穴深 3~5 cm,穴内施入农家肥,每 667 m^2 1 500~2 000 kg。将选好的根条切成 5~7 cm 长的根段,一般取根条中上段萌发能力强的部分和新生根条,边切边栽,大头朝上,直立穴内,不可倒栽,每穴栽 1~2 段,盖土 1.5~2 cm 压实。盖土不宜过多,否则妨碍出苗,每 667 m^2需种根 50~60 kg。栽后 60 d 出苗。为使丹参提前出苗,延长生长期,可用根段催芽法。方法是于 11 月底至 12 月初挖 25~27 cm 深的沟槽,把剪好根段铺入槽中,约 6 cm 厚,盖土 6 cm,上面再放 6 cm 厚的根段,再上盖 10~12 cm 厚的土,略高出地面,以防止积水。天旱时浇水,并经常检查根段,以防霉烂。第二年 2—3 月初,根段上部长出白色的芽,即可栽植大田。采用该法栽植,出苗快、齐,不抽薹,叶片肥大,根部充分生长,产量高。

3. 扦插繁殖

南方于 4—5 月,北方于 6—8 月,剪取生长健壮的茎枝,截成 17~20 cm 长的插穗,剪除下部的叶片,上部留 2~3 片叶。在整好的畦内浇水灌透,按行距 20 cm,株距 10 cm 开沟,将插穗斜插入土 1/2~2/3,顺沟培土压实,搭矮棚遮阳,保持土壤湿润。一般 20 d 左右便可生根,成苗率 90%以上。待根长 3 cm 时,便可定植于大田。

4. 芦头繁殖

3 月上、中旬,选无病虫害的健壮植株,剪去地上部的茎叶,留长 2~2.5 cm 的芦头作种苗，按行距 30～40 cm、株距 25～30 cm，深 3 cm 挖穴，每穴 1～2 株，芦头向上，覆土以盖住芦头为度，浇水，40～45 d 即 4 月中下旬芦头即可生根发芽。

(三)田间管理

1. 定苗

种子繁殖直播的，在幼苗开始出土时，要进行查苗，若苗密度过大，则要间苗；若缺苗，则要及时补苗；发现土壤板结，覆土较厚而影响出苗时，要及时把土疏松，扒开，促其出苗，并于苗高 6 cm 最后 1 次间苗定苗，每 667 m^2 密度在 10 000 株左右。

2. 中耕除草

采用分根繁殖法种植的，常因盖土太厚，妨碍出苗，因此 3—4 月幼苗出土时要进行查苗。如果发现盖土太厚或表土板结，应将穴土挖开，以利出苗。丹参生育期内需进行 3 次中耕除草：苗高 5～7 cm 时进行第一次，为避免伤根，应浅耕；第二次在 6 月进行；第三次在 7—8 月进行。封垄后停止中耕。育苗地应拔草，以免伤苗。

3. 追肥

生长期内，结合中耕除草追肥 2～3 次，第一次以氮肥为主，每 667 m^2 施尿素 10～15 kg，钾肥适量，以促进生长，培育壮苗；以后在 5—8 月配施磷肥、钾肥，例如饼肥、过磷酸钙、氯化钾等。饼肥每 667 m^2 用量 25～50 kg；磷肥每 667 m^2 可施 15 kg，氯化钾每 667 m^2 施 10 kg 左右。

4. 排灌

丹参系肉质根，怕田间积水，故必须经常疏通排水沟，严防积水成涝，造成烂根。但出苗期和幼苗期需水量较大，要经常保持土壤湿润，遇干旱应及时灌水。

5. 摘蕾

除了留种株外，对丹参抽出的花薹应及时摘除，以抑制生殖生长，减少养分消耗，促进根部生长发育，这是丹参增产的重要措施。

(四)病虫害及其防治

1. 病害

(1)根腐病　发病植株根部发黑腐烂，地上部个别茎枝先枯死，严重时全株死亡。防治方法：选择地势高的地块种植；雨季及时排除积水；选用健壮无病种苗；轮作；发病初期用 50% 甲基托布津 800～1 000 倍液浇灌；拔除病株并用石灰消毒病穴。

(2)叶斑病　5 月初发生，一直延续到秋末。发病初期叶片上产生圆形或不规则形深褐色病斑，严重时病斑扩大，致使叶片枯死。防治方法：发病前喷 1∶1∶(120～150)波尔多液，7 d 喷 1 次，连喷 2～3 次；发病初期用 50% 多菌灵 1 000 倍液喷雾；加强田间管理，实行轮作；冬季清园，烧毁病残株；注意排水，降低田间湿度，减轻发病。

(3)根结线虫病　病原线虫是圆形动物门线虫纲的低等线形动物。由于线虫的寄生，在须根上形成许多瘤状结节，地上部生长瘦弱，严重影响产量和质量。防治方法：选地势高燥，无积水的地方种植；与禾本科作物轮作，不重茬；建立无病留种田；拌施辛硫磷粉剂 2～3 kg/667 m^2 或棉隆 2 kg/667 m^2，对根结线虫有明显的防止效果。

(4)菌核病　发病植株茎基部、芽头及根茎部等部位逐渐腐烂，变成褐色，并在发病部位及附近地面以及茎秆基部的内部，生有黑色鼠粪状的菌核和白色菌丝体，植株枯萎死亡。防治方法：加强田间管理，及时疏沟排水；发病初期及时拔除病株并用 50% 氯硝胺 0.5 kg 加石灰 10 kg，撒在病株茎基及周围土面，防止蔓延，或用 50% 速克灵 1 000 倍液浇灌。

2. 虫害

丹参主要的虫害有蚜虫、银纹夜蛾、棉铃虫、蛴螬、地老虎等。

(1)蚜虫　主要为害叶及幼芽。防治方法：用 50% 杀螟松 1 000～2 000 倍液或 40% 乐果 1 500～2 000 倍液喷雾，7 d 喷 1 次，连打 2～3 次。

(2)银纹夜蛾　以幼虫咬食叶片，夏秋季发生，严重时可把叶片吃光。防治方法：冬季清园，烧毁田间枯枝落叶；悬挂黑光灯诱杀成虫；在幼龄期，喷 90% 敌百虫 1 000 倍液，7 d 喷 1 次，连续 2～3 次；幼虫期可用松毛杆菌防治，制成每毫升水含 1 亿孢子的菌液喷雾，0.6～0.8 kg/667 m^2。

(3)棉铃虫　幼虫为害蕾、花、果，影响种子产量。防治方法：现蕾期喷洒 50% 辛硫磷乳油 1 500 倍液或 50% 西维因 600 倍液防治。

(4)蛴螬类、地老虎类　4—6 月发生为害，咬食幼苗根部。防治方法：撒毒饵诱杀，在上午 10 时人工捕捉；用 90% 敌百虫 1 000～1 500 倍液，浇灌根部。

此外，还有中国菟丝子的发生，生长期应及时铲除病株，清除菟丝子种子。

三、采收与加工

(一)采收

春栽于当年 10—11 月地上部枯萎或次年春萌发前采挖。丹参根入土较深，根系分布广泛，质地脆而易断，应在晴天较干燥时采挖。先将地上茎叶除去，在畦一端开一深沟，使参根露出，顺畦向前挖出完整的根条，防止挖断。

(二)加工

挖出后，剪去残茎。如需条丹参，可将直径 0.8 cm 以上的根条在母根处切下，顺条理齐，曝晒，经常翻动，七八成干时，扎成小把，再曝晒至干，装箱即成“条丹参”。如不分粗细，晒干去杂后装入麻袋者称“统丹参”，有些产区在加工过程中有堆起“发汗”的习惯，但此法会使有效成分含量降低，故不宜采用。

四、商品质量标准

(一)外观质量标准

以身干、条粗壮、色紫红、无芦头、无须根、无霉蛀、无 7 cm 以下碎片者为佳。

(二)内在质量标准

《中华人民共和国药典》(2010 年版)规定：丹参水分不得超过 13.0%，总灰分不得超过

10.0%,酸不溶性灰分不得超过 3.0%,水溶性浸出物不得少于 35.0%,醇溶性浸出物不得少于 15.0%,丹参酮ⅡA($C_{19}H_{18}O_3$)不得少于 0.20%,丹酚酸 B($C_{36}H_{30}O_{16}$)不得少于 3.0%;铅不得超过百万分之五;镉不得超过千万分之三;砷不得超过百万分之二;汞不得超过千万分之二;铜不得超过百万分之二十。

黄　芪

黄芪为豆科多年生草本植物蒙古黄芪(*Astragalus membranaceus*(Fisch.)Bge. var. *mongholicus*(Bge.)Hsiao.)和膜荚黄芪(*Astragalus membranaceus*(Fisch.)Bge.)的干燥根。性微温,味甘,有补气固表、利尿、托毒排脓、生肌等功能。用于气短心悸、乏力、虚脱、自汗、盗汗、体虚浮肿、慢性肾炎、久泻、脱肛、子宫脱垂、痈疽难溃及疮口久不愈合等。蒙古黄芪分布于黑龙江、吉林、河北、山西、内蒙古等地,膜荚黄芪分布于黑龙江、吉林、辽宁、河北、山东、山西、内蒙古、陕西、宁夏、甘肃、青海、新疆、四川和云南等地。栽培的以蒙古黄芪质量为佳。

一、生物学特性

黄芪喜阳光,耐干旱,怕涝,喜凉爽气候,耐寒性强,可耐受 −30℃ 以下低温,怕炎热,适应性强。多生于山区或半山区的干旱向阳草地上,或向阳林缘灌木树丛间。黄芪为深根植物,要求土层深厚、土质疏松、透水、透气性能良好的沙质壤土,土壤以微酸性为好,凡黏重、板结、含水量大的黏土,以及瘠薄、地下水位高、低洼易积水之地均不宜栽培。

黄芪种子具硬实性,一般硬实率在 40%～80%,造成种子透性不良,吸水力差,在正常温度和湿度条件下,约有 80% 的种子不能萌发,影响了自然繁殖。生产上,一般播种前要对种子进行前处理,打破种皮的不透水性,提高发芽率。黄芪种子吸水膨胀后,在地温 5～8℃ 时即可萌发,以 25℃时发芽最快,仅需 3～4 d。

二、栽培技术

(一)选地与整地

平地栽培应选择地势高、排水良好、疏松而肥沃的沙壤土;山区应选择土层深厚、排水好、背风向阳的山坡或荒地种植。地下水位高、土壤湿度大、黏结、低洼易涝的黏土或土质瘠薄的沙砾土,均不宜种植黄芪。选好地后进行整地,以秋季翻地为好。一般深翻 30～45 cm,结合翻地施基肥,每 667 m^2 施农家肥 2 500～3 000 kg,过磷酸钙 25～30 kg;春季翻地要注意土壤保墒,然后耙细整平,做畦或垄,一般垄宽 40～45 cm,垄高 15～20 cm,排水好的地方可做成宽 1.2～1.5 m 的宽垄。

(二)繁殖方法

黄芪的繁殖既可用种子直播,又可用育苗移栽,但播种前都需对种子进行处理。

1. 播种前处理

一般采用机械法或硫酸法对黄芪种子进行预处理。

(1)机械处理　用温汤浸种法及沙磨法均可提高黄芪硬实种子发芽率。

①温汤浸种法　在春雨后,立即将黄芪种子进行沸水催芽。取种子置于容器中,加入适量沸水,不停搅动约 1 min,然后加入冷水调至 40℃,浸泡 2 h,将水倒出,种子加覆盖物闷 8～10 h,待种子膨大或外皮破裂时,可趁雨后播种。

②沙磨法　将掺入细沙的种子置于石碾上,待种子碾至外皮由棕黑色变为灰棕色时即可播种。生产上将温汤浸种法与沙磨法结合使用,效果良好。

(2)硫酸处理　用浓硫酸处理老熟硬实黄芪种子,发芽率达 90% 以上,比不处理的提高 50% 左右。方法是每克种子用 90% 的硫酸 5 mL,在 30℃ 的温度条件下,处理 2 min,随后用清水冲洗干净后即可播种。

2. 种子直播

黄芪可在春、夏、秋三季播种。春播在"清明"前后,最迟不晚于"谷雨",一般地温达到 5～8℃ 时即可播种,保持土壤湿润,15 d 左右即可出苗;夏播在 6—7 月雨季到来时进行,土壤水分充足,气温高,播后 7～8 d 即可出苗;秋播一般在"白露"前后,地温稳定在 0～5℃ 时播种。

播种方法一般采用条播或穴播。条播行距 20 cm 左右,沟深 3 cm,播种量 2～2.5 kg/667 m^2。播种时,将种子用菊酯类农药拌种防地下害虫,播后覆土 1.5～2 cm 镇压,施底肥磷酸二胺 8～10 kg/667 m^2,硫酸钾 5～7 kg/667 m^2。播种至出苗期要保持地面湿润或加覆盖物以促进出苗。穴播多按 20～25 cm 穴距开穴,每穴点种 3～10 粒,覆土 1.5 cm,踩平,播种量 1 kg/667 m^2。

3. 育苗移栽

选土壤肥沃、排灌方便、疏松的沙壤土,要求土层深度 40 cm 以上,在春、夏季育苗,可采用撒播或条播。撒播的,直接将种子撒在平畦内,覆土 2 cm,用种子量 7 kg/667 m^2,加强田间管理,适时清除杂草;条播的,行距 15～20 cm,每 667 m^2 用种量 2 kg。亦可与小麦套作。

移栽时,可在秋季取苗贮藏到次年春季移栽,或在田间越冬次年春季边挖边移栽,忌日晒,一般采用斜栽,株行距为(15～20) cm×(20～30) cm,起苗时应深挖,严防损伤根皮或折断芪根,并将细小、自然分岔苗淘汰。栽后踩实或镇压紧密,利于缓苗,移栽最好是浇水后或趁雨天,利于成活。

(三)田间管理

1. 除草间苗

黄芪幼苗生长缓慢,杂草迅速生长,应及时除草、松土,以利于幼苗生长,苗高 6～10 cm 时进行间苗,当苗高 15～20 cm 时,按株距 20～30 cm 定苗,穴栽的按每穴 1～2 株定苗。

2. 追肥

黄芪定苗后要追施 N 肥和 P 肥,一般田块每 667 m^2 追施硫铵 15～17 kg 或尿素 10～12 kg、硫酸钾 7～8 kg、过磷酸钙 10 kg。花期追施过磷酸钙 5～10 kg/667 m^2、N 肥 7～10 kg/667 m^2,促进结实和种熟。在土壤肥沃的地区,尽量少施化肥。

3. 灌溉与排水

黄芪耐干旱,一般不需浇水,若遇特殊干旱,可适当浇水。雨季湿度大时,根向下生长缓慢,易烂根,应及时排水。

4.摘蕾打心

黄芪开花结实消耗养分,影响根的产量,故商品田应及时摘除花蕾,并及时打去将成为花序的顶心,以促使养分向根部供应转移。

(四)病虫害及其防治

1.病害

(1)白粉病　主要为害黄芪叶片,初期叶两面生白色粉状斑;严重时,整个叶片被一层白粉所覆盖,叶柄和茎部也有白粉。被害植株往往早期落叶,产量受损。防治措施:加强田间管理,合理密植,注意株间通风透光;施肥以有机肥为主,注意N、P、K肥比例配合适当,不要偏施N肥;实行轮作,尤其不要与豆科植物和易感染此病的作物连作;用25%粉锈宁可湿性粉剂800倍液或50%多菌灵可湿性粉剂500~800倍液喷雾;用75%百菌清可湿性粉剂500~600倍液或30%固体石硫合剂150倍液喷雾;用50%硫黄悬浮剂200倍液或25%敌力脱乳油2 000~3 000倍液喷雾;25%敌力脱乳油3 000倍液加15%三唑酮可湿性粉剂2 000倍液喷雾。用以上任意一种杀菌剂或交替使用,每隔7~10 d喷1次,连续喷3~4次,具有较好的防治效果。

(2)白绢病　发病初期,病根周围以及附近表土产生棉絮状的白色菌丝体。由于菌丝体密集而成菌核,初为乳白色,后变米黄色,最后呈深褐色或栗褐色。被害黄芪,根系腐烂殆尽或残留纤维状的木质部,极易从土中拔起,地上部枝叶发黄,植株枯萎死亡。防治措施:合理轮作,轮作的时间以间隔3~5年较好;播种前施入杀菌剂进行土壤消毒,常用的杀菌剂为50%可湿性多菌灵400倍液,拌入2~5倍的细土,一般要求在播种前15 d完成,也可以60%棉隆作消毒剂,但需提前3个月进行,10 g/m^2与土壤充分混匀;用50%混杀硫或30%甲基托布津悬浮剂500倍液,20%三唑酮乳油2 000倍液,用其中一种,每隔5~7 d浇注1次;用20%甲基立枯磷乳油800倍液于发病初期灌穴或淋施1~2次,每10~15 d防治1次。

(3)根结线虫病　黄芪根部被线虫侵入后,导致细胞受刺激而加速分裂,形成大小不等的瘤结状虫瘿。防治措施:忌连作,及时拔除病株;施用农家肥应充分腐熟;土壤消毒参照白绢病。

(4)锈病　为害叶片背面生有大量锈菌孢子堆,红褐色至暗褐色。叶面有黄色的病斑,后期布满全叶,最后叶片枯死。防治措施:实行轮作,合理密植;彻底清除田间病残体,及时喷洒硫制剂或20%粉锈宁可湿性粉剂2 000倍液;注意开沟排水,降低田间湿度,减少病菌为害;选择排水良好、向阳、土层深厚的沙壤土种植;发病初期喷80%代森锰锌可湿性粉剂(1:(600~800)倍液)或敌锈钠防治。

2.虫害

(1)蒙古灰象甲、金龟子、网目拟地甲　皆为苗期害虫,在4月份出苗期危害幼苗。一般用毒饵防治:花生饼粉碎炒香,加入少量敌百虫,按花生饼:水:80%敌百虫=2:2:0.1的比例于晴天早上撒于地面或排水沟,效果较好。

(2)种蝇　以幼虫在土中钻蛀黄芪幼苗,为害根部。防治方法:用80%乐果乳剂1 000倍液,浇灌受害株的根茎处,具有毒杀作用;4月份在种蝇发生严重地片,沿垄沟喷洒25%敌百虫或115%乐果粉,每667 m^2喷1.5~2 kg,毒杀前来产卵的成虫。

(3)蚜虫　危害叶、花、果的幼嫩部分,整个生长期均可发生。受害株常造成黄叶,花果脱落或干瘪,严重影响商品和种子的产量。防治方法:危害期以 40% 乐果乳油 1 500 倍液进行喷雾防治,且忌与豆科作物邻作。

(4)豆荚螟　于 6 月中旬至 9 月下旬发生,成虫在黄芪嫩荚或花苞上产卵,孵化出幼虫即蛀入荚内食害种子,食完一荚又转入第二荚,老熟幼虫钻出荚外,入土结茧越冬,每年发生一代。防治方法:可在成虫期傍晚喷 50% 敌敌畏 1 000 倍液毒杀成虫,或在幼虫初孵化期喷杀虫脒 800 倍液,毒杀幼虫。

三、采收与加工

(一)采收

黄芪质量以 3～4 年采挖的最好。目前生产中一般都在 1～2 年采挖,影响了黄芪的药材质量。黄芪在萌动期和休眠期的有效成分黄芪甲苷含量较高。据此,黄芪应在春(4 月末 5 月初)和秋(10 月末 11 月初)二季采挖。蒙古黄芪不同物候期总皂苷含量是随着植物的生长发育而逐渐升高的,9 月可达到最高值,因此从得到总皂苷角度,应在 9 月采收。此外,就氨基酸含量来说,3 年生的高于 1 年生的,2 年生的最低,因此最好采收 3 年生的。采收时可先割除地上部分。然后将根部挖出。黄芪根深,采收时注意不要将根挖断,以免造成减产和商品质量下降。

(二)加工

将挖出的根,除去泥土,剪掉芦头,晒至七八成干时剪去侧根及须根,分等级捆成小捆再阴干。干品放通风干燥处贮藏。

四、商品质量标准

(一)外观质量标准

以根条粗长、质韧、断面淡白色、无黑心及空洞、味甘、粉性足者为佳。

(二)内在质量标准

《中华人民共和国药典》(2010 年版)规定:黄芪水分不得超过 10.0%,灰分不得超过 5.0%。按干燥品计算,含黄芪甲苷($C_{41}H_{68}O_{14}$)不得少于 0.040%,毛蕊异黄酮葡萄糖苷($C_{22}H_{22}O_{10}$)不得少于 0.020%。

天　麻

天麻(*Gastrodia elata* Blume)为兰科多年生共生草本植物,以块茎入药。生药称天麻,别名赤箭、定风草、鬼督邮、白龙皮、明天麻等。味甘,性微温。有平肝、息风、止痉功能。主治风湿痹痛、腰腿痛、四肢痉挛、眩晕头痛、小儿惊厥、肢体麻木、手足不遂、口眼歪斜、高血压等症。主产于四川、云南、湖北、陕西、贵州等地，东北及华北部分地区也有少量生产。

一、生物学特性

(一)生态环境条件

天麻喜凉爽湿润气候，产区年平均气温10℃左右，冬季不过于寒冷，夏季较为凉爽，雨量充沛，年降水量1 000 mm以上，空气相对湿度70%～90%，海拔600～1 800 m。

天麻对环境条件要求严格。温度是影响天麻生长发育的主要因子，天麻种子在15～28℃都能发芽，但萌发的最适温度为20～25℃，超过30℃种子萌发受到限制。天麻的块茎在地温12～14℃时开始萌动，20～25℃生长最快，30℃以上生长停止。土壤温度保持在－3～5℃，能安全越冬，但长时间低于－5℃时，易发生冻害。天麻在系统发育过程中，必须经过一定的低温打破其休眠，否则即使条件适宜，也不会萌动发芽。一般小白麻和米麻用6～10℃温度处理30～40 d可打破休眠；大、中白麻以1～5℃低温处理，50～60 d可打破休眠。箭麻贮藏在3～5℃的低温条件下，2.5个月可通过休眠期。栽培天麻的土壤pH在5.5～6.0为宜，土质应疏松、富含有机质。天麻生长发育各阶段对土壤湿度要求不同。处于越冬休眠期的天麻，土壤含水量应保持在30%～40%为宜，而在生长期，土壤含水量以40%～60%最为有利，土壤含水量超过70%则会造成天麻块茎腐烂，影响产量。

(二)生长发育特性

天麻无根、无正常叶、无叶绿素，不能从土壤中吸收养分，也不能进行光合作用制造有机物质，因此不能自养生活。其生长发育的营养来源必须依靠蜜环菌来提供。蜜环菌生长发育分菌丝体和子实体两个阶段，菌丝体阶段是以菌丝和菌索两种形态存在，菌丝白色或粉红色，常腐生或寄生在待要腐朽的枯木上或活树根上。蜜环菌是以腐生为主的兼性寄生真菌，常寄生或腐生在树根及老树干的组织内。蜜环菌能发光，菌丝及菌索幼嫩尖端在暗处可发出荧光。一般来说，温度越高，接触空气面积越大，所发的光越强。蜜环菌具有好气特性，在通气良好的条件下，才能培养好。对温度、湿度有一定要求，6～8℃时开始生长，在18～25℃时生长最快，超过30℃停止生长，低于6℃时休眠。蜜环菌多生长在含水量40%～70%的基质中，湿度低于30%或高于70%则生长不良。生长的最适pH 5.5～6.0，一般pH在4.5～6.0均能生长。另外，天麻与蜜环菌是营养共生关系。蜜环菌菌索侵入天麻块茎的表皮组织，菌索顶端破裂，菌丝侵入皮层薄壁细胞，将表皮细胞分解吸收，菌丝继续向皮内部伸展，而菌丝被天麻消化层细胞分解吸收，供天麻生长。

天麻从种子萌发到新种子形成(即完成一个生活周期)一般需要3～4年的时间。天麻的种子很小，千粒重仅为0.001 5 g，种子中只有一胚，无胚乳，因此，必须借助外部营养供给才能发芽。胚在吸收营养后，迅速膨胀，将种皮胀开，形成原球茎。随后，天麻进入第一次无性繁殖，分化出营养繁殖茎，营养繁殖茎必须与蜜环菌建立营养关系，才能正常生长。被蜜环菌侵入的营养繁殖茎短而粗，一般长0.5～1 cm，粗1～1.5 mm，其上有节，节间可长出侧芽，顶端可膨大形成顶芽。顶芽和侧芽进一步发育便可形成米麻和白麻。营养繁殖茎的顶芽和侧芽所生的长度在 1 cm 以下的小块茎以及多代无性繁殖生长的长度 2 cm 以下的小块茎称米麻。进入冬季休眠期以前,米麻能够吸收营养而形成白麻。白麻一般长度为 2～7 cm,直径 1.5～2.0 cm,重 2.5～30 g,无明显顶芽,前端有一帽状生长锥,不能抽薹开花。种麻栽培当年以白麻、米麻越冬。第二年春季当地温达到 6～8℃时,蜜环菌开始生长,米麻、白麻被蜜环菌侵入后,继续生长发育。当地温升高到 14℃左右时,白天麻的生长发育过程麻生长锥开始萌动,在蜜环菌的营养保证下,白麻可分化出 1～1.5 cm 长的营养繁殖茎,在其顶端可分化出具有顶芽的箭麻。箭麻体积较大,长度可达 6～15 cm,重 30 g 以上,箭麻的顶芽粗大,先端尖锐,芽内有穗原始体,次年可抽薹开花,形成种子,进行有性繁殖。箭麻加工干燥后即为商品麻。白麻分化出的营养繁殖体还可发生数个到几十个侧芽,这些芽的生长形成新生麻,原米麻、白麻逐渐衰老、变色,形成空壳,成为蜜环菌良好的培养基,称为母麻。当箭麻抽薹开花后,块茎也会逐渐衰老、中空、腐烂,成为母麻。留种的箭麻越冬后,4 月下旬到 5 月初当地温达到 10～12℃时,顶芽萌动抽出花薹,在 18～22℃下生长最快,地温 20℃左右开始开花,从抽薹到开花需 21～30 d,从开花到果实成熟需 27～35 d,花期温度低于 20℃或高于 25℃时,则果实发育不良。箭麻自身贮存的营养已足够抽薹、开花、结果的需要,只要满足其温度、水分的要求,无须再接蜜环菌,即可维持正常的生长繁殖。但野生天麻抽薹开花后,块茎成为蜜环菌的培养基,逐渐被蜜环菌分解腐烂。天麻一生中除了抽薹、开花、结果的 60～70 d 植株露出地面外,其他的生长发育过程都是在地表以下进行的。

二、栽培技术

(一)品种

全世界天麻有 30 余种。中国有 6 种,即天麻、原天麻、细天麻、南天麻、疣天麻及 *Gastrodia flabilabella* S. S. Ying。其中,细天麻、南天麻和 *Gastrodia flabilabella* S. S. Ying. 主要分布在我国的台湾省,而大陆主要栽培的是天麻,所谓的红秆天麻、乌秆天麻、绿秆天麻都是天麻的不同生态型,即天麻的 3 个变型。

1. 红秆天麻

红秆天麻主产于我国黄河及长江流域各省,遍及西南至东北地区。适宜在海拔 500～1 500 m 的长江流域生产。花茎肉红色,花橙红色,果实椭圆形,肉红色,种子发芽率高。块茎肥大、粗壮,长圆柱形或哑铃形,含水量 78%～86%,具有生产快、适应广、分生力强及耐旱等特性,是驯化后的优良高产栽培品种。

2. 乌秆天麻

其花为蓝绿色,花葶灰棕色,带白色纵条纹,植株高 1.5 m 左右,个别高达 2 m 以上。成体块茎椭圆形、卵圆形或卵状长椭圆形,节较密,含水量 70% 以内。有的仅为 60%,大块茎长达 15 cm 左右,粗 5～6 cm,最大块茎重 800 g 左右。是我国东北、西北各省区驯化后的主栽品种。

3. 绿秆天麻

绿秆天麻,花及花葶淡蓝绿色,植株高 1～1.5 m。成体块茎为长椭圆形,节较短而密,鳞片发达,含水量70%左右。是我国西南、东北地区的驯化栽培的珍稀品种,单个块茎最大者可达700 g。我国西南、东北各省区有野生分布,日本、朝鲜也有分布。

(二)选地与整地

栽培天麻应选择排水良好、富含有机质的沙壤土或腐殖土,稀疏杂木或竹林、烧山后的二荒地、坡地、平地均可。土壤pH 5.5~6.0为宜。忌黏土和涝洼积水地,忌重茬。整地时,只需砍掉过密的杂树、竹林,清除杂草、石块,便可直接挖坑或开沟种植。

(三)菌材的培养

天麻无论采用块茎繁殖还是种子繁殖,一般都是先准备或培养菌种,然后用菌种培养菌材(即长有蜜环菌的木材),再用菌材伴栽天麻。优质的菌材是保证天麻产量和质量的关键措施,因此生产上多利用专门培育的菌材栽培天麻。

1.填充料及培养料的准备

填充料和培养料是指在培养菌种、菌材或伴栽天麻时,用于填充木材间空隙,增加蜜环菌营养的物质。

(1)腐殖土　可作为木材间的填充料。腐殖土疏松透气,保湿性好,营养丰富,有利于蜜环菌生长。但含杂菌多,易使木材感染而不能使用,或致天麻发生病虫害,故应严格选择,剔出杂菌。取用时将林间的枯枝落叶清除,挖取表层黑色的腐殖土,或挖窖时揭取表土备用。

(2)木屑米糠沙培养料　锯木屑与河沙按2∶1混合,加入少量米糠。可用于填充空隙,锯木屑和米糠都可以为蜜环菌提供良好营养。

(3)马铃薯汁　按马铃薯1 kg加水10 kg的比例,将马铃薯切块加水煮30 min,过滤取澄清液备用。用于浇淋木材,增加蜜环菌营养。实践证明,能显著提高木材接菌率。

(4)枯枝落叶　可增加蜜环菌营养,使窖内疏松透气。但杂菌比较多,尤其是靠近土壤的落叶。可经日晒灭菌处理,铺于木材层间。半腐落叶可铡细,并与河沙混合,用于填充木材之间的空隙。

2.菌种的准备

用于直接培养菌材的蜜环菌菌种主要有:采集的天然野生菌种;已伴栽过天麻的有效旧菌材;室内分离培养的新菌种;室外培养的新菌种(树枝菌种)。生产上一般是采用室外培育的树枝菌种(菌棍)来培养菌材。

(1)野生菌种　蜜环菌野生菌种在天麻产区资源分布比较广泛,一般在高寒而潮湿的林间地里的半腐树根、树木砍伐后残存的树桩以及倒伏的树干上,常密布有蜜环菌黑色或红褐色的根状菌索,把这些生有蜜环菌的树干、树桩、树根采回备用或将其皮层及生有菌丝的木质部分的木质部分采回、切成短节碎片作为菌种备用。采集菌种时,宜选择在阴天,忌烈日暴晒,要及时接种培养新材,一时用不完,需放在树荫下用青苔或枯枝落叶覆盖好,防晒保湿,以免影响菌索生活力。采集的野生菌种要经过挑选,宜选用带有旺盛的蜜环菌菌索,或夜间能发光、又不过于腐朽的材料;过腐的材料,蜜环菌由于营养不良,生长势弱,接种率低。

(2)纯菌种　室内培养纯菌种的方法是:取蜜环菌的菌索、子实体或带有蜜环菌的天麻或菌材,在无菌条件下消毒,冲洗,然后分离接种在灭菌的固体培养基上,在20~30℃黑暗处培养，7～8 d 即可得纯菌种(一级菌种)。培养基的配方为：马铃薯 200 g，蛋白胨 5～8 g，葡萄糖 20 g，磷酸二氢钾 1.5 g，硫酸镁 1.5 g，琼脂 18～20 g，水 1 000 mL，pH 调节至 5.5～6。蜜环菌二级菌种的培养可用 78% 阔叶树木屑，20% 的麦麸，1% 的蔗糖，1% 的硫酸钙。将培养料加水混合(含水量 50%～60%)后装瓶，在培养料中央扎一个直径约 1 cm 的小孔，深入培养料的一半，然后包塞瓶口，在 1.5 kg/cm^2 压力下灭菌 1 h，或用蒸笼蒸 4 h，冷却后接种，在 20～25℃ 下培养 30 d 左右，当菌丛长满瓶内并有褐红色菌索出现时即成为新菌种。

(3)树枝菌种　室外培养新菌种，最好选取幼嫩、手指粗细的青冈、槲栎或桦树枝培养树枝菌种。一般在 3—5 月培养菌种，用于 7—8 月培养菌材时使用，还可在 9—10 月再培养一次，用于冬季栽天麻时补充菌源。方法是：将粗树枝斜砍成 10～12 cm 长的短棍，挖 30～35 cm 深的坑，大小视培养菌种多少而定。坑地平铺树枝短棍 1～2 层，横放几根生长良好无杂菌的旧菌材(也可用野生菌种或二级纯菌种)，菌材间摆满短棍，然后铺放一层半腐落叶，依次摆放 3～4 层，若有育好的菌枝(菌棍)，便可一层短棍一层菌枝间隔摆放，最后顶部盖土 10 cm，并盖草保温保湿，40～50 d 即可长满菌索。

(4)菌种的更新　野生蜜环菌菌种经过多代之后，生长势逐渐衰退，使天麻产量显著下降，故经 3～5 年之后，必须更新菌种，重新采集野生菌种进行培养，方能保证天麻产量持续稳定。

3. 段木的准备

适宜培养蜜环菌的树木很多，都为阔叶树，常用的有桦树(桦子树)、灯台树、麻栎(青冈)、槲栎(细皮青冈)、栓皮栎、猴栗、枫杨、冬瓜树、桤木、野樱桃等。一般认为，以青冈类树种较好，因其有甜涩味，质硬耐腐。选直径 6～8 cm 的新鲜树干或枝条，砍去树杈，锯成长 60～80 cm 的小段，然后用利刀每隔 6 cm 左右把树皮斜砍些伤口，稍深入木质部，相对的两侧各砍一行，称为“鱼鳞口”，以利蜜环菌从伤口侵入，即为段木。由于蜜环菌生长需较多水分，木材失水会影响菌丝生长，故木材宜随用随砍。采用新鲜段木，同时也延长菌材的使用时间，减少杂菌感染。

4. 菌材的培养时期

培养时间应根据树种、气候等情况来确定。天麻一般冬栽，菌材的培养时间一般在 6—8 月。如果用青冈、槲栎等皮厚、质坚的树种，由于接菌慢，一般宜在 7 月上中旬培养；如果用桦树、桤木等皮薄、质松的树种，发菌快，宜在 7 月下旬或 8 月上旬培养。海拔低的地方可适当推迟。培养过早，菌材易消耗腐烂，菌种老化；培养过迟，气温低，蜜环菌生长慢，菌材当年不能使用。春栽天麻一般在 9—10 月培养菌材。

5. 菌材的培养方法

(1)活动菌材的培养方法　活动菌材是指栽培天麻时，从培养窖移至栽培地的菌材。其培养方法有窖培法和堆培法。

①窖培法　选靠近天麻栽培的地方，在较湿润处或树荫下挖窖，深 30～60 cm，宽比段木长 6～10 cm，长度视培养菌材多少而定，一般以每窖放置 100～200 根段木为宜，段木不宜过多，以免污染杂菌报废。将窖底挖松，深度 6～10 cm，填适量的腐殖土与底土拌匀，整平后，在窖底平铺一层段木，段木间距 2～3 cm，每根段木的两侧各放置菌棍 3～5 根，并用腐殖土等填充缝隙，要求实而不紧，稍盖没段木，然后浇马铃薯汁或清水，透至材底为度，如此依次铺放 3～5 层。如用未腐旧菌材作菌种，每隔两根段木放一根旧菌材，铺放第二层时，上下两层的菌

材要错开,如此铺放4～5层,同样填充空隙和浇水。若用剁碎的野生菌种或蜜环菌二级纯菌种作种源,可与半腐落叶沙培养料(半腐落叶与沙5∶1)混合填充于段木之间。全窖铺放完后,再淋一次较多量的马铃薯汁水,然后覆盖一层厚10 cm的腐殖质土或细沙土,再盖稻草、苔藓植物、枯枝落叶等保湿并防雨水冲刷,高度略高于地面。在雨水较多的地区,可在窖底铺放几根大的段木作枕木,以利排水透气。此法保湿力强,耐旱,但易积水。

②堆培法　此法与窖培法基本相同,只是不需挖坑(窖),直接在地面上堆积。菌材堆积宽度为60 cm左右,长度以堆积多少而定,堆高约60 cm,最后在堆的四周及堆顶覆盖6～8 cm厚的苔藓植物或枯枝落叶等即可。此法耐涝,适合雨水多、湿度大的地区。只在地面挖浅坑,菌材堆积高出地面,称为半坑堆培法。

(2)固定菌材的培养方法　栽培天麻时,菌材是原窖培养的,直接将种麻放入其中,此种菌材称为固定菌材,按此种方法栽培天麻称为固定菌材培养法。

选择适合天麻生长的地方,铲除地面树根杂草,沿坡向开直沟或横沟,沟深25 cm左右,纵向长比菌材长度稍宽,每坑以铺放段木5～20根为适宜,过多操作不便。窖底挖松6～10 cm,加入1/3的腐殖土与底土拌匀,整平后顺坡铺放段木,间距2～3 cm,每根段木两侧各放菌棍3～5根,用腐殖土等填充空隙后浇马铃薯汁,如此再铺放一层,最后覆土10 cm并盖草。也可用旧菌材或其他菌源作培养菌材。

(3)温床培养法　冬季或早春培养菌材时,采用温床培养,可加快培养速度,以应急用。制作温床的方法是:选靠土坎处挖一长方形坑,深30 cm、长2 m、宽1.5 m;从坑底部中间挖一条深20 cm、宽40 cm、贯穿全坑的沟,并伸出土坎,作为加温通气道;道口稍宽阔,作为烧火加温处;在通气道上横放一排木棍,于通道另一端设一个通风口。温床整好后,即可培养菌棍或菌材,并烧火加温。坑内温度要保持在18～22℃,湿度保持在30%～40%。火不要过大,坑内温度不能过高。

6.菌材的质量检查

种植天麻时,要选用优质菌材。优质菌材的特征是:菌材上无杂菌或较少易除去;菌素棕红色、粗壮、旺盛、有弹性,菌索尖端生长点呈黄白色,无黑色空软的老化菌;从破口处长出菌索,菌索分布均匀;菌材皮层无腐朽变黑现象。如菌材表面菌索很多,但多数是衰老或死亡的菌索,皮层已近腐朽,则不能使用。菌材表面无菌索或很少,可用小刀划开皮层,查看皮下,如有乳白色或棕红色菌丝块或菌丝束,说明已接上了蜜环菌,属优质菌材,否则为劣质菌材。

(四)栽培方法

天麻主要采用营养繁殖,亦可采用种子繁殖。天麻营养繁殖即是利用天麻块茎繁殖子麻,既可用于生产商品麻,又可用于生产种麻,其生产周期短,产量高,但商品易老化。种子繁殖生产周期长,一般用于育种或复壮。

1.商品麻的生产

(1)种麻的选择　种麻大小与质量好坏,直接影响商品麻(大块茎)所占比重大小、产量和质量的高低。生产商品麻宜选用颜色黄白而新鲜的,无蜜环菌侵染,无病虫害,无损伤的重10～20 g的白麻作种,繁殖力强,商品麻比例较大。作种麻用的天麻块茎要随用随挖,若不能及时栽种,可用湿沙层积法,在1～3℃低温下,可安全储藏6个月。据研究,将白麻顶芽削去,伤口干后栽种，由于解除了顶端优势，能促进侧芽萌生，子麻大量增加，总重量可增加约 20%，箭麻数量几乎不变，但单个箭麻显著变小。

(2)栽培时间　冬栽宜在 11 月，春栽 3—4 月。南方一般在 11 月采挖天麻时栽培，此时天麻进入休眠期，而蜜环菌在此时仍可生长，在天麻萌动前，蜜环菌已长到天麻上，与天麻较早地建立共生关系，从而有利于天麻的生长。北方一般在 3—4 月土壤解冻后栽种。无论冬栽还是春栽都应在休眠期进行，但过于寒冷时栽种易受冻，影响天麻成活与产量。

(3)播种量与播种深度　播种量依菌材长度而定，一般 80 cm 长的菌材，每根菌材下种 8～12 个种麻为宜。天麻种植深度要因地制宜。高寒山区空气湿度大，温度低，应浅种，一般以 15～20 cm 为宜；海拔低的地区干燥，温度高，应适当深种。

(4)播种方法　过去栽培天麻是采用活动菌材法，即挑选已经长蜜环菌的菌材用来伴栽天麻，而不加入新段木。此法由于菌材培养时间太久，菌材营养欠缺，伴栽天麻后蜜环菌长势弱，天麻产量低，并且由于移动菌材，破坏了菌索及蜜环菌与周围土壤已建立起的联系，需要重新适应环境，从而影响了天麻的生长。目前天麻栽培主要采用活动菌材加新材法、固定菌材法和固定菌材加新材法。

①活动菌材加新材法　如菌材培养法一样挖窖，大小以铺放段木 5～20 根为宜。窖底铺 6 cm 厚的腐殖土或培养料，然后将菌材顺坡放置，两菌材之间要留能放一根新段木的距离，填入腐殖土或培养料，埋没菌材一半时，将种麻栽种于菌材的两侧，每隔 12～15 cm 放种麻一个，即可将新段木放于两菌材之间，并覆盖腐殖土或培养料盖过菌材，使土与新段木平。依照上法可再栽种一层，上下层菌材要相互错开，最后盖土 6～10 cm，并盖一层草或落叶。此法由于严格挑选了菌材，补充了新段木，故菌材质量高，杂菌少，营养充分，有利于蜜环菌与天麻的生长，提高天麻产量和减少病虫害。缺点是移置菌材，对蜜环菌菌索造成了破坏，在一定程度上减缓了天麻的生长。

②固定菌材法　又称菌床培养法。将固定菌材窖中的泥土细心挖取，尽量不破坏菌索，揭去上层菌材，在下层菌材间栽种种麻；然后将上层菌材放回原处，在菌材间种入种麻，最后覆土盖草。此法对菌材破坏小，可提高天麻接菌率，促进天麻早生长，增加产量，尤其在春、夏季用此法栽天麻效果显著。缺点是未挑选菌材和添加新木材，如果菌材培养时间太久，就会缺乏养分而影响蜜环菌和天麻的生长。为了防止因杂菌污染而使菌材报废，每窖放置菌材不宜太多。

③固定菌材加新材法　此法是对固定菌材法的改良，与固定菌材法基本相同。将固定菌材窖中作菌种用的旧段木菌材用新段木取代，并下种种麻。若全为新培养的菌材，可隔一取一(隔一留一)，加入新段木。此法在一定程度上克服了固定菌材法的缺点又兼有其优点，故是一种较好的方法。

2.种麻的繁殖

(1)种麻的营养繁殖　用米麻营养繁殖 1 年，就可获得一定数量的白麻(种麻)，这是解决天麻种源不足的重要途径。其培育方法与上述商品麻的生产相同，但下种数量增多，每根菌材下种 20～30 个米麻，种植一年后就可收获。

(2)种麻的种子繁殖　即用箭麻产生的种子繁殖。种子繁殖产生的白麻和米麻生命力强，繁殖系数大，不易退化，可用于作种麻进行无性繁殖，以提高天麻产量，这是解决天麻种麻退化的主要方法。尤其是近年来，由于野生资源减少，人工栽培天麻种麻来源困难，影响生产发展，因此种子繁殖是扩大天麻种源的有效措施。

①树叶菌床的培养　播种前先培育菌床，以便采种后及时播种。在冬季或春季3—4月挖窖，深20 cm左右，以每窖能铺放5～20根段木为宜；采用固定菌材培养法，在窖底放置几根菌材，每一菌材两侧各放一根新段木，间距2～3 cm，用腐殖土填实缝隙后，在其表面铺一层厚约3 cm的砍细的蕨根或细碎枝叶（蕨根宜经过日晒灭菌处理，枝叶最好为青冈、槲栎等壳斗科植物）即成播种层，然后淋足水，盖6～10 cm的草或落叶。

②天麻种子的培育　箭麻的选择是育种的关键。采挖天麻时，选留发育完好、顶芽饱满、重量在100～300 g的箭麻作为培育种子的母麻，过大过小都不宜作种。据研究，箭麻自身的养分已能满足开花结果的需要，有菌材伴栽或无菌材伴栽对其种子发育并无多少影响，故可不使用菌材直接栽种。箭麻的栽种时间和贮藏方法与白麻相同，最好是随挖随栽，冬栽11月，春栽3—4月。选择管理方便、背风向阳处的沙壤土作育种圃（也可低温打破休眠后，利用温室或土温室育种），翻地耙地后，做50 cm宽的高畦，畦间留30 cm宽的人行道，以便人工授粉；然后在畦上按行距15～20 cm挖坑，每坑放箭麻一块，顶芽向上，覆土10 cm与畦面平，最后四周设置防护栏，防人畜践踏。以后注意防冻、防积水。5月上旬箭麻花茎出土后，要搭棚遮阴，并在花茎的一侧插一支木棍固定，以防风吹断。现蕾后将花序顶端花蕾摘除，促使果实饱满。天麻自然授粉能力差，需人工授粉。当花粉松散膨胀将花药中帽盖顶起，在帽盖边缘微现花粉时，选晴天上午10时至下午4时夹取已成熟的花粉块，授于柱头上。在开花期间每天都要进行人工授粉，才能获得较多种子。天麻果实于6月下旬至7月上中旬陆续成熟，当下部果实变暗，出现浅裂时，将临近3～5个尚未开裂的果实剪下，此后逐日向上分批采收。天麻的种子易丧失发芽力，采后应立即取出种子播种。

③播种方法　揭开菌床上的覆盖物，现出播种层，铺一层1 cm厚浸湿的细碎枝叶后，将种子均匀撒在上面。由于天麻种子接菌率低，因此应加大播种量，每平方米可播20～30个果实的种子。播后盖一层已灭菌的细蕨根或细碎枝叶，厚3～4 cm，再放新段木一层，间隔6～10 cm，最后盖腐殖土10 cm，并盖草保湿。湖北产区将培养有萌发菌的树叶与种子混合，铺于窖内，其上再放菌材。播后注意防旱、防涝、防冻、防害等管理，中途不能翻动，到第三年生长期后即可采挖。收获的箭麻加工成商品麻，白麻作种，米麻继续培育。

3.其他栽培方法

天麻的人工栽培方法，经过科学工作者的努力，已日趋完善。近年来又研究出一些新的栽培方法，如木箱栽培法、无土栽培法、地道栽培法等。

(1)木箱栽培法　具体方法是：在60 cm×30 cm×30 cm规格的木箱内，铺一块塑料薄膜，然后在箱底铺一层湿度为45%的河沙、腐殖土、锯木屑混合料，再一根新材一根菌材相间摆于箱内，间距6 cm，在新材与菌材间填充混合料，使之半埋，并顺材每隔8～10 cm放种麻一块，最后铺4～6 cm混合料，并盖塑料薄膜。管理上采用底部渗水上蒸法。此法在生产中尚存在产量不稳定的问题，需要进一步研究解决。

(2)无土栽培法　选新鲜清洁的杂木屑与切碎的树叶按2∶1的体积比混匀后加水搅拌，使含水量达到30%左右，堆积闷润6～8 h后使用。无土栽培可采用瓶播法和袋播法。

①瓶播法　选750 mL菌种瓶，洗净后装入无土料15～20 cm，铺一层切碎浸泡过的树叶，将拌好天麻种子的萌发菌菌叶均匀撒上一层，将树枝与菌枝相间摆好，上盖无土料1 cm厚，依

次堆排 3～4 层，距瓶口 1.5～2 cm 时用棉花封口，防止杂菌感染。

②袋播法　选 15 cm×30 cm 塑料袋，洗净后于袋底装入 3 cm 厚的无土料，其他方法同瓶播，最后距袋口 5 cm 处用棉花封口。

(3)地道(防空洞)栽培法　地道冬暖夏凉，适合天麻生长，是栽培天麻的好场所。以 1—2 月下种栽培为宜，采用块茎繁殖，可用固定菌材法、菌材加新材法、箱栽法。

(五)田间管理

1.覆盖免耕

天麻栽种完毕，在畦面上用树叶和草覆盖，保温、保湿，防冻和抑制杂草生长，防止土壤板结，有利土壤透气。

2.松土除草

天麻一般可不进行除草，若作多年分批收获，在 5 月上中旬剑麻出苗前应铲除地面杂草，否则剑麻出土后不易除草。蜜环菌是好气性真菌，空气流通有利其生长，故在大雨或灌溉后应松动表土，以利空气通畅和保湿防旱。松土不宜过深，以免损伤新生幼麻和蜜环菌菌素。

3.温度管理

温度是天麻和蜜环菌生长的首要影响因子。根据天麻在不同时期生长对温度的要求及蜜环菌生长对温度的要求，在天麻栽培中必须把握 20～25℃这一要害温度范围，温度管理应围绕这一范围进行。在栽培层即土表下 20～25 cm 处插温度计，直接测量温度。高海拔的地区和初春及秋冬培养应注意保温，可采取加盖塑料薄膜，搭建温棚或增加日照时间等措施。夏季高温季节应注意采取降温措施，例如搭盖遮阳棚、遮阳网，栽培坑表面加盖麦草、树叶稻草等或喷水等，可有效降低温度。天麻入冬后，即 11 月至次年 2 月，进入休眠期，无论是米麻、白麻还是箭麻都要在 1～10℃有 30～60 d 的休眠期，只有经过低温休眠的天麻，来年才能正常的生长、抽薹、开花、结果。因此 12 月至次年 1 月应注意保证天麻的低温休眠。

4.湿度管理

天麻和蜜环菌的生长繁殖都需要充足的水分条件，春季刚萌动时，需水量较小；6—8 月是天麻生长的旺盛期，若土壤含水量保持在 50% 以上，则不需进行人工灌溉；如遇干旱无雨，会造成新生幼芽大量死亡，麻体变黄，萎缩，蜜环菌大量死亡，因此这一时期及时浇水防旱至关重要，一般每隔 3～4 d 浇水一次，水量不能过大，应采用喷灌或淋灌，切忌大水漫灌。此外，还可通过加厚覆盖层来防旱保湿。

土壤排水不良或长时间积水，会使天麻湿度过大，造成麻体伤害或腐烂，形成涝害。涝害常发生在夏季高温多雨季节或秋雨绵绵时节，栽培坑排水不畅或土壤透水性差，会使天麻长期处于水浸之中，块茎缺氧，微生物活动增强，土壤有机质发酵分解，产生大量的二氧化碳，使天麻染病腐烂或受到毒害。一般积水 2～4 d 就会造成天麻块茎腐烂，因此排水防涝是天麻栽培中的关键环节之一。

5.防冻害

一般天麻在越冬期间在土壤中可以忍耐 −3℃ 的低温，但不能低于 −5℃，在 −5.5℃ 以下就会遭到轻微的冻害。若天麻的块茎暴露在空气中，0℃ 就会造成冻害。一般箭麻比白麻容易受冻，大白麻比小白麻和米麻容易受冻。因此，应加强对栽培坑的防冻保温，可以采取填加盖草或覆盖塑料薄膜等措施。

6.精心管理

天麻栽后要精心管理，严禁人畜踩踏。人畜践踏会使菌材松动，菌素断裂，破坏天麻与蜜环菌的结合，影响天麻生长，降低天麻产量。

(六)病虫害及其防治

1.病害

(1)块茎腐烂病　该病大多在环境不良、高温高湿、透气不良等不利于天麻生长时进行侵袭为害，导致天麻块茎皮部萎黄，中心组织腐烂，内部呈稀浆状，最终因腐烂发臭空壳死亡。防治方法：选地势较高，不积水，土壤疏松，透气性好的地方种植天麻；加强窖场管理，做好防旱、防涝，保持窖内湿度稳定，提供蜜环菌生长的最佳条件，以抑制杂菌生长；选择完整、无破伤、色鲜的初生块茎作种源，采挖和运输时不要碰伤和日晒；用干净、无杂菌的腐殖质土、树叶、锯屑等做培养料，并填满填实，不留空隙；每窖菌材量不宜过大，以免污染后全部报废。

(2)杂菌感染　在天麻培养过程中有一些菌种在菌材上生长，它们并不引起天麻腐烂，但会与蜜环菌争夺营养、水分、氧气和地盘，从而影响或抑制蜜环菌的正常生长而最终导致天麻营养供应不良造成减产，这些杂菌统称竞争性杂菌。防治方法：杂菌喜腐生生活，应选用新鲜木材培养菌材，尽可能缩短培养时间；种天麻的培养土要填实，不留空隙，保持适宜温湿度，可减少霉菌发生；加大蜜环菌用量，形成蜜环菌生长优势，抑制杂菌生长；小畦种植，有利于蜜环菌和天麻的生长。

2.虫害

天麻主要的虫害有蛴螬、蝼蛄、介壳虫、蚜虫等。

(1)蛴螬　土名地蚕(金龟子幼虫)。幼虫咬食天麻块茎，形成空洞，并在菌材上蛀洞越冬，毁坏菌材。防治方法：布设黑光灯，以灯光诱杀成虫；用90%敌百虫800倍液、75%辛硫磷乳油700倍液浇灌；在栽培场周围种蓖麻，可引起其成虫中毒、麻痹，甚至死亡。

(2)蝼蛄　以成虫或幼虫在天麻表土层下开掘隧道，咀食天麻块茎，破坏天麻与蜜环菌的共生关系。防治方法：布设黑光灯，以灯光诱杀；用90%敌百虫0.15 kg对水成30倍液，加5 kg半熟麦麸或豆饼，拌成毒饵诱杀。

(3)粉蚧　为为害天麻的主要害虫。天麻收获时常见到有成群的粉蚧集中于天麻的块茎上，为害处颜色加深，严重时块茎瘦小停止生长。防治方法：收获天麻以后，对栽培坑进行焚烧，天麻蒸煮加工入药；收获的天麻不作为种麻使用，收获地不宜再种。

(4)蚜虫　以成虫及若虫群集于天麻的花茎及嫩花上刺吸汁液，使花茎生长停滞，植株矮小，变为畸形，严重时引起枯死。防治方法：用20%速灭杀丁8 000～10 000倍液喷雾1～2次，有较好的防治效果。

三、采收与加工

(一)采收

天麻应在休眠期采收，即秋季10—11月或春季3—4月采收。收获一般在晴天进行，收获方法是慢慢扒开表土，揭起菌材，即露出天麻，小心将天麻取出，防止撞伤，然后向四周挖掘，以搜索更深土层中的天麻。将挖起的商品麻、种麻、米麻分开盛放，种麻作种，米麻继续培育，商品麻加工入药。

(二)加工

采收的天麻应及时加工，长时间堆放容易引起腐烂，尤其是3—6月收挖的春麻不宜存放，不然会影响质量。加工时洗净泥土，用硬毛刷刷去外皮，按大、中、小分3个等级，一级麻单个重量150 g以上，二级麻重量75～150 g，三级麻75 g以下。先把水烧开后加入少量的白矾，再把刷去外皮的天麻按等级先后放入沸水中煮数分钟(一级麻煮10～15 min，二级麻煮7～10 min，三级麻煮5～8 min)，取出一个天麻对着光看，已透明无黑心，或用手捏压天麻发出喳喳声，即为煮沸时间正适合，随即把天麻捞出投入冷水中。如煮沸时间过长，会降低折干率。冷却后即可上炕或晒干。

天麻最好用烘干机或土温坑烘干，火力开始宜小(50～60℃)，以后慢慢升高，最高不超过90℃，保持70～80℃，烘至七八成干后取出，用木板压扁，若有气胀用竹签插穿放气后压扁，停火发汗，快干时火力应降到45～50℃，不宜过急，防止烘焦。一般连续烘3～4 d才能烘干。也可采用蒸制法，是将分级的天麻洗净，放笼内蒸15～20 min，以蒸至还留有一条细白心为度，取出晾干即可，此法天麻素损失少。

四、商品质量标准

(一)外观质量标准

加工后的天麻，以个大肥厚，完整饱满，色黄白，明亮，质坚实，无空心、虫蛀、霉变者为佳品。天麻商品规格分为4个等级，其等级及质量要求如下：

一等：干货，呈长椭圆形。扁缩弯曲，去净粗栓皮。表面黄白色，有横环纹，顶端有残留茎基或红黄色的枯芽，末端有圆盘状的凹脐形疤痕，质坚实、半透明，断面角质、芽白色。味甘微辛。每千克26支以内，无空心、枯烤、杂质、虫蛀、霉变。

二等：干货，呈长椭圆形。扁缩弯曲，去净粗栓皮。表面黄白色，有横环纹，顶端有残留茎基或红黄色的枯芽，末端有圆盘状的凹脐形疤痕，质坚实、半透明，断面角质、芽白色。味甘微辛。每千克46支以内，无空心、枯烤、杂质、虫蛀、霉变。

三等：干货，呈长椭圆形。扁缩弯曲，去净栓皮。表面黄白色，具横环纹，顶端有残留茎基或红黄色的枯芽，末端有圆盘状的凹脐形疤痕，质坚实、半透明，断面角质、芽白色或者棕黄色稍有空心。味甘微辛。每千克90支以内，大小均匀，无空心、枯烤、杂质、虫蛀、霉变。

四等：干货。每千克90支以外。凡是不符合一、二、三等的碎块、空心及未去皮者均属此等。无芦茎、杂质、虫蛀、霉变。

(二)内在质量标准

《中华人民共和国药典》(2010年版)规定：天麻水分不得超过15.0%，总灰分不得超过4.5%，浸出物不得少于14.0%。按干燥品计算，天麻素($C_{13}H_{18}O_7$)含量不得少于0.20%。

甘 草

甘草为豆科多年生草本植物甘草(*Glycyrrhiza uralensis* Fisch.)的干燥根和根茎。又名国老、甜草、密草等。甘草性平味甘,具有清热解毒、润肺止咳、调和诸药的功效,主治脾胃虚弱、中气不足、咳嗽气喘、痈疽疮毒、腹中挛急作痛等症。我国甘草主要分布在西北、华北及山东等地。由于历年来大量采挖,甘草的野生资源遭到严重破坏,资源日益减少,现在以新疆产量最大,内蒙古及宁夏次之。

一、生物学特性

甘草多生长于北温带地区,海拔 0～200 m 的平原、山区或河谷。喜干燥、昼夜温差大、冬季寒冷、阳光充足、日照长、夏季酷热的气候条件,具有喜光、耐旱、耐热、耐盐碱和耐寒的特性。甘草是钙土指示植物,又是抗盐性很强的植物。因此,土壤酸碱度以中性或微碱性为宜,在酸性土壤生长不良。适宜在干旱的钙质土或排水良好、地下水位低的沙质壤土栽培,忌地下水位高和涝洼地酸性土壤。

二、栽培技术

(一)选地与整地

应选择地下水位低,排水条件良好,土层厚度大于 2 m,内无板结层,pH 在 8 左右,灌溉便利的沙质土壤较好。翻地最好是秋翻,若来不及秋翻,春翻亦可,但必须保证土壤墒情,打碎土块,整平地面,否则会影响全苗、壮苗。

(二)繁殖方法

1. 种子繁殖

(1)采种　剪下成熟果穗,将荚果晾晒干燥后,用专用粉碎机械粉碎果荚,选取饱满、无病虫害的种子。目前甘草种子大多来自野生,在选择种子时应尽量遵循就近取种的原则,在距离栽培区较近的野生甘草分布区,选择籽粒成熟饱满无虫害的种子,以保障高产优质。

(2)种子处理　甘草种子的处理方法有物理方法和化学方法两大类。物理方法主要有机械碾磨法、温水浸种法、湿沙埋藏法等。化学方法主要是硫酸处理法。在各处理方法中,以机械碾磨法和硫酸处理法效果最佳。其中,机械碾磨法是最为常用的方法。一般采用电动碾磨机或粗砂碾磨种皮,使种皮粗糙,增加透水性。或将种子称重置于陶瓷罐内,按 1 kg 种子加 98% 浓硫酸 30 mL 进行拌种,用光滑木棒反复搅拌,在 20℃ 下闷种 7 h,然后用清水多次冲洗后晾干备用,发芽率可达 90% 左右。

(3)育苗移栽　这是一种速生高产的栽培方法,即首先选择肥水条件好的地块集中培育壮苗,然后再移栽到栽培地的一种栽培方法。育苗可分春季育苗、夏季育苗和秋季育苗,移栽分秋季移栽和春季移栽。一般多采用春季育苗,可条播和穴播。条播按行距30 cm开1.5 cm深的沟,穴播按穴距10 cm,穴深5 cm左右,每穴播35粒,踏实或覆土,注意种子与土壤密接,土干要浇水,每667 m^2用种子2.0~2.5 kg。秋季移栽一般在10月初土壤上冻前进行,春季移栽一般在4—5月,土壤解冻后进行。比较而言,与春季移栽相比,秋季移栽第二年春季返青早,可适当延长生长期,有利于高产。为了保证速生丰产,可采用分级移栽,即将幼苗主根挖出后,保留芽头,去掉尾根,整成30~40 cm长的根条,按粗细长短分级:粗0.8~1.0 cm、长30~40 cm为一级根条;粗0.5~0.8 cm、长30~40 cm为二级根条;粗度小于0.5 cm的短根为三级根条。一、二级苗移栽当年即可成材,三级苗经2~3年也可成材。开沟移栽,沟深8~12 cm,沟宽40 cm左右,沟间距20 cm,将根条水平摆于沟内,株距10 cm,覆土即可。

此外,亦可采用直播法。直播法指播种后间苗、定苗,至采挖前不再进行移栽的一种栽培方法。播种分春播、夏播和秋播。春播一般在公历的4月中、下旬、阴历的谷雨前后进行;对于灌溉困难的地区,可在夏季或初秋雨水丰富时抢墒播种,夏播一般在7—8月,秋播一般在9月进行。但具体播种期的确定应该视土壤温度和水分状况,在土壤含水量适合的情况下,温度是种子萌发的限制因子。

2. 根茎繁殖

在春、秋采收甘草时,将无伤、直径0.5~0.8 cm的根茎剪成10~15 cm长、带有2~3个芽眼的小段。在整好的田畦里按行距30 cm开8~10 cm深的沟,株距15 cm平放沟底,覆土压实即可。根茎繁殖以秋季进行较好,可减少春天因采挖或移栽不及时造成的新生芽的损伤,提高成活率。

(三)田间管理

1. 间苗定苗

当幼苗出现3片真叶、苗高6 cm左右时,结合中耕除草间去密生苗和重苗,定苗株距以10~15 cm为宜。

2. 中耕除草

当年播种的甘草幼苗生长缓慢,易受杂草侵害。尤其在幼苗期要及时除草,从第二年起甘草根开始分蘖,杂草很难与其竞争,不再需要中耕除草。

3. 排灌

无论直播或根茎繁殖的甘草,在出苗前都要保持土壤湿润,特别是直播甘草,如在出苗中途发生土壤水分亏缺会造成发芽停滞,芽干死亡,甘草严重缺苗甚至不出苗。因此,在播种前一定要灌足底墒。甘草具有较强的抗旱性,出苗后一般自然降水可满足其生长需要。但久旱时应浇水,浇水次数不宜过频。甘草是深根性植物,在出苗后,甘草主根随着土壤水层的下降,迅速向下延伸生长,形成长长的主根。而如果这时浇水过勤则会导致甘草萌发大量侧根,影响药材根形。一般在苗高10 cm以上,出现5片真叶后浇头水,并保证每次浇水浇透,这样有利于根系向下生长。雨季土壤湿度过大会使根部腐烂,所以应特别注意排除积水,充分降低土壤湿度,以利根部正常生长。另外,在初冬还要灌好越冬水。

4. 追肥

甘草追肥应以P肥、K肥为主,少施N肥,N肥过多,会引起植株徒长,使营养向枝叶集中，影响根茎的生长。甘草喜碱，若种植地为酸性或中性土壤，可在整地时或在甘草停止生长的冬季或早春，向地里撒施适量熟石灰粉，调节土壤为弱碱性，以促进根系生长。第一年在施足基肥的基础上可不追肥，第二年春天在芽萌动前可追施部分有机肥，以棉饼和圈肥为宜，第三年可雨季追施少量速效肥，一般追施磷酸二铵 15 kg/667 m^2，以加速甘草的生长。每年秋末甘草地上部分枯萎后，每 667 m^2 用 2 000 kg 腐熟农家肥覆盖畦面，以增加地温和土壤肥力。

(四)病虫害及其防治

1.病害

(1)锈病　一般于 5 月甘草返青时始发，为害幼嫩叶片，感病叶背面产生黄褐色疱状病斑，表皮破裂后散出褐色粉末，即为夏孢子。8—9 月形成黑色冬孢子堆可使叶片发黄，严重时叶片脱落，影响产量。防治方法：集中病株残体烧毁；发病初期喷 97% 敌锈钠 400 倍液或 0.3～0.4 波美度石硫合剂或粉锈宁 1 000 倍液喷雾防治。

(2)褐斑病　受害叶片产生圆形和不规则形病斑，病斑中央灰褐色，边缘褐色，在病斑的正反面均有灰黑色霉状物。防治方法：集中病残株烧毁；发病初期喷 1∶1∶120 波尔多液或 70% 甲基托布津可湿性粉剂 1 000～1 500 倍液。

(3)白粉病　被害叶正反面产生白粉，后期叶变黄枯死。防治方法：喷 0.2～0.3 波美度石硫合剂或用 20% 粉锈宁 800～1 000 倍液防治。

2.虫害

(1)甘草种子小蜂　为害种子。成虫产卵于青果期的种皮上，幼虫孵化后即蛀食种子，并在种子内化蛹，成虫羽化后，咬破种皮飞出。被害籽被蛀食一空，种皮和荚上留有圆形小羽化孔。防治方法：清园，减少虫源；种子处理，去除虫籽或用西维因粉拌种。

(2)蚜虫　成虫及若虫为害嫩枝、叶、花、果，刺吸汁液，严重时使叶片发黄脱落，影响结实和产品质量。防治方法：发生期用飞虱宝(25%可湿性粉)1 000～1 500 倍液或赛蚜朗(10%乳油)1 000～2 000 倍液或吡虫啉(10%可湿性粉)1 500 倍液或蚜虱绝(25% 乳油) 2 000～2 500 倍液喷洒。并在 5～7 d 后再喷一次，便可较长期有效控制蚜虫为害。

(3)甘草跗粗角萤叶甲　食叶害虫，于 6—7 月始发，严重时可将甘草叶子全部吃光，是发展甘草生产的主要障碍之一。防治方法：可用敌百虫 1 000 倍液于上午 11 时前喷雾杀虫。

(4)甘草胭脂蚧　于 4 月下旬开始严重为害，一直持续到 7 月下旬。发生时在土表下 5～15 cm 的根部，可见有玫瑰色的“株体”，即蚧虫群集根部，吸食汁液，其可使根上部组织受到破坏，地上部长势衰弱，以至全株干枯死亡。防治方法：避免重茬，减少虫源；在成虫羽化盛期(7 月下旬)，可地面喷施 10% 克蚧灵 1 000 倍液，以减少次年的虫口密度。

三、采收与加工

(一)采收

直播甘草种植 3 年后采挖，移栽甘草 2 年后采挖。在秋季 9 月下旬至 10 月初，地上茎叶枯萎时采挖。甘草根深，必须深挖，不可刨断或伤根皮，挖出后去掉残茎、泥土，忌用水洗，趁鲜分出主根和侧根，去掉芦头、毛须、枝杈，晒至半干，捆成小把，再晒至全干；也可在春季于甘草茎叶出土前采挖，但秋季采挖质量较好。

（二）加工

采收后，除去残茎、须根，去掉泥土，依据直径大小，加工成规定的长度，捋直，捆把，置通风干燥处晾干，勿曝晒。商品甘草分级如下：

特级草（特大草）：单根长度 25～40 cm，根直径 2.5 cm 以上；

甲级草（一等草）：单根长度 25～40 cm，根直径 2.0 cm 以上；

乙级草（二等草）：单根长度 25～40 cm，根直径 1.5 cm 以上；

丙级草（三等草）：单根长度 25～40 cm，根直径 1.0 cm 以上；

丁级草（齐口毛条）：单根长度 20～50 cm，根直径 0.7 cm 以上；

节草（大小节）：系长短不等的甘草节，无疙瘩头和须根；

疙瘩头：系加工条草后剁下的根头，呈疙瘩状，大小不等，无残茎和须根。

四、商品质量标准

（一）外观质量标准

甘草商品以条长、皮细色红、质坚、油润、断面黄白、味甜、粉足者为佳。

（二）内在质量标准

《中华人民共和国药典》（2010 年版）规定：甘草水分不得超过 12.0%，总灰分不得超过 7.0%，酸不溶性灰分不等超过 2.0%，铅不得超过百万分之五，镉不得超过千万分之三，砷不得超过百万分之二，汞不得超过千万分之二，铜不得超过百万分之二十，六六六不得超过千万分之二，滴滴涕不得超过千万分之二，五氯硝基苯不得超过千万分之一。按干燥品计算，含甘草苷（$C_{21}H_{22}O_9$）不得少于 0.50%，甘草酸（$C_{42}H_{62}O_{16}$）不得少于 2.0%。

半　夏

半夏（*Pinellia ternata*（Thunb.）Breit.），又名三叶半夏、半月莲、三步跳、地八豆、守田、水玉、羊眼等，为天南星科植物半夏的干燥块茎，具燥湿化痰、降逆止呕、消痞散结、健脾和胃之功效。主产于四川、湖北、安徽、江苏、河南、山东等省，其中以四川省种植面积大，产量高，质量佳。

一、生物学特性

半夏于 8～10℃ 萌动生长，15℃ 开始萌芽出苗，15～26℃ 为最适生长温度，30℃ 以上生长缓慢，超过 35℃ 而又缺水时开始出现倒苗，地上部分死亡，以使地下块茎度过不良环境。故春季生长旺盛，夏季倒苗休眠，秋季凉爽时，苗又复出，继续生长，有的地区可出现两次以上倒苗。

秋后低于 13℃ 时开始枯叶。半夏的块茎、珠芽、种子均无生理休眠特性。种子寿命为 1 年。

半夏为浅根性植物，喜肥，原多野生于潮湿而疏松肥沃的沙壤上或腐殖土上。喜温和、湿润气候和荫蔽的环境。怕干旱，忌高温，较耐寒，在北方可安全越冬。适宜含水量 50% 左右的中性土壤；低洼易积水地不易种植。

二、栽培技术

(一)选地与整地

宜选疏松肥沃、湿润，具排灌条件的沙质壤土。黏重地、盐碱、涝洼地皆不宜栽种，前茬以豆茬和玉米茬为好，可连作 1～3 年。半夏根系浅，一般不超 20 cm，且喜肥，故播种前结合整地，应施基肥，每 667 m^2 施农家肥 3 000 kg，加过磷酸钙 30 kg，均匀撒施地面，浅耕细耙，整平做成 1～1.2 m 宽的畦，长度不宜超过 20 m，以利灌排。

(二)繁殖方法

生产上多用块茎繁殖，也可用珠芽和种子繁殖。

1. 块茎繁殖

秋季收获时，选当年生，直径 1～1.5 cm 的块茎作种茎。将无病虫害，生产健壮的种茎用稍带湿润的沙土贮藏于阴凉、通风处。翌年春季日平均气温稳定上升到 10℃ 时栽种，此方法能使块茎快速增重，当年就可收获。在整好的畦内顺畦开 4 条沟，沟距 20～25 cm，宽 10 cm，深 5 cm。每沟栽双行，株距 3～5 cm 交错将种茎栽入沟内。顶芽向上，覆土 5 cm 搂平，稍加镇压，每 667 m^2 用种茎 110～125 kg。也可在 9 月下旬进行秋播，方法与春播相同。

2. 珠芽繁殖

半夏每个叶柄上至少长有一枚珠芽，数量充足，且遇土即可生根发芽，成熟期早，是主要的繁殖材料。夏秋间，当老叶将要枯萎时，珠芽已成熟，即可采取叶柄上成熟的珠芽进行条播。按行距 10 cm，株距 3 cm，条沟深 3 cm 播种。播后覆以厚 2～3 cm 的细土及草木灰，稍加压实。也可按行株距 10 cm×8 cm 挖穴点播，每穴播种 2～3 粒。亦可在原地盖土繁殖，即每倒苗一批，盖土一次，以不露珠芽为度。同时施入适量的混合肥，既可促进珠芽萌发生长，又能为母块茎增施肥料，一举两得，有利增产。

3. 种子繁殖

二年以上的半夏，在夏、秋季节种子成熟时，随收随种。当佛焰苞萎黄下垂时，采下种子，贮存于湿沙中，到翌年春季，按行距 15 cm 开 2 cm 深的沟，将种子均匀撒入沟内，搂平畦面，保持土壤湿润，半个月可出苗，但出苗率较低。当年可长出一片卵状心形单叶，第 2 年长出 3～4 片心形叶，第 3 年才能长出三出复叶。实生苗当年块茎直径 0.5 cm 左右。种子繁殖，出苗率低，生产时间长，播种后第 3 年才能收获，常不采用。可于第 2 年选取大块茎移栽，方法同块茎繁殖。第 3 年收获。

半夏怕烈日照射，平地栽培多与玉米等作物间作。常在畦沟种两行玉米遮阴。

(三)田间管理

1. 中耕除草

苗出齐后应及时除草松土,半夏属须根系植物,根扎得浅而集中,因此,半夏行间的杂草宜勤锄浅锄,深度不超过 3 cm,以免伤根;株间杂草用手拔除。

2. 追肥

半夏喜肥,及时追肥培土是重要的增产措施。6 月上旬,叶柄下部长出珠芽时,每 667 m^2 施入农家肥 1 500 kg,尿素 10 kg。结合中耕培土把行间的土培到半夏苗基部,以盖好珠芽为度。

3. 灌溉、排水

播种后,春季一般 20 d 出苗,如遇干旱,应及时浇水,以保全苗。6 月后,气温逐渐升高,应多浇水,保持土壤湿润,可延迟地上部枯萎时间,增加营养的积累。雨季及时排除田间积水,以防烂根。

4. 摘花薹

除收留种子外,为使半夏养分集中于地下块茎生长,发现花薹应及时摘除。

5. 地膜覆盖

早春地膜覆盖可使半夏早出苗,延长生长周期,增加产量,也可用麦草或作物秸秆覆盖。当苗高 2～3 cm、种子 70% 以上出苗时应揭去地膜或除去覆盖物。

6. 套种遮阳

半夏在生长期间可和玉米、小麦、油菜、果、林等进行套种。不仅提高土地的使用效率,增加收入;还利用其他作物为半夏遮阳,避免阳光直射,延迟半夏倒苗,增加半夏产量。

(四)病虫害及其防治

1. 病害

(1)根腐病　多发生在高温多雨季节,田间积水时易发生,造成地下块茎腐烂,地上部茎叶枯萎死亡。防治方法:雨季及时排除田间积水;采用高畦;发现病株及时拔除,并用 5%石灰水处理病穴;播种时用 0.5%～2% 石灰水浸种 12～30 h;及时防治地下害虫以免伤口被杂菌感染而烂根。

(2)叶斑病　6—7 月发生,发病时叶片有紫褐色病斑,严重时植株渐渐枯萎死亡,多发于高温、多雨季节。防治方法为:发病初期喷 1∶1∶120 波尔多液,或 65% 代森锌 500 倍液,或 50% 多菌灵 800～1 000 倍液,每 7～10 d 喷 1 次,连喷 2～3 次。也可用大蒜汁 1 kg 加水 20～25 kg 喷洒。

(3)病毒病　多在夏季发生,为全株性病害,发病时叶片上产生黄色不规则的斑,使叶变为花叶状,叶片皱缩,卷曲,直至死亡,且地下块茎畸形瘦小,质地变劣。防治方法:彻底防治刺吸式蚜虫、螨类等害虫;选无病株留种。

2. 虫害

(1)红天蛾　7—8 月发生,幼虫危害叶子,咬成缺刻,空洞,甚至吃光叶片。防治方法:人工捕捉幼虫;幼龄期用 40% 乐果 2 000 倍液或 90% 敌敌畏 800 倍液喷雾防治。

(2)蚜虫　为害叶片,群居于嫩叶上吸取汁液,造成植株萎缩,生长不良。防治方法:清洁田园,铲除田间杂草,减少越冬虫口;发生期间,喷施 40% 乐果乳剂 1 000 倍液。

三、采收与初加工

(一)采收

块茎和珠芽繁殖的在当年或第二年采收,种子繁殖的在第三、四年采收。一般于夏、秋季茎叶枯萎倒苗后采挖。过早影响产量,过晚难以去皮和晒干。以夏季芒种至夏至间采收为好,此时半夏水分少,粉性足,质坚硬,色泽洁白,药材质量好,产量高。起挖时选晴天小心挖取,避免损伤。抖去泥沙,放入筐内盖好,切忌曝晒,否则不易去皮。

(二)加工

将鲜半夏洗净泥沙,按大、中、小分级,分别装入麻袋内,先在地上轻轻摔打几下,然后倒入清水缸中,反复揉搓,去净外皮,取出曝晒,不断翻动,晚上收回平摊于室内,晒干为止,即为生半夏。半夏收后要及时加工,否则去皮困难。出口半夏质量要求较高,还需进一步加工,即将生半夏按等级过筛后,分别放进清水中浸泡 10～15 min,用手反复轻揉搓,除去浮灰、霉点、杂质,至表面为洁白为止。然后,捞出晒干,即成出口半夏。如遇阴雨天气,采用炭火或炉火烘干,但温度不宜过高,一般应控制在 35～60℃。在烘时,要微火勤翻,力求干燥均匀,以免出现僵子,造成损失。

四、商品质量标准

(一)外观质量标准

质量以色白、质坚实、粉性足者为佳。

(二)内在质量标准

《中华人民共和国药典》(2010 年版)规定:水分不得超过 13%;总灰分不得超过 7.0%;重金属总量不得超过 20.0 mg/kg;铅不得超过 5.0 mg/kg;镉不得超过 0.3 mg/kg;砷不得超过 2.0 mg/kg;汞不得超过 0.2 mg/kg;铜不得超过 20.0 mg/kg。

桔　梗

桔梗(*Platycodon grandiflorus* (Jacq.) A. DC.)为桔梗科多年生草本,以干燥根入药。别名铃铛花、四叶菜、道拉基等。性味微温,苦、辛。具有宣肺散寒、祛痰镇咳、消肿排脓功效。主治感冒咳嗽、咳痰不爽、咽喉肿痛、支气管炎、胸闷腹胀。分布于我国、俄罗斯远东地区、朝鲜半岛和日本等东亚地区。桔梗在我国栽培历史悠久,各省区均有分布,主产于安徽、山东、江苏、河北、河南、辽宁、吉林、内蒙古、浙江、四川、湖北和贵州等地。

一、生物学特性

桔梗为多年生宿根性植物，播后1～3年采收，一般2年采收。

桔梗播种后约15 d开始出苗，从种子萌发至倒苗，一般把桔梗生长发育分为4个时期。从种子萌发至5月底为苗期，这个时期植株生长缓慢，高度至6～7 cm。此后，生长加快，进入生长旺盛期，至7月开花后减慢。7—9月孕蕾开花，8—10月陆续结果，为开花结实期。1年生开花较少，5月后晚种的次年6月才开花，两年后开花结实多。10—11月中旬地上部开始枯萎倒苗，根在地下越冬，进入休眠期，至次年春出苗。种子萌发后，胚根当年主要为伸长生长，1年生主根长可达15 cm，2年生长可达40～50 cm，并明显增粗，第二年6—9月为根的快速生长期。一年生苗的根茎只有1个顶芽，二年生苗可萌发2～4个芽。

桔梗种子室温下贮存，寿命1年，第2年种子丧失发芽力。种子10℃以上发芽，15～25℃条件下，15～20 d出苗，发芽率50%～70%。5℃以下低温贮藏，可以延缓种子寿命，活力可保持2年以上。赤霉素可促进桔梗种子的萌发。

桔梗喜充足阳光，荫蔽条件下生长发育不良。喜凉爽环境，耐寒，20℃左右最适宜生长，根能在严寒下越冬。喜湿润气候，但忌积水，土壤过潮易烂根。怕风害，遇大风易倒伏。

二、栽培技术

(一)选地与整地

桔梗为深根性植物，应选向阳、背风的缓坡地或平地，要求土层深厚、肥沃、疏松、富含腐殖质，地下水位低，排灌方便的沙质壤土作种植地。前茬作物以豆科、禾本科作物为宜，黏性土壤、低洼盐碱地不宜种植。

种植前的头年冬天，深耕25～40 cm，使土壤风化，并拣净石块、除净草根等杂物。种植当年，每667 m^2施圈肥、草木灰、堆肥等混合肥2 500～3 000 kg和过磷酸钙25 kg，施后犁耙1次，整平耙细，做畦。畦高15～20 cm、宽120 cm。畦沟30～40 cm，畦长根据灌溉条件和地形而定。为了防止蛴螬、蝼蛄、地老虎为害种子和桔梗苗，在做畦时每667 m^2用辛硫磷粉1.5 kg拌细土15 kg撒入土中。

(二)繁殖方法

桔梗的繁殖方法有种子繁殖、根茎或芦头繁殖等，生产中以种子繁殖为主，其他方法很少应用。种子繁殖在生产上有直播和育苗移栽两种方式，因直播产量高于移栽，且根直，分杈少，便于刮皮加工，质量好，生产上多用。

1.种子繁殖

春播、夏播、秋播或冬播均可。秋播当年出苗，生长期长，产量和质量高于春播，秋播于10月中旬以前。冬播于11月初土壤封冻前播种。春播一般在3月下旬至4月中旬，华北及东北地区在 4 月上旬至 5 月下旬。夏播于 6 月上旬小麦收割完之后，夏播种子易出苗。

播前，种子可用温水浸泡 24 h，或用 0.3%的高锰酸钾浸种 12～24 h，取出冲洗去药液，晾干播种，可提高发芽率。也可温水浸泡 24 h 后，用湿布包上，上面用湿麻袋片盖好放置催芽，每天早晚各用温水淋 1 次，3～5 d 种子萌动，即可播种。

(1)直播　种子直播也有条播和撒播两种方式。生产上多采用条播。条播按沟心距 15～25 cm，沟深 3.5～6 cm，条幅 10～15 cm 开沟，将种子均匀撒于沟内，或用草木灰拌种撒于沟内，播后覆盖火灰或细土，以不见种子为度，0.5～1 cm 厚。撒播将种子拌草木灰均匀撒于畦内，撒细土覆盖，以不见种子为度。条播每 667 m^2 用种 0.5～1.5 kg，撒播用种 1.5～2.5 kg。播后在畦面上盖草保温保湿，干旱时要浇水保湿。春季早播的可以采取覆盖地膜措施。

(2)育苗移栽　育苗方法同直播。一般培育 1 年后，在当年茎叶枯萎后至次春萌芽前出圃定植。将种根小心挖出，勿伤根系，以免发杈，按大、中、小分级栽植。按行距 20～25 cm，沟深 20 cm 开沟，按株距 5～7 cm，将根垂直舒展地栽入沟内，覆土略高于根头，稍压即可，浇足定根水。

2. 根茎或芦头繁殖

根茎或芦头繁殖可春栽或秋栽，以秋栽较好。在收获桔梗时，选择发育良好、无病虫害的植株，从芦头以下 1 cm 处切下芦头，用细火土灰拌一下，即可进行栽种。

(三)田间管理

1. 苗期管理

出苗前要注意浇水，保持土壤湿润，出苗后立即揭去稻草，然后烧一遍稀薄粪水，苗高 1～2 cm 时进行间苗，拔除细弱苗，苗高 3～4 cm 时按株距 10～12 cm 定苗，每 667 m^2 基本苗 6 万～7 万株。间、定苗要结合中耕除草。苗高 20 cm 时，在行间开沟，每 667 m^2 追施过磷酸钙 20～25 kg、硫酸铵 13～15 kg，施后松土，把肥料埋严。

2. 中耕除草

幼苗期宜勤除草松土，苗小时宜用手拔除杂草，以免伤害小苗，每次间苗应结合除草 1 次。定植以后适时中耕、除草、松土，保持土壤疏松无杂草，松土宜浅，以免伤根。中耕宜在土壤干湿度适中时进行。植株长大封垄后不宜再进行中耕除草。

3. 追肥

桔梗一般进行 4～5 次追肥。齐苗后追施 1 次，每 667 m^2 人畜粪 2 000 kg，以促进壮苗；6 月中旬每 667 m^2 追施人畜粪水 2 000 kg 及过磷酸钙 50 kg；8 月再追 1 次；入冬植株枯萎后，结合清沟培土，施草木灰或土杂肥 2 000 kg 及过磷酸钙 50 kg。次春齐苗后，施 1 次人畜粪水，以加速返青，促进生长。适当施用 N 肥，以农家肥、P 肥和 K 肥为主，对培育粗壮茎秆、防止倒伏、促进根的生长有利。2 年生桔梗，植株高，易倒伏。若植株徒长可喷施矮壮素或多效唑以抑制增高，使植株增粗，减少倒伏。

4. 防止桔梗杈根

桔梗以根顺直、少杈为佳。直播法相对发杈少一些，适当增加植株密度也可以减少发杈。桔梗第 2 年易出现一株多苗，一株多苗影响根的生长，而且易生杈根。因此，春季返青时要把多余的芽苗除掉，保持一株一苗，可减少杈根。

5.除蕾

桔梗花期长达3个月，会消耗大量养分，影响根部生长。除留种田外，其余需要及时除去花蕾，以提高根的产量和质量。可以人工摘除花蕾，也可以化学除蕾。生产上多采用人工摘除花蕾，但是，花期长达3个月，而且摘除花蕾以后又迅速萌发侧枝，形成新的花蕾。10多天就要摘1次，整个花期需摘6次，费工费时，而且易损伤枝叶。近年来，开始采用乙烯利除花。方法是在盛花期用0.05%的乙烯利喷洒花朵，以花朵沾满药液为度，每667 m^2用药液75～100 kg，此法省工省时，效率高，成本低，使用安全。

(四)病虫害及其防治

1.病害

(1)轮纹病　6月开始发病，7—8月发病严重，受害叶片病斑近圆形，直径5～10 mm，褐色，具同心轮纹，上生小黑点。严重时叶片由下而上枯萎。高温多湿易发此病。防治方法：冬季注意清园，枯枝、病叶及杂草集中处理。发病季节，加强田间排水。发病初期用1∶1∶100波尔多液、或65%代森锌600倍液、或50%多菌灵可湿性粉剂1 000倍液、或50%甲基托布津的1 000倍液等喷洒。

(2)斑枯病　受害病叶两面有病斑，圆形或近圆形，直径2～5 mm，白色，常被叶脉限制，上生小黑点。严重时，病斑汇合，叶片枯死。防治方法：同轮纹病。

(3)紫纹羽病　为害根部，先由须根开始发病，再延至主根。病部初呈黄白色，可看到白色菌索，后变为紫褐色，病根由外向内腐烂，外表菌索交织成菌丝膜，破裂时流出糜渣。地上病株自下而上逐渐发黄枯萎，最后死亡。防治方法：①实行轮作，及时拔除病株烧毁。病区用10%石灰水消毒，控制蔓延。②多施基肥，改良土壤，增强植株抗病力，山地每667 m^2施石灰粉50～100 kg，可减轻危害。

(4)立枯病　主要发生在出苗展叶期，幼苗受害后，病苗基部出现黄褐色水渍状条斑，随着病情发展变成暗褐色，最后病部缢缩，幼苗折倒死亡。防治方法：①播种前每667 m^2用75%五氯硝基苯1 kg进行土壤消毒。②发病初期用75%五氯硝基苯200倍液灌浇病区，深度约5 cm。

(5)炭疽病　主要危害茎秆基部。此病发生后，蔓延迅速，常成片倒伏、死亡。防治方法：①出苗前，喷洒70%退菌特500倍液。②发病期喷1∶1∶100波尔多液，每10～15 d喷1次，连续喷3～4次。

2.虫害

(1)蚜虫　在桔梗嫩叶、新梢上吸取汁液，导致植株萎缩，生长不良。4—8月为害。

(2)地老虎　从地面咬断幼苗，或咬食未出土的幼芽。1年发生4代。

(3)红蜘蛛　以成虫、若虫群集于叶背吸食汁液，危害叶片和嫩梢，使叶片变黄，甚至脱落；花果受害造成萎缩干瘪。红蜘蛛蔓延迅速，危害严重，以秋季天旱时为甚。

以上虫害可按相应常规方法防治。

三、采收与加工

(一)采收

桔梗收获年限因地区和播种期不同而不同，一般生长2年，华北和东北2～3年收获，华东和南方1～2年收获，采收可在秋季地上茎叶枯萎后至次年春萌芽前进行，以秋季采收为好，秋季采者体重质实，质量好。过早采挖，根不充实，折干率低，影响产量和品质；过迟收获，不易剥皮。一年生的采收后，大小不合规格者，可以再栽植一年后收获。采收时，先将茎叶割去，从地的一端起挖，依次深挖取出，或用犁翻起，将根拾出，去净泥土，运回加工。要防止伤根，以免汁液外流，更不要挖断主根，影响桔梗的等级和品质。

(二)加工

采收回的鲜根，清洗后浸清水中，去芦头，趁鲜用竹刀或瓷片等刮去栓皮，洗净，并及时晒干或烘干。来不及加工的桔梗，可用沙埋，防止外皮干燥收缩，不易刮去，但不要长时间放置，以免根皮难刮。刮皮时不要伤破中皮，以免内心黄水流出影响质量。刮皮后应及时晒干或烘干，以免发霉变质和生锈色，晒干时经常翻动，晒至全干。

四、商品质量标准

(一)外观质量标准

桔梗主根呈圆柱形或略呈纺锤形，下部渐细，有的有分枝，略扭曲。表面白色或淡黄白色，不去外皮者表面黄棕色至灰棕色，具纵扭皱沟，并有横长的皮孔样斑痕及支根痕，上部有横纹。有的顶端有较短的根茎或不明显，其上数个半月形茎痕。质脆，断面不平坦，形成层环棕色，皮部类白色，有裂隙，木部淡黄白色。

(二)内在质量标准

《中华人民共和国药典》(2010年版)规定：桔梗水分不得超过15.0%，灰分不得超过6.0%。按干燥品计算，含桔梗皂苷D($C_{57}H_{92}O_{28}$)不得少于0.10%。

浙贝母

浙贝母(*Fritillaria thunbergii* Miq.)为百合科多年生草本植物，以鳞茎入药。味苦，性寒。归肺、心经。具有清热散结，化痰止咳的功效。主治风热犯肺，痰火咳嗽，肺痈，瘰疬，疮毒。主产于浙江，尤以象山出产者为佳，故又称象贝母，亦简称象贝。江苏、安徽、江西、湖北、湖南等省亦有栽培。

一、生物学特性

浙贝母秋种夏收。9 月下旬至 10 月上旬栽种,10 月中旬发根,11—12 月萌芽,地下鳞茎略有膨大,2 月上旬出苗,2 月下旬至 5 月中下旬为鳞茎膨大的主要时期,3 月中下旬地上部生长最快,除有一个主秆外,还可抽出第二个茎秆(称“二秆”),并现蕾开花,4 月上旬凋谢,4 月下旬至 5 月上旬植株开始枯萎,5 月中下旬种子成熟,鳞茎停止膨大,全株枯萎,6 月鳞茎越夏休眠。

浙贝母喜温暖湿润、雨量充沛的海洋性气候,较耐寒、怕水浸。平均气温在 17℃左右时,地上部茎叶生长迅速,超过 20℃,生长缓慢并随气温继续升高而枯萎,高于 30℃或低于 4℃则生长停止。地下鳞茎于 10～25℃时正常膨大,高于 25℃地下鳞茎进入休眠,−6℃鳞茎受冻。年生长季节长 3 个半月左右。以阳光充足、土层深厚、肥沃、疏松、排水良好的微酸性或中性沙质壤土栽培为宜。土壤含水量 25%最适生长,酸碱度以 pH 5.5～7 为宜。

浙贝母鳞茎和种子均有休眠特性。鳞茎从地上部枯萎开始进入休眠,经自然越夏到 9 月即可解除休眠。种子经 5～10℃ 2 个月左右或经自然越冬可解除休眠。因此生产上多采用秋播。种子发芽率一般在 70%～80%。

二、栽培技术

(一)选地与整地

选择河流、山脚、大溪两侧的冲击土为好。土层深厚、富含腐殖质、排水良好的沙质壤土适宜种植浙贝母,可与玉米、大豆、甘薯等作物轮作。黏壤、沙性的土壤均不适宜。种过浙贝母的地,不能连种 3 次,否则易得病害。地选好后深翻 18～20 cm,耙细耙平,按宽 200 cm,高 12～15 cm 做畦,畦沟深 15～20 cm,宽 30 cm 左右。每公顷施腐熟的厩肥和堆肥 37 500～75 000 kg,均匀施入表土层。

(二)繁殖方法

生产上多用鳞茎和种子繁殖。

1.鳞茎繁殖

浙贝母栽培分为种子地栽培和商品地栽培两种。栽种期均在 9 月中旬至 10 月上旬。栽种前挖出留种用鳞茎二号贝(直径 4～5 cm,大小均匀呈扁圆形、紧密抱合、芽头饱满、无病虫害的鳞茎),种子地先栽,随挖随栽,商品地在种子地栽完后,再行栽入。先在畦上开沟,沟距 20 cm,种子地沟深 10～15 cm,商品地沟深 5～7 cm,株距 15 cm,鳞茎芽头朝上。

浙贝母的种子地从下种到出苗需要 3～4 个月时间,为了充分利用土地和肥力,可套种蔬菜等,原则必须冬至前要收完,给浙贝母施冬肥。4 月以后,在浙贝行间套种甘薯、花生、大豆、谷类、茄子等作物,这些作物 5 月中下旬长起来之后,浙贝母地上部已枯萎,除去杂草等枯叶,让套种作物遮阳,使贝母休眠。9 月挖栽浙贝母,套种作物也收获了。

2.种子繁殖

种子有胚后熟特性,采收后宜当年秋播(9月中旬至10月中旬),如延迟到11月中旬以后播种,则出苗率显著下降。种子繁殖需5年才能采收,年限长,不易保苗和越夏,故生产上采用较少。但在种鳞茎来源困难地区采用种子繁殖。播前选好种,条播或撒播,以条播为好,按行距6.5 cm,开浅沟,深1.5~2 cm,沟内撒施灰肥土,播种覆土后,再在畦面覆盖一薄层砻康或腐熟的羊厩肥。

(三)田间管理

1.中耕除草、施肥

除草要勤、早,一般3~4次,主要放在浙贝母未出土前和植株生长的前期进行。第一次2月上旬齐苗时浅锄;第二次2月下旬至3月下旬适当深锄;第三次4月上旬,注意避免损伤二秆。亦可与施肥结合起来。在施肥之前要除一次草,使土壤疏松,肥料易吸收。苗高12~15 cm抽薹,每隔15 d除草一次,或者见草就拔,种子地5月中耕一次。套种作物收获后,施冬肥很重要,用量大,浙贝母地上部生长仅有3个月左右。肥料需要期比较集中,仅是出苗后追肥不能满足整个生长的需要,而冬肥能够满足整个生长期,能源源不断地供给养分,因此冬肥应以迟效性肥料为主。重施基肥,在畦面上开浅沟,每公顷人粪尿 15 000 kg施于沟内,覆土,上面再盖厩肥、垃圾和饼肥混合发酵的肥料,打碎,37 500 kg左右,整平,免妨碍出苗。商品田再加化肥300 kg,第二年2月苗齐后再浇苗肥,每公顷人粪尿 11 250~15 000 kg,稀释水浇于行间。摘花以后再施一次花肥,方法同上。

2.灌溉排水

浙贝从2—4月需水多一点,如果这一段缺水植株生长不好,直接影响鳞茎的膨大,影响产量。整个生长期水分不能太多,也不能太少。但北方春季干旱,每周浇一次水,南方雨季要注意排水,尤其是浙贝母越夏期间,要做好开沟排水,防止地面积水等措施,以免造成鳞茎腐烂。

3.摘花打顶

3月中下旬植株已开花3~4朵、顶部还有2~3朵未开放时,将花连同6~10 cm长的顶梢一起摘除,花梢晒干可供药用。摘花打顶可以减少养分消耗,促进鳞茎膨大,又可促进二秆生长,增加光合作用面积。

4.套种

浙贝母越夏期间,可在浙贝母地上套种瓜类、豆类、蔬菜等,以降低地温,有利于浙贝母安全越夏,并可促进越夏期间地下部分的缓慢生长。

(四)病虫害防治

1.病害

(1)软腐病　6—8月鳞茎过夏期间发病,初为褐色水渍状,很快变成豆腐渣状或糨糊状腐烂,具酒酸臭味。防治方法:过夏期间开好排水沟;用50%苯骈咪唑1 000倍液浸种15 min,晾干后下种,效果较好。

(2)干腐病　一般在鳞茎越夏保种期间,土壤干旱时发病严重,主要危害鳞茎基部。防治方法:选用健壮无病的鳞茎种子;越夏保种期间合理套作,以创造阴凉通风环境;发病种茎在下种前用 50% 托布津 300～500 倍液浸种 10～20 min。

(3)灰霉病　一般 3 月下旬至 4 月上旬发生，4 月中旬盛发，为害地上部。发病后，叶片上病斑淡褐色，长椭圆形或不规则形，边缘有水渍状环，湿度大时，出现灰色霉状物，茎部病斑灰色，花干缩不能开放，幼果呈暗绿色干枯。防治方法：实行轮作；增施磷钾肥，增强抗病能力；防止积水降低田间湿度；发病前用 1∶1∶100 倍波尔多液喷雾预防；清除残株病叶并烧毁；发病时用 50% 多菌灵 800 倍液或 50% 甲基托布津 1 000 倍液喷施。

(4)黑斑病。4 月上旬始发，尤以雨水多时严重，为害叶部。防治方法同灰霉病。

2. 虫害

蛴螬：为铜绿金龟子的幼虫。为害鳞茎，4 月中旬开始，过夏期间为害最盛。防治方法：进行水旱轮作；冬季清除杂草，深翻土地；用灯诱杀成虫铜绿金龟子。

三、采收与加工

(一)采收

鳞茎繁殖 1～2 年可采收；种子繁殖 4～5 年可采收。商品地于 5 月上中旬植株枯萎后选晴天采挖，从畦的一端采挖，不伤鳞茎。种子地鳞茎在 9 月或 10 月栽种时起土，随挖随栽，全部做种，不加工商品。

(二)加工

浙贝母的加工工艺一般为洗泥、挖心分档、去皮加石灰、晒干 4 个过程。将挖出的鳞茎立即洗净，按大小分档，直径 3 cm 以上的大鳞茎先挖出贝心芽，再加工成“元宝贝”，小个的则不挖贝心芽，加工成“珠贝”。把鲜贝放入加有蚌壳灰的机动撞船里，来回撞击至表皮脱净，浆液渗出为止，加入 4% 的贝壳粉，使贝母表面涂满贝壳粉，倒入箩内过夜，促使贝母干燥，于第二天取出，摊开，日晒，晴天晒 3～4 d，稍停 1～3 d，使其内潮外透，再晒，如此反复，直至干透。回潮后也可置烘灶内，用 70℃以下的温度烘干。

四、商品质量标准

(一)外观质量标准

以鳞片肥厚、粉性足、质坚实、断面色白，无杂质、虫蛀、霉变者为佳。

(二)内在质量标准

《中华人民共和国药典》(2010 年版)规定：水分不得超过 18.0%；总灰分不得超过 6.0%；本品按干燥品计算，含贝母素甲($C_{27}H_{45}NO_3$)和贝母素乙($C_{27}H_{43}NO_3$)的总量，不得少于 0.080%。

黄 连

黄连(*Coptis chinensis* Franch.)为毛茛科多年生草本植物,以干燥根茎入药,药材名黄连,也称“味连”。黄连味苦,性寒;具有清热燥湿、泻火解毒等功效;主治温病热盛心烦、菌痢、肠炎腹泻、流行性脑膜炎、湿热黄疸、中耳炎、疔疮肿毒、目赤肿毒、口舌生疮及发热等症。同属植物三角叶黄连(*C. deltoidea* C. Y. Cheng et Hsiao)、云南黄连(*C. teeta* Wall.),分别称为“雅连”和“云连”入药。味连产于重庆、四川、湖北、陕西、湖南等地;重庆石柱和湖北利川素有“黄连之乡”之称;雅连产于四川;云连产于云南、西藏等地。

一、生物学特性

黄连喜高寒冷凉环境,喜阴湿,不耐炎热,较耐寒。野生多见海拔 1 200～1 800 m 的高山区,栽培时宜选在海拔 1 400～1 700 m 处气候寒冷,生长季短的地区。生长的适宜温度为 17～22℃。黄连为阴生植物,喜弱光和漫射光,忌强烈的直射光,尤其苗期最怕强光直射。因此,人工栽培必须遮阴,要求透光度为 15% 左右。黄连对光的需求随栽培年限的增长而增加。黄连喜湿润,忌干旱,对水分的需求较大,空气相对湿度 70%～90%,土壤含水量 30% 以上,有利黄连的生长。适宜生长在肥沃、富含腐殖质,有水稳性团粒结构,上松下实,排水良好的沙质壤土。土壤多为微酸性,以 pH 5.5～6.5 为好。忌连作。黄连生长期较长,播种后 6～7 年才能形成商品,栽后 3～4 年根茎生长较快,第 5 年生长减慢,6～7 年后生长衰退,根茎易腐烂。

种子有胚后熟休眠特性。胚后熟需经历形态后熟与生理后熟两个阶段。形态后熟需在 5～10℃条件下经过 180 d 以上的变温阶段处理才能完成,种子裂口。之后还要经过 0～5℃ 的低温阶段 90 d,种子完成生理后熟播种后才能出苗。否则播种不出苗。

二、栽培技术

(一)选地与整地

黄连对土壤要求较严,以土层深厚、肥沃、疏松、排水良好,富含腐殖质的壤土和沙质壤土为好。苗床地选择早晚见阳光、土层深厚、疏松、富含腐殖质的缓坡地,或选择植被均匀,荫蔽好的小乔木林地。夏季整地,清除草根、树根,堆烧成灰,拣去石块,结合整地每 667 m^2 施入 3 000～5 000 kg 的腐熟厩肥,耕翻 15～17 cm 深。播前做畦,宽 1 m,高 13～15 cm,长度以地形而定,畦间留 30 cm 左右的作业道。

移栽地如选林间栽连,宜选用半阴半阳坡,坡度不超过 30°的阔叶、杂木混交林。要求土层深厚,疏松肥沃,排水良好,表层腐殖质含量丰富,下层积水,保肥力强的土壤。土壤 pH 5.5～6.5 为宜。林间荫蔽度调节在 70%～80%。随地形做高畦。熟地土壤宜疏松肥沃,排水良好,腐殖质含量丰富。每 667 m^2 施 6 000 kg 左右的腐熟厩肥。再平整耕翻 15～17 cm。播前做畦,宽 1.2～1.5 m 高畦,畦沟宽 30 cm 左右,深 10 cm 左右,周围挖好排水主沟宽 50 cm,深 30 cm 左右。

搭棚连载应清除地面的灌木、杂草。先翻地深 15 cm 左右，挖净草根、竹根、捡净石块等杂物，分层翻挖，防止把表土翻到下层，挖地后每 667 m^2 施厩肥 5000 kg，再细翻一次，耙细整平作高畦，做法同熟地。

荒地栽连，应在秋季砍去地面的竹丛、灌木、树根、杂草等，并堆积在一次烧灰作基肥。然后翻地深 15～20 cm，捡净草根、石块等杂物。每 667 m^2 施厩肥 3 000 kg，耙细整平，做宽 1.2～1.5 m 高畦，畦沟宽 30 cm，深 15 cm，周围挖排水主沟，宽 50 cm，深 30 cm。搭简易棚栽种。

(二)繁殖方法

以种子繁殖为主，先育苗，后移栽。也可进行扦插和分株繁殖，但繁殖系数低，只在繁殖材料紧缺时采用。

1. 种子的采收与处理

于 5 月中旬采收移栽后第 4 年所结的种子。当蓇葖果变为黄绿色并出现裂痕、尚未完全开裂时，及时采收充实饱满的果实。过迟种子易散落，过早种子未成熟。将果穗从茎部摘下，放容器内运回，置阴凉地方，后熟 2～3 d，果实开裂后，脱粒净选，贮藏备用。

种子采收后要及时进行湿沙层积处理。通过 9 个月的处理，完成胚形态和生理后熟过程，播种后才能发芽。处理贮藏种子的方法主要有窖藏、岩洞藏及棚藏。以岩洞藏较理想。如量小可用木箱、陶罐、冰箱等层积处理贮藏。一般多用窖藏，选荫蔽的地方，挖深、宽、长各 1 m，口小里大的窖。贮藏前将种子与 3 份含水量为 25% 湿细沙混拌均匀，然后放入窖内，先在窖底铺 10 cm 的细沙，上面摊铺厚 2 cm 拌好的种子，再铺 2 cm 厚的细沙，如此交替，放 3～4 层，最上面一层 3～5 cm 细沙，种子贮好后窖口用石板或其他盖板封好，要留有通气缝隙，以利通气。或将种子放木箱里层积处理，再放入窖内贮藏，以便放取。在贮藏期间应定期检查窖内温度，如干燥应及时淋水，如漏水，应及时堵漏或换地贮藏。

2. 播种育苗

10 月或 11 月播种。667 m^2 播种子 2.5～3 kg。播种前用细腐殖质土 20～30 倍与种子拌匀，按量撒播畦面，播后稍压，覆盖细土。冬季干旱地区，播后盖一层落草，以保持土壤湿润。次春解冻后，揭去盖草，以利出苗。较少采用夏播。

黄连苗期荫蔽，主要采用搭棚或林间荫蔽。苗期的荫蔽度应保持在 80% 左右。夏播，一般于秋季搭棚；秋播，则于整地后搭棚。育苗 2 年可搭高 60～70 cm 的矮棚，棚材多选用灌木、竹子等。覆盖物不宜过密。另外，也可采用林间荫蔽。

3. 移栽

播种出苗后第二年春季便可移栽。选阴天或晴天栽种，忌雨天栽种。取生长健壮、具 4～5 个叶片的连苗，在整好的畦面上，一般行株距均为 10 cm，每 667 m^2 栽苗 5.5 万～6 万株。栽苗不宜过浅，一般适龄苗应使叶片以下部分入土。

(三)田间管理

1. 苗期管理

播种后，翌春 3—4 月出苗，出苗前应及时除去覆盖物。当苗具 1～2 片真叶时，按株距 1 cm 左右间苗，6—7 月可在畦面撒一层约 1 cm 厚的细腐殖土，以稳苗根。阴棚应在出苗前搭

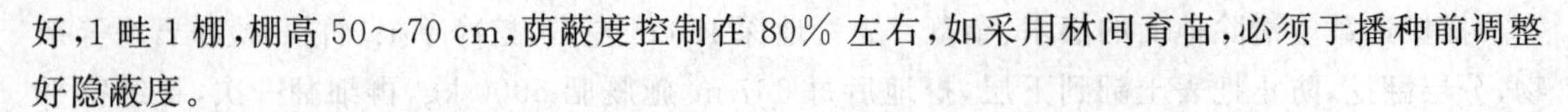

好,1畦1棚,棚高50~70 cm,荫蔽度控制在80%左右,如采用林间育苗,必须于播种前调整好隐蔽度。

2.补苗

黄连苗移栽后,常发现死苗缺苗,应及时补苗,带土移栽补苗,成活率高,不需缓苗。一般常进行2次,早春、初春栽的,秋季补苗,秋季栽的于翌春解冻后新叶萌发前补苗。

3.中耕除草

黄连秧苗生长缓慢,而杂草生长较快,尤其熟地栽连杂草更多,必须及时除草松土,做到田间无杂草。一般每年除草3~4次。边除草松土,边清理落叶等覆盖物。

4.追肥

秧苗移栽后2~3 d即可追肥一次,每667 m^2施腐熟厩肥1 500 kg,以促进生新根,移栽当年9—10月,第2~5年春季2—3月发新叶前,或5月新旧叶更新完毕后,秋季9—10月,各施肥1次。春肥以速效肥为主,秋肥以农家肥为主,每次每667 m^2施2 000 kg左右,施肥量可逐年增加。

5.培土

黄连的根茎向上生长,每年形成茎节,容易露出地面,影响生长,所以每年秋季结合追肥,还要盖一层腐殖土于畦面上,厚1.5~2 cm,第4年增加至3 cm,但不能培土过厚,否则根茎节间长,影响质量。

6.摘花薹

黄连开花结实将严重影响其产量和质量,为减少营养的无谓消耗,使养分集中供给根茎生长,除留种地外,花薹抽出后应及时割除。

7.调节荫蔽度

根据黄连不同生长发育时期对光的要求不同,要适当调节荫蔽度。一般移栽当年荫蔽度为70%~80%为宜,以后每年减少10%左右,第5年6月拆去全部棚盖物和间作树枝叶,增加光照,抑制地上部生长,增加根茎产量。

(四)病虫害及其防治

1.病害

(1)白粉病　为害叶片,5月下旬发病,雨季发病重。发病初期在叶背出现圆形或椭圆形黄褐色小斑点,逐渐扩大成病斑,叶表面病斑褐色,逐渐长出白粉,之后产生小黑点。白粉逐渐蔓延布满全株叶片,使叶片枯死,甚至全株死亡。防治方法:实行轮作;雨季注意及时排除田间积水;发病初期,集中烧毁病叶;发病前期喷1:1:120波尔多液或65%代森锰锌1 000倍液;发病初期喷70%甲基托布津1 000倍液,每7~10 d喷1次,连喷3次。

(2)炭疽病　5月初始发,为害叶片,发病初期叶片产生油渍状小点,逐渐扩大成病斑,边缘紫褐色,中间灰白色,后期病斑穿孔,严重时全株枯死。防治方法:冬季注意清洁田园,将病叶全部烧毁;用1:1:120波尔多液或65%代森锰锌800~1 000倍液喷雾。

(3)白绢病　为害叶片及根茎,6月始发,7—8月为害严重。病菌先侵染植株根茎处,后叶片呈橙黄色或紫褐色。之后根茎及根腐烂,全株死亡。防治方法:发现病株拔除并及时烧毁,用石灰粉处理病穴,或用50%多菌灵800倍液淋灌。

2.虫害

(1)蛞蝓　在黄连整个生长期都可为害,咬食嫩叶。白天潜伏阴湿处,夜间爬出为害,雨天为害较重。防治方法:用 50% 辛硫磷乳油 0.5 kg 加鲜草 50 kg 拌湿,于傍晚撒在田间诱杀;在畦周围撒石灰粉,防止蛞蝓爬入畦内。

(2)蛴螬　咬食叶柄基部。防治方法:有机肥要充分腐熟或进行高温堆肥杀死其中害虫后才施用;用黑光灯诱杀成虫;麦麸炒香,用 90% 晶体敌百虫 30 倍液,将饵料拌湿或将鲜草切成 3～4 cm 长,用 50% 辛硫磷乳油 0.5 kg 拌湿,于傍晚撒在畦四周诱杀。

(3)鼠害及兽害　麂子、锦鸡及鼠类等,为害黄连嫩叶、花薹、种子甚至根茎。预防方法:设围栏防止其进入;人工捕杀,诱杀。

另外,还有寄生性植物列当,寄生于黄连根部,以吸盘吸取汁液,使黄连生长停止,严重时全株枯死。防治方法:发现列当寄生,连根带土一起挖除,换填新土;7 月上、中旬,列当种子成熟之前,结合除草将列当铲除干净。

三、采收与加工

(一) 采收

一般移栽后 5 年采收。选晴天挖起全株,抖去泥土后,剪去须根及叶柄,运回加工;也可抖去泥土后,全株运回,再加工。

(二) 加工

鲜黄连不能用水洗,一般采用炕干或烘干。烘到易折断时,趁热放到竹制槽笼里来回冲撞,撞掉所附泥土、须根及残余叶柄,即为成品。

四、商品质量标准

(一)外观质量标准

以条粗壮、质坚实、断面皮部橙红色、木部鲜黄色或橙色者为佳。

(二)内在质量标准

《中华人民共和国药典》(2010 年版)规定:水分不得超过 14.0%;总灰分不得超过 5.0%;本品按干燥品计算,以盐酸小檗碱计,含小檗碱($C_{20}H_{17}NO_4$)不得少于 5.5%;表小檗碱($C_{20}H_{17}NO_4$)不得少于 0.80%;黄连碱($C_{19}H_{13}NO_4$)不得少于 1.6%;巴马丁($C_{21}H_{21}NO_4$)不得少于 1.5%。

山　药

山药(*Dioscorea opposita* Thunb.)也称薯蓣,为薯蓣科薯蓣属多年生草质缠绕藤本。以干燥根茎入药，性平，味甘，归脾、肺、肾经。具有补脾养胃，生津益肺，补肾涩精作用，用于脾虚食少，久泻不止，肺虚咳喘，肾虚遗精，带下，尿频，虚热消渴等症；具有调节和增强免疫功能与抗肿瘤作用，可作为增强免疫能力的保健药及作为抗肿瘤及化疗的辅助药；具有防止高血脂、高血压及防治心脑血管疾病和调整胃肠道功能；具有抗衰老，延年益寿功能。主产河南温县、武陟等地和山西平遥、祁县，此外湖南、湖北、四川、河北、陕西、江苏、浙江等地亦产。怀山药最为有名，系著名"四大怀药"之一。

一、生物学特性

山药根茎直立，肉质肥厚，呈圆柱状棍棒形，长可达 1 m，直径 2～7 cm，外皮灰褐色，生有须根；山药对气候条件要求不甚严格，但以温暖湿润气候为佳。短日照对地下块根的形成和肥大有利，叶腋间零余子也在短日照条件下出现。喜土层深厚、疏松、排水良好的沙壤上，土壤酸碱度以中性为好，耐旱。

二、栽培技术

(一)选地与整地

宜选地势高燥，土层深厚，疏松肥沃，避风向阳，排水流畅，酸碱度适当的沙土壤。洼地、黏泥土、碱地均不宜栽种。冬季或前作收获后，深翻 40～60 cm，使之经冬熟化，第二年下种前，每 667 m^2 施堆肥 2 500～3 000 kg，饼肥 100 kg，匀撒地面，同时每 667 m^2 施 40% 辛硫磷 15 kg，作土壤消毒，然后耙平。南方雨水较多，于栽种前开宽 1.3 m 高畦，以利排水，北方雨水少，在栽种时每栽完 4～5 行之后，随即做 10～15 cm 高的畦埂，以便排水。

(二)繁殖方法

山药种子不易发芽，无性繁殖能力强。繁殖方法有 3 种。一是采用龙头(块根上端有芽的部位即芦头)繁殖；二是采用零余子(即山药豆)繁殖；三是采用山药块根繁殖。目前生产上主要采用前两种。

1. 龙头繁殖(芦头繁殖)

龙头，又称"芦头"，指山药块根上端有芽的一节。秋末冬初挖取山药时，选择颈短粗壮，无分枝，无病虫害的山药，将上端有芽的一节，长约 17 cm，取下作种。芦头剪下后，放在室内通风处，晾 4～5 d，使表面水汽蒸发，断面愈合收浆，然后进行河沙层积贮藏至第二年春栽种。

沙藏方法：在通风干燥的屋内地面，先铺一层稍干的河沙，约 15 cm 厚，将芦头平放于沙上，上面再铺一层河沙，如此分层堆积至 80～100 cm 高时，再盖一层河沙，最后覆盖一层稻草保温越冬。室内温度一般控制在 5℃ 左右。也可室外贮藏，在室外选一沙质斜坡地挖沟，沟深 24 cm，将芦头依次直立放入沟内，挖土覆盖龙头，依法连续挖沟存入即可。待翌年开春化冰，选晚上无霜时取出栽种。

2. 零余子繁殖

霜降前后(10 月下旬)，山药地上茎叶枯萎时，从叶腋间采摘或拾起落在地下的零余子(珠芽),晾 2～3 d 后,放在室内竹篓里或木桶里贮藏,室温控制在 5℃ 左右。第二年春,择土壤深厚的地块,深翻细整,整平,开 1.3 m 宽的高畦。按行株距 20 cm×10 cm 开穴播种,穴深 5～8 cm,每穴播芽 2～3 粒。然后,施人畜粪水,盖火土灰,覆土与畦面平齐,播种后 15～30 d 便可出苗,出苗后,注意浅耕和除草,可施 2～3 次人畜粪水催苗。

两种繁殖方法,生产上必须兼用,因山药每株只有 1 个芦头,还有各种损耗,数量一年比一年减少;尤其是芦头在栽培中逐年变细变长,产量下降,不能再作为繁殖材料,需要用零余子繁殖的"栽子"来更换。零余子播种培育栽子,要一年时间,通过严格选用,可以复壮,提高山药产量。零余子培育出的栽子在大田栽培中,第一年产量一般,第二年产量提高,以后又逐年下降。因而到了第四、五年,所有的芦头都需要全部更换,也就是说零余子培育的种栽,在生产上使用的年限常不超过 3 年。

3. 块根繁殖

将山药块根切成 4～5 cm 长的段,切口涂上草木灰,晾 3～5 h,伤口愈合后,促其长不定芽,按栽龙头的方法进行种植。

(三)田间管理

1. 中耕除草

山药出苗后,天气渐暖,易滋生杂草,因此应适时中耕松土和除草,通常在苗高 20～30 cm 时,进行一次浅锄松土;6 月中旬及 8 月初再视苗情及杂草滋生情况进行中耕除草。中耕除草时,注意勿伤芦头、种栽及根茎和蔓。

2. 施肥

山药为喜肥植物,除在整地时施足基肥外,在生长发育期间尚需多次追肥。通常结合每次除草,每 667 m^2 施入畜粪水 2 000～2 500 kg;立秋前后,叶面喷施 0.3% 磷酸二氢钾液 2～3 次,以促进地下块茎的迅速膨大。

3. 搭支架

山药地上茎蔓生,长约 3 m。通常于藤苗长 20 cm 左右即出苗 15～20 d 时,选用 2 m 以上的小竹子,树枝等及时搭好"人"字形支架,并引蔓向上攀援。有条件的每束架中再增插一根 3 cm 左右的支撑物,并横向加固,以免风雨过后倒伏,以保证足够的营养面积进行光合作用。

4. 排灌

灌溉是山药管理中重要的环节,适量灌溉,可使山药长得圆、大、长、上下均匀,否则会造成根部畸形生长或分杈,粗细不均,尖头,扇形,影响产量和质量。灌溉的原则:"不旱不浇",且根据山药的发育情况"由浅入深",以水的渗透度不超过薯蓣根部下扎的深度为度,雨季应及时排水,防止畦内积水,造成根茎部腐烂。

(四)病虫害及其防治

1. 病害

(1)炭疽病　是山药成株期地上部的主要病害,7—8 月发生,为害茎叶,造成茎枯、落叶。防治方法:移栽前用 1∶1∶150 波尔多液浸种 10 min;发病后用 65% 代森锌可湿性粉剂 500 倍液或 50% 退菌特可湿性粉剂 800～1 000 倍液防治。

(2)白锈病　7—8 月发生,为害茎叶,茎叶上出现白色突起的小疙瘩,破裂,散出白色粉末,造成地上部枯萎。防治方法:及时排灌,防止地面积水;不与十字花科作物轮作;发病期喷 1:1:100 波尔多液或 65% 代森锌可湿性粉剂 800～1 000 液防治。

2. 虫害

(1)线虫病　为害块根,使受害块根出现大小不等的小瘤,影响质量和产量。防治方法:避免在有线虫害发生的土地上栽种;播种前用 40% 克线磷 1 000 倍液浸泡 48 h;严格选择,淘汰感染线虫病的芦头和种栽。

(2)叶蜂　幼虫灰黑色,为危害山药的一种专食性害虫,5—9 月密集山药叶背,蚕食叶片,吃光大部分叶片。防治方法:2% 敌杀死 3 000 倍液或 90% 晶体敌百虫 1 000 倍液防治。

(3)蛴螬　为金龟子幼虫,咬食块根,使块根变成"牛筋山药",煮不烂,味变苦。防治方法:灯光诱杀成虫;75% 辛硫磷乳油按种子重 0.1% 拌种;90% 晶体敌百虫 1 000 倍液或 75% 辛硫磷乳油 700 倍液浇灌。

三、采收与初加工

(一)采收

山药春栽于当年霜降前后即可收获。10 月下旬当地上茎叶枯黄时,先采收珠芽,再拆除支架,割去茎蔓,挖出地下块根。挖时要小心,注意保持山药块根完整无损。挖取后,先切下芦头贮藏作种栽,块根加工成药材。

(二)加工

块根挖回后,要趁鲜加工,否则变软加工率降低。加工时,洗净泥土,泡在水中用竹刀或碎碗片刮去外皮及根毛,使呈白色。然后放入坑内用硫黄熏蒸,每 100 kg 山药用硫黄 50 g,熏 1～2 d 才能熏透。当山药块根水分渗出、体变软时,取出晒干或烤干,即加工成为"毛山药"。将毛山药放水中浸泡 1～2 d,浸透取出,稍晾;再用硫黄熏后日晒,直到出现白霜为止(稍硬为好),把熏晒后的山药放入篓内、缸或池内闷约 24 h,闷至心软如棉,用木板搓数遍,晒 2 h 放入缸内 1 d 后,取出再搓,用刀削去疙瘩以及两端,再搓,直到山药条粗光滑为止,晒干即为"光山药"。

传统加工方法反复用硫黄熏,能够保持山药雪白的外观,并防腐、加速干燥,但硫黄含有铅、硫、砷等有害物质,在熏制过程中附着在山药中,食用后会对人体呼吸道产生危害,严重的甚至会直接侵害肝脏、肾脏。目前,山药护色保鲜剂(如 1% NaCl)、微波干燥、脱水风干技术加工效率高且不引入含硫物质,能最大限度地保持山药的营养成分和其药用价值。

四、商品质量标准

(一)外观质量标准

"光山药"略呈圆柱形,弯曲而稍扁,长 15～30 cm,直径 1.5～6 cm。表面黄白色或淡黄色，有纵沟、纵皱纹及须根痕，偶有浅棕色外皮残留。体重，质坚实，不易折断，断面白色，粉性。气微，味淡、微酸，嚼之发黏。光山药呈圆柱形，两端平齐，长9～18 cm，直径1.5～3 cm。表面光滑，白色或黄白色。以色白，质坚实体重，断面白色、粉性足者为佳。

（二）内在质量标准

《中华人民共和国药典》（2010版）规定：水分不超过16.0%；灰分不超过4.0%；水溶性浸出物不低于7.0%。

川 芎

川芎（*Ligusticum chuanxiong* Hort.）为伞形科多年生草本植物，以干燥块状茎入药。川芎味辛，性温。归肝、胆、心包经。具有活血行气，祛风止痛等功效。用于月经不调，经闭痛经，症瘕腹痛，胸胁刺痛，跌扑肿痛，头痛，风湿痹痛等病症。主产于四川，云南、贵州、广西、湖北、湖南、江西、浙江、江苏、陕西、甘肃等地均有引种栽培。

一、生物学特性

川芎喜温和、雨量充沛、阳光充足而又较湿润的环境。但在7—8月高温多雨季节，如湿度过大，易引起烂根。喜有机肥，在施用一般农家肥料的基础上，加施氮肥能显著增产，配合施用磷、钾肥能更多地提高产量。

川芎很少开花结实。以地上茎的茎节（俗称“苓子”）进行扦插繁殖。川芎苓种培育阶段和贮藏期，要求冷凉的气候条件。生长期280～290 d。

二、栽培技术

（一）选地与整地

1. 育苓地

在海拔1 000～1 500 m的中山区，选择阳山或半阴半阳山壤土类土壤。清除地表杂草将地翻挖，翻挖深度30～40 cm。翻挖后施用底肥，每667 m^2施用油枯60 kg、过磷酸钙50 kg、堆杂肥1 000 kg，将几种肥混合均匀，撒在翻挖后的土壤上。然后沿坡向开厢，厢面宽150 cm，沟深20 cm，沟宽30 cm。开厢后将地整细整平。

2. 商品药材栽培地

在水稻收获前10 d左右排干水稻田中的水，水稻收割后及时开厢、挖沟排水。厢面宽200 cm，沟宽20 cm，沟深25 cm。开厢沟的同时用铲锄铲掉稻茬与杂草。开沟后翻挖，翻挖深度25 cm以上，翻挖后晾晒几天，施底肥后整地；也可进行免耕栽种，即把开沟挖出的土壤整细，在厢面上铺匀后挖窝栽种。

(二)繁殖方法

川芎用无性繁殖，繁殖材料用地上茎的茎节，习称“苓子”。产地在中山区培育“苓子”，平地种植川芎。平地育苓影响块茎的生长，易发生病虫害及退化，不宜采用。

1. 抚芎准备

一般12月下旬至翌年1月上旬，先将平地栽培的川芎根茎崛起，除去须根、泥土和茎叶，成为“抚芎”。将“抚芎”倒入准备好的50%多菌灵可湿粉剂500倍液浸15～25 min，捞出来晾干，装入干净的麻袋中，运到中山地区的苓种培育地种植。

2. 栽种

选晴天栽种川芎苓种，按30 cm×30 cm的密度挖穴，穴深5～10 cm。穴过浅栽种的川芎苓种，遇雨冲刷后会把川芎块茎露在土表，容易受到干旱，穴过深块茎发芽慢。每穴栽种1个块茎，栽种时将块茎的须根理顺，把块茎的芽朝上放入穴中，用土盖住块茎大部分、压紧，再在块茎上盖一层薄薄的细土，穴内施入适量堆肥或畜粪水。培育川芎苓种的田间管理包括中耕除草、施肥、防止倒伏等。

(三)栽种

1. 苓种准备

6月下旬至7月中上旬，茎中下部叶片开始枯黄，茎盘膨大，茎节上的腋芽饱满膨大，及时采收，将川芎苓种植株全株挖起，选择健壮和无病的植株，去掉叶片、块茎，捆成小捆，用麻袋装好及时运到产区。苓种运到产区后，及时取出晾开，并喷洒50%多菌灵可湿粉剂800倍液晾干后，在地上放一层经过多菌灵倍液处理的稻草，一层苓种一层薄稻草交叉层放至1 m左右，盖上一层稻草。

2. 栽种

8月中旬水稻收后，及时整地栽种。选茎秆中间部位茎节，从两个节盘中间剪，每节1个节盘。将剪好的苓种，用50%多菌灵可湿性粉剂1∶500倍溶液浸泡15～25 min后，捞出晾干。选晴天栽种，按行株距30 cm×20 cm挖穴，穴深约3 cm，每穴栽1个苓子。将苓子平放沟内，芽头向上并按紧，不宜过深或过浅。在厢面的两端行间要栽种2个川芎苓子，常称作“封口苓子”，主要是培育抚芎植株，每隔5～10行的行间密栽苓子1行，以备补苗。栽后用细肥土盖住苓子，盖草保湿以防暴雨冲刷及强光曝晒。

(四)田间管理

1. 中耕除草

栽后半个月左右，幼苗出齐，揭去盖草，每隔20 d左右中耕除草1次。缺苗处结合中耕进行补苗。最后一次中耕除草，在根茎周围培土，保护根茎越冬。中耕时只能浅松表土，以免伤根。

2. 施肥

产区在栽后2个月内集中追肥3次，每隔20 d追1次，末次要求在霜降前施下，否则气温降低，施肥效果不明显。施肥前中耕除草，以沤好的人畜粪水和腐熟饼肥为主，可适量加入速效氮磷钾肥。春季茎叶迅速生长时再追肥1次,应根据植物生长情况,酌情施用。

3.排灌

出苗期或苗期,如遇连晴不雨,可引水灌溉,以利出苗。干旱时可引水入畦沟灌溉,保持表土湿润。阴雨天要注意清沟排水,以免地内积水引起根茎腐烂。

(五)病虫害及其防治

1.病害

(1)块茎腐烂病　为害川芎块茎。发病初期植株嫩叶、根系变黄,继续发生造成块茎逐渐变成褐色直至腐烂,叶片、茎尖干枯直至植株完全枯死,产区俗称“水冬瓜”。防治方法:通过处理川芎苓种与轮作方式预防,苓种贮藏与栽种前药剂浸泡、川芎与水稻轮作可有效预防病害发生;川芎块茎腐烂病发生后,用50%的多菌灵可湿粉剂或40%的乐果乳液800倍液,淋于川芎植株周围。

(2)白粉病　发生病害时叶片背面和叶柄出现白粉,并不断发展,直至长满整片叶。叶片逐渐变黄枯死。防治方法:川芎苓种生产过程中植株发生白粉病,喷施500倍的多菌灵溶液可有效防治白粉病。

(3)叶枯病　发生病害的植株叶片上出现褐色斑点,随着斑点的增多的扩大,叶片干枯死亡。防治方法:可喷施1∶100的波尔多液进行防治。

2.虫害

(1)茎节蛾　茎节蛾为害时,幼虫从心叶或叶鞘处蛀入茎内,咬食茎节盘。防治方法:可用90%的晶体敌百虫1 000倍液喷洒进行防治。

(2)蛴螬　为害根部。防治方法:用800倍的敌百虫液施入植株基部周围,能有效防治地下害虫对川芎块茎的为害。

三、采收与加工

(一)采收

栽后第二年5月中下旬至6月上旬为最适采挖期,不宜过早或过迟。选择晴天上午,用二齿耙将川芎植株挖起,顺着行间放在田间晾晒至下午,拔掉茎秆、抖掉泥沙后,运回加工。

(二)加工

多用晒干法进行加工。将块茎晒在晒席上或水泥地上,上午、下午各翻动一次,傍晚收装时抖掉块茎上的泥沙。晒2 d后,用专用的撞篼抖撞去须根。再晒至块茎全干,撞掉须根即成商品药材。

也可用烘干法加工。需要修制专用的烘干炕,进行隔烟烘干,烘炕时火力不宜过大。每天翻炕一次。2～3 d后,块茎散发出浓郁香气时,放入竹笼里抖撞,除掉须根和泥土,烘至全干即为成品。

四、药材质量标准

(一)外观质量标准

川芎根茎为不规则结节状拳形团块,表面黄褐色,粗糙皱缩,有多数平行隆起的轮节,顶端有凹陷的类圆形茎痕,下侧及轮节上有多数小瘤状根痕。商品药材以无苓珠、无苓盘、无杂质、无虫蛀为合格品,以个大、饱满、坚实,断面呈黄白色,油性足,香气浓者为佳。

(二)内在质量标准

《中华人民共和国药典》(2010 版)规定:川芎水分不得过 12.0%;灰分不得过 6.0%;酸不溶性灰分不得过 2.0%;按干燥品计算,含阿魏酸($C_{10}H_{10}O_4$)不得少于 0.10%。

党 参

党参(*Codonopsis pilosula* (Franch.) Nannf)为桔梗科植物党参的干燥根,多年生草质藤本。素花党参(*Codonopsis pilosula* Nannf. var. *modesta* (Nannf.) L. T. Shen)和川党参(*Codonopsis tangshen* Olive.)的干燥根也作党参入药。具有补中益气、补益肺气、生津养血、扶正祛邪的功效。主产山西、河北、东北等省,以山西潞党为著名。现山东、河南、安徽、江苏等省有引种栽培。

一、生物学特性

党参喜温和、凉爽气候,怕热,较耐寒。对水分的要求不甚严格,一般在年降水量 500~1 200 mm,平均相对湿度 70% 左右的条件下即可正常生长。党参对光的要求较严格,幼苗喜阴,成株喜光。党参是深根性植物,土壤酸碱度以中性或偏酸性土壤为宜,一般 pH 在 5.5~7.5。党参种子无休眠期,在 10℃ 以上即可萌发,发芽适温为 18~20℃,种子播后 10~20 d 发芽,新鲜种子发芽率可达 85% 以上,但隔年种子发育率极低,甚至完全丧失发芽率,一年生植物虽能开花结实,但种子质量差,不宜作种,故宜选用二年生以上的植株所结的种子作种,一般在 9—10 月果实成熟,由于种子成熟不一,可分期分批采收,晒干脱粒,去杂,置干燥通风处贮藏。

二、栽培技术

(一)选地与整地

宜选土层深厚、排水良好、富含腐殖质的沙壤土。低洼地、黏土、盐碱地不宜种植,忌连作。育苗地宜选半阴半阳,距水源较近的地方。每 667 m^2 施农家肥 2 000 kg 左右,然后耕翻,耙细整平，做成1.2 m宽的平畦。定植地宜选在向阳的地方，施足基肥，每667 m^2施农家肥3 000 kg左右，并加入少许磷、钾肥，施后深耕30 cm，耙细整平，做成1.2 m宽的平畦。

(二)繁殖方法

用种子繁殖，常采用育苗移栽，少用直播。

1.育苗

一般在7—8月雨季或秋冬封冻前播种，在有灌溉条件的地区也可采用春播，条播或撒播。为使种子早发芽，可用40～50℃的温水，边搅拌边放入种子，至水温与手温差不多时，再放5 min，然后移置纱布袋内，用清水洗数次，整袋放于温度15～20℃的室内沙堆上，每隔3～4 h用清水淋洗1次，5～6 d种子裂口即可播种。撒播时将种子均匀撒于畦面，再稍盖薄土，以盖住种子为度，随后轻镇压种子与土紧密结合，以利出苗，每667 m^2用种1 kg。条播时按行距10 cm开2 cm浅沟，将种子均匀撒于沟内，同样盖以薄土，每667 m^2用种0.6～0.8 kg。播后畦面用玉米秆、稻草或松杉枝等覆盖保湿，以后适当浇水，经常保持土壤湿润。春播者，可覆盖地膜，以利出苗。当苗高约5 cm时逐渐揭去覆盖物，苗高约10 cm时，按株距2～3 cm间苗。见草就除，并适当控制水分，宜少量勤浇。

2.移栽

参苗生长1年后，于秋季10月中旬至11月封冻前，或早春3月中旬至4月上旬化冻后，幼苗萌芽前移栽。在整好的畦上按行距20～30 cm开15～20 cm深的沟，山坡地应顺坡横向开沟，按株距6～10 cm将参苗斜摆沟内，芽头向上，然后覆土约5 cm，每667 m^2用种参约30 kg。

(三)田间管理

1.中耕除草

出苗后见草就除，松土宜浅，封垄后停止。

2.追肥

育苗时一般不追肥。移栽后，通常在搭架前追施1次人粪尿，每667 m^2施1 000～1 500 kg，施后培土。

3.灌排

移栽后要及时灌水，以防参苗干枯，保证出苗，成活后可不灌或少灌，以防参苗徒长。雨季注意排水，防止烂根。

4.搭架

党参茎蔓长可达3 m以上，故当苗高30 cm时应搭架，以便茎蔓攀架生长，利于通风透光，增加光合作用面积，提高抗病能力。架材就地取材，如树枝、竹竿均可。

(四)病虫害及其防治

1.病害

(1)锈病　秋季多发，为害叶片。防治方法：清洁田园；发病初期用25%粉锈宁1 000倍液喷施。

(2)根腐病　一般在土壤过湿和高温时多发，为害根部。防治方法：轮作；及时拔除病株并用石灰粉消毒病穴;发病期用50%托布津800倍液浇灌。

2.虫害

蚜虫、红蜘蛛,为害叶片和幼芽。防治方法:可用40%乐果乳液800倍液喷雾。此外,尚有蛴螬、地老虎等为害根部。防治方法见相关内容。

三、采收与加工

(一)采收

直播的党参,根据生长情况一般3~4年可以采挖;育苗移栽的2~3年可以采挖。采收时间一般确定在秋季霜期前;春季采挖宜在气温回升,芽萌动前。采挖时应选择晴天将参根挖出,注意勿使根破损,以免浆汁流出而产生疤痕,长势不齐的地块可延迟1年采挖。

(二)加工

将挖出的参根除去枯藤及泥沙,头尾理齐,横行排列,置太阳下晒至三四成干,至皮略湿润发软时,扎成锥形把子,置木板上用手反复搓揉,再晒,如此反复2~3次,直至干燥为止。干燥过程避免烟熏。用此种方法加工出的党参药材外观很好,根条充实而直,纹理细密均匀,色鲜,美观。党参置于用内衬防潮纸的木箱中贮藏,要求凉爽,通风,干燥。

四、商品质量标准

(一)外观质量标准

党参以无杂质、虫蛀、霉变、茎粗达0.35 cm者为合格;以根条粗壮,质坚实,油润,气味浓,嚼之渣少为佳。

(二)内在质量标准

《中华人民共和国药典》(2010年版)规定:党参水分不得超过16.0%;总灰分不得超过5.0%;醇溶性浸出物不少于55.0%。

◉ 任务实施

技能实训5-1 调查当地主要根及根茎类药用植物栽培技术要点

一、实训目的要求

通过调查,了解当地主要根及根茎类药用植物栽培技术要点。

二、实训材料用品

记录本、笔、嫁接刀、修枝剪、农具、肥料、实训基地根及根茎类药用植物等。

三、实训内容方法

(1)实地调查:在实训基地进行调查,记录主要根及根茎类药用植物的栽培技术要点。

(2)现场实训:以小组为单位,结合当地主要根及根茎类药用植物各生长期特点适时进行选地与整地、繁殖方法、田间管理、病虫害防治、采收和加工等内容实训。

(3)上网搜索:记录当地主要根及根茎类药用植物种类及栽培技术要点。

四、实训报告

列举当地主要根及根茎类药用植物栽培技术要点及其注意事项。

五、成绩评定及考核方式

以实训报告及实训表现综合评分。

【思考与练习】

1. 简述人参移栽注意事项。
2. 简述人参搭设阴棚的方法。
3. 人参有哪些病害?如何防治?
4. 红参与糖参如何加工?
5. 简述三七的繁殖方法及操作要点。
6. 简述三七的田间管理技术要点。
7. 简述三七的采收及加工技术。
8. 简述当归的生物学特性。
9. 简述当归的繁殖方法。
10. 如何防止当归早期抽薹开花?
11. 简述丹参的生物学特性。
12. 简述丹参的繁殖方法。
13. 如何对丹参进行追肥?
14. 简述黄芪的生物学特性。
15. 黄芪种子播种前如何预处理?
16. 简述黄芪的播种时期和播种方法。
17. 简述黄芪采收和加工的方法。
18. 简述天麻与蜜环菌的关系。
19. 简述天麻的栽培方法。
20. 简述天麻的加工方法。
21. 简述甘草的生物学特性。
22. 简述甘草种子的选择和处理。
23. 如何对甘草进行田间管理?
24. 地黄的生物学特性有哪些?

25. 对地黄选地、整地有何要求？
26. 如何进行地黄栽植？
27. 生地黄和熟地黄如何加工？
28. 白芷有哪些生物学特性？
29. 如何进行白芷直播？
30. 如何对白芷进行田间管理？
31. 简述白芷采收的最佳时间及常用加工方法。
32. 简述半夏的生物学特性。
33. 简述半夏的繁殖方法。
34. 半夏的田间管理措施有哪些？
35. 半夏如何进行加工？
36. 简述桔梗种子的特性。
37. 如何进行桔梗的选地、整地？
38. 简述桔梗种子繁殖的要点。
39. 桔梗如何进行采收和加工？
40. 简述浙贝母种子的特性。
41. 如何进行浙贝母的选地、整地？
42. 简述浙贝母鳞茎繁殖的要点。
43. 浙贝母如何进行采收和加工？
44. 黄连如何进行选地、整地？
45. 简述黄连种子的采收和处理技术。
46. 简述黄连的主要病虫害及其防治方法。
47. 山药的繁殖方式有哪几种？种薯(芦头)的处理方法是什么？
48. 山药在采收时应注意些什么？如何进行加工？
49. 山药在选地方面有何特殊要求？
50. 简述川芎的生物学特性。
51. 川芎如何繁殖？
52. 川芎田间管理有哪些措施？
53. 川芎有哪些常见病虫害？如何防治？
54. 川芎如何进行采收和加工？
55. 简述党参的生物学特性。
56. 党参如何进行育苗和移栽？
57. 党参田间管理有哪些措施？
58. 党参有哪些常见病虫害？如何防治？

任务 2 花类药用植物

知识目标

- 了解当地主要花类药用植物的生物学特性。
- 掌握当地主要花类药用植物的栽培技术。
- 掌握当地主要花类药用植物的采收和加工。

能力目标

- 能熟练操作当地主要花类药用植物的种子繁殖和营养繁殖。
- 能顺利进行当地主要花类药用植物的田间管理、采收和加工。

相关知识

忍 冬

忍冬(*Lonicera japonica* Thunb.)又名金银花、二花、双花、银花,为忍冬科半常绿缠绕灌木,以花蕾和藤入药,药材名分别为金银花和忍冬藤,为常用中药。金银花具有清热解毒,凉散风热功能;用于痈肿疔疮、咽喉肿痛、丹毒、热血毒痢、风热感冒、瘟病发热等症。忍冬藤,具有清热解毒、通经活血等功能,主治湿病发热、关节疼痛、痈肿疮疡、腮腺炎、细菌性痢疾。除药用外,还是牙膏、饮料、化妆品以及多种中成药的重要原料,如"银翘散"、"双黄连"、"脉络宁"、"金银花茶"、"金银花露"等医疗、保健产品,开发潜力巨大。金银花主产于河南、山东。全国大部分地区均有栽培。

一、生物学特性

忍冬喜温暖湿润的气候,适应性强,耐寒、耐热、耐旱,生长适温在 20～30℃。对土壤要求不严,酸性、盐碱地均能生长。在疏松、肥沃、土层深厚的土壤种植,根系发达,生长良好,产量较高。在荫蔽处生长不良,土壤湿度过大,会影响生长,叶易发黄脱落。忍冬根系发达,藤叶繁茂,是极好的固土保水植物。常生于溪边、河谷、山坡灌木丛之中。人工种植可充分利用房前屋后、沟边路旁、园边地头等空隙地,是发展副业的好门路。

忍冬定植 2 年就会开花,5 年后花的产量增长最快,8～10 年进入盛花龄,20 年后植株生长衰退,开花减少,要进行更新。种子有休眠特性,属低温生理后熟型种子,必须在低温 5℃条件下持续 2 个月,才能解除休眠而萌发。

二、栽培技术

(一)选地与整地

忍冬栽培对土壤要求不严,抗逆性较强。为便于管理,以平整的土地,有利于灌水、排水的地块较好。移栽前每 667 m^2 施入充分腐熟有机肥 3 000～5 000 kg,深翻或穴施均可,耙磨、踏实。

(二)繁殖方法

以扦插繁殖为主,也可采用种子繁殖和分株、压条繁殖。

1.扦插繁殖

分直接扦插和扦插育苗两种,春、夏、秋季均可进行。选择 1～2 年生的健壮枝条,截成长 30 cm 左右的插条,至少有 3 个节位。然后摘去下部叶片,留上部 2～4 片叶,将下端近节处削成斜面,每 50 根扎成一小捆,用吲哚丁酸 (IBA)500 倍液快速浸蘸下端 5～10 s,稍晾干后立即进行扦插。若直接扦插,在整好的栽植地上,按株行距 150 cm×150 cm 或 170 cm×170 cm 挖穴,穴径和深度各 40 cm,每穴施入充分腐熟的厩肥或堆肥 5～10 kg,然后将插条均匀撒开,每穴插入 3～5 根,入土深度为插条的 1/2～2/3,插后填细土压实,浇透水,保持土壤湿润,1 个月左右可生根发芽;若扦插育苗,在整平耙细的插床上,按行距 15～20 cm 划线,每 7～10 cm 插一根插条,压实,浇透水。早春低温时扦插,插床上要搭拱形棚,覆盖薄膜,保温保湿。春季扦插的于当年冬季或翌年春季出圃定植;夏、秋季扦插的于翌年春季出圃定植。

2.种子繁殖

秋季种子成熟时采集成熟的果实,置清水中揉搓,漂去果皮及杂质,捞出沉入水底的饱满种子,晾干贮藏备用。秋季可随采随种。如果第二年春播,可用沙藏法处理种子越冬,春季开冻后再播。在苗床上开行距用 21～22 cm 宽的沟,将种子均匀撒入沟内,盖 3 cm 厚的土,压实,畦面盖上一层杂草,每隔 2 d 喷 1 次水,保持畦面湿润,10 多天后即可出苗。苗期要加强田间管理,当年秋季或第二年春季幼苗可定植于生产田。

3.分株繁殖

于 2 月上中旬、茎蔓尚未萌动时进行,从生长茂盛的金银花株丛中挖出一部分植株移栽,株行距与直接扦插的相同。分株繁殖的优点是新植株开花早,生长茂盛,缺点是影响母株花的产量,且繁殖系数低。压条繁殖在夏末秋初雨水较多时进行,将生长旺盛的茎蔓压在地上,每 3～4 节压上土(厚约 5 cm),踏实,20～30 d 新根发出后截断茎蔓即可单独成苗。

4.压条繁殖

在夏末秋初雨水较多时进行,将生长旺盛的茎蔓压在地上,每 3～4 节压上后 5 cm 的土,踏实,20～30 d 新根发出后截断茎蔓即可单独成苗。

(三)田间管理

1.深翻园地

为防止土壤板结,提高其保水保肥能力,对忍冬园地要求 1 年深翻一次,深度 30～40 cm,方法是:每年春季 2—3 月和秋后封冻前,距主干 20～30 cm 先出沟,依次外延,将表土和基肥混合翻入地下，整平地面。对于黄黏土进行压沙，厚度 10～20 cm，然后深刨，使土沙均匀混合。对于瘠薄的山地，若有土源，可进行压土加厚土层，为忍冬根的生长发育创造良好的条件。

2. 中耕除草

忍冬栽植成活后，要及时中耕除草。中耕除草在栽植后的前 3 年必须每年进行 3～4 次，发出新叶进行第一次，7—8 月进行第二次，最后 1 次在秋末冬初霜冻前进行，并结合中耕培土，以免花根露出地面。3 年以后可视植株的生长情况和杂草的滋生情况适当减少除草次数，每年春季 2～3 月和秋后封冻前要进行培土。

3. 追肥

忍冬每年早春萌芽后和每次采花后，都应进行一次追肥。春、夏季施用充分腐熟的人畜粪尿或硫酸铵、尿素等氮肥，于忍冬墩旁开浅沟施入，施后覆土；冬季每墩施用充分腐熟的厩肥或堆肥 5～10 kg、硫酸铵 100 g、过磷酸钙 200 g，在忍冬墩周围开环状沟施入，施后用土盖肥并进行培土。在现蕾时喷施 0.4%～0.8% 的磷酸二氢钾，增产效果较好。

4. 排灌

花期若遇干旱天气或雨水过多时，均会造成大量落花、沤花、幼花破裂等现象。因此，要及时做好灌溉和排涝工作。在每茬花蕾采收前，结合施肥浇 1 次促蕾保花水，土壤干旱时要及时浇水，以利植株新梢生长，可促进多次开花。

5. 整形修剪

忍冬自然更新的能力较强，新生分枝多，枝条自然生长时间则匍匐于地，不利于立体开花，为使株型得以改善且保证成花的数量，需进行合理的修剪。对忍冬进行冬季修剪和夏季修剪，是一项提高产量、复壮更新、延长丰产年限的重要技术措施。

(四)病虫害及其防治

1. 病害

(1)白粉病　为害忍冬叶片和嫩茎。叶片发病初期，出现圆形白色绒状霉斑，后不断扩大，连接成片，形成大小不一的白色粉斑。最后引起落花、凋叶，使枝条干枯。防治方法：选育抗病品种。凡枝粗、节密而短、叶片浓绿而质厚、密生茸毛的品种，大多为抗病力强的品种；改善通风透光条件，可增强抗病力；用 505 胶体硫 100 g，加 90% 敌百虫 100 g，加 50% 乐果 15 g，对水 20 kg 进行喷雾，还可兼治蚜虫；发病严重时喷 25% 粉锈宁 1 500 倍液或 50% 杜邦易保 800～1 000 倍液，能很好地防治白粉病。

(2)叶斑病　发病时叶片呈现小黄点，逐步发展成褐色小圆斑，最后病部干枯穿孔。防治方法：出现病害要即时消除病叶，防止扩散，并用 65% 代森锌可湿性粉剂 400～500 倍液或 75% 瑞毒霉 800～1 000 倍液连续喷 2～3 次。

2. 虫害

(1)咖啡虎天牛　咖啡虎天牛是为害忍冬的重要蛀茎害虫，危害严重时造成茎秆枯死。防治方法：成虫 5 月中、下旬开始产卵危害。可于产卵期用 50% 辛硫酸乳油 600 倍液，或 50% 马拉硫磷乳油 800 倍液喷雾，每 7～10 d 喷 1 次，连喷 2～3 次；5 月上旬和 6 月下旬，当幼虫尚未蛀入茎干之前，也可喷雾 80% 敌敌畏乳油 1 000 倍液各 1 次。当幼虫蛀入茎后，可用注射器吸取 80%敌敌畏原液注入茎干，再用稀泥密封蛀孔。另外剪除枯枝集中烧毁。

(2)豹蠹蛾　主要为害枝条。幼虫多自枝杈或嫩梢的叶腋处蛀入，向上蛀食。受害新梢很快枯萎。防治方法：及时清理树枝、收花后，一定要在7月下旬至8月上旬结合修剪，剪掉有虫枝，如修剪太迟，幼虫蛀入下部粗枝再截枝对树势有影响；7月中、下旬为其幼虫孵化盛期，用40%氧化乐果乳油1 000倍液，加入0.3%～0.5%的煤油，进行喷雾，以促进药液向茎秆内渗透，可收到良好的防治效果。也可采用防治咖啡虎天牛的方法，用注射器从蛀孔注入40%氧化乐果乳油原液。

(3)银花叶蜂　幼虫为害叶片，发生严重时，可将全株叶片吃光，使植株不能开花，不但严重影响当年花的产量，而且使次年发叶较晚，受害枝条枯死。防治方法：发生数量较大时可在冬、春季在树下挖虫茧，减少越冬虫源；幼虫发生期喷90%敌百虫1 000倍液或2.5%敌杀死2 000～3 000倍液。

(4)金银花尺蠖　金银花尺蠖是为害其叶片的主要害虫，严重时整株叶片和花蕾被吃光，造成毁灭性危害。防治方法：敌敌畏800倍液或敌百虫500倍液喷施；青虫菌和苏芸金杆菌天门7216菌粉悬乳液100倍喷雾；20%杀灭菊酯2 000倍液或2.5%溴氰菊酯1 000～2 000倍液喷雾。

(5)蚜虫　一般在清明前后开始发生，多在叶子背面。立夏前后阴雾天，刮东风时，危害极为严重，能使叶片和花蕾卷缩，生长停止，造成严重减产。一般于清明和谷雨时各喷1次40%乐果乳剂800～1 000倍液即可控制。

三、采收与加工

(一)采收

摘花最佳时间是花蕾上部膨大略带乳白色，下部青绿，含苞待放时，称之为“10分开花，9分采”。据研究，忍冬在一天之内以上午11时左右绿原酸含量最高，所以应选择晴天早晨露水刚干时摘取花蕾为最佳，上午以前结束。忍冬过早、过迟采摘都不适宜，会影响花的药材品质。采下的花蕾尽量减少翻动和挤压，并及时送晒或烘房或用机器加工。采收时亦应注意，不能带入枝杆、整叶及其他杂质。

(二)加工

采收的花蕾，若采用晾晒法，以在水泥石晒场晒花最佳，要及时将采收的忍冬摊在场内，晒花层要薄，厚度2～3 cm，晒时中途不可翻动，在未干时翻动，会造成花蕾发黑，影响商品花的价格。晒干的花，其手感以轻捏会碎为准。晴好的天气两天即可晒好，当天未晒干的花，晚间应盖或架起，翌日再晒。采花后如遇阴雨，可把花筐放入室内，或在席上摊晾，此法处理的金银花同样色好、质佳。

另外可采用烤干法，一般在30～35℃初烤2 h，可升至40℃左右。经5～10 h后，保持室温40～50℃，烤10 h后，鲜花水分大部分排出，再将室温升高至55℃，使花速干。一般烤12～20 h即可全部干燥。超过20 h，花色变黑，质量下降，故以速干为宜。烤干时不能翻动，否则容易变黑。未干时不能停烘，否则会发热变质。据研究，烤干的产量和质量比晒干的高。优质的商品花色黄白色或淡黄色，含苞未开，夹杂碎叶含量不超过 3%，无其他杂质，有香气。自然干制的花较烤制的花有香气，药味淡，有条件的地方，可用烘干机械加工，效果最佳。

四、商品质量标准

(一)外观质量标准

忍冬商品国家标准分为 4 等：

一等：货干，花蕾呈棒状，上粗下细，略弯曲，表面绿白色，花冠厚稍硬，握之有顶手感；气清香，味甘微苦。开放花朵、破裂花蕾及黄条不超过 5%。无黑条、黑头、枝叶、杂质、虫蛀、霉变。

二等：与一等基本相同，唯开放花朵不超过 5%。破裂花蕾及黄条不超过 10%。

三等：货干，花蕾呈棒状，上粗下细，略弯曲，表面绿白色或黄白色，花冠厚质硬，握之有顶手感。气清香，味甘微苦。开放花朵、黑头不超过 30%。无枝叶、杂质、虫蛀、霉变。

四等：货干。花蕾或开放花朵兼有，色泽不分。枝叶不超过 3%，无杂质、虫蛀、霉变。

(二)内在质量标准

《中华人民共和国药典》(2010 年版)规定：忍冬水分不得超过 12.0%；总灰分不得超过 10.0%；酸不溶性灰分不得超过 3.0%；铅不得超过百万分之五；镉不得超过千万分之三；砷不得超过百万分之二；汞不得超过千万分之二；铜不得超过百万分之二十。本品按干燥品计算，含绿原酸($C_{16}H_{18}O_9$)不得少于 1.5%。含木犀草苷($C_{21}H_{20}O_{11}$)不得少于 0.050%。

菊　花

菊(*Chrysanthemum morifolium* Ramat.)为菊科多年生草本植物，以干燥头状花序入药，药材名菊花。菊花在我国有悠久的入药历史，同时又被广泛用于保健茶饮。菊花味甘、苦，性微寒，具有疏风、清热、明目、解毒的功效，主治头痛、眩晕、目赤、心胸烦热、疔疮、肿毒等症。药材按产地和加工方法不同，有杭菊、亳菊、滁菊、贡菊和祁菊等之分。杭菊主产浙江桐乡和江苏射阳，有白菊和黄菊之分；亳菊主产安徽亳州；滁菊主产安徽滁州；贡菊主产安徽歙县一带，亦称徽菊，浙江德清亦产，另称德菊；祁菊主产河北安国。此外，还有产自河南的怀菊、四川的川菊和山东的济菊等。

一、生物学特性

菊花喜温暖湿润，阳光充足的环境。耐寒冷，花耐微霜，花期能忍受−4℃的低温。地下宿根可忍受−17℃的低温，生长适温为 20℃左右。稍能耐旱，怕田间积水和涝害。适宜较湿润的条件，花期以稍干燥为好，雨水大，易烂花。菊花是短日照植物，不耐荫蔽，否则分枝花朵减少。对土壤要求不严格，但喜肥，宜选择阳光充足、疏松肥沃、排水良好的沙质壤土，pH 6～8 的中性，微酸、碱性土壤均可种植。忌重茬。土质黏重，盐碱地，低洼易积水地不宜种植。

二、栽培技术

(一)选地与整地

选地势平坦,排灌水方便,疏松肥沃,排水良好的沙质壤土为扦插育苗地。选地后,施入足量的堆肥、厩肥为基肥,深翻后,耙细整平,做 1.2 m 高畦为扦插育苗床。畦沟宽 30～40 cm,移栽地宜选地下水位低,地势较高,阳光充足,土层深厚,疏松肥沃,富含腐殖质的沙质壤土。选地后,每 667 m^2 施腐熟厩肥 3 000 kg,过磷酸钙 50 kg,深翻 20 cm 左右,耙细整平,做宽 1.2 m 高畦,畦沟宽 30～40 cm。

(二)繁殖方法

菊花的繁殖方法很多。以分根和扦插繁殖为主,也可用嫁接和压条繁殖。分根繁殖虽然前期容易成活,但因根系后期不太发达,易早衰,进入花期时,叶片大半已枯萎,对开花有一定影响,花少而小,还易引起品种退化;而扦插繁殖虽较费工,但扦插苗移栽后生长势强,抗病性强,产量高,故目前生产上常用。

1. 扦插繁殖

(1)扦插育苗　一般在 4 月下旬至 6 月上旬均可扦插育苗,选择健壮、无病虫害的新枝作为插条,剪成 10～13 cm 长的小段,上端平截,下端去掉叶子,于节下剪成斜面,快速在 1 000～1 500 mg/kg 吲哚乙酸溶液中蘸一下,稍晾干,在整好的苗床上,按行距 20 cm,横畦开深 10 cm 的沟,将插条沿沟边斜插入沟内,株距 5～8 cm,覆土 5～7 cm,顶端露出地面 3 cm 左右。压实浇透水,加强苗床管理,约 20 d 即可发根。当新苗高 20～25 cm 时,即可移栽。

(2)移栽　苗龄掌握在 40 d 左右,于 5 月下旬至 6 月上旬移栽,选阴天或晴天傍晚进行,起苗时先将苗床浇透水,带土移栽,成活率高。在整好的畦面上按行株距 40 cm×40 cm 挖穴,穴深 6～8 cm,每穴栽一株,苗摆正,覆细土压紧,浇透水,每 667 m^2 栽 5 500 株左右。

2. 分根繁殖

在收割菊花的田间,用肥料将选好的种菊根盖好,保暖以防冻害。翌年 4 月下旬至 5 月上旬,发出新芽时,将种菊根挖出,抖净泥土,顺芽带根将种菊根分开,将过长的根切掉,保留 6～7 cm。在整好的畦上按行株距 40 cm×40 cm 挖穴,深 15 cm,每穴栽 1～2 株,苗摆正,覆土压实,浇透水。1 m^2 种菊根,可分栽 15～20 m^2。

(三)田间管理

1. 中耕锄草

菊花是浅根性植物,中耕不宜过深。一般中耕 3～4 次,第一次在移植成活后 1 周左右,宜浅松土。表土干松,地下稍湿润,使根向下扎,并控制水肥,使地上部生长缓慢,俗称“蹲苗”,否则生长过于茂盛,至伏天不通风透光,易发生叶枯病。第二次在 7 月中下旬,第三次在 9 月上中旬,应深松土,结合培土,以防倒伏。在每次中锄时,应注意勿伤茎皮,不然在茎部内易生虫或蚂蚁,将来生长不佳,影响产量。每次大雨之后,土地板结时,浅锄一次,可使土壤内空气畅通，菊花生长良好，并能减少病害。

2.追肥

菊花根系发达，细根多，吸肥能力强，需肥量大。结合中耕锄草，可进行3～4次追肥。第一次在菊苗转青或移栽成活后5月上中旬打顶时，每667 m^2施人粪尿1 500 kg；第二次在6月下旬，植株开始分枝时，每667 m^2施人粪尿1 500 kg，或硫酸铵10 kg，施后培土；第三次在9月下旬，菊花花蕾将形成时，每667 m^2用较浓的人粪尿2 000 kg，肥饼50 kg，过磷酸钙30 kg，以促使多结花蕾，也可进行根外追肥，用2%过磷酸钙水溶液均匀喷于叶面。先将过磷酸钙用水发散，充分搅拌，务使无颗粒，用水泡一昼夜。施前加足水搅匀，用布袋过滤，而后在晴天下午喷射，最好在傍晚进行，容易吸收。每隔3～5 d大喷1次，共喷2～3次。

3.排灌

菊花喜湿润，但怕涝，春季要少浇水，防止幼苗徒长，按气候而定。保证成活即可。6月下旬以后天旱，要经常浇水，如雨量过多，应疏通大小排水沟，切勿有积水，否则易生病害和烂根。

4.打顶

是促使主秆粗壮，增多分枝，多结花蕾，提高产量的有效措施。当菊花移栽前，苗高20～25 cm时，进行第一次打顶，摘去主秆顶芽3～5 cm。第二次在6月上中旬，植株抽出3～4枝长25 cm左右的新枝时，摘去新枝顶芽，第三次在7月上旬打顶，摘去二次新枝顶芽，剪除疯长枝条。

5.选留良种

选择无病、粗壮、花头大，层厚心多，花色纯洁，分枝力强，及无病花多的植株，作为种用。然后根据各种不同的繁殖方法，进行处理。但因为菊花在同一个地区的一个品种由于多年的无性繁殖，往往有退化现象，病虫害多，生长不良，产量降低，同时其中亦有变好的，故选留良种时，特别注意选留性状良好变种，加以培育和繁殖。必要时，可在其他地区进行引种。

(四)病虫害及其防治

1.病害

(1)叶枯病　又叫“斑枯病”，为害叶片。于4月下旬发生，雨季发病严重。植株下边叶片首先被侵染。初期，叶片出现圆形或椭圆形的紫褐色病斑，中心呈灰白色，周围很绿，有一淡色的圈，后期病斑上生有小黑点。严重时病斑扩大，造成整株叶片干枯。防治方法：拔除病残叶，集中烧毁；前期控制水分，防止疯长，以利通风透光；雨后及时排水，降低田间湿度；发病前喷1∶1∶120波尔多液，发病初期喷50%甲基托布津1 000倍液防治，每7～10 d喷1次，连续3～4次。

(2)霜霉病　春、秋两季雨水大容易发生。被害叶片出现一层灰白色霉状物。严重时全株枯死。防治方法：实行轮作；选育抗病品种和健康种苗栽种；种苗用40%霜疫灵300倍液浸 10 min后栽种；发病初期用50%瑞毒霉300～400倍液或40%霜疫灵200～300倍液喷雾防治。

(3)枯萎病　雨季发病严重。受害植株叶片变为黄绿色或紫红色，自下而上蔓延，以致全株死亡。病株根部深褐色，呈水渍状腐烂。防治方法：实行轮作；雨季及时疏沟排水，降低田间湿度；及时拔除病株，并用生石灰消毒病穴；发病初期用50%多菌灵1 000倍液灌根防治。

(4)花叶病　发病植株的叶片呈黄绿相间花叶，叶卷曲。病株矮小或丛枝，枝条细小，开花少，花朵小，严重影响产量和质量。防治方法：选育抗病品种；发现病株及时拔除，集中烧毁，并用石灰消毒病穴；及时防治蚜虫；发病后可喷50 mg/kg的农用链霉素溶液防治。

2. 虫害

(1)菊天牛　又叫“蛀心虫”。成虫和幼虫均能为害菊花。在7—8月菊花生长旺盛时，咬食菊花嫩茎梢，并产卵于茎髓部，使茎梢枯死，易折断。卵孵化的幼虫，多在茎秆分枝处蛀入茎内，因此茎秆分枝处易折断，被害枝不能开花或整枝枯死。防治方法：成虫发生期，趁早晨露水未干时，进行人工捕杀；晴天上午在植株和地面喷5%西维因粉；幼虫发生期用40%乐果乳油1 000倍液喷雾；7月间释放天牛的天敌肿腿蜂进行生物防治。

(2)大青叶蝉　成虫、若虫为害叶片，被害叶片呈现小黑点。防治方法：用40%乐果乳油2 000倍液或50%杀螟松乳油1 000～1 200倍液喷雾。

(3)菊蚜　于4—5月或9—10月，成、若虫密集于菊花叶背，花蕾和嫩枝梢，吸取汁液，使叶片变黄皱缩，花朵减少或变小。防治方法：实行轮作；清除杂草；发生初期喷40%乐果乳油1 500倍液防治。

三、采收与加工

(一)采收

于霜降至立冬采收，以管状花(即花心)散开2/3时为采收适期。收获时将花连所在的枝从分杈处割下或剪下，扎成小把阴干。或直接剪取花头，随即加工。采摘时用食指和中指夹住花柄，向怀内折断。采花时间最好在晴天露水已干时进行，这样水分少，干燥快，省燃料和时间，减少腐烂，色泽好，品质优。但遇久雨不晴，花已成熟，雨天也应采，否则水珠包在瓣内不易干燥，而引起腐烂，造成损失。采下的鲜花立即干制，切忌堆放，应随采随烘干，最好是采多少烘多少，减少损失。菊花采收完后，用刀割除地上部分，随即培土，并覆盖熏土于菊花根部。

(二)加工

菊花由于品种较多，产地各异，因此，加工方法也不同，有阴干、晒干、烘干等，以烘干方法最好。

1. 阴干

选晴天下午连花枝一起割下，挂搭好的架上阴干，全干后剪下干花，即为成品。

2. 生晒

将采收的带枝鲜花置架上阴干1～2个月，剪下花朵，每100 kg喷清水2～4 kg，使均匀湿润后，用2 kg硫黄熏8 h左右，熏后稍晾晒即为成品。也可在采收后用硫黄熏鲜花，熏后晒干。

3. 蒸晒

将收获的鲜菊花置蒸笼内(铺厚度约3 cm)蒸4～5 min，取出放竹帘上曝晒，勿翻动。晒3 d后翻1次，6～7 d后，堆起返润1～2 d，再晒1～2 d，至花心完全变硬时即为成品。

4. 烘焙

将鲜菊花置烤房竹帘上(或铺于烘筛置于火炕)，厚度3～5 cm，在60℃左右温度下烘烤，半干时翻动1次，九成干时取出晒至全干即为成品。以烘干方法为最好，干得快，质量好，出干率高，一般5 kg鲜花能加工1 kg干货。

四、商品质量标准

(一)外观质量标准

以花序完整、颜色鲜艳、气清香者为佳;花序散碎、颜色暗淡、香气弱者次之。

(二)内在质量标准

《中华人民共和国药典》(2010 版)规定:水分不得超过 15.0%。按干燥品计算,含绿原酸($C_{16}H_{18}O_9$)不得少于 0.20%;含木犀草苷($C_{21}H_{20}O_{11}$)不得少于 0.080%;含 3,5-O-二咖啡酰基奎宁酸($C_{25}H_{24}O_{12}$)不得少于 0.70%。

红　花

红花(*Carthamus tinctorius* L.)为菊科红花属植物,以花入药。为妇科药,性温、味辛,具有活血通经、散瘀止痛等功效,是重要的活血化瘀中药之一,主治经闭、痛经、恶露不行、癥瘕痞块、跌打损伤、疮疡肿痛等症;除药用外,还是一种天然色素和染料。种子中含有 20%～30% 的红花油,是一种重要的工业原料及保健用油。主产于河南、浙江、四川、河北、新疆、安徽等地,全国各地均有栽培。

一、生物学特性

红花喜温暖、干燥气候,抗寒性强,耐盐碱。抗旱怕涝,适宜在排水良好、中等肥沃的沙壤土上种植,种子容易萌发,5℃ 以上就可萌发,发芽适温为 15～25℃,发芽率为 80%左右。

红花属于长日照植物,短日照有利于营养生长,长日照有利于生殖生长。对于大多数红花品种来说,在一定范围内,不论生长时间的长短和植株的高矮,只要植株处于长日照条件下,红花就会开花。因此,生产上往往通过调整播种期,延长红花处于低温、短日照条件下的时间,以延长红花的营养生长期,有效地增加红花的一次分枝数和花球数这两个最重要的产量构成因素,从而获取高产。

二、栽培技术

(一)选地与整地

红花抗旱怕涝,宜选地势高燥,排水良好,土层深厚,中等肥沃的沙壤土或壤土种植。忌连作,前茬以豆科、禾本科作物为好。整地时,每 667 m^2 施用农家肥 2 000 kg,配加过磷酸钙 20 kg 作基肥,耕翻入土,耙细整平,做成宽 1.3～1.5 m 的高畦。在北方种植,可不做畦,但地块四周需开好排水沟。

(二)繁殖方法

红花用种子繁殖。由于红花对日照长短有特殊的要求,若播种期选择得当,满足红花在不同生长发育阶段对日照的要求,就能获得高产,反之就要大幅度减产。一般我国北方宜春播,南方则以秋播为主,具体时间因时因地而异。坚持"北方春播宜早,南方秋播宜晚"的原则,使红花有一个较长的营养生长时期,为生殖生长做好物质准备。春播时间宜在土壤化冻以后,尽量早播,一般在3月中下旬至4月上旬进行播种;秋播时间在10月中旬至11月上旬为好,秋播过早易导致越冬苗过大而冻死,过晚则使营养生长时间不够而导致减产。

播种方法分条播和穴播。播前用50℃温水浸种10 min,转入冷水中冷却后,取出晾干待播。条播行距为30～50 cm,沟深6 cm,播后覆土2～3 cm。穴播行距同条播,穴距20～30 cm,穴深6 cm,穴径15 cm,穴底平坦,每穴播种5～6粒,播后覆土,耧平畦面。每667 m^2用种量:条播 3～4 kg,穴播2～3 kg。

(三)田间管理

红花一生分为莲座期、伸长期、分枝期、开花期和种子成熟期5个生长发育阶段,如何因地制宜,根据红花生长发育特性,对各生育阶段正确管理,是红花获得高产优质的基础。

1. 莲座期

此期红花生长缓慢,田间杂草容易滋生。此期管理要点:要注意防除杂草,结合间苗进行;当幼苗具3片真叶时,进行间苗,条播者按株距10 cm间苗,穴播者每穴留壮苗4～5株。

2. 伸长期

随着气温逐渐回升,红花植株进入快速生长的伸长阶段,对肥料和水分的需要开始增加。伸长期茎幼嫩,极易遭霜冻。此期管理要点:早春有强霜冻地区注意防霜冻;及时追肥和灌溉,特别是贫瘠干旱地区。红花十分耐旱,也非常怕涝,浇水要慎之又慎,一般每667 m^2追施人畜粪水2 000 kg,结合培土沟灌,可防止红花倒伏并避免病害,特别是根腐病的发生;苗高8～10 cm时定苗,条播者按株距20 cm定苗,根据植株生长及土壤肥瘦情况,每穴定苗2～3株;防除杂草,结合定苗进行;打顶,当株高达1 m左右时进行。一般种植较稀,在肥沃土地上生长良好的植株,可去顶促其多分枝,蕾多花大,提高产量。密植或瘠薄地块上的植株不宜打顶。

3. 分枝期

红花分枝越多,花球也越多,单株的花和种子的产量就越高。因此,如何促进植株多分枝达到一定的群体是管理的关键。分枝的多少除受品种、密度等因素影响外,主要受水分和肥料的影响。此期植株生长迅速,叶面积迅速增加,对肥料和水分的需要量也增大。另外,分枝阶段若遇暴风雨或浇水后遇大风,易倒伏。因此,这一时期的管理要点是:应重追肥,结合沟灌进行大培土,一般追施人畜粪水3 000 kg/667 m^2左右,配加过磷酸钙20 kg,以促进茎秆健壮、多分枝、花球大,并可防止植株倒伏,避免根腐病的发生。现蕾前,还可进行根外喷施0.2%磷酸二氢钾溶液1～2次。伸长期未施肥地此期必须施肥;在植株封行前进行最后一次除草。

4. 开花期

红花开花期是需水的高峰期。此期要求有充足的土壤水分,但空气湿度和降雨量均不能大,否则会导致各种病虫害的发生。开花期遇雨对授粉也不利,影响开花结实。此期管理要点:盛花期灌足水,但注意及时疏通排水渠道,避免积水。

5.种子成熟期

盛花期过后,红花对水分的需求量迅速减少,干燥的气候利于种子发育。由于栽培红花的绝大多数品种的种子没有休眠期,在成熟期如遇上连续下雨就会导致花球中的种子发芽、发霉,严重影响种子的产量和品质。因此,红花的栽培实际上被限制在气候比较干燥的地区或较干旱的季节,并尽量多种早熟品种。

(四)病虫害及其防治

1.病害

(1)炭疽病　4—6月,阴雨多湿时多发,为害茎枝、叶、花蕾基部和总苞,严重影响产量。防治方法:种子消毒处理;选用抗病性强的有刺红花品种;选地势高燥,排水良好的地块种植;忌连作;发现病株,集中烧毁;发病前用1∶1∶120波尔多液,或50%可湿性甲基托布津500～600倍液喷施,每隔10 d喷雾1次,连续2～3次。

(2)锈病　4—5月始发,常与炭疽病同时发生,为害叶部。高湿有利于锈病的发生和发展,连作是造成锈病孢子侵染根部和根颈的主要原因。防治方法:选地势高燥地或高垄种植;种子用占0.4%种子量的15%粉锈宁拌种;发病初期,用15%粉锈宁500倍液喷施;增施磷钾肥。

(3)枯萎病　3—6月发生,花期多雨时严重,为害全株。病株茎基和主根成黑褐色,维管束变褐,严重时茎基部皮层腐烂,枝叶变黄枯死。防治方法:清洁田园;发现病株,及时拔除并烧毁,病穴用石灰粉消毒;用1∶1∶120倍波尔多液或50%多菌灵500～600倍液灌根;选用无病株留种。

(4)黑斑病和轮纹病　前者在4—6月发生,叶上病斑椭圆形,褐色,具同心轮纹,上生灰色霉状物,发病重时,病斑并合,使叶片枯死。后者病斑圆形或椭圆形,上生小黑点。发病初期用1∶1∶100的波尔多液或65%代森锌可湿性粉剂500倍液,每隔10 d喷射1次,连续3次。

2.虫害

(1)红花实蝇　5月始发,6—7月花蕾期为害严重,幼虫孵化后蛀食花头和嫩种子,使花头内发黑腐烂。防治方法:清洁田园;忌与白术、矢车菊等间套作;花蕾现白期用90%敌百虫800倍液喷施,1周后再喷1次,可基本控制为害。

(2)红蜘蛛　现蕾开花盛期,常大量发生,聚集叶背,吸食叶液。被害叶片显出黄色斑点,继后叶绿素被破坏,叶片变黄脱落。受害轻的生长期推迟,重者死亡。可用0.3波美度石硫合剂、1.8%齐螨素2 500倍、73%克螨特2 000倍或50%溴螨酯2 000倍液喷杀。

此外,尚有菌核病、蚜虫、钻心虫等为害。特别是分枝期和开花期,由于气温转暖,蚜虫滋生繁育,要注意防治蚜虫,一般用抗蚜威防治2～3次。

三、采收与加工

(一)花的采收与加工

春栽红花当年、秋栽红花第二年5—6月即可收获。红花开花时间短,一般开花2～3 d便进入盛花期，要在盛花期抓紧采收。红花适宜采收期应为开花第3天早晨6时至8时半，同时注意要在露水干后开始进行。从外观形态上来看，以花冠顶由黄变红，中部为橘红色，花托的边缘开始呈现米黄色时采收为宜。每个头状花序可连续采收2～3次，每隔2 d采1次。采下的花忌曝晒，应盖一层白纸在阳光下干燥；或阴凉通风处阴干，不能搁置或翻动，以免霉变发黑；也可用微火烘干(40～60℃)。干燥程度用手搓揉即成粉末为宜。干后的红花放入室内，略回润后装袋，置阴凉干燥处保存，防潮和防霉变。以干燥、色红黄、鲜艳、质柔软者为佳。一般每667 m^2产干花15～30 kg，折干率20%～30%。

(二)种子采收

一般于采花后10～15 d、茎叶枯萎时，种子即已成熟。选晴天，连果枝割回，晒干脱粒。如遇连日阴雨天气，应注意及时抢收，否则成熟种子吸水后生根发芽，失去商品价值，每667 m^2可产收种子100～200 kg。

四、商品质量标准

(一)外观质量标准

红花以干燥、色红黄、鲜艳、质柔软者为佳。

(二)内在质量标准

《中华人民共和国药典》(2010年版)规定：红花杂质不得超过2%，水分不得超过13.0%，总灰分不得超过15.0%，酸不溶性灰分不得超过5.0%，红色素不得低于0.20%，浸出物不得少于 30.0%，本品按干燥品计算，含羟基红花黄色素A($C_{27}H_{32}O_{16}$)不得少于1.0%，含山柰素($C_{15}H_{10}O_{6}$)不得少于0.050%。

◙ 任务实施

技能实训5-2 调查当地主要花类药用植物栽培技术要点

一、实训目的要求

通过调查，了解当地主要花类药用植物栽培技术要点。

二、实训材料用品

记录本、笔、嫁接刀、修枝剪、农具、肥料、实训基地花类药用植物等。

三、实训内容方法

(1)实地调查：在实训基地进行调查，记录主要花类药用植物的栽培技术要点。

(2)现场实训:以小组为单位,结合当地主要花类药用植物各生长期特点适时进行选地与整地、繁殖方法、田间管理、病虫害防治、采收和加工等内容实训。

(3)上网搜索:记录当地主要花类药用植物种类及栽培技术要点。

四、实训报告

列举当地主要花类药用植物栽培技术要点及其注意事项。

五、成绩评定及考核方式

以实训报告及实训表现综合评分。

【思考与练习】

1. 掌握忍冬生物学特性。
2. 简述忍冬的主要繁殖的方法。
3. 忍冬有哪些病害？如何防治？
4. 忍冬如何进行采收加工？
5. 简述菊花的主要繁殖方法。
6. 简述菊花田间管理的主要措施。
7. 简述菊花病虫害防治方法。
8. 简述菊花的采收加工方法。
9. 简述红花的生长习性。
10. 简述红花的采收和加工方法。
11. 简述红花的主要病虫害及其防治方法。

任务 3 果实和种子类药用植物

知识目标

- 了解当地主要果实和种子类药用植物的生物学特性。
- 掌握当地主要果实和种子类药用植物的栽培技术。
- 掌握当地主要果实和种子类药用植物的采收和加工。

能力目标

- 能熟练操作当地主要果实和种子类药用植物的种子繁殖和营养繁殖。
- 能顺利进行当地主要果实和种子类用植物的田间管理、采收和加工。

◉ 相关知识

山茱萸

山茱萸(*Macrocarpium officinalis* (Sieb. et Zucc.) Nakai.)为山茱萸科落叶灌木或乔木,以成熟干燥果肉入药。别名枣皮、萸肉、药枣、蜀枣等。性微温,味酸、涩。具有补益肝肾、收敛固涩之功效。用于肝肾亏虚,头晕目眩,腰膝酸软,阳痿等症。主产于河南、陕西、浙江、安徽、四川等省区。

一、生物学特性

山茱萸分布在亚热带及温带地区,以海拔600～800 m的丘陵地区分布最多。喜温和气候,植株正常生长发育和开花结实要求平均温度为8～16℃。花期怕低温,授粉的最适温度为12℃左右,若温度低于5℃则会受冻,这也是山茱萸减产的主要原因。山茱萸喜湿润、光照充足的气候条件,生长季节要求有充足的水分和较高的空气湿度,一般年降水量为600～1 200 mm,年均相对湿度要求在70%～80%。透光好的植株坐果率高。山茱萸在山区、丘陵、平原和河滩均可栽植,喜肥沃疏松、深厚、湿润、富含有机质的微酸性和中性沙质壤土,过酸、过碱、黏重瘠薄的土壤均不利于其生长。山茱萸种皮质地坚硬致密,内含半透明的黏液树脂,阻碍种子吸水透气。种子收获时,种胚虽已分化,但生理上尚未成熟,属低温休眠型种子。因此,在育苗前必须进行处理,否则需经2～3年才能萌发。

二、栽培技术

(一)选地与整地

宜选地势平坦,灌排方便,土层深厚,疏松肥沃,富含腐殖质的沙质壤土为育苗地。选地后,于秋、冬季每公顷施入厩肥50 000～60 000 kg,过磷酸钙750 kg作基肥,均匀撒入地面,深翻30 cm,耙细整平。在播前再浅播一次,耙细整平,做宽1.2 m的高畦,畦沟宽40～45 cm。定植地宜选背风向阳坡地、河边地、二荒地、房前屋后等闲散零星地块,山地种植最好开垦修筑成梯田,防治水土流失。开穴施肥栽种。

(二)繁殖方法

以种子繁殖为主,亦可采用扦插、压条、嫁接等繁殖方法。有性繁殖的繁殖系数高,适应性强,成本低,但开花结果晚,实生苗一般需6年左右。而无性繁殖可以保持母本的优良特性,提早开花结果,嫁接苗种植2～3年即可开花结果。

1. 种子繁殖

(1)采种及种子处理　9月下旬至10月上旬,选连年结果多,生长健壮,无病虫害的优良植株作为采种母株。采收时选色红、个大、肉厚的果实,剥去果肉,洗净种子,漂洗杂质瘪粒,捞出种子,立即播种,经日晒干燥的种子不易发芽。翌年早春播种的要进行湿沙层积处理。因山茱萸的种皮厚而结实,又有胶质层,水分不易透过,同时其种子必须通过低温阶段,才能发芽。故不处理的种子发芽困难。处理时,在室外选地势较高而向阳的地方,根据种子量的多少,挖一个层积坑,一般常挖宽 1 m,深 30 cm,长 1.5～2 m 的坑,将底整平,先铺一层小卵石,厚 5 cm,上面再铺 5 cm 细沙,然后将用 1 份种子与 2 份细湿沙拌匀的种子平铺坑内,厚约 2 cm,上面再盖一层 5 cm 厚的细沙,如此反复铺放 2～3 层,最上面一层盖 5 cm 细沙,再盖一层干草,最后上面压盖 20 cm 细肥土,坑面呈龟背形,再盖一层草,以防雨水浸入坑内。经 4 个月左右,第二年 3 月下旬扒开检查,约有 40% 的种子露白萌芽,即可播种。

(2)育苗　播种可分秋播和春播。秋播于 10 月下旬用鲜籽,春播用层积处理的催芽籽于 3 月下旬至 4 月上旬播种。在整好的苗床上,按行距 20～25 cm 开沟,深 3～5 cm,将种子按株距 10 cm 点播入沟内,覆土盖平,稍加镇压,上面盖一层草,保温保湿,浇水保持畦面湿润,约一周便可出苗,揭去盖草。每 667 m^2 播种 6～10 kg。播后加强苗期一系列田间管理,培育壮苗。培育 2～3 年,当苗高 60～80 cm 便可定植。

(3)移栽　移栽宜在秋冬季落叶后或春季发芽前进行。在整好的栽植地上,按行株距 2.5 m×2 m 挖穴,深和直径各 50 cm,挖松底土,每穴施入腐肥的厩肥 15 kg,过磷酸钙 50 g,与底土拌匀,栽苗一株,将苗摆正,覆土一般时,将苗上提,使根系舒展,填土至满穴,踩实,浇透水,然后覆土封穴,在植株根际周围筑一环形土埂,以便收集雨水。选阴天带土团起苗,移栽,成活率高。

2.扦插繁殖

5 月下旬,将优良植株上生长健壮、无病虫害、已木质化的 1～2 年生枝条,按 20 cm 长切成小段,每段要有 3 个节,插条上端横切,下端迎节部削成斜面。枝条上部保留 2～3 片叶,去掉下部叶片,在整好的苗床上按行距 20 cm 开深 15 cm 的沟,将插条下端在 1 000 mg/kg 的吲哚乙酸溶液中蘸一下,稍晾干,按株距 8～10 cm,沿沟边斜插入沟内,覆土 12～15 cm,插条地上部露 3～5 cm;压实,浇透水,创面上搭拱形矮塑料棚,保持拱棚内温度在 26～30℃,相对湿度 60%～80%,上部搭阴棚遮阴,透光度 25% 左右。以后逐渐增大透光度。保持床土湿润,半个月即可生根,加强插床水肥管理,松土除草,于冬初或翌年春起苗定植。

3.嫁接繁殖

可以保持母本的优良性状,提高抗逆行,比实生苗提早 2～3 年结果。于 7—8 月,采用"丁"字形芽接法。嫁接用的砧木,选山茱萸优良品种的 2 年生实生苗,接穗选已经开花结果,生长健壮、果大肉厚、无病虫害盛果期母株上的枝条。剪取树冠外围、发育充实、芽饱满的 1～2 年生枝条,削取稍带木质部的盾形芽,接于砧木上。在砧木上用芽接刀,在光滑少节处先横切一刀,再顺切一刀呈"丁"字形,剥开切口处皮部,将接芽插入切口,对准形成层,用塑料带捆绑,将芽露出,动作要准确快捷,熟练,成活率高。半个月后,用手轻触接芽处叶柄,如叶柄脱落,芽色鲜,不皱缩,即已成活;如叶柄不掉,皮色暗而皱缩,未接活,需重新嫁接。然后成活者解掉绑绳,截去砧木接芽以上部分,使芽迅速生长。

(三)田间管理

1.中耕除草

定植成活后,每年中耕除草4～5次,春季除草要勤,松土要浅,以免伤根,夏、秋季除草次数要少,松土要深。初冬中耕除草,要结合培土进行,以保证安全越冬。

2.追肥

结合中耕除草进行,每年追肥3～4次,春、秋两季重施。春季以4月中旬幼果期最宜,主要以有机肥为主,每株施人尿粪10 kg,在植株旁挖环形沟施入,覆土盖肥,以后每2个月施一次,盛花及坐果期喷0.1% 硼酸溶液与0.2% 磷酸二氢钾于叶面进行根外追肥,以利开花结果。秋季每株施入腐熟厩肥20 kg,过磷酸钙1 kg,在株旁环形开沟施入,覆土盖肥。

3. 排灌

定植后应经常浇水,保持穴土湿润,确保成活。成株期灌3次大水,第一次在春季开花前,第二次在夏季果实灌浆期,第三次于冬前灌封冻水。这3个时期需水量大,水分充足,可提高开花结果率,是确保高产的有力措施。雨季田间有积水,应及时排除,以防罹病。

4.整枝修剪

通过整枝修剪,调节营养生长和生殖生长之间的关系,达到使幼树开花结果早、壮年树丰稳产、老树更新复壮的目的。

幼树的整枝修剪,首先要培育粗壮的主干,决定修剪的树型。对于主干直立粗壮的幼树定干高度为70 cm左右。树体高度控制在3 m左右。第一年选留分布均匀并向不同方向生长的健壮侧枝3～4条。培养为第一层主枝,其余的枝条一律从基部剪除,第二年秋、冬季,在离第一层主枝50 cm处选留分布均匀的壮枝3～4条,培养成第二层主枝,第三年在离第二层主枝50 cm处,选留3～4条生长健壮的枝条,培养成第三层主枝,以后各自层主枝向左右延伸出副主枝,再放出侧枝,最后,将主干短截,控制其生长高度,使植株矮化。这样通过2～3年的整枝修剪,便形成层次分明,通风透光,上下里外均能结果的丰产树型。对于主干不明显的丛生壮幼树修剪成树冠扩张,外圆内疏,通风透光,干低冠矮,便于管理和收果的丰产树型。幼树的修剪要掌握多疏枝,少短截的原则,促使多发短果枝。山茱萸以中、短枝结果为主,这样可显著提高结果率。疏枝应主要剪除生长过旺的徒长枝、重叠交叉枝及直立生长枝。生长势较差的幼树,则应掌握多留枝,少疏枝的原则。

成年树的修剪,应以保持强健的树势,培养更多的结果短枝为主,调节好营养生长和生殖生长的关系,使之保持平衡和相互促进的关系。要掌握以疏枝为主,短截为辅的原则。通过修剪,使树冠扩大,内膛通风透光,新梢抽生而壮,形成结果短枝群。避免因营养生长或生殖生长过旺而形成明显的大小年结果现象。

衰老树更新复壮,修剪整枝时应对主枝及时进行更新修剪,对有再生能力的骨干枝,可以短截枝条的2/3,使侧枝及时回缩到较强的分枝处,同时,疏除弯曲的大枝和纤弱枝,促使当年抽生强壮的新梢,逐渐恢复树势,仍可大量结果。

(四)病虫害及其防治

1. 病害

(1)炭疽病　6月上旬发病，幼果上初为圆形红色小点，病斑扩大后，呈黑色边缘紫红色的凹陷病斑，外围有不规则的红晕圈。使青果未熟先红，病斑后期变灰黑色，并生有小黑点，严重时全果变黑干枯脱落。防治方法：冬季清园，烧毁病残株及干枯果实；选育抗病品种和培育优良实生苗；发病前喷1:1:120波尔多液，发病初期喷80%炭疽福美1 000倍液或50%甲基拖布津1 000倍液防治。

(2)白粉病　叶片正面呈灰褐色或淡黄色病斑，背面生有白粉状病斑。后期散生黑色的小颗粒，最后叶片干枯。防治方法：剪除病叶，集中烧毁；选育抗病品种；发病前喷1:1:120波尔多液，发病初期喷50%甲基托布津1 000倍液，或50%多菌灵1 000倍液防治。

(3)灰色膏药病　成年植株多发生，活枝、死枝均为害。受害植株树衰退，严重的不能开花结果，甚至枯死。此病由蚧壳虫传播。防治方法：培育实生苗；发现并及时短截，集中烧毁；用刀刮去菌膜，用石灰乳杀灭或5波美度的石硫合剂喷雾防治；消灭树上的蚧壳虫。发病前喷1:1:120波尔多液保护。

2. 虫害

(1)木镣尺蠖　幼虫咬食叶片，仅留叶脉，造成枝梗光秃，树势生长衰弱。产量较低。防治方法：春季在树根际周围1 m范围内挖灭虫蛹或在地面撒甲基异柳磷粉剂，防止蛹羽化；7月幼虫盛发期，幼龄期喷2.5%鱼藤精500倍液或90%敌百虫1 000倍液防治。

(2)蛀果蛾　幼虫为害果实。单食性，以幼虫蛀食果实，一果一虫。果实成熟期为害重。老熟幼虫入土结茧越冬。防治方法：选育抗虫品种；在成虫羽化期喷26%杀灭菊酯3 000倍液防治；用2.5%敌百虫和2%甲胺磷1:400混合，处理土壤可杀死冬茧，用糖醋毒液诱杀成虫。

(3)大蓑蛾　幼虫为害叶片，严重时可将植株叶片全部食尽，长势衰弱，影响翌年坐果率。防治方法：人工捕杀，冬季落叶后摘除悬挂在树枝上的袋囊；培养释放蓑蛾天敌瘤姬蜂，进行生物防治；发生期可喷90%敌百虫液800倍或80%敌敌畏1 000倍液防治。

三、采收与加工

(一)采收

山茱萸定植后4年就可开花结果，20～50年进入盛果期，能结果百年以上，每年在9月下旬至10月上旬果实由绿变红，有人认为经霜打后质量最佳，在霜降至冬至采收。采摘时第二年花蕾已形成，故不要碰落花蕾及折损枝条。

(二)加工

果实采收后除去枝梗和果柄，再经加工去除种子，干燥后即为成品。主产区加工方法有以下几种：

1. 火烘法

将果实薄摊到竹筐内，用文火烘到果皮膨胀变软时，要防止烘焦，冷后挤压出种子，将果肉晒干或烘干即成商品。此法加工的山茱萸肉色泽鲜红，肉厚柔软，质量最好。

2. 水蒸法

将果实放入蒸笼内，上汽后蒸 5 min，取出稍晾后，捏挤出种子，将果肉晒干或烘干。

3. 水煮法

将鲜果放入沸水中煮 10 min 左右，注意上下翻倒，到能捏挤出种子为度。然后捞出，放到冷水中，捏挤出种子，将果肉晒干或烘干即成商品。

四、商品质量标准

(一)外观质量标准

山茱萸以身干，无核，果肉肥厚，色泽鲜红、油润无黑色，质软润，焦皮者为佳。

(二)内在质量标准

《中华人民共和国药典》(2010 版)规定：山茱萸水分不得过 16.0%；灰分不得过 6.0%；按干燥品计算，含马钱苷($C_{17}H_{26}O_{10}$)不得少于 0.60%。

枸杞

枸杞(*Lycium barbarum* L.)，别名宁夏枸杞、西枸杞、中宁枸杞、茨果子、明目子。茄科多年生灌木，以干燥成熟果实入药，药材名枸杞子。性平味甘，有滋补肝肾、益精明目的功能。主治肝肾阴虚，精血不足，腰膝酸痛，视力减退，头晕目眩等症。主产宁夏、内蒙古、甘肃、青海、河北等省。宁夏中宁、银川为道地产区，产品称宁夏枸杞；产河北、天津等地的称津枸杞。枸杞根皮干燥后入药，生药称地骨皮，有清热、凉血、降压的功效。

一、生物学特性

枸杞喜光、耐寒性强，在阳光充足的环境，植株生长迅速，发育良好。在 −25℃的低温下能安全越冬无冻害。茎叶生长的适宜温度在 16～18℃，开花期适宜的温度为 16～23℃，结果期适宜的温度为 20～25℃。枸杞喜湿润，能耐干旱，怕积水。长期积水的低洼地，植株生长不良，甚至会引起烂根而死亡。在生长季节，湿度过大或者阴雨连绵对枸杞生长影响大，易发生白粉病和黑果病等。但花果期要保证有充分的水分供应，土壤缺水花果会早落，果实小，品质差，产量低。枸杞对土壤的是影响较强，耐盐碱，能在沙壤土、壤土、黄土、沙荒地、盐碱地、土壤瘠薄、肥力差的土地上生长。

枸杞种子生活力强，在适宜的条件下，7～10 d 发芽出土。果实保存 4 年以内，种子生活力无明显变化，发芽率在 91%以上，5 年以后，种子生活力急剧下降。种子发芽最适宜温度为 20～25℃。

二、栽培技术

(一)选地与整地

1. 苗圃地

枸杞苗圃地应选择阳光充足、地势平坦、排灌方便、土质较肥沃的沙壤土或轻壤土,土壤含盐量 0.3% 以下,pH 8 左右为好。于秋冬季节深耕 1 次,深 25～30 cm,结合翻地每 667 m^2 施厩肥 2 000～2 500 kg,并灌冬水,第二年春季播种前再浅耕 1 次,深约 15 cm,耙平,做高畦,畦宽 1～1.5 m。

2. 定植地

定植地宜选择有效土层 30 cm 以上的壤土、沙壤土或冲积土,灌溉方便。选好地后进行秋耕,并施足基肥,第 2 年春季耙平,按一定株行距开穴,备好基肥以待栽植。

(二)繁殖方法

枸杞主要用种子繁殖和扦插繁殖,其次是分株繁殖和压条繁殖,生产上以种子繁殖和扦插繁殖为主。

1. 种子繁殖

播种前将干果在水中浸泡 1～2 d,搓除果皮和果肉,在清水中漂选出种子,捞出稍晾干,然后与 3 份细沙拌匀,再在室内 20℃ 条件下催芽,待种子有 30% 露白时,按行距 30～40 cm 开沟,将催芽后种子拌细沙或细土撒于沟内,覆土 1 cm 左右,播后稍镇压,并覆草保墒。每 667 m^2 播种量为 0.5 kg。

2. 扦插繁殖

多在春季树液流动后,萌芽放叶前进行。选 1 年生的徒长枝,截成 15～20 cm 的插条,上端剪成平口,下端削成楔形,按行株距 30 cm×15 cm 斜插于苗床内,保持土壤湿润,成活率达 95% 以上。

3. 分株繁殖

在枸杞树冠下,由水平根的不定芽萌发形成植株,待苗高生长至 50 cm 时,剪顶促发侧枝,当年秋季即可起苗。此苗多带有一段母根,呈"T"字形。

春秋两季均可定植,以春季为好。春季宜在 3 月下旬至 4 月上旬,秋季宜在 10 月中下旬。当苗高 60 cm 以上便可出圃定植。种子育苗管理较好的,当年就有 80% 壮苗可出圃定植,扦插苗当年就可以出圃定植。定植时,先按规定的株行距定点开穴,一般株行距以 22.5 m 为宜,穴中施少量的腐熟有机肥,与穴中土壤拌和均匀。将苗放入穴中,填入湿润疏松的表土,将苗木稍微向上提一下,再分层填土踏实,最后填土稍高于根基为度,并灌水。

(三)田间管理

1. 翻晒地及中耕除草

一般 1 年翻晒地 2 次,春翻在 3 月下旬至 4 月上旬,浅翻 12～15 cm,秋翻在 8 月上中旬,

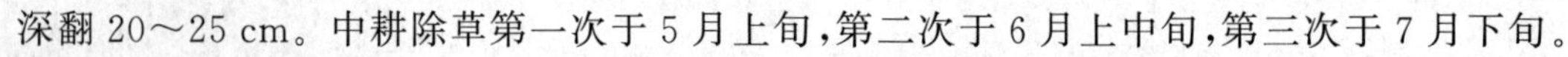

深翻 20～25 cm。中耕除草第一次于 5 月上旬，第二次于 6 月上中旬，第三次于 7 月下旬。

2. 施肥

冬肥在 10 月中旬至 11 月初进行以羊粪、饼肥混合施用。3～5 年的幼龄树一般每株施杂肥 10～15 kg，饼肥 2～2.5 kg。结果的成年枸杞，每株施杂肥 35～40 kg，饼肥 3～5 kg，施后灌水。生长期追肥，第一次在 5 月上旬，第二次在 6 月上旬，第三次在 6 月末至 7 月初进行，施速效氮磷肥料。也可根据情况分别追施枸杞专用肥。

3. 合理灌水

枸杞在生长季节喜水，但怕积水，应根据生长情况和土壤水分状况。一般生长期每隔 1 周灌 1 次水，果熟期每采 1 次果灌 1 次水。从 8 月上旬至 11 月中旬结合施肥要灌 3 次水。

4. 整形和修剪

(1)自然半圆树型培养　成型标准：株高 1.5 m 左右，树冠 1.6 m，单株结果枝 200 条左右，年产干果量 1 kg 左右。

①第 1 年定干剪顶　栽植的苗木萌芽后，将主干上距根茎 30 cm 内的萌芽剪除，30 cm 以上选留生长不同方向的侧枝 3～5 条间距 3～5 cm 作为骨干枝(第一冠层)，视苗木主干粗细及侧枝分布于株高 40～50 cm 处定干剪顶。

②第 2、3 年培养基层　在上年选留的主、侧枝上培育结果枝组，5 月下旬至 7 月下旬，每间隔 15 d 剪除主干上的萌条，选留和短截主枝上的中间枝促发结果枝，扩大充实树冠。此期株高 1.2 m 左右，冠幅 1.3 m 左右，单株结果枝 100 条左右，稳固的基层树冠已形成。

③第 4 年放顶成型　在树冠中心部位选留 2 条生长直立的中间枝，呈对称状，枝距 10 cm，于 30 cm 处短截后分生侧枝，形成上层树冠。同时对树冠下层的结果枝要逐年剪旧留新充实树冠、树冠骨架稳固，结果层次分明，由此半圆树型形成。

(2)修剪　修剪原则是巩固充实半圆形树型，冠层结果枝更新，控制冠顶优势，注意树冠的偏冠补正和冠层补空，调整生长与结果的关系。

春季修剪于 4 月下旬至 5 月上旬，主要是抹芽剪干枝。沿树冠由下而上将植株根茎、主干、膛内、冠顶所萌发和抽生的新芽、嫩枝抹掉或剪除，同时剪除冠层结果枝梢部的风干枝。夏季修剪于 5 月中旬至 7 月上旬，剪除徒长枝，短截中间枝，摘心二次枝。沿树冠自下而上，由里向外，剪除植株根茎、主干、膛内、冠顶处萌发的徒长枝，每 15 d 修剪一次，对树冠上层萌发的中间枝，将直立强壮者隔枝剪除或留 20 cm 打顶或短截，对树冠中层萌发的斜生或平展生长的中间枝于枝长 25 cm 处短截。6 月中旬以后，对短截枝条所萌发的二次枝有斜生者于 20 cm 时摘心，促发分枝结秋果。秋季修剪于 9 月下旬至 10 月上旬，剪除植株冠层着生的徒长枝。总之，树冠总枝量“剪、截、留”各 1/3。

(四)病虫害及其防治

1. 病害

宁夏枸杞因其叶、枝梢鲜嫩，果汁甘甜，常遭受 20 多种病虫害危害，防治工作中优先采用农业防治措施：统一清园，将树冠下部及沟渠路边的枯枝落叶及时清除销毁，早春土壤浅耕、中耕除草、挖坑施肥、灌水封闭和秋季翻晒园地，均能杀灭土层中羽化虫体，降低虫口密度。通过加强栽培管理、中耕除草、清洁田园等一系列措施起到防治病虫的作用，能降低越冬虫口基数

30% 以上。

(1)枸杞黑果病　一般于 6 月下旬后进入雨季发生,枸杞青果感病后,开始出现小黑点或黑斑或黑色网状纹。阴雨天,病斑迅速扩大,使果变黑,花感病后,首先花瓣出现黑斑,轻者花冠脱落后仍能结果,重者成为黑色花,子房干瘪,不能结果。花蕾感病后,初期出现小黑点或黑斑,严重时为黑蕾,不能开放。枝和叶感病后出现小黑点或黑斑。6—9 月雨水较多时,发病严重。防治方法:注重天气预报,有连续阴雨时,提前喷施 50%托布津 1 000 倍液,全园预防;雨后开沟排水,降低田间湿度,减轻危害;发病初期,摘除病叶、病果,再喷洒一遍百菌清或绿得保 800 倍液。

(2)枸杞流胶病　此病多在夏季发生。受害植株树干皮层开裂,从中流出泡沫状白色液体,有腥臭味,常有黑色金龟子和苍蝇吮吸。树干被害处皮层呈黑色,同木质部分离,树体生长逐渐衰弱,然后死亡。防治方法:田间作业避免碰伤枝、干皮层,修剪时剪口平整。一旦发现皮层破裂或伤口,立即涂刷石硫合剂。

2. 虫害

(1)枸杞蚜虫　每年 4 月枸杞发芽时开始为害枸杞嫩梢叶,严重时每一枝条均有蚜虫密集,使叶片变形萎缩,树势衰弱。可持续危害至 10 月上旬,一年发生 20 代。防治方法:枸杞展叶、抽梢期使用 2.5% 扑虱蚜 3 500 倍液树冠喷雾防治,开花坐果期使用 1.5% 苦参素 1 200 倍液树冠喷雾防治。

(2)枸杞木虱　每年 3～4 代,以成虫在杞园土块、树干上及附近墙缝间、树上枯叶中越冬。4 月初产卵于枝条、叶片上,卵黄色,6—7 月间盛发危害枸杞枝叶成虫、若虫均以吸收口器插入叶组织内吮吸汁液,使树势衰弱。防治方法:成虫出蛰期,使用 40% 辛硫磷乳油 500 倍液喷洒园地后浅耙,喷洒时,连同园地周围的沟渠路一并喷施;若虫发生期使用 1.5% 苦参素 1 200 倍液树冠喷雾防治;秋末冬初及春季 4 月以前,灌水翻土以消灭越冬成虫。

(3)枸杞瘿螨　以成虫在冬芽的鳞片内或枝干皮缝中越冬。4 月中下旬芽苞开放时,越冬虫即从越冬场所迁移到新展嫩叶上,6 月上旬和 8 月下旬至 9 月间达到为害高峰,在叶片反面刺伤表皮吮吸汁液,损毁组织,使之渐呈凹陷,以后表面愈合,成虫潜居其内,产卵发育,繁殖为害,此时在叶的正面隆起如一痣,痣由绿色转赤褐渐变紫色。形成瘤痣或畸形,使树势衰弱,早期脱果落叶,严重影响生产。防治方法:成虫转移期虫体暴露,选用 40% 乐果 1 000 倍液或 40% 毒死蜱 800 倍液树冠及地面喷雾防治。

(4)枸杞锈螨　又名枸杞刺皮瘿螨。一年发生十几代,以成螨在枝条皮缝、芽眼、叶痕等隐蔽处越冬,常数虫至更多的虫体挤在一起。枸杞发芽后出蛰爬到新芽上为害并产卵繁殖。使叶面密布螨体呈锈粉状。被害叶片变厚质脆,呈锈褐色而早落。防治方法:成虫期选用硫黄胶悬剂 600～800 倍,若虫期使用 20% 牵牛星可湿性粉剂 3 000～4 000 倍液树冠喷雾防治。

三、采收与加工

(一)采收

果实膨大后果皮红色、发亮、果蒂松时即可采摘。春果:9～10 d 采一蓬;夏果:5～6 d 采一蓬；秋果：10～12 d 采一蓬最为适宜。枸杞鲜果为浆果，且皮薄多汁。为防止压破，同时也为了采摘方便，采摘所用的果筐不宜过大，容量以(10±3) kg 为宜。

(二)加工

枸杞鲜果含水量 78%～82%，必须经过脱水制干后方能成为成品枸杞子。

1.传统的鲜果制干方式

多采用日光晒干的方式，将采收后的鲜果均匀地摊在架空的竹帘或芦席上，厚 2～3 cm，进行晾晒，晴朗天气需 5～6 d，脱水后果实含水量 13%左右。晒枸杞时要注意卫生，烟灰、尘土飞扬的场所，牲畜棚旁等均不宜晒枸杞。

2.现代工艺热风烘干方法

(1)冷浸　将采收后的鲜果经冷浸液（食用植物油、氢氧化钾、碳酸钾、乙醇、水配制成，起破坏鲜果表面的蜡质层的作用）处理 1～2 min 后均匀摊在果栈上，厚 2～3 cm，送入烘道。

(2)烘干　将热风炉中，烘道内鲜果在 45～65℃递变的流动热风作用下，经过 55～60 h 的脱水过程，果实含水达到 13%以下时，即可出道。

(3)脱把(脱果柄)　干燥后的果实，装入布袋中来回轻揉数次，使果柄与果实分离，倒出用风车扬去果柄或采用机械脱果柄即可。

四、商品质量标准

(一)外观质量标准

枸杞果实椭圆形或纺锤形，略压扁，颗粒大，表皮鲜红色，有不规则皱纹，具光泽，肉质厚，味甜者为佳。

(二)内在质量标准

《中华人民共和国药典》(2010 年版)规定：枸杞杂质不得超过 0.5%；水分不得超过 13.0%；总灰分不得超过 5%；铅不得超过百万分之五；镉不得超过千万分之三；砷不得超过百万分之二；汞不得超过千万分之二；铜不得超过百万分之二十；按干燥品计算，含枸杞多糖以葡萄糖($C_6H_{12}O_6$)计，不得少于 1.8%；甜菜碱($C_5H_{11}NO_2$)不得少于 0.30%

薏苡

薏苡(*Coix lacryma-jobi* L. var. *mayuen*(Roman.) Stapf)为禾本科一年生或多年生草本植物。以去除外壳和种皮的种仁入药，药材名薏苡仁。薏苡性微寒，味甘、淡。有健脾利湿、清热排脓功能，用于脾虚泄泻、水肿脚气、白带、风湿、关节疼痛、肠痈、肺痿等症。主产于辽宁、河北、江苏、福建等省，河南、陕西、四川、云南、贵州、浙江、江西、湖南、湖北、广东、广西等省(区)也有较大的栽培面积。

一、生物学特性

薏苡喜温暖、不耐寒，整个生育期间要求较高的温度。气温高于 25℃、相对湿度 80%～90% 时，幼苗生长迅速。在荫蔽条件下薏苡植株纤细矮小，分蘖、分枝少，产量低。薏苡耐涝，不耐干旱。如遇干旱，植株生长矮小，开花结实少且不饱满，产量低，品质差。薏苡适应性强，对土壤要求不严，除过于黏重土壤外，一般土壤均可种植。但以向阳、肥沃、深厚、潮湿、保水性好的黏质壤土为好。干旱贫瘠、保水保肥差的沙土不宜种植。忌连作，一般不与其他禾本科植物轮作。

二、栽培技术

(一)选地与整地

各类土壤均可种植，选择向阳、稍低洼、不积水、平坦土地，肥沃的土壤或黏土为宜。薏苡对盐碱地、沼泽地的盐害和潮湿的忍受性较强，因此在这些地区发展薏苡生产是可行的。也可选择湖畔、河道和灌渠两侧等零星土地种植。过干的山地和沙丘如没有灌水条件的土地是不太适宜的。秋季整地前，每 667 m^2 施腐熟的农家肥 3 000 kg 和过磷酸钙 30 kg 作基肥，翻耕深度 20～25 cm，整平耙细，地块四周开好排水沟以利排灌。

(二)繁殖方式

1. 旱直播

在旱地上依照预定的株行距进行直接播种，分春播和夏播两种；春播即在早春 4 月中下旬(长江流域)在冬闲地和绿肥田中播种，其生育期较长、产量较高。夏播则是在油菜或大、小麦收获以后再予播种，因生育期较短、植株比较矮小，可适当增加密度，一般以行距 20 cm×10 cm、播种量为 2.5～3.5 kg/667 m^2，田间基本苗数在 2.5 万左右为宜。夏播产量在江苏试种可达 250～300 kg/667 m^2。

2. 育苗移栽

此法具有节约土地面积、提高土地利用率、便于管理等特点，近年来在生产上加以应用证明，可以在夏收的基础上获得薏苡高产。具体做法如下：

(1)苗床制作　可采用类似水稻的旱育秧和湿润育秧苗床的制作方法，做宽 1～2 m、高 10～15 cm 的苗床，早春播种还可做成塑料薄膜苗床，以防春寒，促使早发快长。

(2)苗床管理　播种期以移栽期决定，一般控制在移栽前 40 d 左右下种。播种量 35 kg/667 m^2左右，667 m^2秧田可栽 1 hm^2 左右。播种后，稍加细土覆盖 2～3 cm。保持苗床湿润。3～4 叶时可追肥一次(667 m^2施硫酸铵或尿素 5 kg)作为提苗肥，促使苗粗苗壮、早分蘖。叶龄为 7～8 叶时重施追肥(667 m^2施尿素 10 kg)，作为移栽前的出嫁肥。

(3)移栽　以旱地方式整地，按行距 30～35 cm 开沟，依株距 10～15 cm 定株移栽一株，以带土秧苗为好，覆土、压紧，并在田间灌水，约一周后即可成活、返青。

(三)田间管理

1.合理施肥

薏苡是需肥较多的作物。施肥方法和数量随各地的施肥水平和习惯决定。应注意以下几方面：

(1)基肥　用土杂肥2 000～3 000 kg/667 m^2作为基肥，如667 m^2能加入100～150 kg腐熟的鸡、鸭干粪和100 kg饼肥、15 kg过磷酸钙则更好。

(2)追肥　一般分3次。苗肥在叶龄为6～8片叶时追施硫酸铵10 kg/667 m^2，常结合锄草、培土进行；穗肥在叶龄为10～11片叶时，一般667 m^2要追施10～15 kg硫酸铵和15 kg过磷酸钙、10 kg钾肥(硫酸钾或氯化钾)。结合田间植株最后一次培土和灌水前准备。此期每千克氯化铵可增产15 kg左右薏苡种子，而在苗期和成熟期只能增产3～4 kg。可见此期施肥对增加产量效果是十分显著的；粒肥在基本齐穗之后，为了促进粒重，防止植株早衰，每667 m^2追施10 kg硫酸铵。如能结合治虫喷药给以根外追肥(磷、钾肥，浓度为2%左右)，对增加粒重，提高产量亦有显著效果。

2.田间水分管理

根据前述的湿生习性，田间水分管理以湿、干、水、湿、干相间管理为原则。即采用湿润育苗、干旱拔节、有水孕穗、足水抽穗、湿润灌浆、干田收获。

3.辅助授粉

薏苡是雌雄同株异穗植物，同一花序中雄小花先成熟，与雌小花不能同步，往往需异株花粉受精。一般靠风媒即可授粉，如能在开花盛期以绳索等工具振动植株(上午10～12时)使花粉飞扬，对提高结实率有明显效果。

(四)病虫害及其防治

1.病害

(1)黑穗病　一般在苗期不易发现，随着植株的生长，在茎、叶部形成瘤状体。穗部被害后肿大成球形的褐包，内部充满黑褐色粉末，变成黑穗。防治方法：实行轮作；60℃温水浸种10～20 min，再用布袋包好置于3%～5%生石灰水中浸2～3 d，或用1∶1∶1 000波尔多液浸24～72 h，既可防治黑穗病，又有催芽、促进出苗的作用；生长期经常检查，发现病株应立即拔除烧毁。

(2)薏苡叶枯病　叶和叶鞘，初现黄色小斑，不断扩大使叶片枯黄。雨季有利发病。防治方法：合理密植，注意通风透光；加强田间管理，增施有机肥料，增强抗病能力。

2.虫害

主要为玉米螟。又名钻心虫。1、2龄幼虫钻入幼苗心叶咬食叶肉或中脉，被害心叶展开后可见一排整齐小孔洞，造成枯心苗。穗期幼虫钻入茎内，形成白穗并易被风折断。以老熟幼虫在薏苡、玉米秆内越冬。江南一带一年发生4代，世代重叠，以第一代和第三代危害严重。防治方法：4月下旬前处理薏苡、玉米等秸秆，消灭越冬幼虫；薏苡周围种植蕉藕诱杀；做好预测预报，掌握1、2龄幼虫防治时间，心叶期用50%西维因粉0.5 kg，加细土15 kg，配成毒土或用90%敌百虫1 000倍液灌心叶；用生物制剂复方Bt乳剂300倍液灌心叶。

此外，还有黏虫(*Leucania separata* Walker)的幼虫在生长期或穗期为害，应注意田间检查及时防治。

三、采收与加工

(一)采收

薏苡的分枝性极强，子实成熟期不尽一致。可在田间籽粒 80%左右成熟变色时，即可收割。割下的植株可集中立放 3～4 d 后再予脱粒，这样可以使尚未完全成熟的种子仍可继续灌浆。

(二)加工

脱粒后种子经 2～3 个晴天晒干，干燥的子实含水量为 12%左右，则可入仓贮存。茎秆可粉碎做饲料加以使用，也可干燥做造纸原料。干燥后的薏苡子实，其外有较坚硬的总苞，其内又有红色种皮。可用脱壳机械脱去总苞和种皮，则得薏苡仁，出米率为 50% 左右。加工时应注意种子是否干透，如已干透，加工机械选择得比较适宜，加工的薏苡仁比较完整，否则易出碎米。完整的薏苡仁，白色如珍珠，即可做药材和食品原料。

四、商品质量标准

(一)外观质量标准

以粒大、饱满、粉足、色白、无破碎者为佳。

(二)内在质量标准

《中华人民共和国药典》(2010 年版)规定：杂质不得超过 2%；水分不得超过 15%；总灰分不得超过 3.0%；按干燥品计算，含甘油三油酸酯($C_{57}H_{104}O_6$)不得少于 0.50%。

五味子

五味子(*Schisandra chinensis* (Turcz.)Baill.)为木兰科多年生落叶木质藤本。以果实入药。别名北五味子、辽五味子。性温，味酸，有敛肺滋肾、止泻、生津、止汗涩精的功能。主治喘咳、自汗、遗精、失眠、久泻及津亏口渴等症。主产于东北、河北、山西、陕西、宁夏、山东及内蒙古等省区。以辽宁产者油性大，紫红色，肉厚，气味浓，质量最佳，固有“辽五味”之称。

一、生物学特性

五味子耐阴喜光、喜潮湿环境，耐严寒，枝蔓可抗－40℃低温，适宜生长温度为 25～28℃。

五味子喜土层深厚、肥沃疏松、湿润、含腐殖质多、排水良好的黯棕壤，低洼地、干旱贫瘠和黏湿的土壤不宜栽培。幼苗怕强光。

五味子为深休眠型，并易丧失发芽能力，其休眠的主要原因是胚未分化完全，形态发育不成熟。其胚的生长发育要求低温湿润条件，在0～5℃低温下湿沙埋藏3～4个月后，胚发育成熟，种子才能萌发。

二、栽培技术

(一)选地与整地

选疏松肥沃、土层深厚、排水良好的沙质壤土或靠近水源的林缘熟地，这是决定五味子高产稳产的基础。在选好的地里每667 m^2施厩肥2 000～3 000 kg，深翻20～25 cm，整平耙细，育苗地做畦，宽1.2 m，高15 cm，长10～20 m的高畦。移植地穴栽。

(二)繁殖方法

除了种子繁殖外，主要靠地下横走茎繁殖。在人工栽培中主要用种子繁殖。亦可用压条和扦插繁殖，但生根困难，成活率低。

1. 种子繁殖

(1)种子的选择　五味子的种子最好在秋季收获期间进行穗选，选留果粒大、均匀一致的果穗作种。单独晒干保管，放通风干燥处贮藏。

(2)种子处理　为提高种子萌发率，同时亦使种子萌发整齐一致，应进行种子处理。种子处理可用室外处理和室内处理两种方法。

①室外处理　秋季将选作种用的果实，用清水浸泡至果肉涨起时搓去果肉，同时可将浮在水面的瘪粒除掉。搓去果肉的种子再用清水浸泡5～7 d，使种子充分吸水，每两天换一次水，浸泡后，捞出种子控干与2～3倍于种子的湿沙混匀，放入已准备好的深0.5 m坑中，上面盖上10～15 cm的细沙，再盖上柴草或草帘子，进行低温处理。次年4—5月即可裂口播种。处理场地要选择高燥地方，以免水浸烂种。

②室内处理　2—3月，将湿沙低温处理的种子移入室内，装入木箱中进行沙藏处理，其温度保持在10～15℃，经2个月后，再置0～5℃处理1～2个月，当种子裂口即可播种。

(3)育苗　一般在5月上旬至6月中旬播种经过处理已裂口的种子。条播或撒播。条播行距10 cm，覆土1～2 cm。每平方米播种量30 g左右。也可于8月上旬至9月上旬播种当年鲜籽。即选择当年成熟度一致，粒大而饱满的果粒，搓去果肉，用清水漂洗一下，控干即可播种。

(4)移栽　在选好的地上，于4月下旬或5月上旬移栽；也可在秋季叶发黄时移栽。按行株距120 cm×50 cm穴栽。亦可在立架两边双苗栽种。为使行株距均匀，可拉绳定穴。在穴的位置上作一标志。然后挖成深30～35 cm、直径30 cm的穴，每穴栽一株，栽时要使根系舒展，防止窝根与倒根，覆土至原根系入土深稍高一点即可。栽后踏实，灌足水，待水渗完后用土封穴。15 d后进行查苗，未成活者补苗。秋栽者于第二年春季苗返青时查苗补苗。

2. 压条繁殖

早春植株萌动前，将植株枝条外皮割伤部分埋入土中，经常浇水，保持土壤湿润，待枝条生出新根和新芽后，于晚秋或次春剪断枝条与母枝分离，进行定植。

3. 扦插繁殖

于早春萌动前，剪取坚实健壮的枝条，截成 12～15 cm 长，截口要平，生物学下端用 100 mg/L NAA 处理 30 min，稍晾干，斜插于苗床，行距 12 cm，株距 6～10 cm，搭棚遮阳，并经常浇水，促使生根成活，次春定植。

4. 根茎繁殖

于早春萌动前，刨出母株周围横走根茎，截成 6～10 cm 长，每段上要有 1～2 个芽，按行距 12～15 cm、株距 10～12 cm 栽于苗床上，成活后，翌春萌动前定植于大田。株行距同移栽。

(三)田间管理

1. 松土除草

移栽后应经常松土除草，否则杂草易与五味子争夺养分，结合除草可进行培土，并做好树盘，便于灌水。

2. 排灌

五味子喜湿润，要经常灌水，开花结果前需水量大，应保证水分的供给。雨季积水应及时排除。越冬前灌一次水有利越冬。

3. 追肥

五味子喜肥，结合松土除草，可追肥 2～3 次，第一次在展叶期进行，第二次在开花后进行。每次施厩肥每株 5～10 kg，加过磷酸钙 50 g。在距根部 30 cm 处开深 15～20 cm 环形沟，施入追肥后覆土。

4. 搭架

播后搭 0.6～0.8 m 高的棚架，上面用草帘或苇帘等遮阳，透光度 40%，土壤干旱时浇水，使土壤湿度保持在 30%～40%，待小苗长出 2～3 片真叶时可逐渐撤掉遮阴帘。并要经常除草松土，保持畦面无杂草。翌年春或秋季可移栽定植。

移植后第二年应搭架，可用木杆，最好用 10 cm×10 cm×250 cm 水泥柱或角钢作立柱，每隔 2～3 m 立一根。用 8 号铁线在立柱上部拉四横线，间距 30 cm，将藤蔓用绑绳固定在横线上。然后按左旋引蔓上架，开始可用绳绑，之后可自然缠绕上架。

5. 剪枝

五味子的枝条春、夏、秋 3 季均可剪修。

(1)春剪　一般在枝条萌发前进行。剪掉过密果枝和枯枝，剪后枝条疏密适度，互不干扰。超过立架的可去顶，使之矮化，促进侧枝生长。

(2)夏剪　6 月中旬至 7 月中旬进行。主要剪掉茎生枝、膛枝、重叠枝、基部蘖生枝、病虫细软枝等。对过密的新生枝也应进行疏剪或剪短。

(3)秋剪　在落叶后进行。主要剪掉夏剪后的基生枝和病虫枝。短枝开雄花，也应剪掉。

(四)病虫害及其防治

1.病害

(1)根腐病　5月上旬至8月上旬发病,开始时叶片萎蔫,根部与地面交接处变黑腐烂,根皮脱落,几天后病株死亡。防治方法:选地势高燥排水良好的土地种植;发病期用50%多菌灵500～1 000倍液根际浇灌。

(2)叶枯病　5月下旬至7月上旬发病,造成早期落果。高温多湿、通风不良时发病严重。发病初期可用50%托布津1 000倍液和3%井冈霉素50 mg/kg液交替喷雾。喷药次数可视病情而定。

(3)白粉病　人工园常在7月下旬出现,因此7月中旬即要用波尔多液(1∶1∶100倍)进行预防,每半月1次,连续3～4次,一旦发生,用800倍粉锈灵喷洒即可,预防效果甚佳。

(4)果腐病　果实表面着生褐色或黑色小点,以后变黑。防治方法:用50%代森铵500～600倍液每隔10 d喷1次,连续喷3～4次。

2.虫害

(1)泡沫蝉　成虫多发生在五味子基部蔓条密集处,发生时间为5月下旬。防治方法:在幼虫卷叶前用敌百虫喷雾防治,卷叶后可用800倍乐果进行喷洒。

(2)卷叶虫　幼虫7—8月发生为害。初龄幼虫咬食叶肉,3龄后吐丝卷叶取食,影响五味子果实发育,严重时产生落果,造成减产。防治方法:用80%敌百虫1 000～1 500倍液喷雾防治,幼虫卷叶后用40%乐果乳油1 000～1 500倍液防治。

三、采收与加工

(一)采收

五味子栽后4～5年内大量结果,秋季8—9月果实呈紫红色时摘下,不可过早采摘,青时采摘,不仅个小,色黑,也达不到药用的要求。应随熟随采。

(二)加工

摘下后晒干或阴干。不可暴晒,暴晒导致色黑,质量差。若遇阴雨天要用微火烘干,温度不能过高,否则易变成焦粒,一般在60℃左右为宜,当半干时将温度降至40～50℃,到八成干时挪到日晒至全干,这样五味子质量好,药用效果好。另外五味子不可放在屋里堆放在一起,这样会导致五味子发霉。

四、商品质量标准

(一)外观质量标准

以粒大、果皮紫红、肉厚、柔润、有油性及光泽者为佳。

(二)内在质量标准

《中华人民共和国药典》(2010 年版)规定:本品杂质不得超过 1%;水分不得超过 16.0%;总灰分不得超过 7.0%;醇溶性浸出物不得少于 28.0%;按干燥品计算,含五味子醇甲($C_{24}H_{32}O_7$)不得少于 0.40%。

罗汉果

罗汉果(*Momordica grosvenori* Swingle)为葫芦科多年生攀援藤本植物,以干燥果实入药。性凉,味甘。有清热润肺、止咳、消暑解渴、滑肠通便的功效。用于肺火燥咳、咽痛失音、肠燥便秘;可以作为安全的、高甜度的甜味剂。民间用叶治疗癣、疖、痈等症,用块根治疗疮疖和无名肿毒等症。主产于广西的永福、临桂,近年来广东、湖南、江西、福建等地有少量栽培。

一、生物学特性

罗汉果喜温暖,不耐高温,怕霜冻,温度适应范围 8~32℃,以 25~30℃最为适宜。低于 20℃,生长缓慢,早春低于 15℃时新梢停止生长,13℃ 以下低温出现枯梢,22~28℃ 时生长良好,35℃ 以上的高温对植株生长发育不利,果实发育受阻,坐果率明显下降。适于田间持水量 60%~80% 的条件下生长。罗汉果属短日照植物。幼苗期耐阴,忌强光,在半荫蔽的环境中生长发育良好,忌强日光照射,光照 6~8 h/d 即可满足其发育需要。罗汉果对土壤要求并不严格,除沙土、黏土和排水不良的低洼地以外,一般的土壤均能生长,但以排水良好、土层深厚、富含腐殖质土壤、红黄壤最适宜。

二、栽培技术

(一)选地与整地

罗汉果喜温凉而不耐酷暑,喜湿润而怕淹滞,对土壤的适应性广,但以排灌方便,土层深厚,腐殖质丰富,疏松湿润,通气性良好,保水保肥能力强的轻壤土或沙壤土为佳。宜选择海拔 200~800 m,坡度<30°,土层厚度≥50 cm 的平地、山地和丘陵地带。原种植茄科、葫芦科以及其他藤蔓作物的熟地,易造成病虫害交叉侵染,不宜选用;沙土易遭受根结线虫为害,漏水漏肥严重,黏土排水不良,根茎易感病,都不宜选用。在上年度秋冬季翻耕深 30 cm,曝晒土壤越冬。1—2 月整地,将土块打碎,拣除杂物,每 667 m^2 用生石灰 100 kg 均匀撒施后翻入土中,耙平,起畦宽 140~160 cm,高 25~30 cm,四周开好排水沟。种植前按株行距 180 cm×250 cm 挖定植穴,长 50 cm,宽 50 cm,深 30 cm。每穴施入腐熟有机肥 7~10 kg,磷肥 0.25 kg,多菌灵可湿性粉剂 2~3 g,与细土拌匀,回土做成稍高于畦面的龟背状土堆,覆上一层表土,待种。定植前搭好棚架。用杉木、杂木或毛竹作支柱,柱长 2.3 m、粗 5~10 cm,横竖成行,间距 2~3 m,入土深 50 cm,地面留高 1.8 m;以铁丝拉直固定于支柱上,边柱用铁丝斜拉在地面打锚固定;

棚面覆盖 15～20 cm 眼的塑料网，拉紧，并固定于铁线平面上。

(二)繁殖方法

罗汉果的繁殖常采用种子繁殖和压蔓繁殖两种方法。

1. 种子繁殖

在每年 8—9 月果熟后，选择无病虫害，充实成熟的果实晒干留作种用，翌年清明前后剥开果壳取种，放入水中把种子搓洗净，晾干后备用，播种时在整好的育苗地上按行距 20 cm，深 2 cm 左右开播种沟，把种子均匀撒在沟内，播种后覆土平畦面，并盖草淋水，一般 15～30 d 发芽，种子发芽率 40% 左右。苗期加强管理，及时中耕除草，追肥。第二年春，块茎长至直径 3 cm，长 5 cm 时便可定植。这种繁殖法具有运输方便，能获得大量种苗和便于选育良种等优点，但植株结果慢，雄株较多，目前生产上较少使用。

2. 压蔓繁殖

是目前生产上常用的方法。在 7—10 月选择生长粗壮、节间长、垂吊在棚架下的藤蔓作压条，在其附近地面挖深、宽各 15～18 cm 的穴，把 3～5 条藤蔓的顶端弯压入穴内，压入土的顶苗长 12～14 cm。穴距 3 cm 左右，覆土高出地面 8～10 cm，保持水分湿度。为提高罗汉果产量，宜在植株结果盛期，从中选择高产的单株，作为压蔓留作母株。这些单株不让其上棚结果，到 9 月间选择生长粗壮，节间短而且有花蕾的藤蔓进行压蔓，也可以在高产植株中，于 7 月间在主蔓的基部留 2～3 条侧蔓，待其长至 9 月份再进行压蔓，经常淋水，保持穴内土壤湿润，约经 10 d 可长出根，30 d 膨大成小块茎。无霜冻地区可原地过冬，有霜冻的地区则应挖土坑贮藏，用一层土一层种薯盖好，保持湿润。

3. 定植

压蔓繁殖所得的种薯和种子繁殖育苗 2 年的种薯都要定植于大田。以前多采用双株种植，现在大多采用单株种植，行株距为 1.7 m×1.3 m。

穴栽，定植于 2 月进行，穴宽、深均 30 cm 左右，以腐熟的厩肥，磷肥作基肥。种后覆土成龟背形，薯头部的覆土厚度不要超过 5 cm，以利新芽出土。

一般种植 1 000 株以上的，雌、雄株的比例为 50∶1，便足以保证人工授粉的花粉数量。种植株数少的，还需加大雄株数，以便使雌株在整个开花期都有雄花授粉。

(三)田间管理

1. 搭棚

棚架一般高 1.7 m 左右，棚柱最好用水泥柱，也可用杂木或杉木，忌用松木，因为松木易招白蚁。棚顶用竹子，其间隔以 15 cm 为宜。如太密，不易进行人工授粉，又浪费材料，太疏藤蔓容易从空隙中掉下来，影响生长。

2. 开蔸

早春气温达 15℃ 以上，就可以开蔸，即将去冬块茎上培土扒开，提高土温，促进块茎休眠芽萌发。一般 3 月上旬至 4 月上旬开蔸，过早开蔸，新梢易受寒害，过晚开蔸，则延迟萌发抽梢期，要根据果园的海拔高度、立地条件、坡向和晚霜而定。

3. 套袋、引蔓上棚和整形

罗汉果苗定植后，在四周插 4 根长约 80 cm 的小竹木条，然后套上 50 cm×50 cm 的塑料桶

(袋)。桶(袋)下方的周边用土埋好压实，上方根据天气情况打开或扎紧，以免大雨直接冲刷，调节袋内温度(15～30℃)。一般罗汉果每株只留一条主蔓，在主蔓长至30 cm时，于株旁插一根小竹棍，将幼蔓逐段用塑料绳轻缚在竹棍上，引主蔓上棚，在棚架以下主蔓上所有的侧蔓全部摘除，以培养健壮的主蔓。罗汉果是以二、三级侧蔓为主要结果蔓，因此，主蔓上棚后，留10～15节顶端摘心，促进抽生6～8条一级侧蔓，一级侧蔓留20～25节摘心，促进抽生3～4条二级侧蔓，二级侧蔓留25～30节摘心，抽生2～4条三级侧蔓，以形成单主蔓多侧蔓自然扇形结构，有利于丰产稳产。

4.施肥

罗汉果产量和质量的高低，与施肥的种类和数量关系很大。施肥时要根据植株的年龄和苗的生长季节，每次施肥要按根系分布情况逐步扩大远离块茎周围20～65 cm处，挖半环状深约15 cm的施肥沟，基肥在早春开蔸时施用，每株施人畜粪肥加磷肥堆制腐熟肥2～3 kg，然后覆土。

植株上棚后开花前的苗期，追肥以氮肥为主，一般用腐熟人畜粪肥，也可兼用化肥，如复合肥、尿素等。苗期施4～5次。

花果期是罗汉果一生中需要肥料最多，吸收最旺的时期，施肥以氮磷肥为主，事前将农家肥和磷肥、桐麸一起倒在粪坑里沤制腐熟，每隔25～30 d施1次。收完果实后，必须施一次人畜粪肥以恢复植株长势，保证第二年的稳产、高产。

5.促进雄株提前开花

罗汉果雌雄株开花生物学有差异，从现蕾至开花所需的时间不同，一般雌花从现蕾至开花需10～16 d，而雄花从现蕾至开花需26～30 d。在同样栽培条件下，雌花开花期比雄花提早半个月以上。因此，生产上普遍存在雌雄花期不遇的问题，给产量带来一定的损失。促进雄株提前开花的措施有：

(1)增温催芽　3月初，选用2～4年生长健壮的雄株块茎，剪去须根和部分主根，装入用新土作营养土的塑料袋，保持湿润，再放进简易塑料棚里进行催芽培养，棚内温度保持20～30℃，空气相对湿度85%～90%，催芽处理10多天，块茎颈部开始萌芽，提前出苗，待4月气温升高稳定后，将苗连袋一起定植于大田，经处理的雄株就会早上棚，早开花，从而保证雌株始花期的花粉供应。

(2)留蔓越冬　根据罗汉果一年生主蔓上休眠芽比块茎颈部休眠芽萌发早、抽梢早、现蕾早、开花早，主蔓上的梢远离地面，不易受寒害的特性，采取留主蔓越冬的办法，可以提早雄株开花的效果。

入冬剪老蔓时，选用2～4年生长健壮的雄株，将主蔓(径粗0.8 cm以上)50～100 cm处剪断，剪口处涂蜡，用稻草包扎主蔓，防寒越冬，使主蔓不受冻害。翌年3月气温18℃以上时，除掉稻草，加强水肥管理，则能使雄株早发芽、早上棚、早开花，达到早于雌株开花的目的。

6.人工授粉

罗汉果所有栽培品种必须进行人工授粉。方法是：在6—7月植株开花时，在清晨6—7时，先采摘发育良好且微开的雄花，盛于竹筒或饭盒内，置干燥处备用，待雌花开放时，用竹签从花药内刮取花粉，将花粉轻轻涂抹到柱头上，授粉时运用要轻，切勿伤雌花的子房和柱头，一般每朵雄花可授10～12朵雌花，授粉时间以早上7—10时较适宜。

7. 晒薯和保薯过冬

罗汉果块茎受根结线虫危害很严重，每年因受根结线虫危害而淘汰的植株占15%～20%，高者可达30%，从而严重降低产量，缩短结果年限。在栽培上，采取露薯（块茎）、晒薯的方法，可以抑制和减轻根结线虫的危害。晒薯时使薯块露出地面2/3左右，晒薯的时间长短要看当地的日照强弱、土壤和空气的湿度来决定，一般以薯块表面不出现裂缝为限。

罗汉果的薯块不耐低温，为了保证第二年块茎能正常萌发新芽，在入冬前要培土过冬。埋土前，要剪去老蔓，只留30 cm左右的主蔓，把薯块和主蔓埋起来，培土厚度为20～30 cm。

（四）病虫害及其防治

1. 病害

（1）花叶病毒病　该病主要靠带病的种苗及传毒蚜虫进行传播，人工授粉、整枝等农事操作也可引起接触传染。受害病株的叶子出现褪绿、花叶，呈斑驳状，产生皱缩畸形，全株矮化、早衰，提早黄化落叶、枯萎。防治方法：选用无病毒种苗，尽量避免选用传统种薯种植，而选用脱毒组培苗作种苗；在生长期积极防治蚜虫为害；发病初期，用病毒必克400～500倍液或5%菌毒清200～300倍液，连喷3～4次，控制病毒的蔓延。

（2）疱叶丛枝病　一般情况下植株的嫩叶首先发病，脉间褪绿，随后植株叶肉呈疱状畸形变厚、变粗、褪绿最终黄化；老龄叶黄化但叶脉仍呈绿色；腋芽感病后早发而成丛枝。防治方法：采用远离生产区建立无病种苗地；用茎尖脱毒的组织培养苗或实生苗做生产用种苗；定期施用40%乐果2 000倍液消灭传毒蚜虫，预防昆虫传病；在发病初期用800倍的病毒A或病毒必克500倍对水喷雾可以减轻疱叶丛枝病的发生和危害。

2. 虫害

罗汉果易发生的虫害较多。如小瓜天牛、愈斑瓜天牛、罗汉果实蝇、家白蚁、黑翅土白蚁、黄翅大白蚁、红蜘蛛、黄守瓜、华南大蟋蟀、小地老虎、蛴螬、蜗牛和蛞蝓等为罗汉果主要虫害，应注意观察及早发现杀灭。

三、采收与加工

（一）采收

应在果实成熟期9月下旬至12月上旬，果实果柄变黄褐色，果皮开始褪成浅黄色，果实轻压有弹性时采收。采果时用剪刀剪平果柄，轻放于竹筐内包装。严禁采收不成熟果实。一般情况下，当年种植，当年采收。

（二）加工

罗汉果果实收回来以后，把生果放在阴凉通风的地方摊晾，待其后熟，晾时果实切忌堆积，以防通风不良而沤坏，每1～2 d翻动一次，摊晾后熟时间一般为7～15 d，待皮色部分转为黄色时，即可入炉烘烤。在烘烤过程中，常规的加温曲线为低—高—低，在果实入炉后的头3～4 d和出炉前的3～4 d控制烘箱隔层的温度在45～50℃，中期的2～3 d可把温度提高到70℃。

新法烘果采用高低型温度曲线方法烘烤，入炉时，装果隔层温度为 70～75℃，1 d 后降至 55℃左右，保持 2 d，第 4 d 降至 45℃左右，烤 1 d 即可出炉。新法烘果维生素 C 含量高于旧法 1.7 倍，含糖量不降低，果色光亮悦目，加工成本降低 50%左右。由于装果隔层的上、下层存在温差，为了使整个烘箱的果实受热均匀，能同时出炉，每天把上、下隔层相互调换，并逐个把果实上下翻动。

四、商品质量标准

(一)外观质量标准

罗汉果呈卵形、椭圆形或球形，长 4.5～8.5 cm，直径 3.5～6.0 cm。表面褐色、黄褐或绿褐色，有深色斑块及黄色柔毛，有的具 6～11 条纵纹。顶端有花柱残痕，基部有果梗痕。体轻，质脆，果皮薄，易破。果囊(中、内果皮)海绵状，浅棕色。种子扁长圆形，多数，长约 1.5 cm，宽约 1.2 cm；浅红色至棕红色，两面中间微凹陷，四周有放射状沟纹。边缘有槽。气微，味甜。

(二)内在质量标准

《中华人民共和国药典》(2010 版)规定：水分不得超过 15.0%；灰分不得超过 5.0%；水溶性浸出物不得少于 30.0%；按干燥品计算，含罗汉果皂苷Ⅴ($C_{60}H_{102}O_{29}$)不得少于 0.50%。

黄栀子

黄栀子(*Gardenia asminoides* Elis)，又名栀子、山栀子、红栀子、枝子、山枝子、黄枝、黄枝子、黄果树。为茜草科栀子属常绿灌木，以干燥成熟果实入药。有泻火除烦、清热凉血、解毒、利湿等功效。主治热病心烦、肝火目赤、湿热黄疸、小便黄短、血热吐衄、尿血、黄疸型肝炎、胆炎、肾炎、热毒疮疡以及蚕豆病等症；外用治扭挫伤引起的瘀血肿痛，消肿效果良好。栀子除药用外，还是饮料、糖果、酒类、糕点、化工及制药工业等重要原料。花可食用，常用作蔬菜。主产于湖南、江西、浙江、安徽、河北、福建、四川、贵州等省，我国长江以南大部分省区均有分布和人工栽培。

一、生物学特性

喜温暖气候，不耐寒。生长适温为 20～25℃，−5℃ 以上可安全越冬，10℃以上萌动，30℃以上生长受抑。耐干旱。喜阳，在光照充足的环境里，植株较矮壮，发棵多而大，结果充实饱满。对土壤有较明显的选择性，以冲积壤土生长最好，其次是紫色土、山地红壤土，pH 5～7 适宜生长。凡碱性土或盐碱地均不宜栽培。4 月中旬孕蕾，5 月上旬至 6 月初开花，6—10 月果实渐大，11—12 月果实成熟。

二、栽培技术

(一)选地与整地

育苗地应选择地势平坦、灌溉方便、土壤疏松肥沃,排水良好的沙质壤土。地选后于头年秋季深翻细整,施足基肥。然后做成 1.5 m 宽的高畦播种或扦插育苗。栽植地可选海拔高度在 500 m 以下的缓坡山地的中、下部及背阴向阳的山地、丘陵、平原均可。要求土层深厚、疏松肥沃、排水良好的红壤土或冲积壤土。于头年秋冬季进行全垦或带状整地或块状整地,清除灌木杂草、石块、树根等杂物,然后整成水平梯田,以利保持水土。并深翻耕一遍,结合整地,667 m^2 施入腐熟厩肥或堆肥 1 500～2 000 kg 加过磷酸钙 30～50 kg,翻入土内作基肥,然后挖定植穴栽植。

(二)繁殖方法

以种子繁殖为主,亦可扦插繁殖。

1. 种子繁殖

(1)选种与采种　选择树势生长健壮、树冠呈现伞状、主枝开阔、叶色浓绿、枝条节短粗壮、果实肉厚饱满、色泽金黄或黄红、无病虫害的优良母株作为留种树。于 10 月下旬至 11 月上旬,采集成熟的果实。然后再选择单果鲜重 4 g 左右、无伤病的果实作种用。先将种果摊开晾干 2～3 d,再用清洁湿润的河沙层积贮藏 25～30 d。经过后熟处理,筛出果实,置清水中揉搓,洗去果皮与果胶等杂物,捞去浮在水面的瘪籽,将沉于清水中的饱满种子取出,晾干,切忌曝晒或烘干,否则影响发芽率。再用麻袋装好,置通风、干燥处贮藏备用。

(2)播种育苗　春播或秋播。以春季 3 月下旬播种为好。播前将种子浸泡 12 h。播时,在整好的苗床上,按行距 25～30 cm 开横沟条播。沟深 5～7 cm,播幅 10 cm。先浇施稀薄的人畜粪水湿润沟底,然后种子拌草木灰均匀地撒入沟内,随即覆盖细土,厚 1～1.5 cm,再盖杂草,保温保湿,以利出苗。667 m^2 用种量 2～3 kg。播后经常浇水,保持苗床湿润,20 d 左右即可出苗。齐苗后揭去盖草,进行中耕除草、间苗、定苗和追肥等苗床管理,培育至翌年早春 2～3 月出圃定植。育苗 667 m^2,可培育合格幼苗 3 万～4 万株。

2. 扦插繁殖

栀子枝条易发根。春、夏、秋季均可扦插,但以春季 3—4 月扦插成苗率较高。插穗从生长健壮、果大肉厚、枝条节间粗短、树皮黑褐色、无病虫的母株上剪取 1～2 年生枝条,将其截成 20 cm 长的插条,每段需有 3 个以上的节位,并剪去下端叶片,仅留上端 2～3 枚小叶,每 20～30 根扎成 1 捆。然后,将下端剪口放入 500 mg/kg 生根粉或 500～1 000 mg/kg 萘乙酸溶液中快速浸渍 10 min 左右,取出晾干药液后立即扦插。扦插时,按行株距 10 cm×8 cm 斜插入整好的苗床内,插条入土深度为穗长 1/2～2/3,扦插完毕后,用细孔喷水壶将插床喷水淋透、压紧,使插穗基部与土壤密接,以利吸收土壤中的水分。发芽生根后,需搭棚遮阴,并进行除草、追肥、浇水等苗床管理。培育 1 年,当苗高 30 cm 以上时,即可出圃定植。

黄栀子定植时,于头年秋末冬初,在整好的栽植地上,按行株距 1.5 cm×1.2 cm(370 株/

667 m^2)挖定植穴,穴深与宽各 50 cm,每穴施入适量腐熟厩肥或堆肥,与底土充分拌匀作基肥,隔层盖土厚 10 cm。每穴栽入壮苗 1 株,分层填土压紧,使根系在穴内舒展。栽后浇水淋透,覆盖细土略高于地面,以利保墒和成活。定植的时期以春季 2 月中旬至 3 月中旬为好。宜成片集约栽培,有利丰产和良种化,便于管理和采收。

(三)田间管理

1. 中耕除草

定植成活后,前几年因苗木较小,行间可间作矮秆作物或蔬菜。可结合间作物的管理,进行中耕除草和追肥。植株郁闭后可停止中耕除草。

2. 保花保果措施

人工栽培的栀子一般落果率达 20%~40%,严重时可达 50% 以上。造成落花落果现象的主要原因:一是树体缺乏营养;二是营养生长与生殖生长不平衡;三是花芽分化期养分供给不足;四是开花期授粉不完全;五是病虫危害严重所致。为此,生产上必须采取以肥水为中心的一系列综合管理措施,防止和克服落果现象。

3. 科学施肥

在栀子生长前期,以营养生长为主,此时应多施氮肥,加速营养生长,促进枝叶茂盛,增强同化能力,积累更多的有机物质。每年于春、夏、秋季结合中耕除草,追施清淡的人畜粪水或尿素液肥,增施磷钾肥,以促进多开花结果。此时,每年于春季施花前肥;夏季施壮果肥;秋季施花芽分化肥;冬季重施腊肥。如春季植株萌发后于 3 月下旬至 4 月初,667 m^2 施尿素 3~4 kg,以利春梢的生长;夏季在花粉受精后,于 6 月下旬 667 m^2 施用复合肥 4~6 kg,以提高坐果率;立秋后重施 1 次秋肥,667 m^2 施尿素 6 kg,加人畜粪水 1 000 kg,以促进栀子花芽分化,为翌年多开花结果打下基础;冬季采果后,重施 1 次腊肥,667 m^2 施用腐熟厩肥或堆肥 2 000 kg,加过磷酸钙 30 kg、饼肥 20 kg,充分拌匀,混合堆沤后,于植株旁开环状沟施入,施后培土,以利恢复树势和植株安全越冬,为翌年的生长提供充分的养分。

4. 喷施植物生长素

在栀子盛花期,喷施 0.15% 硼砂;谢花 3/4 时,喷施 50 mg/kg 赤霉素或 8~10 mg/kg 2,4-D 加 0.3% 尿素加 0.2% 磷酸二氢钾配制成的混合液,每隔 10~15 d 喷洒 1 次,连喷 2 次,可加速细胞分裂和增殖,减少果柄离层的形成,加速果实生长,从而提高栀子坐果率。

5. 合理整枝修剪

栀子定植成活后,经常抹除主干下部的萌芽,并于栽后第 1 年当苗高 60 cm 以上时,剪去顶梢,作为定干高度,将主干离地面 30 cm 范围内的萌动芽全部抹除,仅留其上 3~4 个向不同方向生长的强壮侧枝,使其形成树冠外圆内空、枝条疏朗、层次分明、通风透光、单杆开阔的自然开心形的丰产树形。从而有效地调节生长、开花、结果之间的平衡关系,减少养分无谓的消耗,达到增产的目的。此外,每年冬季还要剪去枯枝、纤弱枝、密生枝、徒长枝和病虫枝。每次修剪之后,均要追肥 1 次,以利恢复树势。

(四)病虫害及其防治

1. 病害

(1)煤烟病　发生在枝条与叶片,发现后可用清水擦洗,或喷 0.3 波美度石硫合剂,

1 000～1 200 倍多菌灵。

(2)腐烂病　常在下部主干上发生，出现茎秆膨大，开裂，发现后立即刮除或涂 5～10 波美度石硫合剂，数次方能奏效。

2. 虫害

栀子在湿度高，通风不良的环境中易遭介壳虫危害，可及时用小刷清除或用 100～150 倍 20 号汽油乳剂等喷洒。

三、采收与加工

(一)采收

栀子定植成活后 2～3 年始果。11 月份前后，当果皮呈金黄色或红黄色时，选晴天采摘。过早，果皮青绿色未成熟，所加工商品质地松泡，呈黑色，且折干率低，色素提取率也低，质量差；过迟，果实以熟透变软，会自行脱落以及为鸟雀所食，加工时干燥困难且易霉变。采摘时，不论果实大小应一次采净。

(二)加工

果实采回后先在通风干燥处摊开晾干数日，使少数青黄或青色果实后熟变为红黄色。然后，将果实放入蒸笼内蒸至上大气为止；或用 100 kg 沸水对明矾 0.8 kg，将果实煮烫 20 min，捞出沥干水分，再置晒席上薄摊日晒至八成干后，将其堆放通风干燥处发汗(即回潮)3～5 d，再晒至全干即成商品。遇阴雨天，可用炭火炕干。炕时，先在 55～60℃ 温度下炕 2 d，取出摊凉 7 d，再用 45～50℃ 温度下复炕 1 d，取出摊开放凉后即成商品。

四、商品质量标准

(一)外观质量标准

商品栀子呈长卵圆形或椭圆形，果长 1.5～4.5 cm，直径 0.6～2.1 cm。表面红黄色或棕红色，具 6～8 条翅状纵棱。棱间常有一条明显的纵脉纹。顶端残存萼片，基部稍尖，有果柄痕。果皮略有光泽且薄脆，内则颜色较浅亦有光泽。具 2～3 隆起的纵隔膜。种子多数，聚集成团，种子团有种子 250 粒左右，最多的达 340 粒，千粒重为 3.5～4.5 g。种子扁卵形，呈深红色或红黄色，密具细小疣状突起。种子富油质，浸入水中，可使水染成金黄色或红黄色。气微，味微酸而略苦。

(二)内在质量标准

《中华人民共和国药典》(2010 年版)规定：栀子的水分不得超过 8.5%；总灰分不得超过 6.0%；按干燥品计算，栀子苷($C_{17}H_{24}O_{10}$)不得少于 2.60%。

车 前

车前(*Plantago asiatica* L.)为车前科车前属多年生草本植物,一般以种子和全草入药,是常用中药。又名车轮菜、车轱辘菜、驴耳朵菜、田菠菜、医马草、马蹄草、鸭脚板、猪耳草等。车前子有利水通淋、清肝明目的功效,用于治疗小便不利、水肿等;全草有清热解毒、利尿的功效,用于治疗尿路感染、暑热泄泻、痰多咳嗽、热毒痈肿等症。车前草也是一种新型的保健蔬菜。含有碳水化合物、蛋白质、脂肪、粗纤维、胡萝卜素、维生素等,具有食用及食疗价值。主产江西、河南,东北、华北、西南、华东等地有栽培。

一、生物学特性

车前喜温暖环境,适宜日均气温 20～25℃。在春季相对湿度达 80% 左右,日均温度上升到 12℃时开始出苗,20～24℃种子发芽较快,随着气温升高而茎生叶片逐渐增多,5～28℃ 范围内茎叶能正常生长,夏季气温达 20～27℃ 时植株生长最迅速,气温超过 32℃,则会出现生长缓慢,逐渐枯萎直至整株死亡。夏末秋初种子相继成熟,可自播繁殖。当气温低于 15℃ 时植株生长缓慢,新抽生的花穗短小而种子多不易成熟。秋冬季,气温低于 8℃以下倒苗,以宿根越冬。车前草耐低温,冬季 −10℃ 也不易冻死,在最低温低于 −10℃ 的地区一般进行春播栽培。

车前喜湿润环境,但怕涝怕旱,全年降雨量 1 450～1 600 mm 为宜。车前草在不同生长时期对水分的要求不同,苗期喜湿润环境,能耐洪水浸泡 7 d 不死。成株后抗旱性特强,正常植株在久旱无雨的条件下也能返生成活。进入抽穗期后,因根系吸收功能旺盛,最怕受淹,受淹渍后穗容易枯死。

车前喜阳光充足的环境,全年日照时数≥1 880 h。车前草在阳光充足的条件下生长,叶片肥厚,植株粗壮,开花多,果实成熟率高。在弱光荫蔽条件下也能生长,但植株柔嫩,易感染病虫害。

车前草喜肥耐贫瘠,对土壤要求不严,但以酸性的沙质冲积土地块生长较好。沙质土壤土层深厚肥沃,通气良好,有利于根系深扎。在荒野土壤贫瘠的地块,车前草生长缓慢。

二、栽培技术

(一)选地与整地

1. 苗床选择与整地

选排灌良好,土层深厚、疏松的壤土(稻田或旱地),养分水平在中等以上,大气、水质、土壤无污染。地块深耕 20～30 cm,经充分风化,除净杂草,做到细、平、实、湿、肥,以待播种。每公顷施农家肥 15 000 kg 混施 1 500 kg 过磷酸钙。开沟做畦,畦面宽 100～110 cm,高 20～30 cm。

2. 移植地选择与整地

移植地(种植基地)应选择大气、水质、土壤无污染的地区,并且阳光充足,排灌方便,土壤疏松肥沃，地势平坦，肥力较均匀，便于管理的土地，pH 5.5～7.5，距公路 100 m 以上、距村庄较远，且周围没有污染源。环境生态质量符合“大气环境”质量标准的二级标准、“农田灌溉水”质量二级标准及“土壤环境质量”二级标准。车前以旱地壤土或晚稻田种植为好，红壤坡地亦可种植。种植地移栽前要二犁二耙，深耕 20～30 cm，土壤充分风化、细碎、除净杂草；开沟做畦。多水网的平原地区，地下水位较高，车前中后期对渍害敏感，排水防渍是夺取高产关键，为避免车前中后期因畦宽沟浅排水不畅而造成烂根死苗，应大力推广窄畦深沟防止渍害的高产抗灾栽培措施。一般畦面宽 80～100 cm，畦高 15～20 cm，畦间沟宽 30～40 cm，并开好腰沟和围沟，做到三沟相通，以利排灌水和日常管理；施基肥：每公顷施腐熟农家肥 25 000～30 000 kg，混施 1 500 kg 过磷酸钙（或复合肥 300～450 kg），腐熟饼肥 1 500 kg，三者充分混匀于畦面土中。

(二)繁殖方法

车前多以种子繁殖，采用育苗移栽的方法。

1. 精选种子，拌种消毒

种子选颗粒饱满、棕褐色而具光泽、无病虫害的作种，播种前用 1% 高锰酸钾或 1% 氯水浸 5～10 min，再用清水洗待播，或用 50% 多菌灵粉剂掺细火土灰与种子拌匀（种子∶多菌灵＝100∶1）。

2. 适期早播，培育壮苗

车前在早播条件下，由于温光条件好，营养生长充分，秧苗素质好，养分积累多，有利于多枝多籽，为稳产高产打下基础。北方 3 月底 4 月中旬或 10 月中下旬播种，南方 3～4 月或 9—10 月播种。育苗一般采用露地苗床育苗为主，苗床面积与大田面积为 1∶10。用种量每公顷控制在 15～22.5 kg，将处理后的种子均匀撒于苗床上，盖一薄层细火土灰或草木灰拌的细土，为防鸟虫吃种子和雨后土壤表层板结，在畦面盖一层稻草。播后每隔 3～5 d 浇 1 次水，以保持土壤湿润，促其发芽，出苗后揭去盖草，分期施稀薄氮肥催苗。种子出苗后生长缓慢，易被杂草抑制，幼苗期应及时除草，一般进行人工拔草 2～3 次。拔草同时进行间苗工作，做到苗不搭苗，出苗后 10 d 开始，每 10～15 d 施水肥 1 次，每次每公顷苗床施 1 500 kg 水＋15 kg 复合肥，施 2～3 次。根据病虫害发生情况，及时做好病虫害防治。

3. 适时移栽，合理密植

春季播种在 4 月下旬到 5 月中旬移栽，秋季播种的移栽时间一般为 11—12 月，苗龄为 40～50 d、苗高 7～10 cm 时便可移栽。秧龄过短返苗慢，长势弱，抗逆性差，不利于越冬，秧龄过长则幼苗老化，生育期短，不利于产量的形成。移苗前育苗床淋足水，用小铁铲带土移苗，随移随栽，秋季栽植按株行距 30 cm×35 cm 开穴，每穴栽 1 苗，每公顷控制密度为 9 万～10 万株，做到大小苗分栽，栽后盖土、淋足定根水。

(三)田间管理

1. 中耕除草

一般进行 3 次，幼苗返青后 15 d 左右进行第 1 次中耕除草，第 2 次中耕除草在立春至雨水间，第 3 次在旺长期封行前进行。畦面的杂草人工拔除，或用小铲边松土边除草，垄沟内可用工具锄草，做到田间无杂草。中耕除草松土选择晴天进行。

2. 查苗补苗

苗成活后经常查苗，及时查漏补缺，保证全苗。

3. 科学施肥

肥料种类以有机肥为主、化学肥料为辅。施肥方法，以基肥为主，追肥为辅。基肥以腐熟农家肥为主，混合过磷酸钙或复合肥。追肥以复合肥、腐熟农家肥为主。不能使用城市垃圾肥。施肥量、次数，车前幼苗定植成活后，一般进行 3 次追肥，第 1 次在幼苗返青后 10～15 d 进行，每公顷用尿素 300 kg 或稀的人畜粪水 18 000～22 500 kg；第 2 次于栽后 25～30 d 进行，每公顷施尿素或磷酸二铵 150 kg、氯化钾 225 kg；第 3 次于抽穗后，每公顷施氯化钾 75 kg，并用磷酸二氢钾 2 250～3 000 g、硼 1 500～2 250 g，叶面喷施，以促进花芽分化和种子发育，注意控制氮肥用量，防止营养生长过旺和导致病虫害发生。

4. 灌溉排水

由于秋冬季雨水较少，移栽后根据天气情况及时淋水和浅灌水，一般 5～7 d 一次，保持土壤湿润。车前中后期雨水较多，田间易积水，应及时清沟排水，降低土壤湿度，减少病虫害的发生。

(四)病虫害及其防治

车前病害均在 3 月下旬至 4 月中下旬发病最重，主要有白粉病、褐斑病、叶斑病、根癌病、霜霉病、穗枯病等，特别在雨水多、排水不良的土壤中易发生；虫害主要有车前圆尾蚜、刺蛾幼虫。防治应以预防为主，综合防治，车前与水稻合理轮作，以减少土壤中病原细菌；合理均衡施肥，不偏施氮肥；选用健壮不带病菌种子和做好种子消毒，及时清除杂草、病株和土壤消毒处理，在车前草抽穗前后加强调查，发现中心病株及时拔除、集中烧毁，并用药防治。春季防治从抽穗时开始喷药，用 50% 多菌灵或 70% 甲基托布津 400～500 倍液或井冈霉素 150～200 倍液进行预防，每隔 4～5 d 一次，连喷 3～4 次防止病菌侵染穗，并注重开沟排水，降低田间湿度。

三、采收与加工

(一)采收

车前果穗下部果实外壳初呈淡褐色、中部果实外壳初呈黄色、上部果实已膨大、穗顶已收花时，即可收获。车前抽穗期较长，先抽穗的早成熟，所以要分批采收，每隔 3～5 d 割穗一次，半个月内将穗割完。收获宜在早上或阴天进行，以防裂果落粒。用镰刀将成熟的果穗割下，装入箩筐运回。

(二)加工

将采回的果穗放在干燥通风室内堆放 1～2 d，然后放置竹晒垫上曝晒 2 d。脱粒后再晒，除去粗壳杂物，筛出种子，扬净种壳，晒至全干。清除杂质，以手抓一把种子全部种子即从指缝中滑落出来为干燥适度。种子晒干后用麻袋或塑料尼龙布包装。挂上标签，记录品名、批号、规格、质量、重量、产地、生产日期。贮存在清洁、干燥、阴凉、通风、无异味的仓库中，注意避光、防潮、防鼠虫为害。

四、商品质量标准

(一)外观质量标准

椭圆形、不规则长圆形或三角状长圆形，略扁，长约 2 mm，宽约 1 mm。表面黄棕色至黑褐色，有细皱纹，一面有灰白色凹点状种脐。质硬。气微，味淡。以粒大、色黑、饱满者为佳。

(二)内在质量标准

《中华人民共和国药典》(2010 版)规定：水分不得超过 12.0%；总灰分不得超过 6.0%；酸不溶性灰分不得超过 2.0%；膨胀度应不低于 4.0；按干燥品计算，含京尼平苷酸($C_{16}H_{22}O_{10}$)不得少于 0.50%；毛蕊花糖苷($C_{29}H_{36}O_{15}$)不得少于 0.40%。

◙ 任务实施

技能实训 5-3　调查当地主要果实和种子类药用植物栽培技术要点

一、实训目的要求

通过调查，了解当地主要果实和种子类药用植物栽培技术要点。

二、实训材料用品

记录本、笔、嫁接刀、修枝剪、农具、肥料、实训基地果实和种子类药用植物等。

三、实训内容方法

(1)实地调查：在实训基地进行调查，记录主要果实和种子类药用植物的栽培技术要点。

(2)现场实训：以小组为单位，结合当地主要果实和种子类药用植物各生长期特点适时进行选地与整地、繁殖方法、田间管理、病虫害防治、采收和加工等内容实训。

(3)上网搜索：记录当地主要果实和种子类药用植物种类及栽培技术要点。

四、实训报告

列举当地主要果实和种子类药用植物栽培技术要点及其注意事项。

五、成绩评定及考核方式

以实训报告及实训表现综合评分。

【思考与练习】

1. 简述山茱萸的生物学特性。
2. 如何对山茱萸进行选地、整地?
3. 简述山茱萸种子处理的方法及要点。
4. 山茱萸如何进行扦插繁殖和嫁接繁殖?
5. 简述山茱萸采收和加工的方法。
6. 简述枸杞的生物学特性。
7. 枸杞的繁殖方法有哪些?
8. 怎样合理对枸杞进行整形和修剪?
9. 枸杞有哪些主要病虫害?如何防治?
10. 枸杞鲜果如何进行加工?
11. 简述薏苡的生物学特性。
12. 薏苡的繁殖方法有哪些?
13. 薏苡有哪些主要病虫害?如何防治?
14. 薏苡鲜果如何进行加工?
15. 五味子的繁殖方法有哪些?
16. 五味子有哪些病虫害?如何防治?
17. 罗汉果田间管理的主要措施有哪些?
18. 简述罗汉果采收与加工的方法。
19. 简述黄栀子的生物学特性。
20. 栽培黄栀子如何进行选地、整地?
21. 黄栀子有哪些主要繁殖方法?
22. 简述黄栀子采收和加工技术。
23. 如何进行车前苗床选择和移植地选择?
24. 车前种子繁殖有哪些要点?
25. 车前田间管理有哪些主要措施?

任务4 全草类药用植物

知识目标

- 了解当地主要全草类药用植物的生物学特性。
- 掌握当地主要全草类药用植物的栽培技术。
- 掌握当地主要全草类药用植物的采收和加工。

能力目标

- 能熟练操作当地主要全草类药用植物的种子繁殖和营养繁殖。
- 能顺利进行当地主要全草类药用植物的田间管理、采收和加工。

◉ 相关知识

薄　荷

薄荷(*Mentha haplocalys* Briq.)为唇形科多年生草本植物薄荷的干燥地上部分,以全草入药。其性凉、味辛;具有宣散风热,清头目,透疹的功能;用于治疗风热感冒、头痛、目赤、咽喉肿痛、口疮、风疹、麻疹等症。还可提取薄荷油、薄荷脑作为医药、香油的原材料,是制造清凉油、八卦丹等材料,还可加入糕点或作为牙膏、香皂的添加剂。主产江苏、浙江、江西、湖南、四川、广东等省,全国各地均有栽培。

一、生物学特性

薄荷适应性很强,海拔 2 100 m 以下地区均能生长。阳光充足,海拔 300～1 000 m 的地区栽培的薄荷,薄荷油含量高。光照不充足、连阴雨天,薄荷油和薄荷脑含量低。喜温暖湿润环境,根茎在 5～6℃ 就可萌发出苗,适宜生长温度为 20～30℃,地上部分能耐 30℃ 以上的温度,气温降至 －2℃ 植株枯萎。根茎比较耐寒,只要土壤保持一定湿度,在冬季 －30～－20℃ 仍能越冬。生长初期和中期需要雨量充沛,现蕾期、花期需要阳光充足、干旱的天气。生长期缺水或开花期雨水过多,均不利生长,影响产量和品质。薄荷整个生长发育期都需要充足的阳光,日照时间长能提高薄荷油、薄荷脑的形成。薄荷对土壤的要求不严格,一般土壤都能生长,但以疏松肥沃,排水良好、土壤 pH 5.5～6.5 的沙壤土和壤土为好。

二、栽培技术

(一)选地与整地

选土壤肥沃、地势平坦、排灌方便、阳光充足、2～3 年内未种过薄荷的微酸性沙质壤土。光照不足、干旱易积水的土地不宜栽种。薄荷病虫害多,吸肥力强,不宜连作。前茬收获后 667 m^2 施腐熟堆肥或厩肥 2 000～3 000 kg、过磷酸钙 15 kg 作基肥,然后深耕地 25～30 cm,耕耙整平,把肥料翻入土中,碎土,做宽 120～150 cm、高 15～20 cm 的高畦,畦沟宽 25～30 cm,雨水少的地区或排水较好的地块也可做平畦。

(二)繁殖方法

薄荷的繁殖方法主要是根茎繁殖、分株繁殖和扦插繁殖。种芽不足时可用扦插繁殖和种子繁殖,后二者育种时采用,生产上不采用。

1. 根茎繁殖

在冬季或春季均可进行。春季一般在 2 月中旬至 4 月上旬进行;冬栽宜在 10 月上旬至 11 月下旬栽种。冬季栽比较好,生根快,发棵早。种用根茎要随挖随栽,选色白、粗壮、节短、无病虫害的新根茎作种用，剪去老根和黑根，切成6～10 cm小段。按行距25 cm在畦面开小沟深6～10 cm，将根茎小段均匀放入，下种密度以根茎首尾相接为好，随即覆土6～8 cm，压实。有些地区采用穴栽，按行株距各25 cm挖穴，穴径7 cm，深6～10 cm，每穴放根茎2～3节，施入畜粪水后覆土。

2.分株繁殖

也称秧苗繁殖或移苗繁殖。选择没有病虫害的健壮母株，使其匍匐茎与地面紧密接触，浇水、追肥两次，每667 m^2施尿素10～15 kg。待茎节产生不定根后，将每一节剪开，每一分株就是一株秧苗。

3.扦插繁殖

5—6月份，将地上茎枝切成10 cm长的插条，在整好的苗床上，按行株距7 cm×3 cm进行扦插育苗，待生根、发芽后移植到大田培育。该法产量无根茎繁殖产量高，多用来选种和种根复壮。

4.种子繁殖

春天3—4月把种子均匀撒入沟内，覆土1～2 cm厚，浇水，盖稻草保墒。2～3周即可出苗。种子繁殖生长慢，容易变异，只用来育种。

(三)田间管理

1.查苗补苗

在4月上旬移栽后，苗高10 cm时，要及时查苗补苗，保持株距15 cm左右，即每667 m^2留苗2万～3万株。

2.中耕除草

3—4月间中耕除草2～3次。因薄荷根系集中于土层15 cm处，地下根状茎集中在土层10 cm处，故中耕宜浅不宜深。第一次收割后，再浅除一遍。

3.追肥

每次中耕除草后都应施肥。追肥以氮肥为主，苗期和生长后期可少施些，生长盛期应多施些，每次收割后也应多施些。肥料一般用人畜粪水，每次施人畜粪水1 500～2 000 kg/667 m^2，或施尿素8～10 kg/667 m^2。人畜粪水与尿素混合追肥效果更好。在第一、第二年最后一次收割后，每667 m^2用油籽饼50～70 kg与堆肥或厩肥2 500～3 000 kg混合堆沤腐熟之后，撒施于畦面作为冬肥，促使次年出苗早，生长健壮整齐。

4.排灌

每次施肥后都要及时浇水。当7—8月出现高温干燥以及伏旱天气时，要及时灌溉抗旱。多雨季节，应及时排除田间积水。

5.去杂

良种薄荷种植几年后，均会出现退化混杂，主要表现为植株高矮不齐，叶色、叶形不正常，成熟期不一，抗逆性减弱，原油产量和质量下降。当发现野杂薄荷后，应及时去除，越早越好，最迟在地上茎长至8对叶之前去除。

6.摘心

薄荷是否摘心应因地制宜。摘心是指摘去顶端，以促进新芽萌发生长。一般密度大的单种薄荷田不宜摘心，而密度稀时或套种薄荷长势较弱时需摘心，以促进侧枝生长，增加密度。摘心以摘掉顶端两对幼芽为宜，应选晴天中午进行，以利伤口愈合，并及时追肥，以促进侧芽萌发。

(四)病虫害及其防治

1.病害

(1)斑枯病　为害叶片。叶片受侵害后，叶面上产生暗绿色斑点，后渐扩大成褐色近圆形或不规则形病斑，直径 2～4 mm，病斑中间灰色，周围有褐色边缘，上生黑色小点(分生孢子器)。危害严重时病斑周围的叶组织变黄，早期落叶。防治方法：收获后清除病残体，生长期及时拔除病株，集中烧毁，以减少田间菌源；选择土质好、容易排水的地块种植薄荷，并合理密植，使行间通风透光，减轻发病；实行轮作；发病期喷洒 1∶1∶160 波尔多液或 70% 甲基托布津可湿性粉剂 1 500～2 000 倍液，7～10 d 喷 1 次，连续喷 2～3 次。

(2)锈病　主要为害叶片和茎。发病初期叶背面有黄褐色斑点突起，随之叶正面也出现黄褐色斑点，危害重者，病斑密布。薄荷一经为害，叶片黄枯反卷、萎缩而脱落，植株停止生长或全株死亡，导致严重减产。防治方法：加强田间管理，改善通风条件，降低株间湿度，以增强抗病能力；发现少数病株立即拔除；发病初期用 1∶1∶100 的波尔多液喷洒，防止传播蔓延，发病后用敌锈钠 250 倍液防治；如在收获前夕发病，可提前数天收割。

2.虫害

主要虫害有小地老虎、银纹夜蛾、斜纹夜蛾。防治方法：用 90% 敌百虫 1 000～1 500 倍液或 40% 乐果 1 000～1 500 倍液防治。

三、采收与加工

(一)采收

薄荷收获期是否适当和产量有密切关系。薄荷一般收 2 次，个别地方收 3 次。第一次收割在 7 月下旬，称头刀；第二次收割在 10 月下旬，称二刀。头刀在初花期，基部叶片发黄或脱落 5～6 片，上部叶下垂或折叶易断，开花未盛，每株仅开花 3～5 节时，选晴天上午 10 时至下午 3 时，用镰刀齐地割下茎叶；二刀在可在花蕾期或叶片渐厚发亮时选晴天收割。

(二)加工

空气干燥的地区，薄荷可挂于屋檐下阴干。湿度较大的地区如四川，一般采用摊薄曝晒，每 2～3 h 翻动 1 次，至七八成干时停晒回润，将其扎成小把，每把重约 1 kg；然后将捆成的小把基部朝外，梢部朝内，相互压叠堆放成圆堆或长堆，上放木板或石块压实发汗，使其干燥一致，堆放 2～3 d 后，再翻堆晒至全干即成。干燥后，打包成件。若加工薄荷油。可晒至半干，分批放入蒸锅内蒸馏，即得薄荷油。

四、商品质量标准

(一)外观质量标准

薄荷以具香气、无脱叶光秆、茎部无叶部分不超过 30 cm、无霉变为合格；以身干、叶多、色绿、气味浓为佳。

(二)内在质量标准

《中华人民共和国药典》(2010 年版)规定：叶不得少于 30%；水分不得超过 15.0%；总灰分不得超过 11.0%；酸不溶性灰分不得超过 3.0%；挥发油不得少于 0.80%(mL/g)。

细　辛

细辛(*Asarum heterotropoides* Fr. Schmidt var. *mandshricum* (Maxim.) Kitag.)为马兜铃科多年生草本植物，以全草入药，又称东细辛、辽细辛、烟袋锅花。性温，味辛，具有发表散寒、温肺化饮、祛风止痛、通窍、止咳等功效，常用于治疗风寒感冒、头痛、牙痛、风湿痹痛、咳嗽哮喘、鼻炎、鼻渊等疾病。主产于我国东北的辽宁、吉林、黑龙江等省，是辽宁省著名的道地药材之一。尚有华细辛(*A. sieboldii* Miq.)主产于陕西、河南、山东、浙江、福建等省。

一、生物学特性

细辛属阴生植物，野生细辛多生长在针阔混交林或阔叶林的林下、林缘、灌木丛及山沟背阴处腐殖质深厚而湿润的环境中，形成了喜湿润、喜肥、喜阴怕强光等生长发育习性，根系虽然发达，但是由于上土层中营养物质丰富，根多数不向下深扎，而形成了浅根系植物，吸水力较弱，因此不耐干旱，但却很耐严寒。对土壤要求较为严格，喜土层稍厚、有机质丰富的腐殖土，特别是林下地，土壤 pH 6.5～7 为佳，土壤含水量为 40%～60%，这样的土壤湿润肥沃疏松，通气性好，保肥的性能也好。

细辛从播种到新种子形成需 6～7 年时间，以后年年开花结果。当年播种的种子只长出胚根；第二年春季出苗，仅 2 枚子叶；第三年只长一片真叶；第四年长 1～2 片真叶，有少数开一朵花结实；第五年长 2 片真叶，大多数开花结实。随着生长年限的增加，真叶片数和花朵数量也相应增加。

细辛种子寿命短。种子采收后，在自然条件下于室内存放 40～45 d 后全部丧失发芽能力。采收后应立即播种，如不能及时播种，需要拌湿沙埋藏贮存，7 月下旬之前必须将种子播完，否则胚根过长，播种时易造成损伤，从而降低出苗率。也可用冰箱、冰柜等低温贮存，保存 1～2 个月后发芽率为 90% 以上。

细辛种子具有种胚生理后熟及上胚轴休眠特性，生理后熟发育需要的适宜温度为 20～30℃，时间为 30～55 d，适宜发芽温度为 20～25℃，经过形态后熟的种子播种后 7～12 d 开始发芽，发芽率一般为90%。当年胚根长4～5 cm，由于上胚轴休眠也不能萌发，需要经过一定阶段才能解除上胚轴休眠，一般在0～5℃条件下，约需50 d就可以完成上胚轴休眠阶段，才能出苗。

二、栽培技术

(一)选地与整地

细辛喜疏松肥沃、富含有机质土壤，酸碱度以中性或微酸性为好。忌强光、怕干旱，因此东北主产区多选林下栽培，用老参地或农田种植必须搭棚遮阴。林下栽培对树种要求不严，但以阔叶林最好，针阔混合林次之。以透光度适宜、地势平坦、排水良好、土质肥沃的地块为佳。

整地宜在春夏季进行，早整地有利于土壤熟化，使细辛生长好，病害轻。刨地前将林地的小灌木或过密树枝去掉，保持林下有50%～60%的透光率，刨地深度15～20 cm，消除石块、树根，打碎土块，每667 m^2施猪粪2 000～3 000 kg，将粪肥翻入土中拌匀、搂平、整细，然后做成宽1～1.2 m、高20 cm左右的高畦，长短可根据地形而定，一般长10～20 m。作业道宽50～100 cm，土层厚作业道可稍窄，土层薄作业道宽些，以保证畦面有足够的土量。

(二)繁殖方法

细辛是多年生植物，生长发育周期长，一般林间播种后6～8年才能大量开花结果。多数地方都采用育苗移栽方式，即先播种育苗3年，起苗移栽再长3年。

1.播种

细辛种子的特性是干籽不易出苗，采收后应趁鲜播种，否则将随着干放时间的延长，发芽能力逐渐降低，如干放时间再长播后全不出苗。适时播种是提高发芽率和保证全苗的关键，采种后如土壤墒情好即可播种。一般于6月下旬至7月上旬进行，最迟不要超过7月末，否则影响长根。撒播、条播、穴播均可。撒播可将种子与10倍细沙或土拌匀撒于畦面，每平方米播种子30 g左右。条播在畦上按行距10 cm，播幅4 cm，每行播130粒左右。穴播行距13 cm，穴距7 cm，每穴播7～10粒。播后用腐殖土或过筛的细土覆盖，厚约2.5 cm，其上再盖一层枯枝落叶或稻草，以保持水分，防止畦面板结和雨水冲刷。

2.移栽

秋春都可进行。秋季移栽，每年10月起挖2、3年生的细辛苗，分大、中、小3类分别栽种。栽种时横床开沟，行距15 cm，沟深9～10 cm，沟内按8～10 cm株距摆苗，使须根舒展，覆土3～5 cm。春天移栽，应在芽苞未萌动前进行。如果移栽过晚，在细辛出苗或展叶时进行，需要大量浇水，并需要较长时间缓苗，会影响细辛生长发育。

(三)田间管理

1.撤出覆盖物

细辛播种后，当年只长根不出苗，翌年春天在4月初未出苗前，撤除覆盖物，使畦面通风透光，提高地温，促进出苗。如遇春旱，可晚一点撤出覆盖物，或撤出后再喷壶浇水，以助出苗。

2. 松土除草

播种后第 2 年，细辛小苗生长较弱，全年只有两片叶，因此必须加强田间管理，经常松土除草。移栽地块每年 5 月出苗后，要进行 3～4 次松土除草，提高床土温度，保蓄水分，对防止菌核病、促进生长有益。在行间松土要深些(3 cm 左右)，根际要浅些(约 2 cm)，对露出根不用进行培土。

3. 施肥灌水

在生长期间一般每年施肥 2 次，第一次在 5 月上中旬进行，第二次在 9 月中下旬进行，用硫酸铵或过磷酸钙 5～7.5 kg/667 m^2，多于行间开沟追施。秋季多数地区认为床面施用猪粪(5 kg/m^2)混拌过磷酸钙(0.1 kg/m^2)最好；有的药农秋季在床面上追施 1～2 cm 厚的腐熟落叶，既追肥又保土保水，有保护越冬的效果。

4. 清林调光

林下或林缘种植要定期清林，防止枝条过密。对于农田栽培，应搭设遮阳棚调节光照。5 月份以前气温低，细辛苗要求较大光照，可不用遮阴。从 6 月开始，光照应该控制在 50%～60%的透光率，利用老参地栽细辛必须搭好阳棚。

5. 覆盖越冬

不论是直播还是育种移栽，在越冬前均需用 1 cm 厚的落叶或不带草籽的茅草覆盖床面，待来年春季萌动前撤去。有条件的地方可盖上一层猪圈粪，以利防寒保墒，又起到追肥作用。

6. 摘除花蕾

多年生植株每年开花结实，消耗大量养料，影响产量，因此除留种地以外，当花蕾从地面抽出时全部摘除。

(四)病虫害及其防治

1. 病害

(1)菌核病　此病多发生在 6—7 月，发病初期在叶柄基部，呈褐色条形病斑，扩展后地上部倒伏枯死。同时，病菌向根部蔓延，使根茎上布满黑色菌核，以至全根腐烂仅剩根皮。其防治方法是：早春及时松土，提高地温，注意排水；发现病株及时拔除毁掉；用 0.3 波美度石硫合剂或代森铵 600～800 倍液或代森锌 600 倍液喷洒；适时采收，换地栽培。

(2)立枯病　病菌多从表土侵入幼苗的茎基部即在表土 3～5 cm 的干湿土交界处。病原菌侵入幼茎后，向茎内和上下扩展，茎基部先呈现黄褐色病斑，后变成暗褐色，逐渐深入茎内而腐烂，从而隔断输导组织，致使植株萎蔫、枯死。防治方法：加强田间管理，适当加大通风透光，及时松土，保持土壤通气良好，多施磷钾肥，使植株生长健壮，增强抗病力；出苗前用 70% 敌克松 500 倍液喷洒床面；出苗后用 50% 多菌灵 500 倍液进行防治；严重病区可用 1%硫酸铜溶液消毒杀菌。

2. 虫害

为害细辛的虫害有小地老虎、细辛凤蝶的幼虫、黑毛虫及蝗虫、蚂蚁等，它们咬食细辛的芽苞和叶片，在发生期多注意观察，少量时进行人工捕捉；发生面积较大或虫口密度大时，可以使用杀虫剂喷杀。如生物农药杀虫剂或 80% 敌百虫 1 000 倍液喷杀。

三、采收与加工

(一)采收

种子直播的细辛,如果密度大,生长 3～4 年即可采收。用二年生苗移栽的,栽后 3～4 年收获;用三年生苗的,栽后 2～3 年收获。有时为了多采种子也可延迟到 5～6 年收获,但超过 7 年植株老化容易生病,加之根系密集,扭结成板,不便采收。野生细辛采收期习惯在 5—6 月,人工栽培的细辛,于 8—9 月份采收质量好,产量高。用镐深掘,将细辛连根挖出,防止须根折断,除净泥土,保持茎叶根完整。

(二)加工

收获后,每 1～2 kg 捆成小把,悬挂在通风的棚下阴干或晾干,但不宜在强烈日光下晒干,也不得用水洗。水洗则叶片发黑,根发白;日晒则叶片发黄,均降低气味,影响质量。

四、商品质量标准

(一)外观质量标准

细辛药材为统货,呈顺长卷曲状,根茎多节,须根较粗长均匀,须毛少,土黄色或黑褐色,叶片心形,大而厚,黄绿色,叶柄短粗,花蕾较少,暗紫色,有浓香气,味辛辣。无泥土、杂质、霉变为佳。

(二)内在质量标准

《中华人民共和国药典》(2010 年版)规定:水分不得超过 10.0%,总灰分不得超过 12.0%,酸不溶性灰分不得超过 5.0%,本品按干燥品计算,含马兜铃酸($C_{17}H_{11}O_7N$)不得超过 0.001%,醇溶性浸出物不得少于 9.0%,含挥发油不得少于 2.0%(mL/g),含细辛脂素($C_{20}H_{18}O_6$)不得少于 0.050%。

穿心莲

穿心莲(*Andrographis paniculata* (Burm. f.) Nees)为爵床科一年生草本植物。以全草入药,药材名穿心莲,别名春莲秋柳、一见喜、榄核莲、斩蛇剑、四方莲、金香草、金耳钩、印度草、苦草等。性寒,味苦。具有清热解毒、消炎消肿等功效,用于治疗扁桃体炎、胃肠炎、泌尿系感染等疾病。我国主要产于广东、广西、海南、福建等省,现长江南北等地均引种栽培。

一、生物学特性

穿心莲是短日照植物,喜阳光充足、温暖湿润的气候条件,不怕高温,怕低温与干旱。种子发芽和幼苗生长期适温为25～30℃,气温下降到15～20℃时生长缓慢;气温降至8℃左右,生长停滞;遇0℃左右低温霜冻,植株全部枯萎。生长发育各阶段应控制好土壤湿度,保持土壤湿润。穿心莲为喜光喜肥植物,对氮肥尤其敏感,在生长旺盛季节勤施氮肥,能显著增产。穿心莲应栽培于向阳地势,土壤以疏松、肥沃、排水良好的沙质壤土和壤土为宜。黏土、贫瘠、盐碱土不适合栽培。土壤最适pH 5.6～7.0,以微酸性或中性为好。穿心莲种子细小,种皮坚硬。种子发芽率与成熟程度密切相关,完全成熟的棕褐色种子发芽率几乎100%,而中等成熟的黄褐色种子发芽率仅为50%左右。种子表面的蜡质成分有抑制种子发芽的作用,摩擦掉蜡质成分,在30℃下,可缩短种子发芽时间并加快发芽速度。

二、栽培技术

(一)选地与整地

应选择地势平坦,背风向阳,肥沃、疏松、排灌良好的山地或平地,但不宜以茄科作物作前茬,以防传染病害。整地后,施足基肥,每亩施腐熟猪牛粪2 000 kg,钙镁磷肥20 kg,翻耕做畦待植。翻耕深度为20～25 cm,耙平,做畦,一般畦宽1～1.3 m,高15～20 cm,修好灌、排水沟。

(二)繁殖方法

穿心莲的繁殖方法有种子繁殖和扦插繁殖2种方式。

1.种子繁殖

(1)种子处理　因穿心莲种皮较坚硬,表面又有一层蜡质,妨碍种子吸水萌发。播种前用细沙2份,种子1份放入袋内或在水泥地上搓揉,待种皮失去光泽,蜡质层部分磨损即可。或将种子用40～45℃温水浸种1～2 d,捞起摊开,用湿纱布覆盖保湿,待少量种子萌发,即可播种。

(2)播种期　春播在2月下旬至3月上旬,天气较寒冷的年份可推迟至4月上旬;秋播在7月上旬至8月下旬。

(3)播种方法　播种以晴天为宜,播种前先将苗床灌1次透水,水渗下后在畦面扬一薄层过筛细土,每平方米苗床播种7.5～10 g。将种子与草木灰拌匀撒播于苗床上,盖上薄土,覆土厚度以刚刚盖没种子,仍有少量种子外露为度。喷洒清水,再覆上树叶或稻草保湿。条件适宜时,播后6 d出苗,15 d小苗盖满畦面。

(4)移栽　当播种苗长有4～5对真叶、苗高10 cm时即可移栽。株行距20 cm×20 cm或20 cm×25 cm,种植密度为1万～1.2万株/667 m^2。选阴天、小雨天或傍晚带土移栽,成活率较高。移栽后及时浇水。缓苗前要保持土壤湿润疏松,以利于幼苗扎新根。

另外,也可采用直播,播种期视气候而定。江南于4月中下旬进行,北京5月中旬,重庆4月中旬至5月上旬进行。播种方法有穴播和条播。穴播株行距为25～30 cm,播种后覆土,以不见种子为度,每667 m^2可播种0.25 kg;条播行距为17 cm,深约1 cm,播后浇水,覆细土。

2.扦插繁殖

选排水良好,疏松肥沃的土壤或沙土壤,或掺入清洁的河沙,做成苗床。将穿心莲枝条切成10 cm长,去除下部叶片,按行距15 cm,株距6 cm斜插入苗床内,必须有1个以上的节埋入土中,以便生根。可适当荫蔽防止烈日照射,早晚浇水保持土壤湿润。在南方插后8 d即可生根,13～15 d后可移栽到大田。扦插法不如种子繁殖法好,仅在种苗不足而又需要扩大繁殖时采用此法。

(三)田间管理

1.间苗补苗

过密的植株互相争光争肥,株型瘦小,易染病虫害,因此,在苗高7 cm左右时应进行间苗,间去过弱、过小的幼苗,每穴留壮苗1～2株,或按株距9～12 cm留壮苗1株。间苗宜早不宜迟。过稀的田块易生杂草,空耗肥料。在缺苗处,应及时结合间苗,选健壮苗或从苗床取同龄苗补栽到缺苗处,最好带土移栽,成活率高。

2.浇水施肥

栽后若无雨天,每天应于早晚各浇1次水,缓苗之后每隔3～5 d浇1次水,经常保持畦面湿润。在6月、7月、8月3个月的高温干旱期,一般采用沟灌,在傍晚或早晨进行,待水渗湿畦面后即可将水排除。结合淋水进行追肥,追肥次数不少于3次。穿心莲需大量氮肥,定植后10 d每667 m^2施用稀释人粪尿3 000 kg或尿素10 kg,以后每隔15～25 d追肥1次,每667 m^2用较浓的人粪尿2 000 kg或硫酸铵20 kg,封行后,可视长势适当追施氮肥,但留种地应停止施氮肥,以利花果生长。为避免灼伤幼苗,一般在苗幼嫩时根系生长初期不宜施过浓的肥料,特别是化肥,如确需施用化肥,使用量可减半加水稀释后再施用。

3.中耕除草

定植初期,要勤除杂草、松土。每隔15～20 d需中耕锄草1次,中耕宜浅,以2 cm深为宜,以免伤根。

4.摘心培土

穿心莲以全草入药,当苗高30～40 cm时,摘去顶芽,促进侧芽生长,使其枝多叶茂以提高产量。并结合中耕,适当培土,促进不定根生长,增强吸收水肥能力。此外,由于穿心莲茎秆很脆,适当培土还可以防止风害。留种的植株,应在现蕾时,摘去主茎顶端的嫩枝,使营养集中供应中、下部的花果,使果实饱满,以提高种子的质量和产量。

5.田间套作

为了减少病虫害,穿心莲必须间作,忌连茬栽培。可与黄瓜等蔬菜类植物间作;在穿心莲畦上可种植芥菜、萝卜,行间可套种地丁;穿心莲移栽前,园地可种一茬萝卜、小白菜、油菜或豌豆。但不宜种茄科作物,以免感染黑茎病(青枯病)。

(四)病虫害及其防治

1.病害

(1)立枯病　4—5月育苗期发生,多于幼苗长出1～2片真叶时发病严重。发病时近土表的茎基部呈浅黄褐色水渍状长形病斑,后向茎部周围扩展,形成绕茎病斑。患病处因失水腐烂缢缩,失去输送养分和水分的功能,使幼苗枯萎,造成地上部分倒伏,成片死亡。防治方法:播种前,每667 m^2土壤用15～20 kg硫酸亚铁消毒,发现病株,立即清除,用5%石灰乳消毒;发病时用 50% 托布津可湿性粉剂 1 000 倍液喷雾。

(2)黑茎病　该病多于 7—8 月高温高湿季节发生。发病时,近地面茎基出现长条状黑斑,向上下扩展,使茎秆萎缩,叶色变黄绿,叶片下垂,叶缘内卷,严重时整株萎黄而死。防治方法:加强田间管理,及时排涝,适当追施磷钾肥,提高抗病能力,选择良好壮株种植。

2. 虫害

(1)斜纹夜蛾　斜纹夜蛾一般 1 年发生多代,初孵化的幼虫群居于叶背取食,将穿心莲叶片吃成纱网状,2～3 龄后开始分散,4 龄进入暴食期,危害严重。防治方法:及时清除杂草落叶,集中处理,以减少虫源;结合田间管理,及时摘除卵块和初孵幼虫;利用成虫的趋光性和趋化性,在盛发期,于田间设置黑光灯诱杀成虫,或用糖、醋、酒、水按 3∶4∶1∶2 配制溶液诱杀成虫;对斜纹夜蛾的幼虫,可用 90% 晶体敌百虫 1 000 倍液喷雾,或用 50% 辛硫磷乳油 1 000 倍液,或用 20% 杀灭菊酯乳油 3 000～4 000 倍液喷雾。

(2)棉铃虫　多发于 8—10 月结果期,其幼虫为害种子。防治方法:冬季深耕土壤,消灭蛹虫;用黑光灯诱杀成虫;幼虫孵化期用 90% 敌百虫 1 000 倍液喷雾。

三、采收与加工

(一)采收

穿心莲在栽培当年将要在开花现蕾期即 7 月下旬或 8 月中旬收获。1 年采收 1 次的地区可全株拔起或齐地割取。1 年可采收 2 次的地区,首次于 8 月,用镰刀在茎基 2～3 节处割取;收割后继续中耕除草、培土、施肥、浇水,加强水肥管理,使其重新发芽,于 11 月进行第 2 次收割。

(二)加工

收获后晒干,并要随时翻动,使其上下均匀受到太阳光照,待晒至茎秆发脆时,扎成把,即可入库,翻动时动作要轻,以免叶片脱落而影响质量。遇雨天应在室内摊开,不能堆积,保持通风,防止发热霉变。

四、商品质量标准

(一)外观质量标准

茎方形,多分枝,节稍膨大,断面有白色髓部,味极苦,苦至喉部,经久苦味不减,全草以身干,色绿、叶多,无杂质、霉变为合格。

(二)内在质量标准

《中华人民共和国药典》(2010 年版)规定:其叶不得少于 30%。按干燥品计算,穿心莲内酯($C_{20}H_{30}O_5$)和脱水穿心莲内酯($C_{20}H_{28}O_4$)的总量不得少于 0.80%。

◉ 任务实施

技能实训 5-4　调查当地主要全草类药用植物栽培技术要点

一、实训目的要求

通过调查，了解当地主要全草类药用植物栽培技术要点。

二、实训材料用品

记录本、笔、嫁接刀、修枝剪、农具、肥料、实训基地全草类药用植物等。

三、实训内容方法

(1)实地调查：在实训基地进行调查，记录主要全草类药用植物的栽培技术要点。

(2)现场实训：以小组为单位，结合当地主要全草类药用植物各生长期特点适时进行选地与整地、繁殖方法、田间管理、病虫害防治、采收和加工等内容实训。

(3)上网搜索：记录当地主要全草类药用植物种类及栽培技术要点。

四、实训报告

列举当地主要全草类药用植物栽培技术要点及其注意事项。

五、成绩评定及考核方式

以实训报告及实训表现综合评分。

【思考与练习】

1. 薄荷繁殖方式有哪些要点？
2. 薄荷田间管理有哪些主要措施？
3. 细辛繁殖方式有哪些要点？
4. 细辛田间管理有哪些主要措施？
5. 简述穿心莲种植田间管理的方法。
6. 穿心莲采收与加工的方法。

任务 5　皮类药用植物

知识目标

- 了解当地主要皮类药用植物的生物学特性。
- 掌握当地主要皮类药用植物的栽培技术。
- 掌握当地主要皮类药用植物的采收和加工。

能力目标

- 能熟练操作当地主要皮类药用植物的种子繁殖和营养繁殖。
- 能顺利进行当地主要皮类药用植物的田间管理、采收和加工。

相关知识

杜 仲

杜仲(*Eucommia ulmoides* Oliv.)为杜仲科多年生木本植物,以干燥的树皮入药,药材名杜仲、绵杜仲、丝连皮等。杜仲性温,味甘,微辛。具补肝肾、强筋骨、安胎、降血压等功效。主治腰酸膝痛、筋骨无力、肾虚阳痿、肝肾不足、经血亏虚、肝阳上亢、眩晕头痛、目昏等症。主产于四川、湖北、贵州、云南、河南、陕西、甘肃及浙江等地,全国多数地区亦产。近年来,叶、枝等也被橡胶工业、保健食品工业所看好。

一、生物学特性

杜仲为落叶乔木,高达 20 m,胸径 50 cm。树冠圆球形。树皮深灰色,枝具片状髓,树体各部折断均具银白色胶丝。单叶互生,花单性,花期 4—5 月,雌雄异株,无花被,生于幼枝基部的苞叶内,与叶同放或先叶开放。翅果扁平,长椭圆形,顶端 2 裂,种子一粒。果期 9—10 月。

杜仲喜温暖湿润气候和阳光充足的环境,能耐严寒,成株在 −30℃ 的条件下可正常生存,我国大部分地区均可栽培,适应性很强,对土壤没有严格选择,但以土层深厚、疏松肥沃、湿润、排水良好的、pH 为 5～7.5 的沙质壤土为宜。杜仲树的生长速度在幼年期较缓慢,速生期出现在 7～20 年,20 年后生长速度又逐年降低,50 年后,树高生长基本停止,植株自然枯萎。

二、栽培技术

(一)选地与整地

1. 苗圃地

苗圃选择向阳、肥沃、土质疏松、富含腐殖质、以微酸到中性壤土或沙质壤土为好。酸度过高可撒入少量石灰以降低土壤酸度。春播于立冬前深翻土地,立冬后浅犁放入基肥。每 667 m^2 施腐熟的厩肥 5 000 kg,草木灰 150 kg,与土混匀、耙平,做成高 15～20 cm,宽 1～1.2 m 的高畦。低洼地区要在苗圃四周挖好排水沟。

2. 定植地

杜仲可零星或成片栽植,田边、地角、路旁、房前、屋后都可零星种植。成片营林,最好选择土层深厚、疏松肥沃、酸性或微碱性土壤、排水良好的向阳缓坡、山脚、山的中下部地段,在石灰岩山地或肥沃的酸性土壤上都生长较好,在低洼涝地不宜种植。定植前清理好土地,除去杂草、灌木及石块等杂物。深翻土壤,施足底肥,耙平,按株行距(2～2.5) m×3 m 挖穴,深

30 cm，宽 60 cm，穴内施入厩肥、饼肥、过磷酸钙、骨粉、火土灰等基肥少许，与穴土拌匀，等待定植。

(二)繁殖方法

杜仲可用种子繁殖、扦插繁殖、伤根萌芽繁殖、余根繁殖等方法繁殖。生产上多用种子繁殖方法。

1. 种子繁殖

(1)种子选择与处理　杜仲种子属短命种子，在常温下只能贮存半年，超过 1 年便丧失发芽能力。播种前选出籽粒饱满、成熟度好的种子。由于杜仲果皮含有胶质，阻碍水分的吸收，因此未处理的种子发芽率低。种子处理方法有：① 层积法，将种子与干净湿沙混匀或分层叠放在木箱内。经过 15～20 d，种子开始露白后即可播种。② 热水浸泡法，先用 60℃ 的热水浸种，不停搅拌到水冷却后，再用 20℃ 的温水浸泡 2～3 d，每天换水 2 次，待种子软化后，捞出晾干再播种。③ 浸泡层积法，先用清水浸泡 2～3 d，捞出，与湿沙混合堆放，覆盖塑料薄膜保湿，待种子露白后播种。

(2)播种方法　一般以春播为主(也可在每年冬季 11—12 月播种)，春季 2—3 月，月均温度达 10℃ 以上时播种，将已处理好的种子在苗圃地上按 20～25 cm 的行距条播，开沟深 2～4 cm，种子均匀撒入后，覆盖 1～2 cm 的疏松肥沃细土。浇透水后盖一层稻草，保持土壤湿润，以利种子萌发。幼苗出土后，于阴天揭除盖草。667 m^2 用种量 7～10 kg，可出苗 2 万～3 万株。

2. 扦插繁殖

选择当年新生、木质化程度较低的嫩枝作插穗，扦插前 5 d 剪去顶芽，这样可使嫩枝生长得更加粗壮，扦插后也容易发根。插穗剪成 6～8 cm 长，每枝只保留 2～3 片叶，插入湿沙 3 cm，插后每天浇水 2～3 次，经 15～40 d 可长出新根，应及时移入苗圃地，培育 1 年后定植。

3. 伤根萌芽繁殖

将 10 年生以上、长势良好的大树根皮挖伤，覆土少许，在根皮伤口处便能萌生出新苗，1 年后即可将其挖出移栽。

4. 压条繁殖

将杜仲下部萌发幼嫩枝条埋入土中 7～13 cm，枝梢露出地面，枝条埋在地下部分便能萌发出新根，第二年挖出便可移栽。

5. 余根繁殖

苗木移栽时，从主根下端 2/5 处挖断，再将上面的泥土刨走，使断根的上端稍露出土面，随后平整苗床，余根上会抽出新苗。经过 1 年后可移栽定植。

(三) 定植

秋季苗木落叶后至次年春季新叶萌芽前可将幼苗移出定植。定植前按 3 m×(2～2.5) m 的行株距挖穴，穴宽 60 cm、深 30 cm，穴底施厩肥、饼肥、过磷酸钙等基肥少许，与土搅匀，然后将健壮、根系发育得较好、无严重损伤的苗木置于穴内，使根系舒展，再逐层加土踏实，浇足定根水，最后覆盖一层细土，以减少水分蒸发，利于成活。

(四) 田间管理

1. 苗圃管理

杜仲幼苗不耐干旱，在苗出齐后于阴天将盖草移到行间，并保持土壤湿润。多雨季节要清理好排水沟，及时排除积水，以免土壤过湿，影响幼苗生长。除草要做到随生随除，保持苗圃无草。中耕 3～4 次，在幼苗长出 3～5 片真叶时按 6.6～8.5 cm 株距间苗、补苗，拔除弱苗、病苗。间苗后应及时追肥，4—8 月为杜仲追肥期，每次每 667 m^2 用充分腐熟的人粪尿 1 000 kg、硫酸铵或尿素 5～10 kg，加水稀释后施入，每隔 1 个月追肥一次。立秋后最后一次追施草木灰或磷肥、钾肥 5 kg，以利幼苗生长和越冬。

2. 定植园管理

定植当年要经常浇水，保持土壤湿润，每年春、夏季中耕除草一次，将杂草晒干后埋于根际附近作肥料。结合除草，667 m^2 每年追施厩肥 2 000 kg，另加过磷酸钙 20～30 kg、氮肥和钾肥各 10 kg，秋冬季节结合园地深翻施基肥，667 m^2 施腐熟厩肥 2 000 kg。如有条件，可以施用杜仲专用肥，施用专用肥能极显著地促进杜仲树高、树径的生长及树体的生物量，而且专用肥具有较长的后效。

定植后 3～5 年植株较小，林间可套种豆类、玉米或其他矮秆作物或药用植物，既充分利用土地和空间，又能增加土壤肥力，有利于田间管理。以后随着植株逐渐长大，就不宜套种。

主干发育正常的杜仲树，要适当疏剪侧枝，使其通风透光，分布均匀。修剪工作多在休眠期进行。侧枝保留多少，要根据生长年限和主干高度而定。应逐年向上修剪，一般成树在 5 m 以下不保留侧枝，并随时打去树身上的新枝，使主干高大，树木成材，杜仲皮质量好。

为获得通直的主干，对定植一年生的苗，弯曲不直的可于春季萌动前 15 d 将主干剪去平茬。平茬部位在离地面 2～4 cm 处，平茬后剪口处的萌条，除留一粗壮萌条外，其余除去。留下的萌条在生长过程中腋芽会萌发，必须抹去下部腋芽(苗高 1/3～1/2 以下)。

(五)病虫害及其防治

1. 病害

(1)苗木立枯病　主要为害当年实生幼苗。使种芽腐烂，幼苗猝倒，苗木立枯。防治方法：选择疏松、肥沃湿润、排水良好，pH 在 5～7.5 的土壤，忌用黏重土壤和前茬为蔬菜、瓜类、马铃薯等作物的土壤；土壤用 1%～3%硫酸亚铁液喷洒，每平方米喷 4.5 kg，7 d 后播种；种子催芽前用 1% 高锰酸钾浸泡种子 30 min；用 1∶1∶200 波尔多液(每 2.5 kg 加赛力散 10 g)进行喷洒，10～15 d 一次，共 3 次。

(2)灰斑病　本病为害叶片和嫩梢，严重时病叶早落，削弱树势，影响植株生长。防治方法：应加强抚育管理，增强树势，清除侵染源；发芽前采用 0.3% 五氯酚钠或 5 波美度石硫合剂喷杀枝梢越冬病菌；发病期用 50% 托布津或退菌特 400～600 倍液或 25% 多菌灵 1 000 倍液喷杀。

(3)杜仲枝枯病　本病危害杜仲树枝干，引起叶片早落、枝条枯死。防治方法：促进林木生长健壮，防治各种伤口，是防治本病的重要措施；感病枯枝应进行修剪，连同健康部剪去一段，伤口用 50% 退菌特 200 倍液喷雾，也可用波尔多液涂抹剪口；发病初期，喷施 65% 代森锌可湿性粉剂 400～500 倍液，每 10 d 喷 1 次，共喷 2～3 次。

2. 虫害

(1)金龟子　主要以幼虫为害杜仲幼苗。防治方法：适时翻耕土地；人工捕杀和放养家禽啄食，可减轻危害；成虫盛发期，利用灯光诱捕；苗圃地必须使用充分腐熟的农家肥作肥料，以免孳生蛴螬；幼苗生长期发现幼虫危害，可用 50% 辛硫磷乳油或 25% 乙酰甲胺磷 1 000 倍液灌注根际，可取得较好的防治效果。

(2)地老虎　是苗圃中常见的害虫，各产区均有发生。初龄幼虫群集于幼嫩部分取食，从根茎部咬断幼苗嫩茎。防治方法：及时清除杂草，减少消灭成虫产卵场所，改变幼虫的吃食条件；幼虫危害期间，每天早晨在断苗处将土挖开，捕捉幼虫；在幼虫 3 龄前用 50% 辛硫磷乳油 800～1 000 倍液喷施根茎部；或利用地老虎食杂草的习性，在苗圃堆放用 6% 敌百虫可湿性粉剂拌过的湿润鲜杂草，诱杀地老虎，草药比例为 50∶1；用黑光灯诱杀成虫。

(3)蝼蛄　华北地区较普遍。蝼蛄喜食刚发芽的种子，为害幼苗。防治方法：施用充分腐熟的有机肥料，可减少蝼蛄产卵；做苗床前，每公顷以 50% 辛硫磷颗粒剂 375 kg 用细土拌匀，搅于土表再翻入土内；用 50% 辛硫磷乳油 0.3 kg 拌种 100 kg，可防治多种地下害虫，不影响发芽率；用 90% 敌百虫原药 1 kg 加饵料 100 kg，充分拌匀后撒于苗床上，可兼治蝼蛄和蛴螬及地老虎；一般在闷热天气，晚上 8—10 点用灯光诱杀。

(4)豹纹木蠹蛾　为蛀干性害虫。防治方法：冬季检查清除被害树木，并进行剥皮等处理，以消灭越冬幼虫；于成虫羽化初期，产卵前利用白涂剂涂刷树干，可防产卵或产卵后使其干燥，而不能孵化；幼虫孵化初期，可在树干上喷洒 80% 氧化乐果乳剂 400～800 倍液等；当幼虫蛀入木质部后，可根据排出的虫粪找出蛀道，再用废布、废棉花等蘸取敌百虫原液或 50% 久效磷等塞入蛀道内，并以黄泥封口。

三、采收与加工

(一)采收

5—7 月高温湿润季节，栽培 10～20 年可采收杜仲皮，可用半环剥法和环剥法剥取树皮。半环剥法：先在树干分枝下面横割一刀，再纵割一刀，呈“T”字形，深达韧皮部，但不要伤害木质部，然后橇起树皮，沿横割的刀痕向下撤至离地面 10 cm 处，再割下树皮。剥皮时动作要轻，不能戳伤木质部外层的幼嫩部分。更不能用手触摸，否则会变黑死亡。10 年生杜仲环剥后经过 3 年新皮能长到正常厚度，又可再行剥皮。环剥法：用刀在树干分枝处的下方，绕树干环切一刀，再在离地面 10 cm 处再环切一刀，再垂直向下纵切一刀，只切断韧皮部，不伤木质部，然后剥取树皮。剥皮应选多云或阴天，不宜在雨天及炎热的晴天进行。

(二)加工

剥下树皮用开水烫泡，将皮展平，把树皮内面相对叠平，压紧，四周上、下用稻草包住，使其发汗，经 1 周后，内皮略成紫褐色，取出，晒干，刮去粗皮，修切整齐，贮藏。置通风干燥处。

四、商品质量标准

(一)外观质量标准

以皮厚而大,糙皮刮净,外面黄棕色,内面黑褐色而光,折断时白丝多者为佳。皮薄、断面丝少或皮厚带粗皮者质次。

(二)内在质量标准

《中华人民共和国药典》(2010 年版)规定:本品水分不得超过 13.0%,总灰分不得超过 10.0%。醇溶性浸出物不得少于 11.0%,含松脂醇二葡萄糖苷($C_{32}H_{42}O_{16}$)不得少于 0.10%。

厚 朴

中药厚朴来源于木兰科高大落叶木本植物厚朴(*Magnolia officinalis* Rehd. et Wils.)及凹叶厚朴(*Magnolia officinalis* var. *biloba* Rehd. et Wils.)两种植物,以树皮、枝皮及根皮入药。厚朴为常用中药,也是我国特产。味苦、辛,性温。具有温中理气、燥湿散满、降逆平喘的功能。主治胸脘痞满、痞闷疼痛、呕吐泄泻、气滞血瘀、痰饮咳喘等症。其花及果实也可入药。花性微温,味苦,具宽中理气,开郁化湿之功效,主治胸脘痞闷胀满、纳谷不香;果实具理气、温中、消食等功效。厚朴分布于四川、湖北、陕西、甘肃、云南、贵州、广西等省,主产于四川、湖北,习称“川朴”。凹叶厚朴分布于浙江、江苏、江西、福建、安徽、河南、湖南等省,主产于浙江、江苏、江西,习称“温朴”。

一、生物学特性

厚朴为南方高山特有树种,喜凉爽潮湿、多雨雾的气候,怕炎热,能耐寒,冬季积雪 3 个月,绝对最低气温在 −10℃ 以下也不会受冻害;在夏季温度达 38℃ 以上的地方栽培,生长极为缓慢。凹叶厚朴喜温暖,多分布在海拔 300~600 m 的山区,耐炎热能力比厚朴强,在气温高达 40℃ 的情况下能正常生长,也能耐寒,但其耐寒力不及厚朴,如海拔超过 1 000 m,则生长缓慢。

这两种厚朴幼苗都怕强光高温,需适当遮阳才能生长良好。而成年树要求阳光充足,如遇荫蔽,则不适合生长。土壤以疏松肥沃、含腐殖质较多、呈中性或微酸性沙质壤土为宜,山地黄壤、黄红壤也可以种植。

厚朴和凹叶厚朴的种子均具有后熟性和坚硬性,寿命短。外种皮坚硬,富含油脂,内种皮厚而坚硬,水分不易渗入。因此,发芽困难,若失水过度,则出苗率会显著下降。

两种厚朴萌蘖力均较强,故常出现萌芽而形成多干现象,影响主干的形成与生长,尤以凹叶厚朴为甚,如果主干被折断后,则会形成灌木。它们都是生长较缓慢的树种,仅幼树阶段生长较快,而且凹叶厚朴比厚朴生长快。

凹叶厚朴的形态特征与厚朴相似，主要区别是：叶片先端有凹陷，深达 1 cm 以上而成 2 钝圆浅裂片（幼苗叶片先端不凹陷而为钝圆），侧脉 15～25 对。

二、栽培技术

（一）选地与整地

育苗地宜选向阳、湿润、土层深厚、疏松肥沃，富含腐殖质的微酸性沙质壤土地块。每 667 m^2 施厩肥 3 000 kg，过磷酸钙 50 kg。深翻 30 cm，耙细整平，做宽 1.2 m 的高畦，畦沟宽 40～45 cm，挖好排水沟。

厚朴定植地宜选海拔 1 000～1 200 m 地势平缓的地方，如系坡地，则将其改成梯地，以利保持水土；凹叶厚朴宜选海拔 500～800 m 的山地，尤以山谷为宜。选地后，清除杂草、灌木，集中沤制或烧毁作基肥用，然后全面翻耕地块，深度为 30 cm，并将表层肥土堆放在一边，以便植苗时垫入穴底作基肥。整地时间应再 9 月中下旬进行，以利心土风化。

（二）繁殖方法

繁殖方式主要有种子繁殖、分株繁殖、压条繁殖和扦插繁殖，生产上以种子繁殖和扦插繁殖为主。

1. 种子繁殖

（1）采种选种　10—11 月当果实的果皮由青绿色变为紫黑色并开裂露出红色种子时进行采种。采种时，将果实摘下，曝晒 2～3 d，取出种子。选择色深黑色、饱满、净度不低于 98%；含水量在 22.0%～38.0%；千粒重不低于 140 g；发芽率不低于 75%；发芽势不低于 50% 的种子备用。

（2）种子处理　将选好的种子摊放于室内，厚 10～15 cm，待红色外种皮变黑后，用清水浸泡 1～2 d，将种子置于箩筐内，撮去外种皮，用清水冲洗干净，摊放于阴凉处晾干。晾干的种子用 0.3%高锰酸钾溶液消毒后用湿沙储藏，储藏高度以不超过 50 cm 为宜。储藏期间每半个月检查一次，发现沙子干燥发白时，应适当补充水分，并将种子与沙子重新翻一次。

（3）播种育苗　厚朴播种育苗可秋播也可春播。秋播多在 11 月中下旬，春播于 2 月下旬至 3 月上旬进行。播种方法是在整好的苗床上开横沟条播，沟距 25～30 cm，沟深 3 cm，种距 6 cm，将处理好的种子播下，然后覆盖细土 2～3 cm 厚，再盖草。播种量：厚朴 12 kg/667 m^2，凹叶厚朴 15 kg/667 m^2。

播种后 20 d 左右即可出苗。出苗后要及时揭去盖草，并予以适当遮阳。当幼苗长出 3 片真叶时进行松土除草、追肥，肥料以腐熟农家肥为主，亦可用复合肥，每 667 m^2 施入农家肥 100 kg 或复合肥 30 kg。当苗高 7 cm 时，结合间苗进行移栽培植，间苗按苗距 30～35 cm 进行留苗，所间出的幼苗按 30～35 cm 苗距另行栽植培育。整个苗期追肥 2～3 次，高温干燥时要及时浇水，多雨季节要及时清沟排水，以防苗地积水，发生烂根现象。厚朴当年生苗高仅 35～40 cm，不分枝，不可出圃定植，需在苗圃内培育 2 年后，当苗高达 1 m 左右时，方可出圃定植。

2. 分株繁殖

厚朴分蘖能力强，常可产生许多萌蘖，可用萌蘖进行分株（蘖）繁殖。方法是立冬前或早春，选择 35～50 cm 的萌蘖，挖开母株根部泥土，在萌蘖与母树连接处的外侧，用利刀横切萌条茎干的 1/2，握住萌蘖中、下部，将与切口相反的一面下压，使萌条从切口处向上纵裂，裂口长约 5 cm，在裂缝中夹一小石块，每株施入腐熟农家肥 3 kg，随之培土，高出地面 15～20 cm，稍加压实，到第二年早春，将培土挖开，见切口基部长出多数细根，便可将萌蘖苗从母树根部挖出定植。

3. 压条繁殖

在 8 月上旬至 10 月下旬或在翌年 2 月上旬至 4 月下旬，选择母树上近地面的 1～2 年生健壮枝条，用利刀将其皮部环切约 3 cm 长，并除去部分叶片，将切口处埋入土中，用石块或树枝等进行固定，再培土高约 15 cm，枝梢要露出土外，并扶正直立。第二年春季大的可剥离母体定植，小的可继续培育一年再行定植。

4. 扦插繁殖

于 2—3 月选择径粗约 1 cm 的 1～2 年生健壮枝条，剪成长约 20 cm 的插条，扦插于苗床中，苗期管理与种子育苗相同。

5. 定植

以上各种繁殖方法所得苗木，于 2—3 月或 10—11 月落叶后进行定植。在选好的种植地上按株行距 3 m×4 m 或 3 m×3 m 开穴，穴长 60 cm、宽 40 cm、深 30～50 cm。有条件的地方，每穴施入腐熟厩肥或土杂肥 120 kg，磷钾肥各 1.5 kg 作基肥，然后覆土约 10 cm，使苗木的根系和枝条适度修剪后，每穴栽入 1 株，将根系舒展，扶正，边覆土边轻轻向上提苗、踏实，使根系与土壤密接，覆土与地面平后浇足定根水。定植深度以根颈露出地面约 5 cm 为宜。幼树期间可套种豆类等农作物，以利幼树的抚育管理。

(三)田间管理

1. 中耕除草

幼树期每年中耕除草 4 次，分别于 4 月中旬、5 月下旬、7 月中旬和 11 月中旬进行。林地郁闭后一般仅在冬天中耕除草、培土 1 次。

2. 追肥

结合中耕除草进行追肥，肥料以腐熟农家肥为主，辅以适量麸饼、复合肥。每 667 m^2 每次施入农家肥 500 kg、复合肥 5 kg。施肥方法是在距苗木 6 cm 处挖一环沟，将肥料施入沟内，施后覆土。若专施化肥，其氮、磷、钾的配比为 3∶2∶1。

3. 除萌、截顶

厚朴萌蘖力强，常在根际部或树干基部出现萌芽而形成多干现象，除需压条繁殖者的以外，应及时剪除萌蘖，以保证主干挺直，生长快。为促使厚朴加粗生长，增厚干皮，在其定植 10 年后，当树高到 10 m 左右时，应将主干顶梢截除，并修剪密生枝、纤弱枝，使养分集中供应主干和主枝生长。

4. 斜割树皮

当厚朴生长 10 年后，于春季用利刀从其枝下高 15 cm 处起一直至基部围绕树干将树皮等距离地斜割 4～5 刀，并用 100 mg/kg ABT_2 号生根粉溶液向刀口处喷雾，促进树皮增厚。这样，15 年生的厚朴即可剥皮。

(四)病虫害及其防治

1.病害

(1)根腐病　为害幼苗。根部发黑腐烂,呈水渍状,全株枯死。防治方法:注意排除田间积水;发现病株立即拔除,并用石灰消毒病穴;发病初期用50%甲基托布津1 000倍液灌根。

(2)立枯病　幼苗出土不久,靠近土面的茎基部呈暗褐色病斑,病部缢缩腐烂,幼苗倒伏死亡。防治方法:注意排除苗床积水;发现病株立即拔除,并用石灰消毒病穴;发病初期用50%多菌灵1 000倍液或50%甲基托布津1 000倍液浇灌病区。

(3)叶枯病　发病初期叶上病斑呈褐色,逐渐扩大呈灰白色布满叶片,潮湿时病斑上生有小黑点,叶片枯黄,植株死亡。防治方法:冬季清林时清除病叶枯枝;发病前喷1∶1∶120波尔多液保护,发病初期喷50%多菌灵1 000倍液防治。

2.虫害

(1)褐天牛　雌虫在5年以上幼株距地面30～50 cm的树干基部咬破树皮进行产卵,刚孵出的幼虫先钻入树皮中进行为害,咬食树皮,影响植株生长。初龄幼虫在树皮下穿蛀不规则虫道,长大后,蛀入木质部,为害木质部,虫孔常排出木屑,被害植株逐渐枯萎死亡。防治方法:成虫期进行人工捕杀;幼虫蛀入木质部后,用药棉浸80%美曲膦酯原液塞入蛀孔,毒杀幼虫。冬季刷白树干防止成虫产卵。

(2)白蚁　筑巢于地下,4月初白蚁在土中咬食林木和幼苗的根,出土后沿树干蛀食树皮,侵害木材。防治方法:用灭蚁灵毒杀,或于11—12月群居于巢时挖巢灭蚁。

(3)褐边绿刺蛾和褐刺蛾　幼虫咬食树叶下表皮及叶肉,使树叶仅存上表皮,形成圆形透明斑。4龄后咬食全叶,仅残留叶柄,严重影响林木生长,严重时甚至使树木枯死。防治方法:幼虫可喷90%晶体美曲膦酯1 000倍液或50%辛硫磷乳油1 500～2 000倍液,或用每克含孢子100亿个的青虫菌500倍液加少量90%敌百虫液喷雾,效果均好。

三、采收与加工

(一)皮的采收与加工

1.皮的采收

厚朴及凹叶厚朴定植后15年以上即可剥皮,于4—6月植株旺盛生长期剥皮,此时植株含水量大,细胞活动旺盛,形成层与木质部易剥离。主要是砍树剥皮,按60 cm长环剥树干基部树皮,再将树砍倒,按以上长度环剥干皮和枝皮。不进行林木更新的,根皮亦要剥下,然后将皮卷成筒运回加工。近年来也研究出与杜仲一样活树多次剥皮的方法,既可以保护资源,又能提高厚朴的产量,可参照杜仲进行。

2.皮的加工

(1)厚朴　干皮、枝皮及根皮置沸水中烫软后,取出直立于木桶内或室内墙角处,覆盖湿草、棉絮、麻袋等使其“发汗”一昼夜,待内表皮和断面变得油润有光泽,呈紫褐色或棕褐色时,将每段树皮大的卷成双筒状,小的卷成单筒状,用利刀将两端切齐,用井字法堆放于通风处阴干或晒干均可;较小的枝皮或根皮直接晒干即可。

(2)凹叶厚朴　在通风的室内搭好木架,木架离地面 1 m,将干皮、枝皮及根皮斜立于木架上,其余的平放,经常翻动,风干即可。

(二)花的采收与加工

1. 花的采收

厚朴定植后 5～8 年开始开花,于花将开放时采摘花蕾。宜于阴天或晴天的早晨采集,采时注意不要折伤枝条。

2. 花的加工

鲜花运回后,放入蒸笼中蒸 5 min 左右取出,摊开晒干或温火烘干。也可将鲜花置沸水中烫一下,随即捞出晒干或烘干。

四、商品质量标准

(一)外观质量标准

一般以不破碎、体重、外皮细、肉厚、断面色紫、油性大、香气浓、嚼之渣少者为佳。

(二)内在质量标准

《中华人民共和国药典》(2010 年版)规定:水分不得超过 15.0%;醇溶性浸出物含量不少于 10.0%;厚朴酚($C_{18}H_{18}O_2$)与和厚朴酚($C_{18}H_{18}O_2$)的总含量不少于 2.0%。

肉　桂

肉桂(*Cinnamomum cassia* Presl)为樟科多年生常绿乔木,以其干燥树皮或枝皮入药,药材名肉桂。原名牡桂,别名肉桂皮、桂、桂皮、玉桂、企边桂、桂楠、筒桂及官桂。肉桂性大热,味辛、甘,归肾、脾、膀胱经,具有补火助阳、引火归源、散寒止痛、活血通经的功效,用于治疗阳痿宫冷、肢冷脉微、虚寒吐泻、心腹冷痛、腰膝冷痛、肾虚咳喘、痛经、经闭、低血压及寒性脓疡等病症。主产区广西、广东、福建、海南等。

一、生物学特性

肉桂喜温暖湿润、阳光充足的气候,适生于亚热带无霜地区。多分布在北纬 24.5°以南海拔 400 m 以下的亚热带地区,年平均气温 22～25℃,年平均降雨量 1 200 mm 以上。属半阴性植物,幼树喜荫蔽,要求 60%～70% 荫蔽度,忌烈日直晒,随着树龄的增长,逐步能耐较多阳光;成株喜阳光充足。肉桂为深根性植物,喜土层深厚,排水良好,通透性强,肥沃的沙质壤土、灰钙土或呈酸性反应(pH 4.5～5.5)的红色沙壤土为宜。瘦瘠且土层浅薄,或常年干旱、排水不良的黏土不宜种植。在 0～5℃ 时,成龄树未见寒害。相对湿度在 80%以上时,生长旺盛。

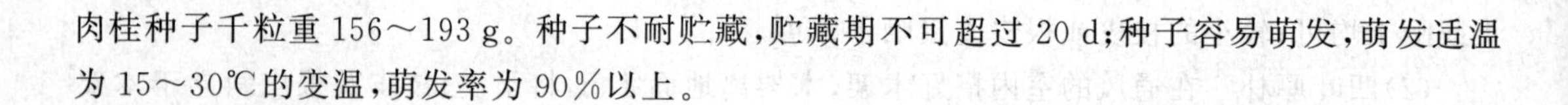

肉桂种子千粒重 156～193 g。种子不耐贮藏，贮藏期不可超过 20 d；种子容易萌发，萌发适温为 15～30℃的变温，萌发率为 90%以上。

二、栽培技术

(一)选地与整地

育苗地宜选日照时间短、有适当荫蔽、水源方便、疏松、肥沃湿润、排水良好的东南向坡地，土壤以酸性红、黄壤为好。地势低洼积水，排水不良地块不宜选用。选地后，于头年冬季耕翻土壤，经过冬充分风化熟化，碎土，除去宿根性草根和石块。于播种前 1 个月，施腐熟有机肥，耙平后做畦，畦面宽 1 m，高 15～20 cm，畦间距 33 cm，四周开好排水沟。种植地宜选用背风向阳，坡度 15°～30°的缓坡山林腹地，适当选留部分原有林木作定植苗未成林前的荫蔽树，于冬季进行整地挖大穴施基肥以待种植。

(二)繁殖方法

种子繁殖、扦插繁殖、高空压条繁殖和嫁接繁殖均可，生产上多采用种子繁殖，随采随播。

1. 种子繁殖

(1)选种　选 10～15 年生、种子粒大饱满、树干通直、皮厚多油、味道芬芳甘辛、生长健壮、无病虫害、由实生苗长成的植株为母株。

(2)采种与种子处理　当果实呈紫黑色时分批采收成熟果实，随即除去果皮，采果后堆放 3～4 d，待其果肉腐烂后，将果肉全部擦掉洗净，经水选后，取出种子，晾干表面水分，不能日晒。播种前用 0.3% 的福尔马林浸种半分钟，然后倒出多余的药液，放入密闭缸内处理 2 h，用清水洗去药液，并用清水再浸种 24 h。为加速种子发芽，可用湿沙层积催芽，种子与湿沙比例为 1∶(3～4)，混匀，然后放瓦盆中，底垫 2～3 cm 厚的湿沙，再放入湿沙种子，上盖沙 2 cm，加盖，当种子出现芽点时即可播种。

(3)播种期　由于种子容易失去发芽力，宜随采随播。如无法做到时，应即将种子与 2 倍体积的润沙混合贮藏在阴凉处，但贮藏期不要超过 1 个月。

(4)播种方法　采用开沟点播法，行距 21～25 cm，沟宽 15 cm，沟深 1.5～2 cm，粒距 3～4 cm。播后覆土 1.5 cm，并在床面覆一层没有种子的杂草或稻草，以保持苗床的温度和湿度。播后 20～40 d 出苗，出苗率为 80%～90%。

2. 扦插繁殖

(1)插条选择和截取　选择生长健壮的优良母树嫩枝(皮层青绿色)和半嫩枝(皮层稍带灰褐色)作扦插材料。插穗用利刀剪切，下端切口斜形，上端切口宜与干轴垂直，插穗长为 20 cm 左右，嫩枝插条顶端留 3～4 片叶，并将每片叶剪去 4/5。切好后的插穗应放在阴湿处。

(2)扦插季节　以 3 月下旬至 4 月上旬为宜。

(3)扦插方法　插条可用 1 500 mg/L NAA 溶液浸泡 10 min 后，直插入沙床或清洁的泥床中。一般扦插行距为 20～24 cm，株距为 5～8 cm，斜插入土达 2/3，露出地面 1/3，插后覆土压实。注意遮阳与保温，土壤干燥要淋水，30～50 d 开始生根。

3. 高空压条繁殖

(1)枝条选择　选择 2～3 年生、直径 1～2 cm 以上优良健壮枝条进行高空压条。

(2)季节　在新梢尚未长出，树干营养较集中的 3—4 月进行。

(3)方法　先于枝条基部环状剥皮一圈，长 2～3 cm，切口要整齐干净，勿伤及木质部而折断，切口的皮层不要破裂或松脱而影响发根。用泥土和腐熟稻草拌匀，糊上剥皮部位并用塑料薄膜包裹，注意淋水，保持一定湿度。如气温适宜，10～15 d 切口愈合，30～40 d 后便可发根，待新根由白转黄或在春天新芽萌动时，即可将枝带根切断移栽在苗床上或盛有营养土的小竹箩内。

4. 嫁接繁殖(芽接)

(1)砧木的选择　选用生长健壮的 2～3 年生本地肉桂作砧木，在砧木离地 15～20 cm 处(东向较好)，先横切长 0.5～0.8 cm 的切口，再从切口中央从上到下纵切一刀，大小与芽片相等，切开韧皮部长 2 cm 左右。

(2)接穗的选择和截取　从优株上选取同砧木粗度相应、叶芽饱满的 1～2 年生枝条作接穗，用利刀在芽的上方 2 cm 处横切一刀，再在芽下方 1～1.5 cm 处，用刀向上削成长 3～4 cm 芽片，略带木质部，要求光洁、平滑。

(3)嫁接时期　夏季。

(4)嫁接方法　将削好的芽片贴入砧木接口中，勿使芽片倒放，用塑料薄膜由下而上包扎紧密，但要露出芽头，防止雨水侵入和芽片失水，影响愈合。

(三)育苗移栽及种植

1. 育苗移栽

移栽期以早春 3 月新芽尚未萌发前为好。选阴天或小雨天气，在备好的地块上按行株距(1.2～1.5) m×(1～1.2) m(矮林作业)或行株距(5～6) m×(4～5) m(乔木林作业)开穴，每穴施入土杂肥 10～20 kg，与底土拌匀，上盖部分细土，每穴栽苗 1 株。分层压紧，填土一半时，将苗轻轻上拔，使根条舒展，再覆土略高于地面，浇透定根水，盖草保湿即可。为提高成活率，移栽时可修去幼苗过长的叶片和侧枝，及过长的主侧根，并用黄泥浆蘸根后栽植。

2. 种植

种植前于秋冬整地，坡度较大者，宜采取水平带状整地，也可按初植密度进行穴状整地。穴的规格为 60 cm×60 cm×50 cm，每穴施 10 kg 有机肥作基肥，将土、肥混匀后填入穴内，以待定植。定植一般在新梢尚未萌发前，选阴雨天进行，株行距 3 m×3 m 或 3.5 m×4 m，每穴定植 1 株。

起苗时要尽量带土，并先剪去部分叶片，仅留顶芽和 1～2 个叶片，起苗后稍修剪过长的主根，立即用黄泥浆根，保持湿润。栽时将苗木直立穴中，用熟土覆盖苗根，当填土到苗木根际原土痕时，将苗木轻轻上提，使根系舒展，防止绕曲，最好分次填土与踏实，浇定根水，天旱时用草盖穴面。

(四)田间管理

1. 育苗地管理

(1)遮阳　育苗地荫蔽度控制在 50%～60% 为宜，若无荫蔽条件，需搭棚遮阳。待苗高

15～18 cm 时，撤去阴棚。

(2)除草、淋水　要防止杂草侵害，勤除杂草，并注意淋水灌溉。

(3)间苗　苗高 7～10 cm 时开始间苗，每隔 6 cm 左右留苗 1 株。

(4)施肥　间苗后 20 d 薄施人畜粪尿或尿素，以后每半个月或每月施肥 1 次，半年后每 2～3 个月施肥 1 次。

(5)嫁接苗管理　包括松绑、解绑，剪断芽上方部分及萌条，固定新枝条等。

2.种植地管理

(1)中耕除草　定植后，每年冬末春初中耕除草 1～2 次。中耕时不要碰伤近地面的茎皮，以免促使萌发过多的萌蘖条，影响主干生长。冬末中耕后，注意做好覆盖和保温。

(2)间作　幼树株行间可间种高秆作物；成林树下，仍可间种喜阴湿的草本药用植物。

(3)施肥　幼龄期多施 N 肥，每 667 m^2 施有机肥 500～750 kg，硫酸铵 10～12 kg。成龄后每株施由厩肥和过磷酸钙沤制的混合肥 5～8 kg。

(4)修枝、间伐　幼林期把靠近地面的侧枝、多余的萌蘖剪去。成龄树剪除病虫枝、弱枝和过密的侧枝。造林 8～10 年，可间伐干形不通直、生长弱和有病虫害的植株，减少荫蔽，促进生长。

(5)林木更新　成年桂树砍伐剥皮后，树桩萌蘖力很强，应及时选留直立粗壮的新枝 1 株继续培育成材，其余的除去。经抚育管理，可连续采伐。

(五)病虫害及其防治

1.病害

(1)根腐病　梅雨季节，在排水不良的苗圃地表现严重，主根首先腐烂，其后逐渐蔓延，使整个根系死亡，全部枯萎。防治方法：防止积水；及时发现病株并拔除烧毁，以生石灰消毒畦面。

(2)桂叶褐斑病　4—5 月发生，为害新叶，初期叶缘或叶尖出现病斑，并逐渐扩展成不规则的大斑块，初为黑褐色，后变成灰白色，表面密生黑色小粒点，严重时整株落叶。防治方法：可用波尔多液喷洒。

(3)枝枯病　病枝从顶端向下干枯 1/5～4/5，严重时整株枯死。病菌主要从枝干的虫伤口、自然伤口或垂死组织处侵入肉桂植株，感病后植株大多数在梢顶 10～80 cm 处干枯，叶变为红褐色而不脱落，林分似被火烧。防治方法：加强田间管理，增强抗病能力，施肥时应补充硼砂；及时清除病株，集中烧毁，防止病菌传播；选育抗病品种；严格检疫，病苗不用。

2.虫害

(1)肉桂木蛾　是肉桂的主要害虫之一，幼虫钻蛀茎干并取食附近树皮和叶片，被害枝干易折断或干枯，虫口密度大时，严重影响肉桂生长。防治方法：在其幼虫孵化时期，可用 50% 磷胺乳油 1 000～1 500 倍液或 2.5% 敌杀死 4 000 倍液喷雾，10 d 喷 1 次，共喷 2～3 次；用白僵菌喷粉防治；结合剪枝，剪除被害枝。

(2)卷叶虫　幼虫于夏、秋间，将数张叶卷缩成巢，潜伏其中，食害苗叶。防治方法：用敌百虫 1 000 倍液，或 80% 敌敌畏乳剂 1 500 倍液喷雾。

(3)肉桂褐色天牛　幼虫为害树干。防治方法：夏秋季用铁丝插入树干幼虫蛀孔内，刺死幼虫，或用敌敌畏棉塞入虫孔毒杀；4 月初，发现成虫进行人工捕杀。

三、采收与加工

(一)采收

1. 桂皮

当树龄 10 年生以上，即可采收。采收在树液流动、皮层容易剥脱时进行。每年可分两次采收。4—5 月采收的称“春剥”，9 月采收的称“秋剥”。剥皮分环状剥皮和一定面积的条状剥皮。环剥法就是按商品规格长度稍长(一般为 41 cm)，将桂皮剥下来，然后按商品规格的宽度略宽(8～12 cm)截成条状。条形剥皮即在树上按商品规格的长宽度稍大的尺寸划好线，逐条地从树上剥下来。

2. 桂枝

每年修枝剪下筷子般粗细的枝条，或砍伐后不能剥皮的细小枝梢及伐桩的多余萌蘖，均可作桂枝入药。

3. 桂子

除留种外，于 10—11 月采收幼果或拣拾掉落地面的青果。

4. 桂油

肉桂叶、小枝、果实、桂碎均可用于蒸馏桂油。

(二)加工

1. 桂皮

加工方法有多种，目前多采用竹篓外罩薄膜闷制法：将采下的桂皮，放入水池中浸泡一昼夜后捞起，洗去杂物，擦干表面水分或稍晾干，放入竹篓内闷制。竹篓外面用薄膜封严，箩内底部铺垫约 10 cm 厚的稻草、鲜桂叶，周围铺垫 5～10 cm 厚，然后将桂皮逐块地竖放竹篓内，上面再铺 10 cm 厚的稻草、桂叶，并盖上厚麻布，用砖头压紧，置室内阴凉处。每天或隔天将箩内桂皮上下倒换一次，如此闷制至竹篓内的桂皮内表面由黄白色转棕红色，即可取出晾干。

2. 桂枝

将肉桂树的小枝截成约 40 cm 长的段条晒干，也可趁鲜湿时用切片机切成桂片晒干。

3. 桂子

将青果晒干。即采自肉桂未成熟的果实晒干或阴干而成。

4. 桂油

桂油以水蒸气蒸馏法加工，蒸馏前，肉桂枝叶须阴干四至五成，再将原料推放室内 1～2 个月，待叶片转色再蒸油。

四、商品质量标准

(一)外观质量标准

桂皮以大小整齐、外形美观、皮细而坚实、肉厚而沉重,断面紫红色、油性充足、香气浓厚、辛甜味大、嚼之渣少者为佳。

(二)内在质量标准

《中华人民共和国药典》(2010 年版)规定:桂皮水分不得超过 15.0%,总灰分不得超过 5.0%;挥发油不得少于 1.2%(mg/g),按干燥品计算,含桂皮醛(C_9H_8O)不得少于 1.5%。

牡　丹

牡丹(*Paeonia suffruticosa* Andr.)为毛茛科多年生落叶小灌木。以干燥的根皮入药,药材名称牡丹皮。牡丹皮味苦、辛,性微寒。具有清热凉血、活血散瘀的功能,主治由热而致的斑疹、吐血、衄血、阴虚发热、血滞经闭、痛经或症瘕、痈肿疮毒及肠痈初起等症。牡丹皮不仅是临床上常用的大宗药材,也是许多中成药生产的重要原料,国内外市场需求量大。牡丹主产安徽、山东、河南、河北、陕西等省。

一、生物学特性

牡丹耐寒、耐旱、怕热、怕涝、畏强风,喜温暖湿润环境。要求光照充足、雨量适中,年均气温 15℃左右,年降雨量为 1 200～1 500 mm,无霜期 230 d 左右。牡丹为宿根植物,早春萌发,4 月上旬开花,7—8 月果熟,10 月中旬地上部分枯萎,生育期 250 d 左右。牡丹收获后胚尚未完全成熟,需要打破上胚轴休眠。在 10～20℃ 的温度下正常出苗。种子千粒重 198 g,寿命 1 年,隔年种子发芽率仅为 30% 左右。

二、栽培技术

(一)选地与整地

应选阳光充足、排水良好及地下水位较低的地方种植。土壤以肥沃的沙质壤土最好,黏土、盐碱地及低洼地均不宜种植。间作豆科植物大豆等为好。忌连作,要间隔 3～5 年再种。整地要求深耕细作,耕深 25～30 cm,土层深厚的可耕 60 cm。注意翻地底子要平,不然易积水烂根。

(二)繁殖方法

牡丹品种较多,由于品种和栽培目的不同,繁殖方法也不一样,分种子繁殖和营养繁殖(分株、嫁接、扦插）。原产于安徽省铜陵的凤凰山牡丹（凤丹）是以药用为目的，花单瓣，结籽多，繁殖快，根部发达，根皮厚，产量高，质量好，多用种子繁殖和分株繁殖。原产于山东菏泽等地的牡丹是以观赏为目的，花重瓣，大而美丽，多不结籽，用嫁接和扦插繁殖。

1. 种子繁殖

(1)采种及种子处理　7月底8月初种子陆续成熟，分批采收，当果实显深黄色时摘下，放室内阴凉潮湿地上，使种子在壳内后熟，经常翻动，以免发热，待大部分果实开裂，种子脱出即可播种，或在湿沙中贮藏。晒干的种子不易发芽。新鲜种子播前用50℃温水浸种24 h，使种皮变软脱胶，吸水膨胀易于萌发。

(2)育苗　处理好的种子于9月中下旬播种，过晚当年发根少而短，第二年出苗率低，生长差，播种前施足底肥，每公顷苗木施厩肥75 000 kg以上，将土地深耕细耙后，做成宽1.2 m、高15 cm、长10 m的畦。畦间距30 cm。用当年采收的新鲜种子，再用湿草木灰拌后播下，条播或撒播。条播行距6～9 cm，沟深3 cm，将种子每隔1.5 cm均匀播于沟内，然后覆土盖平，稍加镇压，每公顷播种量375～525 kg；撒播时先将畦面表土扒去3 cm左右，再将种子均匀地撒入畦面，然后用湿土覆盖3 cm左右，稍加镇压，苗木播种量约50 kg。为保湿防寒盖1 cm草后再加覆土6 cm，或加盖3 cm马粪或厩肥。翌年早春，扒去保墒防寒土或茅草，幼苗出土前浇一次水，以后若遇干旱亦需浇水，雨季排除积水，并经常松土除草，松土宜浅，出苗后春季及夏季各追肥一次，每公顷追腐熟的厩肥 15 000 kg，并注意防治苗期病虫害。

(3)移栽　育好的小苗，当年秋季可移栽，春栽不易成活。生长不良的小苗须2年后移栽。移栽地须施足底肥，按行距70 cm起垄，株距按30 cm定植。刨坑深30 cm，栽大苗一株，填土时注意使根伸直，填一半时将苗轻轻往上提一下，使根舒展不弯曲，顶芽低于地面2 cm左右，将周围泥土压实，并在顶芽上培土4～6 cm，使成小堆，以防寒越冬。

2. 分株繁殖

于9月下旬至10月上旬收获丹皮时，将刨出的根，大的切下作药，选留部分生长健壮无病虫害的小根，根据其生长情况，从根状茎处劈开，分成数棵，每棵留芽2～3个。在整好的土地上，按行株距各60 cm刨坑，坑深45 cm左右，坑径18～24 cm，栽法同小苗移栽，最后封土成堆，高15 cm左右，栽后半个月浇水，不宜立即浇水。

嫁接和扦插繁殖，多用于观赏牡丹品种，药用牡丹多不用此法繁殖。

(三)田间管理

1. 松土除草

生长期中经常松土除草，每年3～4次，雨后及时锄地。每次除草后中耕培土一次，直至封垄。

2. 追肥

牡丹喜肥，除施足底肥外，每年春秋各追肥一次，每次每公顷可施腐熟厩肥 37 500～45 000 kg，将肥施在垄边，结合培土将肥埋入垄内。

3. 灌排水

如天旱应及时浇水，浇水应在晚间进行，雨季应注意及时排除积水。

4. 摘花

每年春季现蕾后，除留种子外，及时摘除花蕾，使养分供根系发育，可提高产量。摘花蕾宜在晴天上午进行，以利伤口愈合，防止患病。

5.盖防寒土

在关外，秋后封冻前将地上茎轻轻压倒，用土埋好，上盖10 cm防寒土成土堆，防寒越冬，翌春萌芽前将地上茎轻轻扒出扶正。在关内种植不用埋土防寒。

(四)病虫害及其防治

1.病害

(1)灰霉病　主要为害牡丹下部叶片，其他部分亦可受害，阴雨潮湿时发病重。病斑后期出现灰色霉状物，病部软腐。防治方法：冬季清园，消灭病残体；发病前及发病初期喷1:1:120波尔多液，每10 d喷1次，连续数次。

(2)斑点病　为害叶片。在5月开花后发生，7—8月严重，开始叶面无明显病斑。叶背生黄褐色颗粒状的夏孢子堆，后期叶面呈现出圆形或不规则形灰褐色病斑，背面则出现刺毛状冬孢子堆。防治方法：选地要高燥，排水良好；收获后，将病残体烧毁或深埋，减少越冬菌源；发病初期喷0.3～0.4波美度石硫合剂或97%敌锈钠400倍液。7～10 d喷1次，连续数次。

2.虫害

主要有蛴螬、蝼蛄。咬食根。防治方法：用毒饵等常用方法防治。

三、采收与加工

(一)采收

9月下旬至10月上旬选择晴天采挖移栽3～5年的牡丹，挖时先把牡丹四周的泥土刨开，将根全部挖起，谨防伤根，抖去泥土，运至室内，分大、小株进行加工。丹皮的主要有效成分是丹皮酚，其含量高低是衡量丹皮质量的主要指标之一。因此，丹皮的最佳采收期应综合考虑药材产量和丹皮酚的含量。

(二)加工

牡丹皮由于产地加工方法不同，可分为连丹皮和刮丹皮。连丹皮也叫"原丹皮"，就是将收获的牡丹根堆放1～2 d，待失水稍变软后，去掉须根，用手紧握鲜根，用尖刀在侧面划一刀，深达木部，然后抽去中间木心(俗称抽筋)晒干即得。若趁鲜用竹刀或碗片刮去外表栓皮和抽掉木心晒干者则称刮丹皮。在晒干过程中不能淋雨、接触水分，因接触水分再晒干会使丹皮发红变质，影响药材质量。若根条较小，不易刮皮和抽心，可直接晒干，称为丹皮须。

四、商品质量标准

(一)外观质量标准

牡丹皮以切口紧闭、条粗长、皮厚、无木心、断面白色，粉性足、结晶多、香气浓、久贮不变者为珍品。

(二)内在质量标准

《中华人民共和国药典》(2010 年版)规定:牡丹水分不得超过 13.0%,灰分不得超过 5.0%。按干燥品计算,含丹皮酚($C_9H_{10}O_3$)不得少于 1.2%。

◉ 任务实施

技能实训 5-5 调查当地主要皮类药用植物栽培技术要点

一、实训目的要求

通过调查,了解当地主要皮类药用植物栽培技术要点。

二、实训材料用品

记录本、笔、嫁接刀、修枝剪、农具、肥料、实训基地皮类药用植物等。

三、实训内容方法

(1)实地调查:在实训基地进行调查,记录主要皮类药用植物的栽培技术要点。

(2)现场实训:以小组为单位,结合当地主要皮类药用植物各生长期特点适时进行选地与整地、繁殖方法、田间管理、病虫害防治、采收和加工等内容实训。

(3)上网搜索:记录当地主要皮类药用植物种类及栽培技术要点。

四、实训报告

列举当地主要皮类药用植物栽培技术要点及其注意事项。

五、成绩评定及考核方式

以实训报告及实训表现综合评分。

【思考与练习】

1. 简述杜仲繁殖方法。
2. 简述杜仲采收与加工的方法。
3. 简述厚朴的主要生物学特性。
4. 对厚朴和凹叶厚朴选地有何要求?
5. 厚朴有哪些主要繁殖方法?
6. 简述肉桂的生物学特性。
7. 简述肉桂的主要繁殖方法。
8. 如何对肉桂种植地进行管理?
9. 简述牡丹的种子处理方法及育苗方法。

10. 简述牡丹的田间管理措施。

11. 简述牡丹的采收及加工技术。

任务 6　茎木及树脂类药用植物

知识目标

- 了解当地主要茎木及树脂类药用植物的生物学特性。
- 掌握当地主要茎木及树脂类药用植物的栽培技术。
- 掌握当地主要茎木及树脂类药用植物的采收和加工。

能力目标

- 能熟练操作当地主要茎木及树脂类药用植物的种子繁殖和营养繁殖。
- 能顺利进行当地主要茎木及树脂类药用植物的田间管理、采收和加工。

◙ **相关知识**

白木香

白木香(*Aquilaria sinensis* (Lour) Gilg)即土沉香,为瑞香科常绿乔木,是珍贵的南药材之一。多生于山地雨林或半常绿季雨林中。该植物老茎受伤后所积得的树脂,俗称沉香,有降气、调中、平肝等多种功效,同时又可取芳香油,作为调香原料。主要分布于广东、海南、广西、福建及云南景洪等地。

一、生物学特性

白木香喜高温环境,年平均温度 24℃ 以上,最高气温达 37℃ 以上才能生长良好。幼苗耐阴,不耐曝晒,应适当遮 40%～50% 较宜,成龄木则喜光,光照可保证正常开花结果,种子饱满精壮,并促进高质量香生成。白木香适应性较强,喜湿润,亦耐干旱,年降雨量在 1 500～2 000 mm,且比较湿润的环境下,白木香的高生长和径生长均比较快,而在干旱瘦瘠的坡上,长势较差。白木香在 pH 4.5～6.5 的沙质壤土、黄壤土和红壤土均能生长。

白木香喜生于低海拔的山地、丘陵以及路边阳处疏林中。分布区位于北回归线附近及其以南,属高温多雨、湿润的热带和南亚热带季风气候。喜土层厚、腐殖质多的湿润而疏松的砖红壤或山地黄壤。常与托盘青冈、黄桐、橄榄、水石梓等混生。为弱阳性树种,幼时尚耐蔽荫。幼年生长较慢,10 年后逐渐增快,20～30 年生植株,年平均高生长可达 90 cm,平均胸径生长可达 1 cm。3—6 月开花,果实 9—10 月成熟。

二、栽培技术

(一)选地与整地

播种苗床选择地势平缓，排水良好，土壤肥沃疏松，酸碱度适中的沙壤土和生地作为苗床，土壤黏重，酸碱度偏高或带病菌较多的熟地不宜用作播种地。播种前必须对播种苗木进行消毒处理，一般采用敌克松 500 倍液进行土壤消毒或高锰酸钾 500 倍水溶液进行消毒。种植地选择酸性的沙质壤土或黄壤土，挖穴后每穴放 20 kg 农家肥或 0.5 kg 复合肥后覆土。

(二)繁殖方法

1.选种与种子处理

种子一定要在 10～15 年以上的健康且无病虫害的母树上采选，一般在 6—7 月，当果实由青绿转黄白，种子呈棕褐色时，连果枝一并采下，采回的果枝放在通风处阴干，不能日晒，经 2～3 d，果壳开裂，种子自行脱出，白木香种子不耐贮藏，易失水，失水后会影响到种子的发芽率。因此，最好及时播种，若不能及时播种要妥善贮藏，一般采用沙藏，种子与湿沙以 1∶3 的比例混匀置于通风、低湿处贮藏，贮藏期间要保持一定的湿度，贮藏时间不可超 10 d，否则就会大大降低其发芽率。

2.播种

播种可采用条播或撒播，条播时先将苗床整平后，在苗床上按行距 15～20 cm 开浅沟播种，撒播时先将苗床整平后将种子均匀撒在苗床上，并轻压入土，宜稀播、浅播，播后覆盖 1 cm 火烧土或透气性极好的细沙，以不见种子为度。有条件的可用稻草覆盖在播好种子的苗床土并淋水保湿。播种地若无天然荫蔽，则应搭阴棚遮阳，透光度为 50%～60% 为佳。

3.移栽

幼苗长出 2～3 对真叶，苗高 5～8 cm 时，可分床移植入袋，分床移苗时以选择阴天或下午为宜，移苗时应用移植锹或竹签起苗，起苗时注意不伤根尖，随起随栽，移植时先用削尖的木棒在营养袋中引穴，再把幼苗栽在穴内，宜浅不宜深，以刚过种子为宜，并用竹签将苗周边土向苗压实，移苗后淋足水，使土壤与根系紧密接触。

(三)田间管理

1.松土除草

白木香栽植后每年要进行松土除草两次。以 5—6 月伏旱前和 8—9 月秋末冬初进行。将清除的杂草铺盖于根际周围，逐年逐次翻埋入土，增加有机质。

2.施肥

每年最少施肥一次，以 2—3 月春梢萌动前，施入人畜粪尿水，可以促进抽梢发芽、加速生长，有条件的地方，在 9—10 月施入腐熟有机肥，并把杂草翻埋，这时要进行沟(穴) 施。随着树龄增大，施肥量也要相应增加。

3.修剪

白木香是主干结香树种，为促进主干生长，利于结香，一定要适时修剪。把下部的分枝、病虫枝，过密枝逐步剪去。

4. 立体间套种

人工种植的白木香生长期长，在幼龄期间，空隙较大，定植前 3 年可间作粮、油作物如薯类，豆类及短期药材如金钱草、穿心莲等；当行间较郁闭时，可间作较耐阴的中药材如益智、草蔻、高良姜等，以充分利用土地资源、调节白木香生长环境，增加经济收入。

5. 促进结香

在正常情况下，白木香的茎干未受伤前是不会结香的，只有经过刀砍、虫蛀、病腐后，被一种真菌感染，在菌丝所分泌的酶类作用下，致使木材的一些薄壁细胞里贮藏的淀粉或其他有机物质产生一系列的变化，最后才形成香脂。据此，可以通过人工干预促进其结香。

(1)砍伤法　通常选择 8～10 年生以上，直径 30 cm 左右的树木，在距地面 1.5～2 m 处，顺砍几刀，刀与刀之间的距离 30～40 cm，伤口深 3～4 cm。经过一段时间后，伤口即分泌黑棕色沉香。

(2)人工接菌结香法　在避风向阳处，从树干同侧自上而下，每隔 40～50 cm，锯或凿，按垂直于树干的方向开香门，深约树干的 1/3，口宽 1～2 cm，凿去中间的断木，将结香菌种塞满香门，再用塑料薄膜包扎封口，两年时间即可获得合格的商品沉香。

(3)凿洞法　在距树干基部 1～3 m 处的树干上，凿数个 68 cm 宽和高、深 34 cm 的圆形小洞，称“开香门”。然后用泥巴封闭，小洞孔附近的木质部会逐渐分泌树脂，经数年后便可结香。一般情况下，这种方法结香快、结香好。

(4)枯树取香法　白木香树干常被病虫为害或遭风倒、风折及雷击，造成树干枯烂腐朽或枯死，这些部位常常结香，但历时较长。

(5)半断干法　在距树干基部 1～2 m 处的树干上锯伤口，深度为干粗的 1/4～1/3，可在同一方向、不同高度锯几个伤口，伤口之间的距离为 30～40 cm，伤口宽 3～4 cm，经数年后便可在伤口取香。

(6)化学法　用甲酸、硫酸、乙烯利处理伤口，可刺激伤口结香，采收后再用药物处理，仍可继续结香。

(四)病虫害及其防治

1. 病害

(1)炭疽病　为害叶片，严重时叶片脱落，影响林木的光合作用和生长，在阴雨或露水大时易发生。防治方法：发病初期喷 80% 炭疽福美 600～700 倍液或 75% 百菌清 500～700 倍液或 75% 甲基托布津 800 倍液 2～3 次，每次间隔 7～10 d，严重时间隔 4～5 d 喷洒一次。

(2)幼苗枯萎病　幼苗枯萎病发生于苗床致幼苗枯萎死亡。老苗床、排水不良、种植密集易发病。防治方法：种植前消毒苗床、合理密植；发病初期及时拔除病株并使用 70%敌克松 1 000～1 500 倍液、50% 多菌灵 800 倍液淋土壤 2～3 次，每次间隔 7～10 d。

2. 虫害

(1)卷叶虫　卷叶虫每年夏秋之间为害，以幼虫吐丝将叶片卷起，并躲藏在内蛀食叶肉，致使光合作用减弱，影响正常的生长。防治方法：人工灭杀发现卷叶及时把它剪除，集中深埋，减少虫害。该虫是白木香主要害虫，严重时把树叶吃光；药剂防治可在虫害卷叶前或卵初孵期用

25% 杀虫脒稀释 500 倍液，或 80% 敌敌畏乳油 600～1 000 倍液，进行喷洒，每 5～7 d 喷 1 次，连续 2～3 次。

(2)天牛　幼虫从茎干、枝条或茎基、树头蛀入，咬食木质部，受害严重时树干枯死。防治方法：人工捕杀卵块和幼虫；发现蛀孔时，用注射器注入 80% 敌敌畏 800～1 000 倍液，再用黄泥封口。

(3)金龟子　金龟子常在抽梢和开花期为害幼芽、嫩梢、花朵。这也是白木香主要虫害。防治方法：人工捕杀或喷 80% 敌敌畏 1 000 倍液防治。

三、采收与加工

(一)采收

选择树干直径 30 cm 以上的小树，用刀在树干上顺砍数刀，伤口深 3～4 cm，为菌类所感染，数年后，在伤口处如有黑色沉淀物就是中药的“沉香”。

(二)加工

取下沉香晒干后，用刀挖去黏附在其上面的白色木片即可。

四、商品质量标准

(一)外观质量标准

白木香为片状或不规则的长条状，大小不一，一面多具纵沟，由棕黑色的含树脂部分与淡黄色木质部交错形成花纹，微有光亮；另一面(人工伤面或虫伤面)多为黄褐色腐朽的木质，表面凹凸不平，入水半浮或上浮。气芳香，味苦，燃烧时发浓烟，并有强烈的愉快香气及黑色油状物浸出。本品以色黑质重，树脂显著，入水下沉者为佳。

(二)内在质量标准

《中华人民共和国药典》(2010 年版)规定：白木香水分不得超过 10.0%，浸出物不得少于 15%。

苏　木

苏木(*Caesalpinia sappan* L.)为豆科落叶灌木或小乔木，以干燥心材入药。味甘、咸、微辛，性平。归心、肝、脾经。具有活血祛瘀、消肿止痛功效。主治跌打损伤，骨折经伤，瘀滞肿痛，血滞经闭产后腹疼，心腹瘀痛，痈肿疮毒等。现代药理研究证明，苏木能降低血液黏度，促进血液循环，有抗抑制诱变等作用。苏木干燥心材除药用外，其枝干可以提取红色染料，根可以提取黄色染料，是食品、染料、纺织工业的重要原料，原产我国热带和南亚热带地区，分布于云南金沙江河谷和红河河谷等地。福建、台湾、广东、海南、广西、四川、贵州、云南等地有栽培。

一、生物学特性

苏木生长于海波 200～1 050 m 的山谷丛林或栽培，多见于高温高湿、阳光充足和肥沃的山坡、沟边和村旁。喜阳，耐旱，耐轻霜；忌阴和积水，多分布在雨量较少的地区。苏木高可达 4～13 m。种子不耐贮藏，9 月采集的种子到第二年春天播种时，发芽率不足 30%，到夏天则完全丧失萌发力。温度在 24.1～31.5℃时，6～12 d 种子萌发、出苗；平均温度降至 21.3℃时，出苗期则延迟 17 d。幼苗怕严寒，当气温低于 8℃ 时即受冻害。苏木树干每年都要萌生很多不定芽，形成许多侧枝。荫蔽、积水等环境常引起植株死亡，自然分布在年降雨量低于 2 000 mm 的地区，超过 2 000 mm 的地区也能生长。生长 5～6 年后，其心材和边材有明显的差异，树龄越长，树干越粗，心材色泽越深，呈深黄红色。

二、栽培技术

(一)选地与整地

选海拔 500～1 800 m 的热带、亚热带河谷；土壤肥沃、排水良好的向阳山坡连片种植。也可在村旁、路旁、林缘等闲散地零星种植。一般采用穴植，穴植规格为 50 cm×50 cm×40 cm，每穴施有机肥 10～15 kg 作基肥，与表土混匀后填入穴内，覆土高出地面大约 10 cm，以待播种或栽植。地四周开好排水沟。

(二)繁殖方法

用种子繁殖，多采用育苗移栽法，也可直播。育苗移栽：2 月选饱满无虫蛀、有光泽、坚实的种子，将种皮磨损少许，有 40～50℃ 的温水浸泡 12 h 至自然冷却；或用 0.05% 的硼酸浸泡 12 h。可用塑料袋育苗或苗床育苗，将种子播入袋内土中或苗床上，每袋播种 1～2 颗；苗床育苗按行距 20 cm×5 cm 开沟点播；淋水保湿。直播：于雨季选阴雨天进行，每穴播种 2～3 颗，深 1.5～2 cm，覆盖稻草保湿，出苗时揭去稻草。直播苗高 20 cm 时，进行间苗，每穴留粗壮苗 1 株。

待苗高 30 cm 以上时，选择阴雨天移苗定植。一般每 667 m^2 栽苗 160～180 株，株行距为 2 m×2 m，穴植规格为 50 cm×50 cm×40 cm。起苗时剪去过长的主根，每穴栽苗一株，使根须舒展，苗挺直，填土踏实后，淋水定根。

(三)田间管理

苗期要经常除草、松土、浇水、保证成活。无论育苗移栽还是直播，幼苗出土后都要揭去盖草，并适当进行稀疏遮阳。待苗长到 12～15 cm 时进行补苗、匀苗、留壮去弱，每穴留苗 1 株。苗高 1.5～2 m 时进行修枝，把主干基部的分枝剪去，促使主干粗大，加速药用心材的增加。每年夏、秋季节应中耕除草、追肥各一次；此时追肥以氮肥为主，可将化肥溶入人畜粪水中泼施，促使苗木快速生长。待苗高 2 m 以上时，管理可以粗放，每年只需在夏季中耕除草、追肥一次，此时可施堆肥，并加入适量尿素。常见害虫有吹绵蚧壳虫、金龟子和蚜虫，可采用相应药物进行防治。

采伐作药后留下的树桩，进行松土施肥，浇水，促使萌发更新。

三、采收与加工

苏木种植 8 年后可采收入药。在秋冬季节，将树干从基部 15～20 cm 处砍下，削去外围的浅色边材，截成每段长 60 cm，粗者对半剖开，阴干或晒干后扎捆，即成商品，置于阴凉干燥处贮藏。

四、商品质量标准

(一)外观质量标准

苏木心材呈长圆柱形或对剖半圆柱形，长 10～100 cm，直径 3～12 cm。表面黄红色至棕红色，具刀削痕，常见纵向裂缝。质坚硬。断面略具光泽，年轮明显，有的可见暗棕色、质松、带亮星的髓部。气微，味微涩。

(二)内在质量标准

《中华人民共和国药典》(2010 年版)规定：水分不得超过 12.0%；总灰分不得超过 4.0%；醇溶性浸出物不得少于 10.0%；苏木心材中含巴西苏木素约 2.0%。

◉ 任务实施

技能实训 5-6 调查当地主要茎木及树脂类药用植物栽培技术要点

一、实训目的要求

通过调查，了解当地主要茎木及树脂类药用植物栽培技术要点。

二、实训材料用品

记录本、笔、嫁接刀、修枝剪、农具、肥料、实训基地茎木及树脂类药用植物等。

三、实训内容方法

(1)实地调查：在实训基地进行调查，记录主要茎木及树脂类药用植物的栽培技术要点。

(2)现场实训：以小组为单位，结合当地主要茎木及树脂类药用植物各生长期特点适时进行选地与整地、繁殖方法、田间管理、病虫害防治、采收和加工等内容实训。

(3)上网搜索：记录当地主要茎木及树脂类药用植物种类及栽培技术要点。

四、实训报告

列举当地主要茎木及树脂类药用植物栽培技术要点及其注意事项。

五、成绩评定及考核方式

以实训报告及实训表现综合评分。

【思考与练习】

1.简述白木香的生物学特性。
2.简述白木香的人工栽培要点。
3.简述促进结香方法。
4.简述苏木的繁殖方法。
5.简述苏木的采收加工技术。

附录

《中药材生产质量管理规范(试行)》

国家药品监督管理局令

第32号

第一章　总则

第一条　为规范中药材生产,保证中药材质量,促进中药标准化、现代化,制定本规范。

第二条　本规范是中药材生产和质量管理的基本准则,适用于中药材生产企业(以下简称生产企业)生产中药材(含植物、动物药)的全过程。

第三条　生产企业应运用规范化管理和质量监控手段,保护野生药材资源和生态环境,坚持“最大持续产量”原则,实现资源的可持续利用。

第二章　产地生态环境

第四条　生产企业应按中药材产地适宜性优化原则,因地制宜,合理布局。

第五条　中药材产地的环境应符合国家相应标准:空气应符合大气环境质量二级标准;土壤应符合土壤质量二级标准;灌溉水应符合农田灌溉水质量标准;药用动物饮用水应符合生活饮用水质量标准。

第六条　药用动物养殖企业应满足动物种群对生态因子的需求及与生活、繁殖等相适应的条件。

第三章　种质和繁殖材料

第七条　对养殖、栽培或野生采集的药用动植物,应准确鉴定其物种,包括亚种、变种或品种,记录其中文名及学名。

第八条　种子、菌种和繁殖材料在生产、储运过程中应实行检验和检疫制度以保证质量和防止病虫害及杂草的传播;防止伪劣种子、菌种和繁殖材料的交易与传播。

第九条　应按动物习性进行药用动物的引种及驯化。捕捉和运输时应避免动物机体和精神损伤。引种动物必须严格检疫,并进行一定时间的隔离、观察。

第十条　加强中药材良种选育、配种工作，建立良种繁育基地，保护药用动植物种质资源。

第四章　栽培与养殖管理

第一节　药用植物栽培管理

第十一条　根据药用植物生长发育要求，确定栽培适宜区域，并制定相应的种植规程。

第十二条　根据药用植物的营养特点及土壤的供肥能力，确定施肥种类、时间和数量，施用肥料的种类以有机肥为主，根据不同药用植物物种生长发育的需要有限度地使用化学肥料。

第十三条　允许施用经充分腐熟达到无害化卫生标准的农家肥。禁止施用城市生活垃圾、工业垃圾及医院垃圾和粪便。

第十四条　根据药用植物不同生长发育时期的需水规律及气候条件、土壤水分状况，适时、合理灌溉和排水，保持土壤的良好通气条件。

第十五条　根据药用植物生长发育特性和不同的药用部位，加强田间管理，及时采取打顶、摘蕾、整枝修剪、覆盖遮阴等栽培措施，调控植株生长发育，提高药材产量，保持质量稳定。

第十六条　药用植物病虫害的防治应采取综合防治策略。如必须施用农药时，应按照《中华人民共和国农药管理条例》的规定，采用最小有效剂量并选用高效、低毒、低残留农药，以降低农药残留和重金属污染，保护生态环境。

第二节　药用动物养殖管理

第十七条　根据药用动物生存环境、食性、行为特点及对环境的适应能力等，确定相应的养殖方式和方法，制定相应的养殖规程和管理制度。

第十八条　根据药用动物的季节活动、昼夜活动规律及不同生长周期和生理特点，科学配制饲料，定时定量投喂。适时适量地补充精料、维生素、矿物质及其他必要的添加剂，不得添加激素、类激素等添加剂。饲料及添加剂应无污染。

第十九条　药用动物养殖应视季节、气温、通气等情况，确定给水的时间及次数。草食动物应尽可能通过多食青绿多汁的饲料补充水分。

第二十条　根据药用动物栖息、行为等特性，建造具有一定空间的固定场所及必要的安全设施。

第二十一条　养殖环境应保持清洁卫生，建立消毒制度，并选用适当消毒剂对动物的生活场所、设备等进行定期消毒。加强对进入养殖场所人员的管理。

第二十二条　药用动物的疫病防治，应以预防为主，定期接种疫苗。

第二十三条　合理划分养殖区，对群饲药用动物要有适当密度。发现患病动物，应及时隔离。传染病患动物应处死，火化或深埋。

第二十四条　根据养殖计划和育种需要，确定动物群的组成与结构，适时周转。

第二十五条　禁止将中毒、感染疫病的药用动物加工成中药材。

第五章　采收与初加工

第二十六条　野生或半野生药用动植物的采集应坚持“最大持续产量”原则，应有计划地进行野生抚育、轮采与封育,以利生物的繁衍与资源的更新。

第二十七条　根据产品质量及植物单位面积产量或动物养殖数量,并参考传统采收经验等因素确定适宜的采收时间(包括采收期、采收年限)和方法。

第二十八条　采收机械、器具应保持清洁、无污染,存放在无虫鼠害和禽畜的干燥场所。

第二十九条　采收及初加工过程中应尽可能排除非药用部分及异物,特别是杂草及有毒物质,剔除破损、腐烂变质的部分。

第三十条　药用部分采收后,经过拣选、清洗、切制或修整等适宜的加工,需干燥的应采用适宜的方法和技术迅速干燥,并控制温度和湿度,使中药材不受污染,有效成分不被破坏。

第三十一条　鲜用药材可采用冷藏、沙藏、罐贮、生物保鲜等适宜的保鲜方法,尽可能不使用保鲜剂和防腐剂。如必须使用时,应符合国家对食品添加剂的有关规定。

第三十二条　加工场地应清洁、通风,具有遮阳、防雨和防鼠、虫及禽畜的设施。

第三十三条　地道药材应按传统方法进行加工。如有改动,应提供充分试验数据,不得影响药材质量。

第六章　包装、运输与贮藏

第三十四条　包装前应再次检查并清除劣质品及异物。包装应按标准操作规程操作,并有批包装记录,其内容应包括品名、规格、产地、批号、重量、包装工号、包装日期等。

第三十五条　所使用的包装材料应是清洁、干燥、无污染、无破损,并符合药材质量要求。

第三十六条　在每件药材包装上,应注明品名、规格、产地、批号、包装日期、生产单位,并附有质量合格的标志。

第三十七条　易破碎的药材应装在坚固的箱盒内;毒性、麻醉性、贵细药材应使用特殊包装,并应贴上相应的标记。

第三十八条　药材批量运输时,不应与其他有毒、有害、易串味物质混装。运载容器应具有较好的通气性,以保持干燥,并应有防潮措施。

第三十九条　药材仓库应通风、干燥、避光,必要时安装空调及除湿设备,并具有防鼠、虫、禽畜的措施。地面应整洁、无缝隙、易清洁。

药材应存放在货架上,与墙壁保持足够距离,防止虫蛀、霉变、腐烂、泛油等现象发生,并定期检查。

在应用传统贮藏方法的同时,应注意选用现代贮藏保管新技术、新设备。

第七章　质量管理

第四十条　生产企业应设有质量管理部门,负责中药材生产全过程的监督管理和质量监控,并应配备与药材生产规模、品种检验要求相适应的人员、场所、仪器和设备。

第四十一条　质量管理部门的主要职责:

(一) 负责环境监测、卫生管理;

(二) 负责生产资料、包装材料及药材的检验,并出具检验报告;

(三) 负责制订培训计划,并监督实施;

(四) 负责制定和管理质量文件,并对生产、包装、检验等各种原始记录进行管理。

第四十二条　药材包装前，质量检验部门应对每批药材，按中药材国家标准或经审核批准的中药材标准进行检验。检验项目应至少包括药材性状与鉴别、杂质、水分、灰分与酸不溶性灰分、浸出物、指标性成分或有效成分含量。农药残留量、重金属及微生物限度均应符合国家标准和有关规定。

第四十三条　检验报告应由检验人员、质量检验部门负责人签章。检验报告应存档。

第四十四条　不合格的中药材不得出场和销售。

第八章　人员的设备

第四十五条　生产企业的技术负责人应有药学或农学、畜牧学等相关专业的大专以上学历，并有药材生产实践经验。

第四十六条　质量管理部门负责人应有大专以上学历，并有药材质量管理经验。

第四十七条　从事中药材生产的人员均应具有基本的中药学、农学或畜牧学常识，并经生产技术、安全及卫生学知识培训。从事田间工作的人员应熟悉栽培技术，特别是农药的施用及防护技术；从事养殖的人员应熟悉养殖技术。

第四十八条　从事加工、包装、检验人员应定期进行健康检查，患有传染病、皮肤病或外伤性疾病等不得从事直接接触药材的工作。生产企业应配备专人负责环境卫生及个人卫生检查。

第四十九条　对从事中药材生产的有关人员应按本规范要求，定期培训与考核。

第五十条　中药材产地应设厕所或盥洗室，排出物不应对环境及产品造成污染。

第五十一条　生产企业生产和检验用的仪器、仪表、量具、衡器等其适用范围和精密度应符合生产和检验的要求，有明显的状态标志，并定期校验。

第九章　文件管理

第五十二条　生产企业应有生产管理、质量管理等标准操作规程。

第五十三条　每种中药材的生产全过程均应详细记录，必要时可附照片或图像。记录应包括：

（一）种子、菌种和繁殖材料的来源。

（二）生产技术与过程：

1. 药用植物播种的时间、数量及面积；育苗、移栽以及肥料的种类、施用时间、施用量、施用方法；农药中包括杀虫剂、杀菌剂及除莠剂的种类、施用量、施用时间和方法等。

2. 药用动物养殖日志、周转计划、选配种记录、产仔或产卵记录、病例病志、死亡报告书、死亡登记表、检免疫统计表、饲料配合表、饲料消耗记录、谱系登记表、后裔鉴定表等。

3. 药用部分的采收时间、采收量、鲜重和加工、干燥、干燥减重、运输、贮藏等。

4. 气象资料及小气候的记录等。

5. 药材的质量评价：药材性状及各项检测的记录。

第五十四条　所有原始记录、生产计划及执行情况、合同及协议书等均应存档，至少保存5年。档案资料应有专人保管。

第十章　附则

第五十五条　本规范所用术语：

(一) 中药材　指药用植物、动物的药用部分采收后经产地初加工形成的原料药材。

(二) 中药材生产企业　指具有一定规模、按一定程序进行药用植物栽培或动物养殖、药材初加工、包装、储存等生产过程的单位。

(三) 最大持续产量　即不危害生态环境，可持续生产(采收)的最大产量。

(四) 道地药材　传统中药材中具有特定的种质、特定的产区或特定的生产技术和加工方法所生产的中药材。

(五) 种子、菌种和繁殖材料　植物(含菌物)可供繁殖用的器官、组织、细胞等，菌物的菌丝、子实体等；动物的种物、仔、卵等。

(六) 病虫害综合防治　从生物与环境整体观点出发，本着预防为主的指导思想和安全、有效、经济、简便的原则，因地制宜，合理运用生物的、农业的、化学的方法及其他有效生态手段，把病虫的危害控制在经济阈值以下，以达到提高经济效益和生态效益之目的。

(七) 半野生药用动植物　指野生或逸为野生的药用动植物辅以适当人工抚育和中耕、除草、施肥或喂料等管理的动植物种群。

第五十六条　本规范由国家药品监督管理局负责解释。

第五十七条　本规范自 2002 年 6 月 1 日起施行。

参考文献

[1] 王书林．药用植物栽培技术．北京：中国中医药出版社，2006．
[2] 郭巧生．药用植物栽培学．北京：高等教育出版社，2009．
[3] 刘茵华．药用植物栽培技术．北京：中国中医药出版社，2003．
[4] 宫喜臣．药用植物规范化栽培．北京：金盾出版社，2006．
[5] 杨继祥，田义新．药用植物栽培学．北京：中国农业出版社，2004．
[6] 徐良．药用植物栽培学．北京：中国中医药出版社，2007．
[7] 宋丽艳．药用植物栽培技术．北京：人民卫生出版社，2010．
[8] 郭巧生，王建华，张重义．药用植物栽培学实验实习指导．北京：高等教育出版社，2012．
[9] 颜启传．种子学．北京：中国农业出版社，2002．
[10] 曹春英．植物组织培养．北京：中国农业出版社，2006．
[11] 张玉星．果树栽培学各论．北京：中国农业出版社，2008．
[12] 曹春英．花卉栽培．北京：中国农业出版社，2001．
[13] 赵渤．药用植物栽培采收与加工．北京：中国农业出版社，2000．
[14] 龙全江．中药材加工学．北京：中国中医药出版社，2006．
[15] 徐昭玺，徐锦堂，魏建和，等．中药种植技术指南．北京：中国农业出版社，2000．
[16] 张智，王德群．栝楼．北京：中国中医药出版社，2001．
[17] 刘军民，徐鸿华．阳春砂规范化栽培技术．广州：广东科技出版社，2003．
[18] 李润淮．枸杞高产栽培技术．北京：中国盲文出版社，2000..
[19] 孔令武，孙海峰，等．现代实用中药栽培养殖技术．北京：人民卫生出版社，2000．
[20] 潘晓芳．八角、玉桂高效栽培实用技术．南宁：广西人民出版社，2004．
[21] 王永．现代药用植物栽培技术．合肥：安徽科学技术出版社，2006．
[22] 国家药典委员会．中华人民共和国药典．北京：中国医药科技出版社，2010．
[23] 陈震，丁万隆，等．百种药用植物栽培答疑．北京：中国农业出版社，2003．
[24] 宋晓平．最新中药栽培与加工技术大全．北京：中国农业出版社，2002．
[25] 查亚锦，袁巧云，等．香料、色素、观赏类中药材植物种植技术．北京：中国林业出版社，2001．
[26] 肖培根．新编中药志．北京：化学工业出版社，2002．
[27] 裴蕾，刘彦松，等．天麻栽培中的水肥管理．河南农业，2002（4）：19．

[28] 龚振平，马春梅. 耕作学. 北京：中国水利水电出版社，2013.
[29] 全国农业技术推广服务中心. 无公害中药材生产技术. 北京：中国农业出版社，2005.
[30] 宋志伟，姚文秋. 植物生长与环境. 北京：中国农业大学出版社，2011.
[31] 罗光明，刘合刚. 药用植物栽培学. 上海：上海科学技术出版社，2013.
[32] 王永. 现代药用植物栽培技术. 合肥：安徽科学技术出版社，2006.
[33] 陈春秋. 药用植物栽培技术实训. 南京：江苏科学技术出版社，2006.
[34] 王德群，谈献和. 药用植物学. 北京：科学出版社，2011.
[35] 谈献和，姚振生. 药用植物学. 上海：上海科学技术出版社，2009.
[36] 高荣岐，张春庆. 作物种子学. 北京：中国农业出版社，2010.
[37] 陈士林，魏建和，黄林芳，等. 中药材野生抚育的理论与实践探讨. 中国中药杂志，2004，29（12）：1123-1126.
[38] 任跃英，孟祥颖，李向高. 药用植物特点与中药材基地建设. 吉林农业大学学报，2000，22（2）：65-67，70.
[39] 齐玉歌. 中药材野生抚育初探. 山西职工医学院学报，2008，18（4）：65-66..
[40] 李威，谭勇，陈文，等. 温度对不同品种红花种子萌发的影响. 安徽农业科学，2013，41（10）：4299-4301.
[41] 章承林，江建国，周忠诚，等. 鄂西南山区日本柳杉林下黄连种植技术规范. 农村经济与科技，2012，23（11）：62-64.
[42] 李红梅. 中江丹参种植规范化情况调查分析. 四川农业与农机，2014（1）：14-16.
[43] 吴洁荣，尹文仲，吴瑞云，等. 恩施板桥党参的质量特征与产地自然条件. 中南民族大学学报（自然科学版），2009（2）：57-60.
[44] 陶文漳，黄心恺，樊丹阳，等. 杭州湾南岸围垦沙地种植浙贝母关键技术. 园艺与种苗，2012（5）：18-20.
[45] 李小平，朱培林，曾志斌，等. 车前栽培技术及相关研究进展. 江西林业科技，2006（4）：44-48.
[46] 晏小霞，王祝年，王建荣. 海南白木香规范化栽培技术. 安徽农业科学，2010，38（24）：13042-13044.
[47] 张革艳. 北方地区引种牡丹的栽培技术. 北方园艺，2007（8）：167-168.
[48] 章承林，舒珍明，蔡绍平，等. 野生牡丹引种栽培研究. 湖北生态工程职业技术学院学报，2012（2）：1-4，10.
[49] 饶国才，陶远胜，李华. 黄栀子丰产栽培与产业开发技术. 林业科技开发，2007，21（6）：89-93.
[50] 王洪强. 厚朴规范化种植技术研究. 中国现代中药，2006，8（2）：32-34.
[51] 张金霞，桂阳，杨通静，等. 贵州天麻生产现状与发展对策. 贵州农业科学，2013，41（12）：170-173.